Manfred Curbach

Franz-Hermann Schlüter

Bemessung im Betonbau

Manfred Curbach
Franz-Hermann Schlüter

Bemessung im Betonbau

Formeln, Tabellen, Diagramme

Univ.-Professor Dr.-Ing. Manfred Curbach
Technische Universität Dresden
Fakultät Bauingenieurwesen
Institut für Tragwerke und Baustoffe
Lehrstuhl Massivbau
D-01062 Dresden

Dr.-Ing. Franz-Hermann Schlüter
Ingenieurbüro Professor Eibl & Partner
Stephanienstraße 102
D-76133 Karlsruhe

Die Deutsche Bibliothek – CIP-Einheitsaufnahme
Curbach, Manfred:
Betonbau / Manfred Curbach ; Franz-Hermann Schlüter. – Berlin: Ernst, 1998
(Bauingenieur-Praxis)
ISBN 3-433-01277-6

© 1998 Ernst & Sohn
Verlag für Architektur und technische Wissenschaften GmbH, Berlin

Alle Rechte, insbesondere die der Übersetzung in andere Sprachen, vorbehalten. Kein Teil dieses Buches darf ohne schriftliche Genehmigung des Verlages in irgendeiner Form – durch Fotokopie, Mikrofilm oder irgendein anderes Verfahren – reproduziert oder in eine von Maschinen, insbesondere von Datenverarbeitungsmaschinen, verwendbare Sprache übertragen oder übersetzt werden.

All rights reserved (including those of translation into other languages). No part of this book may be reproduced in any form – by photoprint, microfilm, or any other means – nor transmitted or translated into a machine language without written permission from the publisher.

Die Wiedergabe von Warenbezeichnungen, Handelsnamen oder sonstigen Kennzeichen in diesem Buch berechtigt nicht zu der Annahme, daß diese von jedermann frei benutzt werden dürfen. Vielmehr kann es sich auch dann um eingetragene Warenzeichen oder sonstige gesetzlich geschützte Kennzeichen handeln, wenn sie als solche nicht eigens markiert sind.

Umschlagentwurf: grappa blotto design, Berlin
Druck: betz-druck GmbH, Darmstadt
Bindung: Großbuchbinderei J. Schäffer, Grünstadt
Printed in Germany

0	Vorwort

„Noch ein Tabellenwerk?", wird sich mancher Leser fragen. „Es gibt doch schon mehrere Handbücher auf dem Markt."

Diese Sammlung von Tabellen, Formeln und Diagrammen hat aber dennoch ihren Sinn. Wer bisher eine statische Berechnung im Betonbau durchgeführt hat oder etwas konstruieren wollte, brauchte normalerweise immer mehrere Unterlagen auf seinem Schreibtisch: neben einem der traditionellen Tabellenwerke brauchte man immer noch die Hefte 220, 240 und 400 des Deutschen Ausschusses für Stahlbeton, den ModelCode 90 des CEB, die Zusätzlichen Technischen Vorschriften für Kunstbauten ZTV-K 96, Zulassungen der Hersteller, vor allem für Spannstahl, und vieles mehr.

Nun soll dieses Buch nicht die Summe aller zuvor genannten Werke sein. Vielmehr hat sich im Verlaufe der Praxis der beiden Verfasser gezeigt, daß einige Informationen häufiger als andere benötigt werden. So entstand im Laufe der Zeit eine Materialsammlung, die in ca. 95 % aller Fälle ausreichend war. Nur in wenigen Sonderfällen oder bei vertiefter Behandlung eines Spezialthemas mußte auf weitere Literatur zurückgegriffen werden.

Die Verfasser haben sich zum Ziel gesetzt, für diese „95 %-Quantile" das notwendige Handwerkszeug zur Verfügung zu stellen, so daß der Arbeitsplatz durch weniger Bücher und Hefte belastet wird.

Der Leser wird schnell feststellen, daß viele Tabellen dem Bemessungsstand der „alten" DIN 1045 entsprechen. Warum dies? Schaut man sich in der Praxis um, muß man feststellen, daß in nahezu allen Fällen nach DIN 1045 und DIN 4227 gearbeitet wird. Der EC 2 ist zwar bauaufsichtlich eingeführt, wird aber nur in Ausnahmefällen eingesetzt. Dies geschieht meistens dann, wenn Nachweise nach den „alten" Normen nicht mehr hinkommen. Dies widerspricht zwar dem Mischungsverbot der beiden Normengenerationen, ist aber Fakt.

Nun gibt es einige Abschnitte der neuen Normengeneration, die auch trotz Mischungsverbot sinnvoll angewendet werden können. Dies gilt zum Beispiel für die Berechnung der Kriechbeiwerte nach ModelCode 90 des CEB bzw. EC 2 bzw. Entwurf DIN 1045, Teil 1, 02/97. Diese Gleichungen, aber auch viele andere sinnvolle Hilfen der neuen Normengeneration, sind in dieser Formelsammlung enthalten.

Verzichtet wurde auf einen Abdruck der Bemessungshilfen, die der neuen Normengeneration entsprechen. Dies geschah zum einen wegen des z.Z. noch geringen

0	Vorwort

Bedarfs in der Praxis, siehe oben, zum anderen aber auch wegen der noch fehlenden Definition der Randbedingungen für die Bemessung. Zum Beispiel hat sich die zulässige Grenzdehnung für den Bewehrungsstahl mehrfach geändert.

In eine eventuelle Neuauflage würden alle für die Praxis erforderlichen Diagramme eingearbeitet, wenn die DIN 1045, Teil 1 als Weißdruck erschienen und bauaufsichtlich eingeführt ist.

Dieses Buch soll aber noch einen weiteren Zweck erfüllen. Sowohl die meisten Stahlbetonbemessungen als auch fast alle Spannbetonbemessungen werden heute vom Computer ausgeführt. Die Verfasser haben die Erfahrung gemacht, daß insbesondere die Ergebnisse einer Spannbetonbemessung nur selten kontrolliert oder zumindest einer Plausibilitätskontrolle unterzogen werden. Die Nachweise eines Spannbetonträgers für verschiedene Lastfälle — Stichworte t_0, t_∞, $g+p$, $g+p/2$, usw. — an zahlreichen Stellen des Trägers — 1/10s-Punkte, maßgebende Schnitte, Koppelfugen, usw. — erzeugen schon bei kleineren Konstruktionen einen enormen Papierberg. Dies macht die fehlenden Kontrollen zwar verständlich, aber nicht entschuldbar.

Im Kapitel 11 dieser Sammlung sind deshalb die wesentlichen Entscheidungspfade und Gleichungen aus dem Bereich des Spannbetons nach DIN 4227 zusammengefaßt. Damit sind einzelne Teilergebnisse, die in den Computerausdrucken stehen, leicht nachvollziehbar und damit kontrollierbar. So kann der größte Teil von Eingabefehlern sicherlich gefunden werden.

Die Verfasser möchten an dieser Stelle darauf hinweisen, daß auch Computersoftware bzw. deren Programmierer nicht unfehlbar sind und in Einzelfällen — vor allem bei etwas ungewöhnlichen Bemessungsaufgaben — immer noch Fehler in den Programmen auftreten. Diese können jedoch nur durch unabhängige Kontrollen gefunden werden.

Der Leser wird feststellen, daß manche Information mehrfach abgedruckt ist. Dies gilt z.B. für zulässige Spannungen für Spannbetonnachweise an den Stellen, an denen eine berechnete Spannung mit einer zulässigen verglichen werden muß. Obwohl dadurch der Umfang minimal größer wird, wurde diese Vorgehensweise gewählt, um ein zügigeres Arbeiten ohne viel Umblättern zu ermöglichen.

Weil diese Sammlung über einen großen Zeitraum entstanden ist — begonnen wurde sie im Jahre 1981 —, war es mit einigem Aufwand verbunden, ein einheitliches Bild für diese Sammlung zu schaffen. Zu diesem Zweck hatten die Verfasser ein große Unterstützung durch Frau Sabine Hermsdorf, Frau Daniela Nixdorf, Frau Kerstin Speck, Herrn Mario Dugas, Herrn Lars Eckfeldt, Herrn Frank Hannawald, Herrn André Neubert und Herrn Stefan Weise, die die Tabellen und Formeln gesetzt, die Texte geschrieben und die Bilder gezeichnet haben. Dafür gebührt Ihnen unser herzlicher Dank.

| 0 | Vorwort |

Das Kapitel zum Thema „Kriechen und Schwinden" wurde von Herrn Prof. Dr.-Ing. Harald S. Müller, Universität Karlsruhe, gegengelesen und durch einige Hinweise ergänzt, wofür wir ganz herzlich danken. Die Angabe der Literaturquellen, die jeweils auf den betreffenden Seiten und nicht in einem separaten Literaturverzeichnis zusammengefaßt sind, wurden dankenswerterweise von Herrn Sven Schneider geprüft.

Bei einer Anhäufung von Zahlen, wie man sie auf den folgenden Seiten finden kann, sind einzelne Fehler nicht auszuschließen. Um die Anzahl der Fehler zu minimieren, wurden unter Verwendung des „Viel-Augen-Prinzips" mehrere Korrekturdurchgänge durchgeführt. Sollte dennoch der eine oder andere Fehler allen beteiligten Augen entgangen sein, bitten wir die Schuld allein auf die Verfasser zu schieben und ihnen einen geharnischten Brief zu schreiben, auf daß eine Neuauflage an Fehlern ärmer wird. Für eventuelle Folgefehler können wir selbstverständlich keine Haftung übernehmen.

Unser ganz besonderer Dank richtet sich an Frau Herr und Frau Hermann vom Verlag, die uns nicht nur immer mit Rat und Tat zur Verfügung standen, sondern insbesondere ihr gesamtes Potential an Geduld für uns aufbrauchen mußten.

Verständnis und Geduld haben aber auch unsere Ehefrauen Andrea und Mechthild und unsere Kinder Alexander, Ariane, Marina und Dominik aufgebracht, wofür wir ihnen herzlich danken und wovon wir wissen, daß dies heute nicht unbedingt mehr selbstverständlich ist.

Dresden und Karlsruhe, im Februar 1998

Manfred Curbach und Franz-Hermann Schlüter

0	Inhaltsverzeichnis

Vorwort		V
Inhaltsverzeichnis		VIII
1	Bezeichnungen	1
1.1	Zeichen für geometrische Größen	1
1.2	Sicherheitsrelevante Zeichen	7
1.3	Kenngrößen für Baustoffe	8
1.4	Zeichen für Kräfte, Momente, Spannungen und Dehnungen	10
1.5	Weitere Zeichen	15
2	Tabellen	19
2.1	Beton	19
2.2	Bewehrungsstahl	25
2.3	Spannstahl	31
3	Vorbereitende Maßnahmen	52
3.1	Bauteilart und Kontrolle der Abmessungen	52
3.1.1	Definition zur Eingruppierung in Bauteilart	52
3.1.2	Biegeschlankheiten	52
3.1.3	Plattenbalken	54
3.2	Modellbildung	55
3.3	Mitwirkende Plattenbreite	56
3.4	Voraussetzungen zur Schnittgrößenermittlung	59
3.4.1	Allgemeine Grundlagen	59
3.4.2	Ungünstigste Laststellungen	59
3.4.3	Bemessungsschnittgrößen	60
3.4.4	Voraussetzungen für die Durchlaufwirkung	60
3.5	Bemessungsmomente einachsig gespannter durchlaufender Platten und Balken	61
3.5.1	Stützmomente	61
3.5.2	Positive Feldmomente	62
3.5.3	Negative Feldmomente	62
3.5.4	Torsionsmomente	62
3.6	Schnittgrößen und Auflagerkräfte in zweiachsig gespannten Platten	63
3.7	Räumliche Aussteifung	67
3.7.1	Translationssteifigkeit	67
3.7.2	Rotationssteifigkeit	69

| 0 | Inhaltsverzeichnis |

4	Unbewehrter Beton	71
4.1	Grundlagen	71
4.2	Unbewehrte Fundamente	71
4.3	Unbewehrte Druckglieder	72
4.3.1	Stützen	72
4.3.2	Wände	73
4.4	Unbewehrte Platten und Balken	75
5	Konstruktive Durchbildung	76
5.1	Mindestabmessungen	76
5.2	Bewehrung	79
5.2.1	Stababstände	79
5.2.2	Biegen von Bewehrung	80
5.2.3	Verankerung von Bewehrung	82
5.2.4	Abmessungen der Verankerungskonstruktion	93
5.2.5	Bewehrungsstöße	94
5.2.6	Schubbewehrung	120
5.2.7	Bewehrung in Druckgliedern	126
5.2.8	Stabbündel	128
5.2.9	Bewehrungsgrade, zusätzliche Regeln	131
5.3	Betondeckung	138
5.3.1	Allgemeines	138
5.3.2	Maße der Betondeckung	139
5.3.3	Vergrößerung der Betondeckung	140
5.3.4	Verringerung der Betondeckung	140
5.3.5	Abstandhalter	141
5.4	Regeln für den Brandschutz	143
5.4.1	Grundlagen, Baustoffklassen, Feuerwiderstandsklassen	143
5.4.2	Betondeckung, Putzbekleidung	144
5.4.3	Hinweise zu einzelnen Bauteilen	146
5.4.4	Fugen	147
5.5	Fugenausbildung	148
6	Beanspruchungsarten und Bemessungsverfahren	152
6.1	Übersicht Biegung mit/ohne Längskraft, Allgemeines	152
6.2	Achszug	155
6.3	Einachsige Biegung	156
6.4	Zweiachsige Biegung	156

0	Inhaltsverzeichnis

6.5	Druck	156
6.5.1	Ermittlung der Knicklänge s_k und Schlankheit λ	157
6.5.2	Knickspannungsnachweis	166
6.6	Querkraft	172
6.6.1	Grundwert der Schubspannung	172
6.6.2	Ermittlung der Schubbewehrung	173
6.7	Torsion	175
6.8	Querkraft und Torsion	178
6.9	Durchstanzen	178
6.9.1	Flachdecken	178
6.9.2	Fundamente	181
6.10	Teilflächenpressung	182
6.10.1	Nachweis nach DIN 1045 (7.88)	182
6.10.2	Nachweis nach Entwurf DIN 1045, Teil 1 (2.97)	182
7	Bemessungshilfsmittel	183
7.1	Grundlegende Beziehungen	183
7.2	k_h-Verfahren	185
7.3	m_s-Tafeln	189
7.4	Allgemeines Bemessungsdiagramm	191
7.5	m/n-Diagramm	193
7.6	$m_1/m_2/n$-Diagramm	211
7.7	e/h-Diagramm	227
8	Rißbreitenbeschränkung	255
8.1	Rißbreitenbeschränkung nach DIN 1045 (7.88)	255
8.1.1	Allgemeines	255
8.1.2	Mindestbewehrung an Oberflächen	256
8.2	Rißbreitenbeschränkung nach DAfStb Heft 400	258
8.2.1	Begrenzung der Rißbreite nach Grenzstabdurchmessern	258
8.2.2	Ableitung der Konstruktionsregeln	260
8.2.3	Mindestbewehrung bei Zwangbeanspruchung	261
8.2.4	Nachweis zur Beschränkung der Rißbreiten bei Zwangbeanspruchung	264
8.3	Rißbreitenbeschränkung nach EC 2	264
8.3.1	Mindestbewehrung für die Beschränkung der Rißbreite	264
8.3.2	Rißbreitenbeschränkung ohne direkte Berechnung	265
8.3.3	Begrenzung von Schubrissen	266

| 0 | Inhaltsverzeichnis |

9	Verformungen	268
9.1	Verkürzung von Druckgliedern bei mittigem Druck	268
9.2	Verformungen infolge Biegung	269
9.2.1	Grundwert der Durchbiegung	269
9.2.2	Verformungen für einen Biegeträger mit Rechteckquerschnitt	272
9.2.3	Verformungen für einen Plattenbalken	278
10	Anwendung von Stabwerkmodellen	284
10.1	Stabwerkmodelle	284
10.2	Bemessung der Stäbe	285
10.2.1	Druckstäbe	285
10.2.2	Bewehrte Zugstäbe	286
10.2.3	Unbewehrte Zugstäbe	287
10.3	Bemessung der Knoten	287
11	Spannbeton	289
11.1	Querschnittswerte	289
11.1.1	Allgemeines	289
11.1.2	Brutto-Querschnittswerte	289
11.1.3	Netto-Querschnittswerte	289
11.1.4	Ideelle Querschnittswerte	290
11.2	Konstruktive Durchbildung	291
11.2.1	Mindestanzahl an Spanngliedern	291
11.2.2	Mindestbewehrung	291
11.2.3	Hinweise zur Bewehrungsführung	293
11.2.4	Oberflächenbewehrung von Spannbetonplatten	293
11.3	Vordimensionierung für einen symmetrischen Zweifeldträger	294
11.4	Zwängungsschnittgrößen	297
11.4.1	Beispiele zur Ermittlung von Zwängungsschnittgrößen	297
11.4.2	Volleinspannmomente infolge Vorspannung	298
11.4.3	Methode der Umlenkkräfte	299
11.5	Kriechen und Schwinden	299
11.5.1	Definitionen	299
11.5.2	Wirkung des Kriechens und Schwindens	299
11.5.3	Kriechzahl und Schwindmaß nach DIN 4227, Teil 1	300
11.5.4	Kriechzahl und Schwindmaß nach EC2	304
11.5.5	Endkriechzahlen und Endschwindmaße von Hochleistungsbeton	310
11.6	Spannkraftverluste	311
11.6.1	Verluste infolge Keilschlupf	311

0 | Inhaltsverzeichnis

11.7	Spannungen unter Gebrauchslast	313
11.7.1	Ermittlung der Biegespannungen unter Gebrauchslast	313
11.7.2	Zulässige Spannungen	314
11.8	Bruchsicherheitsnachweis	319
11.8.1	Allgemeines	319
11.8.2	Ermittlung der erforderlichen Bewehrung	319
11.8.3	Nachweis bei Lastfällen vor Herstellen des Verbundes	321
11.9	Hauptspannungsnachweise	322
11.9.1	Spannungen	322
11.9.2	Spannungsnachweis im Gebrauchszustand	322
11.9.3	Spannungsnachweise im rechnerischen Bruchzustand	323
11.10	Krafteinleitung, Spaltzug	328
11.11	Rißbreitenbeschränkung nach DIN 4227, Teil 1, Anhang A1	330
11.11.1	Oberflächenbewehrung	330
11.11.2	Robustheitsbewehrung	331
11.11.3	Mindestschubbewehrung	332
11.11.4	Beschränkung der Rißbreite von Einzelrissen	332
11.12	Verformungen	336
12	Stichwortverzeichnis	338

1 Bezeichnungen

Im Kapitel 1 befinden sich die wichtigsten Bezeichnungen[1] aus der „alten" DIN 1045 und der DIN 4227, dem Eurocode 2 und dem Entwurf der „neuen" DIN 1045, 02/97. Um die Erläuterungstexte jeweils nicht zu lang werden zu lassen, steht die Bezeichnung „DIN 1045" jeweils für die alte Fassung der Norm mit Ausgabedatum 07/88 und die Bezeichnung „EC 2" für den Eurocode 2 **und** den Entwurf der neuen DIN 1045, Teil 1, 02/97.

1.1 Zeichen für geometrische Größen

A — Querschnittsfläche (allgemein)

A_c — Querschnittsfläche des Betons

$A_{c.eff}$ — wirksamer Betonquerschnitt

A_{c0} — Übertragungsfläche nach EC 2 im Sinne von DIN 1045, 17.3.3

A_{c1} — Verteilungsfläche nach EC 2 im Sinne von DIN 1045, 17.3.3

A_{ct} — Fläche der Betonzugzone im Zustand I

A_k — Fläche des Kernquerschnitts

A_p — Querschnittsfläche der Spannglieder

A_s — Querschnittsfläche des Betonstahls in der Zugzone

A_{sf} — Querschnittsfläche der Anschlußbewehrung von Gurten

A_{sl} — Querschnittsfläche der Längsbewehrung

$A_{s,bü}$ — Querschnittsfläche der Schubbewehrung nach DIN 1045

A_{sw} — Querschnittsfläche der Schubbewehrung nach EC 2

A_{sj} — Querschnittsfläche der die Verbundfuge durchsetzenden Verbundbewehrung

$A_{s,min}$ — Mindestbewehrung von Druckgliedern

$A_{s,prov}$ — vorhandene Bewehrung nach EC 2

$A_{s,req}$ — erforderliche Bewehrung nach EC 2

$A_{s,tot}$ — Gesamte Längsbewehrung von Druckgliedern

A_{s1} — Längsbewehrung in einem doppelt bewehrten Querschnitt am gezogenen Querschnittsrand

A_{s2} — Längsbewehrung in einem doppelt bewehrten Querschnitt am gedrückten Querschnittsrand

I_c — Flächenmoment 2. Grades (Trägheitsmoment) des Betonquerschnitts

R — Krümmungsradius bei Spanngliedern

R_{min} — Mindestwert von R

---

[1] Litzner, H.-U.: Grundlagen der Bemessung nach Eurocode 2 – Vergleich mit DIN 1045 und DIN 4227, Betonkalender 1994, Teil I, Berlin: Ernst & Sohn 1994

1 Bezeichnungen

S_I	Flächenmoment 1. Grades (statisches Moment) der Bewehrung, bezogen auf die Schwerachse des Querschnitts im Zustand I	b	Breite bei Rechteckquerschnitten; Plattenbreite bei Plattenbalken
		b_0	Stegbreite bei Plattenbalken
		b_{eff}	mitwirkende Plattenbreite von Plattenbalken nach EC 2
S_{II}	Flächenmoment 1. Grades (statisches Moment) der Bewehrung, bezogen auf die Schwerachse des Querschnitts im Zustand II	$b_{eff,i}$	mitwirkende Teilbreite von Plattenbalken nach EC 2
		b_j	Breite der Verbundfuge
W_c	Widerstandsmoment des Betonquerschnitts	b_k	Breite des Kernquerschnitts
		b_t	mittlere Breite der Zugzone nach EC 2
W_T	Torsionswiderstandsmoment		
a	Abstand der resultierenden Betondruckkraft F_c vom gedrückten bzw. stärker gedrückten Querschnittsrand	b_w	Stegbreite bei Plattenbalken
		$b_{w,nom}$	Stegbreite nach Abzug von Hüllrohren
a	Ausbreitmaß des Betons	b_x	Breite eines Plattenstreifens in x-Richtung (Mindestbemessungsmoment beim Durchstanzen)
a	Abstand der Fundamentkante von der Stützenaußenfläche		
a_c	horizontaler Abstand einer Vertikallast vom Rand der einspannenden Bauteile (bei Konsolen)	b_y	Breite eines Plattenstreifens in y-Richtung (Mindestbemessungsmoment beim Durchstanzen)
a_i	Auflagertiefe	b_1, b_2	vorhandene Plattenbreite bei Plattenbalken, gemessen von der Stegaußenkante
a_l	Versatzmaß nach EC 2		
a_s	Querschnittsfläche des Betonstahls in cm²/m	c	Betondeckung
		$\min c$	Mindestmaß der Betondeckung
$a_{s,R}$	Querschnittsfläche der Randbewehrung an teilweise eingespannten Plattenrändern in cm²/m	$\operatorname{nom} c$	Nennmaß der Betondeckung
		c_l	Betondeckung der Längsbewehrung
a_v	Abstand zwischen dem Momentennullpunkt und dem Querschnitt mit dem Größtmoment M_{max}	d	statische Nutzhöhe nach EC 2 (entspricht h nach DIN 1045)
		d	Durchmesser, Nenndurchmesser

1 Bezeichnungen

d_H Hüllrohrdurchmesser nach DIN 1045

d_{duct} Hüllrohrdurchmesser nach EC 2

d_g Nenndurchmesser des Größtkorns des Betonzuschlags

d_k Dicke des Kernquerschnitts

d_m mittlere statische Nutzhöhe in Flachdecken nach EC 2

d_s, Φ Nenndurchmesser des Bewehrungsstabes

d_s, Φ_s^* Grenzdurchmesser nach DIN 1045, Tab. 14, bzw. nach EC 2, Tab. 4.11

d_{sl}, Φ_l Stabdurchmesser der Längsbewehrung

d_{sV}, Φ_n Vergleichsdurchmesser bei Stabbündeln und Betonstahlmatten aus Doppelstäben

d_{sW}, Φ_W Stabdurchmesser der Schubbewehrung

d_v, Φ Durchmesser oder Vergleichsdurchmesser von Spanngliedern mit sofortigem Verbund

d_1 Abstand des Schwerpunktes einer Bewehrungslage vom gezogenen Querschnittsrand

d_2 Abstand des Schwerpunktes einer Bewehrungslage vom gedrückten Querschnittsrand

e Ausmitte einer Längskraft

e_a ungewollte zusätzliche Lastausmitte

e_e Ersatzlastausmitte

e_{tot} Gesamtlastausmitte

e_x Ausmitte in x-Richtung

e_y Ausmitte in y-Richtung

e_z Ausmitte in z-Richtung

e_o planmäßige Ausmitte der Längskraft nach Theorie 1. Ordnung

e_{01}, e_{02} planmäßige Ausmitte der Längskraft an den Stabenden nach Theorie 1. Ordnung

e_2 Lastausmitte nach Theorie II. Ordnung

e_I Ausmitte der Vorspannkraft im Zustand I

e_{II} Ausmitte der Vorspannkraft im Zustand II

e_φ Zusatzausmitte infolge Kriechen

f Durchbiegung

f_{tot} Gesamtdurchbiegung

h Gesamtdicke eines Querschnittes nach EC 2 (entspricht d nach DIN 1045)

h_F Einbindetiefe eines Fundamentes

h_c Höhe einer Konsole an der Einspannstelle

h_f Dicke eines Gurtes

h_m wirksame Dicke eines Betonquerschnittes im Hinblick auf Kriechen und Schwinden nach EC 2

h_m mittlere statische Nutzhöhe nach DIN 1045

h_{tot} Gesamthöhe eines Bauwerkes

1 Bezeichnungen

h_w	Steghöhe bei Rippendecken (ohne Druckplatte)	l_{eff}	wirksame Stützweite
h_w	Dicke einer Wand aus unbewehrtem Beton	$l_{eff,x}$	wirksame Stützweite einer Platte in x-Richtung
h_o	Gesamtdicke eines Plattenbalkens	$l_{eff,y}$	wirksame Stützweite einer Platte in y-Richtung
i	Trägheitsradius	l_h	horizontale Länge einer Wand
k	ungewollter Umlenkwinkel bei Spanngliedern	l_{ht}	horizontale Länge einer Querwand
l	Länge, Stablänge (allgemein), Stützweite nach DIN 1045	l_n	lichte Stützweite zwischen den Auflagern
l_E	Einschnittslänge nach DIN 1045, 18.8.1 (3)	$l_{p,eff}$	Eintragungslänge einer Vorspannung
l_b	Grundmaß der Verankerungslänge nach EC 2	l_s	Übergreifungslänge nach EC 2
l_0	Grundmaß der Verankerungslänge nach DIN 1045	$l_{s,t}$	Übergreifungslänge der Querbewehrung von Betonstahlmatten
l_{ba}	Verankerungslänge von nur durch Verbund verankerten Spanngliedern (Vorspannung mit sofortigem Verbund)	l_w	lichte Höhe einer Wand
$l_{b,min}$	Mindestwert von l_b	l_0	Ersatzlänge beim Knicksicherheitsnachweis
l_{bp}	Übertragungslänge, innerhalb der die Spannkraft voll auf den Beton übertragen wird	l_0	Abstand der Momentennullpunkte nach EC 2
$l_{bp,d}$	Bemessungswert von l_{bp}	l_{0t}	Abstand der seitlichen Unterstützungen beim Nachweis der Kippsicherheit
$l_{b,net}$	erforderliche Verankerungslänge von Bewehrungsstäben nach EC 2	r	Abstand des Bemessungsquerschnitts für den Schubnachweis von der Auflagermitte
l_1	erforderliche Verankerungslänge von Bewehrungsstäben nach DIN 1045	$1/r$	Krümmung eines Stahlbeton- oder Spannbetonquerschnittes
l_{col}	Länge eines Druckgliedes nach EC 2 zwischen den ideellen Einspannstellen	$(1/r)_m$	mittlere Krümmung ("tension stiffening")
		$(1/r)_{max}$	maximale Krümmung
		$(1/r)_I$	Krümmung im Zustand I
		$(1/r)_{II}$	Krümmung im (gerissenen) Zustand II

1 Bezeichnungen

s	Abstand (allgemein)
s	Störlänge bei der Eintragung einer Vorspannkraft im Sinne von DIN 4227
s_f	Abstand der Anschlußbewehrung von Gurten
s_j	Abstand der Stäbe einer Verbundbewehrung in Richtung der Verbundfuge
s_n	Lichter Rippenabstand bei Rippendecken
s_q	Lichter Querrippenabstand bei Rippendecken
s_u	Abstand des "kritischen" Rundschnitts von der Lasteinleitungsfläche
s_v	Lichter vertikaler Mindestabstand von Spanngliedern
s_h	Lichter horizontaler Mindestabstand von Spanngliedern
s_w	Bügelabstände nach EC 2
$s_{bü}$	Bügelabstände nach DIN 1045
$s_{w,max}$	Höchstwert von s_w
t	Auflagerbreite
t	Wanddicke des Hohl- oder Ersatzhohlquerschnitts für die Bemessung bei Torsion
u	äußerer Umfang eines Querschnitts mit der Fläche A
u_{crit}	Umfang des kritischen Rundschnitts nach EC 2
u_{DIN}	Umfang des kritischen Rundschnitts nach DIN 1045
u_k	Umfang des Kernquerschnitts
v	Versatzmaß nach DIN 1045
w	Rißbreite
w_k	charakteristischer Wert der Rißbreite
x	Abstand der Nullinie vom (stärker) gedrückten Querschnittsrand
x_I	Abstand der Nullinie vom gedrückten Querschnittsrand im Zustand I
x_{II}	Abstand der Nullinie vom gedrückten Querschnittsrand im Zustand II
x	Abstand einer auflagernahen Einzellast vom Auflagerrand
x, y, z	Achsrichtungen eines rechtwinkligen, rechtsdrehenden Koordinatensystems
z	Hebelarm der inneren Kräfte
z_{cp}	Abstand der Spannglieder vom Schwerpunkt des Betonquerschnitts
z_s	Abstand der Biegezugbewehrung A_s vom Schwerpunkt des Betonquerschnitts
z_{s1}	Abstand der Längsbewehrung A_{s1} am gezogenen Querschnittsrand vom Schwerpunkt des Betonquerschnitts
z_{s2}	Abstand der Längsbewehrung A_{s2} am gedrückten Querschnittsrand vom Schwerpunkt des Betonquerschnitts
ΔA_p	auf die Mindestbewehrung anrechenbarer Querschnitt von Spanngliedern

1 Bezeichnungen

Δc	Vorhaltemaße der Betondeckung nach DIN 1045	$v_{1,n}$	ungewollte Schiefstellung für die Schnittgrößenermittlung des n-ten lotrechten Bauteils
Δh	Vorhaltemaße der Betondeckung nach EC 2	v_2	ungewollte Schiefstellung für die Schnittgrößenermittlung in horizontalen aussteifenden Bauteilen
$\Delta f_{c,s}$	Durchbiegungszuwachs infolge Kriechen und Schwinden		
Δl	zulässige Maßabweichung nach EC 2	η_φ	Vergrößerungsfaktor für die Ersatzlänge l_0 zur Berücksichtigung des Kriechens
Δs	Stab- oder Trägerabschnitt		
θ	Rotationswinkel (allgemein)	ξ	bezogene Druckzonenhöhe x/d
θ	Neigung der Druckstreben gegen die Bauteilachse	ρ	geometrischer Bewehrungsgrad $\rho = A_s/A_c$
θ_{erf}	für die Schnittgrößenumlagerung erforderlicher Rotationswinkel	ρ_j	geometrischer Bewehrungsgrad der Verbundbewehrung
		ρ_l	vorhandener Gurtbewehrungsgrad nach EC 2
θ_{pl}	plastischer Rotationswinkel		
$\theta_{pl,d}$	Bemessungswert von θ_{pl}	μ_g	vorhandener Gurtbewehrungsgrad nach DIN 1045
α	Neigung der Schubbewehrung gegen die Bauteilachse bzw. -mittelebene	ρ_l	geometrischer Bewehrungsgrad der Längsbewehrung A_{sl}
β	Neigung (allgemein); Neigung einer Geraden in einem Koordinatensystem; Ausbreitwinkel der Vorspannkraft	ρ_w	geometrischer Bewehrungsgrad der Schubbewehrung nach EC 2
		$\rho_{bü}$	geometrischer Bewehrungsgrad der Schubbewehrung nach DIN 1045
λ	Schlankheit		
λ	Seitenverhältnis bei Platten		
λ_{crit}	kritische Schlankheit	ω	mechanischer Bewehrungsgrad $\omega = f_{yd} \cdot A_s / (f_{cd} \cdot A_c)$
λ_{lim}	Grenzschlankheit		
$\bar{\lambda}$	bezogene Schlankheit (l_0/h)	ω_{tot}	mechanischer Gesamtbewehrungsgrad
v_1	ungewollte Schiefstellung eines Tragwerkes als Ganzes oder eines lotrechten Bauteils	ω_W	mechanischer Bügelbewehrungsgrad nach EC 2
		$\omega_{bü}$	mechanischer Bügelbewehrungsgrad nach DIN 1045

1 Bezeichnungen

1.2 Sicherheitsrelevante Zeichen

A	außergewöhnliche (Unfall-) Einwirkung	Q_{ki}	charakteristische Werte weiterer veränderlicher Einwirkungen
A_k	charakteristischer Wert von A		
A_d	Bemessungswert von A	R_d	Bemessungswert des Tragwerk- bzw. Bauteilwiderstandes
C_d	Bemessungswert einer Bauwerks- oder Bauteileigenschaft im Grenzzustand der Gebrauchstauglichkeit	S_d	Bemessungswert der aufzunehmenden Schnittgrößen
		X	Baustoffkennwert
$E_{d,dst}$	Bemessungswert einer ungünstigen (destabilisierenden) Einwirkung beim Nachweis der Lagesicherheit	X_k	charakteristischer Wert von X
		X_d	Bemessungswert von X
		P_f	theoretische (operative) Versagenswahrscheinlichkeit
$E_{d,stb}$	Bemessungswert einer günstigen (stabilisierenden) Einwirkung beim Nachweis der Lagesicherheit	r_{inf}	Beiwert zur Bestimmung des unteren charakteristischen Werts der Vorspannung P_k
F_{Sd}	Bemessungswert einer aufzunehmenden Längskraft	r_{sup}	Beiwert zur Bestimmung des oberen charakteristischen Werts der Vorspannung P_k
G	ständige Einwirkung	s	Standardabweichung
G_k	charakteristischer Wert von G	v	Variationskoeffizient
G_d	Bemessungswert von G	Δl	zulässige Maßabweichung
P	Einwirkung infolge Vorspannung	α_n	Abminderungsbeiwert für die ungewollte Schiefstellung v_1 bzw. v_2
P_k	charakteristischer Wert von P		
P_d	Bemessungswert von P	β	Sicherheitsindex
Q	veränderliche Einwirkung	γ	(globaler) Sicherheitsbeiwert nach DIN 1045 und DIN 4227
Q_{IND}	veränderliche Zwangeinwirkung		
Q_k	charakteristischer Wert von Q	γ_F	Teilsicherheitsbeiwert für Einwirkungen
Q_d	Bemessungswert von Q	γ_A	Teilsicherheitsbeiwert für außergewöhnliche Einwirkungen
Q_{k1}	charakteristischer Wert der veränderlichen Leiteinwirkung		

1 Bezeichnungen

γ_G	Teilsicherheitsbeiwert für ständige Einwirkungen	γ_s	Teilsicherheitsbeiwert für Betonstahl und Spannstahl
$\gamma_{G,inf}$	unterer Wert von γ_G	ψ	Kombinationsbeiwert
$\gamma_{F,sup}$	oberer Wert von γ_G	ψ_0	Beiwert für die Grundkombination
γ_{IND}	Teilsicherheitsbeiwert für Zwangeinwirkungen	ψ_1	Beiwert für die häufige Kombination
γ_M	Teilsicherheitsbeiwert für Baustoffe	ψ_2	Beiwert für die quasi-ständige Kombination
γ_P	Teilsicherheitsbeiwert für Einwirkungen infolge Vorspannung	ψ_{2i}	Beiwert für die i-te Einwirkung einer quasi-ständigen Kombination
γ_Q	Teilsicherheitsbeiwert für veränderliche Einwirkungen		
γ_c	Teilsicherheitsbeiwert für Beton		

1.3 Kenngrößen für Baustoffe

A_{gt}	Gesamtdehnung von Betonstahl bei der Höchstzugkraft	$E_{c,eff}$	wirksamer Elastizitätsmodul des Betons
E_c	Elastizitätsmodul von Normalbeton	E_s	Elastizitätsmodul von Betonstahl und Spannstahl
E_{cm}	Sekantenmodul von Normalbeton	R_e	Streckgrenze von Betonstahl nach pr EN 10080
E_{cd}	Bemessungswert von E_c	R_m	Zugfestigkeit von Betonstahl nach pr EN 10080
E_{lc}	Elastizitätsmodul von Leichtbeton	f	Festigkeit (allgemein)
$E_{lc,m}$	Sekantenmodul von Leichtbeton	f_{bd}	Bemessungswert der aufnehmbaren Verbundspannungen nach EC 2 im Grenzzustand der Tragfähigkeit
$E_c(t_0)$	Elastizitätsmodul (Tangentenmodul) des Betons zum Zeitpunkt t_0	f_c	Zylinderdruckfestigkeit des Betons
$E_{c\,28}$	Elastizitätsmodul von Normalbeton bei der Spannung $\sigma_c = 0$ nach 28 Tagen	f_{cm}	Mittelwert von f_c

1 Bezeichnungen

$f_{ck}, f_{ck,cyl}$ charakteristischer Wert der Zylinderdruckfestigkeit des Betons

f_{cd} Bemessungswert der Zylinderdruckfestigkeit f_{ck}

$f_{ck,cube}$ charakteristischer Wert der Würfeldruckfestigkeit des Betons

f_{ct} Zugfestigkeit des Betons

$f_{ct,d}$ Bemessungswert von f_{ct} im Grenzzustand der Tragfähigkeit

$f_{ct,m}$ mittlere Zugfestigkeit

$f_{ctk,0.05}$ unterer charakteristischer Wert der Betonzugfestigkeit (5%-Fraktile)

$f_{ctk,0.95}$ oberer charakteristischer Wert der Betonzugfestigkeit (95%-Fraktile)

$f_{ct,ax}$ zentrische Zugfestigkeit des Betons

$f_{ct,fl}$ Biegezugfestigkeit des Betons

$f_{ct,sp}$ Spaltzugfestigkeit des Betons

$f_{ct,eff}$ wirksame Betonzugfestigkeit für die Ermittlung der Mindestbewehrung

f_p Zugfestigkeit des Spannstahls

f_{pk} charakteristischer Wert von f_p

f_{pd} Bemessungswert der charakteristischen Zugfestigkeit f_{pk}

$f_{p0.1}$ Spannstahlspannung an der 0,1%-Dehngrenze

$f_{p0.1,k}$ charakteristischer Wert von $f_{p0.1}$

f_R bezogene Rippenfläche des Betonstahls

f_{Rk} charakteristischer Wert von f_R

f_t Zugfestigkeit des Betonstahls

f_{tk} charakteristischer Wert von f_t

f_y Festigkeit des Betonstahls an der Streckgrenze

f_{ym} Mittelwert von f_y

f_{yk} charakteristischer Wert f_y

f_{yd} Bemessungswert von f_y

$f_{yl,d}$ Bemessungswert der Festigkeit der Torsionslängsbewehrung an der Streckgrenze

$f_{yw,d}$ Bemessungswert der Festigkeit der Schubbewehrung an der Streckgrenze

$f_{0.2k}$ 0,2%-Dehngrenze des Betonstahls

α Beiwert zur Berücksichtigung der Festigkeitsabnahme des Betons unter Dauerlast

α, α_e Verhältnis der Elastizitätsmoduli von Stahl und Beton

$\alpha_{T,c}$ Wärmedehnzahl des Betons

$\alpha_{T,s}$ Wärmedehnzahl von Beton- und Spannstahl

β_R Rechenwert der Betondruckfestigkeit nach DIN 1045 und DIN 4227

β_{WN} Nennfestigkeit des Betons nach DIN 1045

β_b Verbundbeiwert nach EC 2

β_S Streckgrenze des Betonstahls nach DIN 1045

$\beta_{0,01}$ Elastizitätsgrenze des Spannstahls nach DIN 4227

1 Bezeichnungen

ε_{c1} Betonstauchung bei Erreichen des Höchstwertes der Betondruckspannung f_c

ε_{cu} Bruchstauchung des Normalbetons

ε_{lcu} Bruchstauchung des Leichtbetons

ε_{cs} Grundschwindmaß von Normalbeton

$\varepsilon_{cs,\infty}$ Endschwindmaß von Normalbeton

$\varepsilon_{lcs,\infty}$ Endschwindmaß von Leichtbeton

ε_u Gleichmaßdehnung des Betonstahls

ε_{pu} Gleichmaßdehnung des Spannstahls

ε_{uk} charakteristischer Wert von ε_u

$\varepsilon_{pu,k}$ charakteristischer Wert von ε_{pu}

ε_{yk} charakteristischer Wert der Fließdehnung

ε_{yd} Bemessungswert der Fließdehnung

μ_c Querdehnzahl von Beton

ξ_1 Verhältnis der Verbundfestigkeit von Spanngliedern im Einpreßmörtel zur Verbundfestigkeit von Rippenstahl im Beton

ρ Trockenrohdichte des Betons

τ_{Rd} Grundwert der Bemessungsschubfestigkeit von Normalbeton

τ_{Rdj} Bemessungswert der durch eine Verbundfuge aufnehmbaren Schubspannung

1.4 Zeichen für Kräfte, Momente, Spannungen und Dehnungen

A_a, A_i äußere bzw. innere Arbeit

F Einwirkung, Kraft, Last

$F_{Sd,sup}$ Bemessungswert einer Auflagerreaktion

F_k charakteristischer Wert von F

F_c auf den Beton wirkende Kraft

F_{cj} auf den nachträglich ergänzten Querschnitt wirkender Anteil von F_c

F_d im Druckgurt eines Plattenbalkens wirkende Kraft

F_p auf den Spannstahl wirkende Kraft

F_{pu} rechnerischer Höchstwert von F_p

F_{px} Grenztragfähigkeit von Spanngliedern im gerissenen Verankerungsbereich an der Stelle x

1 Bezeichnungen

F_S auf den Betonstahl wirkende Kraft

F_S am Endauflager zu verankernde Kraft

F_{Sj} auf die Verbundbewehrung wirkende Kraft

F_t Transversalkraft in der Betondruckstrebe

F_v Vertikallast

H_{Sd} Bemessungswert einer aufzunehmenden Horizontalkraft

H_c Bemessungswert einer Horizontalkraft

$J(t,t_0)$ Kriechfunktion im Zeitintervall t_0 bis t

M Biegemoment (allgemein)

$M_{F,pl}$ plastisches Feldmoment einer zweiachsig gespannten Platte

M_{Rd} Bemessungswert des aufnehmbaren Biegemoments

M_{Rm} Mittelwert des aufnehmbaren Biegemoments

M_{Sd} Bemessungswert des aufzunehmenden Biegemoments

$M_{Sd,s}$ auf die Biegezugbewehrung bezogener Wert von M_{Sd}

$M_{Sd,\varphi}$ Bemessungswert eines kriecherzeugenden Momentes infolge ständiger Einwirkungen (Grenzzustand der Tragfähigkeit)

M_{cr} Rißmoment

M_{max} Größtwert eines (positiven) Biegemomentes

$M_{pd,ind}$ statisch unbestimmter Anteil eines Bemessungsmomentes M_{pd} infolge Vorspannung

$M_{pd,dir}$ statisch bestimmter Anteil eines Bemessungsmomentes M_{pd} infolge Vorspannung

M_{pl} plastisches Moment

M_u Bruchmoment nach DIN 1045 bzw. DIN 4227

M_I Biegemoment nach Theorie I. Ordnung

M_{II} Biegemoment nach Theorie II. Ordnung

N_{Rd} Bemessungswert der aufnehmbaren Längskraft

$N_{Rd,\lambda}$ Bemessungswert der aufnehmbaren Längskraft bei Berücksichtigung von Auswirkungen II. Ordnung

N_{Sd} Bemessungswert der aufzunehmenden Längskraft

$N_{Sd,m}$ Mittelwert von N_{Sd} in einem Geschoß

N_{bal} zu einem Dehnungszustand gehörige Längskraft, der durch die Dehnung ε_{yd} in der Bewehrung auf der Biegedruck- und der Biegezugseite gekennzeichnet ist

N_u Grenztragfähigkeit des zentrisch gedrückten Querschnitts nach DIN 1045

N_{ud} Grenztragfähigkeit des zentrisch gedrückten Querschnitts nach EC 2

P Vorspannkraft

1 Bezeichnungen

$P_{k,inf}$ unterer charakteristischer Wert der Vorspannkraft

$P_{k,sup}$ oberer charakteristischer Wert der Vorspannkraft

P_0 anfängliche Vorspannkraft, d.h. Vorspannkraft am Spannanker des Spannglieds unmittelbar nach dem Vorspannen

$P_{m,0}$ Mittelwert der (anfänglichen) Vorspannkraft zum Zeitpunkt $t = 0$

$P_{m,t}$ Mittelwert der Vorspannkraft zum Zeitpunkt t

Q_r größte Querkraft (Durchstanzkraft) im Rundschnitt

T Torsionsmoment

T_{Rd} Bemessungswert des aufnehmbaren Torsionsmoments

T_{Sd} Bemessungswert des aufzunehmenden Torsionsmoments

T_{Rd1} Bemessungswert des durch die Betondruckstreben aufnehmbaren Torsionsmoments

T_{Rd2} Bemessungswert des durch die Torsionsbügel aufnehmbaren Torsionsmoments

T_{Rd3} Bemessungswert des durch die Torsionslängsbewehrung aufnehmbaren Torsionsmoments

V Querkraft; Vertikallast allgemein

V_{Rd} Bemessungswert der aufnehmbaren Querkraft

V_{Sd} Bemessungswert der aufzunehmenden Querkraft

V_{Rd1} Bemessungswert der aufnehmbaren Querkraft bei Bauteilen ohne Schubbewehrung

V_{Rd2} Bemessungswert der durch die geneigten Betondruckstreben aufnehmbaren Querkraft

$V_{Rd2,red}$ reduzierter Wert von V_{Rd2} zur Berücksichtigung der Zusatzbeanspruchung in den Betondruckstreben durch eine Längsdruckkraft

V_{Rd3} Bemessungswert der durch die Schubbewehrung aufnehmbaren Querkraft

$V_{Sd,F}$ aufzunehmende Querkraft infolge einer Einzellast

$V_{Sd,DL}$ aufzunehmende Querkraft infolge einer Strecken- bzw. Flächenlast

V_u Schubtragfähigkeit nach DIN 1045 oder DIN 4227 im rechnerischen Bruchzustand

V_{wd} Bemessungswert der durch die Stegbewehrung allein aufnehmbaren Querkraft (Standardverfahren)

k_T Beiwert zur Beschreibung der Rauhigkeit einer Verbundfuge

m_{xe} Einspannmoment einer zweiachsig gespannten Platte in x-Richtung (Vektor des Moments)

m_{ye} Einspannmoment einer zweiachsig gespannten Platte in y-Richtung (Vektor des Moments)

1 Bezeichnungen

m_{xm} — größtes Feldmoment einer zweiachsig gespannten Platte in x-Richtung (Vektor des Moments)

m_{ym} — größtes Feldmoment einer zweiachsig gespannten Platte in y-Richtung (Vektor des Moments)

p — mittlere Querpressung im Verankerungsbereich von Stäben

q — quasi-ständige Einwirkungskombination

v_{Rd} — Bemessungswert der aufnehmbaren Durchstanzkraft (in kN/m bzw. MN/m)

v_{Sd} — Bemessungswert der aufzunehmenden Durchstanzkraft (in kN/m bzw. MN/m)

v_{Rd1} — Bemessungswert der aufnehmbaren Durchstanzkraft (Querkrafttragfähigkeit) von Platten ohne Schubbewehrung, bezogen auf die Längeneinheit

v_{Rd2} — Höchstwert der aufnehmbaren Durchstanzkraft (Querkrafttragfähigkeit) von Platten mit Schubbewehrung, bezogen auf die Längeneinheit

v_{Rd3} — Bemessungswert der durch die Schubbewehrung aufnehmbaren Durchstanzkraft von Platten, bezogen auf die Längeneinheit

ΔF_c — auf den vorgefertigten Querschnittsteil wirkender Anteil der Betondruckkraft F_c

ΔF_d — Höchstwert der Längskraft, die in einem einseitigen Gurtabschnitt zwischen Steg und Gurt wirkt (Zug oder Druck)

ΔH_{fd} — Zunahme der Horizontalkraft infolge Stützenschiefstellung

$\Delta M_{I\varphi}$ — Zunahme des Biegemoments I. Ordnung infolge Kriechen

ΔM_v — Zunahme des Biegemoments infolge ungewollter Schiefstellung des Tragwerks

ΔP — Spannkraftverlust

ΔP_c — Spannkraftverlust infolge elastischer Verformungen des Betons

ΔP_{sl} — Spannkraftverlust infolge Schlupf in den Verankerungen

ΔP_μ — Reibungsverluste

$\Delta P_t(t)$ — zeitabhängige Spannkraftverluste infolge Kriechen, Schwinden und Relaxation

$\Delta \varepsilon_p$ — Dehnungsänderung im Spannstahl infolge äußerer Einwirkungen

$\Delta \sigma_{pr}$ — Spannungsverlust infolge Relaxation

$\Delta \sigma_{p,c+s+r}$ — Spannungsverlust infolge Kriechen, Schwinden und Relaxation

X — Relaxationskoeffizient

α, α_e — Verhältnis der Elastizitätsmoduli von Stahl und Beton

1 Bezeichnungen

β — Beiwert zur Berücksichtigung der Zunahme der Querkrafttragfähigkeit infolge einer auflagernahen Einzellast

β_P — Beiwert zur Berücksichtigung des Einflusses von Lastausmitten beim Durchstanznachweis

β_{xe} — Beiwerte zur Berechnung der Momente m_{xe}

β_{ye} — Beiwerte zur Berechnung der Momente m_{ye}

β_{xm} — Beiwerte zur Berechnung der Momente m_{xm}

β_{ym} — Beiwerte zur Berechnung der Momente m_{ym}

δ — Momentenabminderungsbeiwert

ε — Dehnung (allgemein)

ε_c — Stauchung des Betons

ε_{cm} — mittlere Betonstauchung

ε_{cs} — Grundschwindmaß von Normalbeton

$\varepsilon_n(t)$ — spannungsunabhängige aufgezwungene Betondehnung (z.B. durch Kriechen oder Schwinden) zum Zeitpunkt t

ε_p — Dehnung des Spannstahls

ε_{pm} — Dehnung im Spannstahl infolge der Kraft $P_{m,t}$

ε_s — Stahldehnung

ε_{sm} — mittlere Stahldehnung unter Berücksichtigung des Mitwirkens des Betons auf Zug zwischen den Rissen ("tension stiffening")

ε_{tot} — zeitabhängige Gesamtdehnung des Betons

η — Beiwert zur Ermittlung des Mindestbemessungsmoments in Flachdecken

μ_{Sd} — bezogener Bemessungswert des aufzunehmenden Biegemoments

μ_{Sds} — auf die Biegezugbewehrung bezogener Bemessungswert des aufzunehmenden Biegemoments

v — von der Betonfestigkeitsklasse abhängiger Beiwert (Wirksamkeitsfaktor) zur Bestimmung der Tragfähigkeit der geneigten Betondruckstreben

v_u — auf die Grenztragfähigkeit des Betonquerschnitts bezogene Normalkraft: $v=N_{Sd}/(A_c \cdot f_{cd})$

v_{bal} — auf die Grenztragfähigkeit des Betonquerschnitts bezogene Normalkraft N_{bal}

σ — Spannung

$\sigma(t_0)$ — Spannung zum Zeitpunkt t_0

$\sigma(t)$ — Spannung zum Zeitpunkt t

σ_N — auf eine Verbundfuge wirkende Normalspannung

σ_c — Betondruckspannung

$\sigma_{cd,u}$ — Bemessungswert der bei Teilflächenbelastung aufnehmbaren Betondruckspannung

σ_{cg} — Betonspannung in Höhe der Spannglieder unter Eigenlast und weiteren ständigen Lasten

1 Bezeichnungen

σ_{cm}	mittlere Betondruckspannung	σ_{p0}	Höchstwert der anfänglichen Spannstahlspannung
$\sigma_{ep,0}$	wie σ_{cg} jedoch infolge der anfänglichen Vorspannung	σ_s	Betonstahlspannung
σ_{cp}	zentrische Druckspannung im Beton (Bemessungswert)	σ_{sr}	Betonstahlspannung im Zustand II bei Erstrißbildung ($\sigma_{ct}=f_{ctm}$)
$\sigma_{cp,eff}$	wirksame zentrische Druckspannung im Beton	σ_{sw}	Stahlspannung in der Schubbewehrung
σ_{cS}	Betondruckspannung im Schwerpunkt des Querschnitts	σ_t	Zugspannung
σ^*_{cS}	fiktive Betondruckspannung im Schwerpunkt eines Querschnitts	τ	Bemessungswert der Schubspannungen nach DIN 1045, 17.5
σ_{ct}	Zugspannung im Beton	τ_{Sd}	in den Grenzzuständen der Tragfähigkeit aufzunehmende Schubspannung
σ_{gd}	im Grenzzustand der Tragfähigkeit wirkende Sohlnormalspannung (Bemessungswert)	τ_T	Schubspannungen infolge Torsion
σ_p	Spannstahlspannung	τ_r	Schubspannungen infolge Q_r
$\sigma_{pg,0}$	anfängliche Spannstahlspannung infolge Vorspannung und ständigen Einwirkungen	τ_0	Grundwert der Schubspannung nach DIN 1045, 17.5
$\sigma_{pm,0}$	mittlere Spannstahlspannung, unmittelbar nach dem Spannen bzw. nach der Übertragung der Vorspannkraft	τ_{0u}	Bruchschubspannung im Sinne von DIN 1045
		$\varphi(t,t_0)$	Grundkriechzahl, die das Kriechen im Zeitintervall t_0 bis t angibt
σ_{pt}	zum Zeitpunkt t vorhandene Spannstahlspannung	Φ	Traglastfunktion

1.5 Weitere Zeichen

K_1	Beiwert zur Ermittlung der Ausmitte II. Ordnung e_2	N	Anzahl
K_2	Korrekturfaktor zur Berücksichtigung der Abnahme der Stabkrümmung bei zunehmender Längskraft N_{Sd}	f_1	Beiwert zur Festlegung des maßgebenden Grenzdurchmessers

1 Bezeichnungen

f_2	Beiwert zur Berücksichtigung der vorhandenen Betonzugfestigkeit bei der Festlegung des Grenzdurchmessers	k_{xII}	Beiwert zur Berechnung der Höhe der Druckzone x im Zustand II
f_3	Beiwert zur Bestimmung der zulässigen Biegeschlankheit von Balken und Platten	k_z	Beiwert zur Ermittlung des Hebelarms der inneren Kräfte
f_p	Beiwert zur Berücksichtigung einer günstig wirkenden Querpressung bei der Festlegung von l_b nach EC 2	k_1, k_2	Beiwerte nach DIN 1045, 17.5.5.2, zur Festlegung von zul τ_0 bei Platten ohne Schubbewehrung
k	Beiwert zur Berücksichtigung der Bauteildicke beim Schubnachweis	k_I	Beiwert zur Berechnung des Flächenmoments 2. Grades (Trägheitsmoment) im Zustand I
k	Hilfswert zur Herleitung der zulässigen Biegeschlankheit von Balken und Platten	k_{II}	Beiwert zur Berechnung des Flächenmoments 2. Grades (Trägheitsmoment) im Zustand II
k	Beiwert zur Berücksichtigung von nichtlinear verteilten Eigenspannungen	n_1	Gesamtzahl der Drähte bzw. Litzen eines Bündelspanngliedes
k_c	Beiwert zur Berücksichtigung des Einflusses der Spannungsverteilung	n_2	Anzahl der Drähte oder Litzen, über die die Radialkraft infolge Umlenkung auf die Umlenkvorrichtung übertragen wird
k_a	Beiwert für die Biegebemessung	t	Zeit (allgemein)
k_h	Beiwert für die Biegebemessung	t_0	Betonalter bei Belastungsbeginn in Tagen
k_x	Beiwert für die Biegebemessung	$\alpha, \delta, \varepsilon$	Hilfswerte für die Ermittlung der Plattenbiegemomente nach der Bruchlinientheorie
k_{s1}	Beiwert für die Biegebemessung	χ, ω	Hilfswerte für die Ermittlung der Plattenbiegemomente nach der Bruchlinientheorie
k_{s2}	Beiwert für die Biegebemessung	δ	Momentenumlagerungsfaktor
k_{xI}	Beiwert zur Berechnung der Höhe der Druckzone x im Zustand I		

1 Bezeichnungen

η, ξ Hilfsfunktionen für die Ermittlung des extremalen Feldmoments einer Platte nach der Bruchlinientheorie

η_1 Hilfswert zur Ermittlung der Zugfestigkeit von Leichtbeton

η_2 Hilfswert zur Ermittlung des Elastizitätsmoduls von Leichtbeton

η_3 Hilfswert zur Ermittlung der Endkriechzahl von Leichtbeton

η_4 Hilfswert zur Ermittlung des Endschwindmaßes von Leichtbeton

η_5 Hilfswert für die Bemessung auf Querkraft und Torsion

κ_1, κ_2 Beiwerte nach DIN 1045 zur Ermittlung der zulässigen Schubspannungen beim Nachweis der Sicherheit gegen Durchstanzen

λ Verhältnis zwischen der charakteristischen Druckfestigkeit f_{ck} und dem Nennwert β_{WN}

v, v' Beiwerte zur Festlegung der zulässigen Betonbeanspruchung in den geneigten Druckstreben

Wilhelm Modersohn

Verankerungstechnik GmbH & Co. KG
Büro: Eggeweg 2a • Fertigung und Lager: Industriestraße 23 • 32139 Spenge
Telefon 05225/8799-0 • Telefax 05225/3561 oder 6710 (Technik)

Einspannanker ES für vorgefertigte Brüstungs-, Attikaplatten und Fertig-Klinkerstürze

Qualitätsmanagementsystem Zertifiziert DIN EN ISO 9001

Brüstungsplatte

Attikaplatte

Erforderliche Angaben:
1. Fertigteilhöhe h_1
2. Fertigteildicke S
3. Brüstungshöhe h_2
4. Resthöhe h_3
5. Höhe üb. OKGelände
6. Zusatzlasten P_{vz}
7. Abstand E
8. Holmlasten $HH0$
9. Rand-Normalbereich
10. Elementlänge

Der Einspannanker ist die perfekte Lösung für den Montageanschluß von vorgefertigten Betonelementen an Ortbetonbauteilen mit Schwerlastdübeln oder Ankerschienen.
Für weitere Informationen sprechen Sie bitte unser Ingenieurbüro an.

Druckabstützung

Einspannanker

2 Tabellen

2.1 Beton

Tafel 1: Eigenschaften von Gesteinen[1]

Gesteinsart	Rohdichte ρ	-Dichte ρ_0	Wasseraufnahme nach DIN 52103	Druckfestigkeit [1]) nach DIN 52105	E-Modul	Wärmedehnzahl (Temperaturbereich 0-60 °C)
	kg/dm³	kg/dm³	Gew.-%	N/mm²	10^3 N/mm², GPa	10^{-6} K^{-1}
Granit	2,60 - 2,65	2,62 - 2,85	0,2 - 0,5	160 - 210	38 - 76	7,4
Diorit, Gabbro	2,80 - 3,00	2,85 - 3,05	0,2 - 0,4	170 - 300	50 - 60	6,5
Quarzporphyr	2,55 - 2,80	2,58 - 2,83	0,2 - 0,7	180 - 300	25 - 65	7,4
Basalt	2,90 - 3,05	3,00 - 3,15	0,1 - 0,3	250 - 400	96 ($\rho = 3,05$)	6,5
Quarzit, Grauwacke	2,60 - 2,65	2,64 - 2,68	0,2 - 0,5	150 - 300	60 ($\rho = 2,63$)	11,8
Quarzitischer Sandstein	2,60 - 2,65	2,64 - 2,68	0,2 - 0,5	120 - 200	10 - 20	11,8
Sonstiger Sandstein	2,00 - 2,65	2,64 - 2,72	0,2 - 9,0	30 - 180	1,5 - 15	11,0
Dichte Kalksteine	2,65 - 2,85	2,70 - 2,90	0,1 - 0,6	80 - 180	82 ($\rho = 2,69$)	5,0 bis 11,5
Sonstige Kalksteine	1,70 - 2,60	2,70 - 2,74	0,2 - 10,0	20 - 90	-	
Hochofenschlacke	2,50 - 2,90	2,90 - 3,10	0,4 - 5,0	80 - 240	34 ($\rho = 2,6$)	5,5

[1]) Bei Prüfung im trockenen Zustand

Tafel 2: Verhältniswerte der Druckfestigkeit von Prüfkörpern verschiedener Schlankheit[2]

Schlankheit h/d	0,5	1,0	1,5	2,0	3,0	4,0
Verhältniswerte [1])	1,40 bis 2,00	1,10 bis 1,20	1,03 bis 1,07	1,00	0,95 bis 1,00	0,90 bis 0,95

[1]) Im Bereich $h/d < 2$ entsprechen die größten Werte weniger festem Beton, die kleineren Werte Beton höherer Festigkeit.

---

[1] Hilsdorf, H.K.: Beton, Betonkalender 1997, Teil I, Berlin: Ernst & Sohn 1997

[2] Hilsdorf, H.K.: Beton, Betonkalender 1994, Teil I, Berlin: Ernst & Sohn 1994

2 Tabellen

Tafel 3: Umrechnungsfaktoren λ zur Berücksichtigung der unterschiedlichen Probekörperformen und Lagerungsbedingungen nach DIN 1045 und EC 2[1]

Probekörperform und deren Lagerung nach		Erläuterungen
DIN 1048	EC 2 bzw. ENV 206	
$\beta_{WN,\,200}$	$1{,}31 \cdot f_{ck,cyl}$	$\beta_{WN,\,200}$: Nennfestigkeit des Betons an Würfeln mit
$0{,}67 \cdot \beta_{WN,\,200}$	$f_{ck,cyl}$	200 mm Kantenlänge
$\beta_{WN,\,200}$	$1{,}03 \cdot f_{ck,cube}$	
$0{,}97 \cdot \beta_{WN,\,200}$	$f_{ck,cube}$	
$\beta_{WN,\,150}$	$1{,}33 \cdot f_{ck,cyl}$	$\beta_{WN,\,150}$: Wie Zeile 1, jedoch ermittelt an Würfeln mit
$0{,}75 \cdot \beta_{WN,\,150}$	$f_{ck,cyl}$	150 mm Kantenlänge
$0{,}92 \cdot \beta_{WN,\,150}$	$f_{ck,cube}$	Festigkeit in beiden Fällen an 150 mm-Würfeln bestimmt

Tafel 4: Richtwerte für die Temperaturdehnzahl α_{bT} von Beton[2]

Betonzuschlag	Feuchtigkeitszustand bei Prüfung	Temperaturdehnzahl α_{bT} in $10^{-6}\,K^{-1}$ von Beton mit einem Zementgehalt [kg/m³] von				
		200	300	400	500	600
Quarzgestein	wassergesättigt	11,6	11,6	11,6	11,6	11,6
	lufttrocken *)	12,7	13,0	13,4	13,8	14,2
Quarzsand und -kies	wassergesättigt	11,1	11,1	11,2	11,2	11,3
	lufttrocken *)	12,2	12,6	13,0	13,4	13,9
Granit, Gneis, Liparit	wassergesättigt	7,9	8,1	8,3	8,5	8,8
	lufttrocken *)	9,1	9,7	10,2	10,9	11,8
Syenit, Trachyt, Diorit, Andesit, Gabbro, Diabas, Basalt	wassergesättigt	7,2	7,4	7,6	7,8	8,0
	lufttrocken *)	8,5	9,1	9,6	10,4	11,1
dichter Kalkstein	wassergesättigt	5,4	5,7	6,0	6,3	6,8
	lufttrocken *)	6,6	7,2	7,9	8,7	9,8

*) bei 65 bis 70% rel. Luftfeuchte und bis zum Alter von rd. 1 Jahr, danach etwas geringer.

---

[1] Litzner, H.-U., Grundlagen der Bemessung nach EC 2, Beton-Kalender 1994, Teil I, Berlin: Ernst & Sohn 1994

[2] Hilsdorf, H. K.: Beton, Betonkalender 1997, Teil I, Berlin: Ernst & Sohn 1997

2 | Tabellen

Tafel 5: Anforderungen an Betone mit besonderen Eigenschaften nach DIN 1045[1]

Wasserundurchlässigkeit [1)]	Größte Wassereindringtiefe: $e_{max} \leq 5$ cm Wasserzementwert allgemein w/z $\leq$ 0,60 bei massigen Bauteilen w/z $\leq$ 0,70		
Hoher Frostwiderstand [1)]	– Betonzuschlag eF nach DIN 4226 – $e_{max} \leq 5$ cm und w/z $\leq 0,60$ – bei massigen Bauteilen w/z $\leq 0,70$ und ausreichender LP-Gehalt durch LP-Zusatz		

Hoher Frost- und Tausalzwiderstand	a) Allgemein:
	– Beton B II
	– Betonzuschlag eFT nach DIN 4226
	– LP-Beton mit w/z $\leq 0,50$
	– nur folgende Zemente nach DIN 1164 Teil 1 neu [2)]:
	    CEM I CEM II/A-S CEM II/B-S CEM II/A-T CEM II/B-T
	    CEM II/A-L CEM II/A-V CEM II/B-SV CEM III/A CEM III/B
	b) bei sehr starken Frost-Tausalz-Einwirkungen:
	– Beton B II
	– Betonzuschlag eFT nach DIN 4226
	– LP-Beton mit w/z $\leq 0,50$
	– nur folgende Zemente nach DIN 1164 Teil 1 neu [2)]:
	    CEM I CEM II/A-S CEM II/B-S CEM II/A-T CEM II/B-T
	    CEM II/A-L CEM II/A-V CEM III/A $\geq 42,5$		

Hoher Widerstand gegen chemische Angriffe [1)]	Angriffsgrad nach DIN 4030		
	schwach angreifend	stark angreifend	sehr stark angreifend
	$e_{max} \leq 5$ cm w/z $\leq 0,60$	$e_{max} \leq 3$ cm w/z $\leq 0,50$	$e_{max} \leq 3$ cm w/z $\leq 0,50$ und Schutz des Betons
	bei Wässern mit $\geq$ 600 mg SO$_4$/l und bei Böden mit $\geq$ 3000 mg SO$_4$/kg: Verwendung eines Zements mit hohem Sulfatwiderstand nach DIN 1164 Teil 1 neu		
Hoher Verschleißwiderstand	Mindestens B 35 Zementgehalt ≤ 350 kg/m^3 bei Zuschlaggrößtkorn von 32 mm		
Beton für hohe Gebrauchstemperaturen bis 250°C	Betonzuschlag, der sich für diese Beanspruchung als geeignet erwiesen hat Ausreichende Nachbehandlung und weitgehende Austrocknung vor erster Erhitzung Sondermaßnahmen bei häufigen und schroffen Temperaturwechseln		
Unterwasserbeton	Wasserzementwert w/z $\leq 0,60$ Ausbreitmaß $\approx$ 45 bis 50 cm Zementgehalt ≥ 350 kg/m^3 bei Zuschlaggrößtkorn von 32 mm Zuschlag-Kornzusammensetzung möglichst in der Mitte des Sieblinienbereichs 3 Beton darf nicht frei durch Wasser fallen		

[1)] e_{max} bedeutet größte Wassereindringtiefe (Mittel aus drei Werten) bei der Prüfung auf Wasserundurchlässigkeit nach DIN 1048 Teil 1

[2)]
CEM I   Portlandzement
CEM II/A-S   Portlandhüttenzement mit 6 bis 20 % Hüttensand
CEM II/B-S   Portlandhüttenzement mit 21 bis 35 % Hüttensand
CEM II/A-T   Portlandölschieferzement mit 6 bis 20 % gebranntem Schiefer
CEM II/B-T   Portlandölschieferzement mit 21 bis 35 % gebranntem Schiefer
CEM II/A-L   Portlandkalksteinzement
CEM II/A-V   Portlandflugaschezement
CEM II/B-SV Portlandflugaschehüttenzement
CEM III/A   Hochofenzement mit 35 bis 65 % Hüttensand
CEM III/B   Hochofenzement mit 66 bis 80 % Hüttensand

weitere Informationen zu Zementen in: Hilsdorf, H.K.: Beton, Betonkalender 1997, Teil I, Berlin: Ernst & Sohn 1997

---

[1] Hilsdorf, H. K.: Beton, Betonkalender 1997, Teil I, Berlin: Ernst & Sohn 1997

2 Tabellen

Tafel 6: Betonfestigkeitsklassen nach DIN 1045 und mechanische Eigenschaften

Betonfestigkeitsklasse β_W	B 5	B 10	B 15	B 25	B 35	B 45	B 55
Betongruppe		Beton B I			Beton B II		
Nennfestigkeit [1] β_{WN} [MN/m²]	5	10	15	25	35	45	55
Serienfestigkeit [2] β_{WS} [MN/m²]	8	15	20	30	40	50	60
E-Modul E [MN/m²]	-	22 000	26 000	30 000	34 000	37 000	39 000
Schubmodul G [MN/m²]	-	-	-	13 000	14 000	15 000	16 000
Rechenfestigkeit [3] β_R [MN/m²]	3,5	7,0	10,5	17,5	23,0	27,0	30,0
Rechenfestigkeit [4] β_R [MN/m²]	-	-	9,0	15,0	21,0	27,0	33,0
Verhältnis (BSt 500) [5] β_S/β_R	-	-	47,6	28,6	21,7	18,5	16,7
zul $\sigma_b = \beta_R / \gamma$, unbewehrter Beton [5]	1,7	3,3	5,0	8,3	10,9	10,9 [6]	10,9 [6]
zul $\sigma_b = \beta_R / \gamma$, bewehrter Beton [5]	-	-	5,0	8,3	10,9	12,9	14,3
Anwendung für		unbewehrten Beton			bewehrten und für unbewehrten Beton		
Herstellung nach		Abschnitt 6.5.5 der DIN 1045			Abschnitt 6.5.6 der DIN 1045		

[1] Mindestwert für die Druckfestigkeit β_{W28} jedes Würfels. Ihr liegt das 5%-Quantil der Grundgesamtheit zugrunde.
[2] Mindestwert für die mittlere Druckfestigkeit β_{Wm} jeder Würfelserie.
[3] DIN 1045
[4] DIN 4227, angegebene Werte beinhalten das Verhältnis der Sicherheitsbeiwerte 1,75/2,1
[5] Erhöhung möglich bei Teilflächenbelastung, kein Knicken, $\gamma=2,1$; bei [6] ist $\gamma>2,1$; β_R nach DIN 1045
[6] Erhöhung möglich bei Teilflächenbelastung, kein Knicken, $\gamma>2,1$; β_R nach DIN 1045

Tafel 7: Festigkeitsklassen für Hochleistungsbeton nach der Richtlinie des DAfStb

Betonfestigkeitsklasse β_W	B 65	B 75	B 85	B 95	B 105	B 115
Nennfestigkeit $\beta_{WN,200}$ [MN/m²]	65	75	85	95	105	115
Serienfestigkeit β_{WS} [MN/m²]	70	80	90	100	[1]	[1]
E-Modul E_c [MN/m²]	40 500	42 000	43 000	44 000	44 500	45 000
Schubmodul [2] G_c [MN/m²]	16 900	17 500	17 900	18 300	18 500	18 800
Rechenfestigkeit β_R [MN/m²]	40	45	50	55	60	64
Dehnung Parabel [3] ε_{bs} [‰]	-2,03	-2,06	-2,10	-2,14	-2,17	-2,20
Bruchdehnung ε_{bu} [‰]	-3,1	-2,7	-2,5	-2,4	-2,3	-2,2
Exponent [4] n [ ]	2,0	1,9	1,8	1,7	1,6	1,55
Verhältnis (BSt 500 S) β_S/β_R	12,5	11,11	10,0	9,09	8,33	7,8

[1] Die Werte sind durch Zulassung im Einzelfall festzulegen.
[2] Die Werte sind mit der Gleichung $G = E /[2 (1+\nu)]$ und $\nu = 0,2$ näherungsweise berechnet.
[3] gemeint ist die Dehnung, bis zu der die Gleichung der Parabel in der Spannungsdehnungslinie angenommen wird.
[4] Gleichung für die Parabel: $\sigma_b = \beta_R [1 - (1 - \varepsilon_{bs}/\varepsilon_{bu})^n]$

Sika® CarboDur-System
zur statischen Verstärkung mit federleichten, hochzugfesten **CFK-Lamellen**

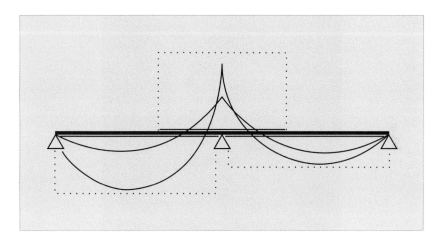

**Vorteile der Sika® CarboDur-Lamelle gegenüber
Stahllamellen für geklebte Bewehrung**

Stahllamelle
- begrenzte Lieferlänge (Stöße)
- korrosionsanfällig
- mittlere Festigkeit
- hohes Gewicht
- nicht flexibel
- genügendes Ermüdungsverhalten
- Absprießung erforderlich
- Endverankerung
- Egalisierung nicht möglich

CFK-Lamelle
- beliebige Lieferlänge (keine Stöße)
- korrosionsbeständig
- sehr hohe Festigkeit
- federleicht
- flexibel
- ausgezeichnetes Ermüdungsverhalten
- Absprießung nicht erforderlich
- keine Endverankerung
- Egalisierung möglich

CONSTRUCTION

Sika Chemie GmbH · Kornwestheimer Str. 103-107 · 70439 Stuttgart

2 Tabellen

Tafel 8: Rechenwerte für die Endkriechzahlen φ_∞ von Hochleistungsbeton nach der Richtlinie des DAfStb, siehe auch Kap. 11

Alter bei Belastung t_0 [Tage]	Trockene Atmosphäre, Innenräume (relative Feuchte ≈ 50 %)			Feuchte Atmosphäre, im Freien (relative Feuchte ≈ 80 %)		
	\multicolumn{6}{c}{wirksame Bauteildicke 2 A_b/u [mm]}					
	50	150	600	50	150	600
1	2,5	2,1	1,8	1,8	1,6	1,5
7	2,0	1,7	1,5	1,5	1,3	1,2
28	1,7	1,4	1,2	1,2	1,1	1,0
90	1,4	1,2	1,0	1,0	0,9	0,8
365	1,1	0,9	0,8	0,8	0,7	0,6

Tafel 9: Rechenwerte für die Endschwindmaße $\varepsilon_{s\infty}$ [‰] von Hochleistungsbeton nach der Richtlinie des DAfStb, siehe auch Kap.11

Umgebungsbedingung	trocken (innen): ≈ 50% relative Feuchte		feucht (außen): 80% relative Feuchte	
Wirksame Bauteildicke $2 \cdot A_b/u$ [mm]	≤ 150	600	≤ 150	600
$\varepsilon_{s\infty}$	$-60 \cdot 10^{-5}$	$-50 \cdot 10^{-5}$	$-33 \cdot 10^{-5}$	$-28 \cdot 10^{-5}$

Tafel 10: Festigkeitsklassen nach ENV 206 und mechanische Eigenschaften

Festigkeitsklasse [1]			C12/15	C16/20	C20/25	C25/30	C30/37	C35/45	C40/50	C45/55	C50/60
$f_{ck,cyl}$			12	16	20	25	30	35	40	45	50
$f_{ck,cube}$			15	20	25	30	37	45	50	55	60
Druck- festigkeit	$\|f_{ck}\|$	[MN/m²]	12	16	20	25	30	35	40	45	50
	$\|f_{cm}\|$	[MN/m²]	20	24	28	33	38	43	48	53	58
Zug- festig- keit	$f_{ct,m}$	[MN/m²]	1,6	1,9	2,2	2,6	2,9	3,2	3,5	3,8	4,1
	$f_{ctk;\,0,05}$	[MN/m²]	1,1	1,3	1,5	1,8	2,0	2,2	2,5	2,7	2,9
	$f_{ctk;\,0,95}$	[MN/m²]	2,0	2,5	2,9	3,3	3,8	4,2	4,6	4,9	5,3
E-Modul	E_{cm}	[MN/m²]	26 000	27 500	29 000	30 500	32 000	33 500	35 000	36 000	37 000
Grundwert der Schubspannung [2]	τ_{Rd}	[MN/m²]	0,20	0,22	0,24	0,26	0,28	0,30	0,31	0,32	0,33
Grenz- dehnung	ε_{cu} [3]	[‰]	-3,6	-3,5	-3,4	-3,3	-3,2	-3,1	-3	-2,9	-2,8
	ε_{cu} [4]	[‰]	-3,5	-3,5	-3,5	-3,5	-3,5	-3,5	-3,5	-3,5	-3,5

[1] die unterstrichenen Klassen sollen bevorzugt verwendet werden
[2] Werte stammen aus der Richtlinie des DAfStb zur Anwendung des EC 2
[3] σ-ε-Linie für die Schnittgrößenermittlung
[4] σ-ε-Linie für die Querschnittsbemessung

2 Tabellen

Tafel 11: Anhaltswerte für Ausschalfristen in Tagen nach DIN 1045

Zementfestigkeitsklasse nach DIN 1164 Teil 1 neu	Schalung von Wänden, Stützen und Balken (seitlich)	Deckenplatten-schalung	Rüstung von Balken, Rahmen und weitgespannten Platten
32,5	3	8	20
32,5 R und 42,5	2	5	10
42,5 R und 52,5	1	3	6

Tafel 12: Mindestnachbehandlungsdauer in Tagen[1]) für Außenbauteile bei Betontemperaturen über +10°C[1]

Umgebungs-bedingungen		Festigkeitsentwicklung des Betons		
		schnell	mittel	langsam
		Beton mit:	Beton mit:	Beton mit:
		w/z < 0,50 und Zement CEM 52,5; CEM 42,5 R	w/z = 0,50 bis 0,60 und Zement CEM 52,5; CEM 42,5; CEM 32,5 R oder w/z < 0,50 und Zement CEM 32,5	w/z = 0,50 bis 0,60 und Zement CEM 32,5 oder w/z < 0,50 und Zement CEM 32,5 NWHS
I	Relative Luftfeuchtigkeit ≥ 80% und vor Sonne und Wind geschützt	1	2	2
II	Relative Luftfeuchtigkeit 50 bis < 80 % und/oder mittlere Sonnenein-strahlung und/oder mittlere Windeinwirkung	1	3	4
III	Relative Luftfeuchtigkeit < 50% und/oder starke Sonneneinstrahlung und/oder starke Windeinwirkung	2	4	5

[1]) Bei Betontemperaturen unter 10°C ist die Nachbehandlungsdauer zu verdoppeln.

---

[1] Nach Richtlinie zur Nachbehandlung von Beton des DAfStb

2 Tabellen

2.2 Bewehrungsstahl

Tafel 13: Gewichte und Querschnitte A_s von Stabstahl in cm^2

d_s [mm]	Gewicht [kg/m]	1	2	3	4	5	6	7	8	9	10
6	0,222	0,28	0,57	0,85	1,13	1,42	1,70	1,98	2,26	2,55	2,83
8	0,395	0,50	1,01	1,51	2,01	2,52	3,02	3,52	4,02	4,53	5,03
10	0,617	0,79	1,57	2,36	3,14	3,93	4,71	5,50	6,28	7,07	7,85
12	0,888	1,13	2,26	3,39	4,52	5,65	6,78	7,91	9,04	10,17	11,30
14	1,21	1,54	3,08	4,62	6,16	7,70	9,24	10,78	12,32	13,86	15,40
16	1,58	2,01	4,02	6,03	8,04	10,05	12,06	14,07	16,08	18,09	20,10
20	2,47	3,14	6,28	9,42	12,56	15,70	18,84	21,98	25,12	28,26	31,40
25	3,85	4,91	9,82	14,73	19,64	24,55	29,46	34,37	39,28	44,19	49,10
28	4,83	6,16	12,32	18,48	24,64	30,80	36,96	43,12	49,28	55,44	61,60

d_s [mm]	Gewicht [kg/m]	11	12	13	14	15	16	17	18	19	20
6	0,222	3,11	3,40	3,68	3,96	4,25	4,53	4,81	5,09	5,38	5,66
8	0,395	5,53	6,04	6,54	7,04	7,55	8,05	8,55	9,05	9,56	10,06
10	0,617	8,64	9,42	10,21	10,99	11,78	12,56	13,35	14,13	14,92	15,70
12	0,888	12,43	13,56	14,69	15,82	16,95	18,08	19,21	20,34	21,47	22,60
14	1,21	16,94	18,48	20,02	21,56	23,10	24,64	26,18	27,72	29,26	30,80
16	1,58	22,11	24,12	26,13	28,14	30,15	32,16	34,17	36,18	38,19	40,20
20	2,47	34,54	37,68	40,82	43,96	47,10	50,24	53,38	56,52	59,66	62,80
25	3,85	54,01	58,92	63,83	68,74	73,65	78,56	83,47	88,38	93,29	98,20
28	4,83	67,76	73,92	80,08	86,24	92,40	98,56	104,72	110,88	117,04	123,20

2 Tabellen

Tafel 14: Querschnitte und Flächenbewehrungen a_s von Stabstahl in cm²/m

Stababstand s in cm	\multicolumn{9}{c}{Durchmesser d_s in mm}	Stäbe pro m
	6	8	10	12	14	16	20	25	28	
5,0	5,66	10,06	15,70	22,62	30,79	40,21	62,83	98,17	123,15	20,00
5,5	5,15	9,15	14,27	20,56	27,99	36,56	57,12	89,25	111,95	18,18
6,0	4,72	8,38	13,08	18,85	25,66	33,51	52,36	81,81	102,63	16,67
6,5	4,35	7,74	12,08	17,40	23,68	30,93	48,33	75,52	94,73	15,38
7,0	4,04	7,19	11,21	16,16	21,99	28,72	44,88	70,12	87,96	14,29
7,5	3,77	6,71	10,47	15,08	20,53	26,81	41,89	65,45	82,10	13,33
8,0	3,54	6,29	9,81	14,14	19,24	25,13	39,27	61,36	76,97	12,50
8,5	3,33	5,92	9,24	13,31	18,11	23,65	36,96	57,75	72,44	11,76
9,0	3,14	5,59	8,72	12,57	17,10	22,34	34,91	54,54	68,42	11,11
9,5	2,98	5,29	8,26	11,90	16,20	21,16	33,07	51,67	64,82	10,53
10,0	2,83	5,03	7,85	11,31	15,39	20,11	31,42	49,09	61,58	10,00
10,5	2,70	4,79	7,48	10,77	14,66	19,15	29,92	46,75	58,64	9,52
11,0	2,57	4,57	7,14	10,28	13,99	18,28	28,56	44,62	55,98	9,09
11,5	2,46	4,37	6,83	9,83	13,39	17,48	27,32	42,68	53,54	8,70
12,0	2,36	4,19	6,54	9,42	12,83	16,76	26,18	40,91	51,31	8,33
12,5	2,26	4,02	6,28	9,05	12,32	16,08	25,13	39,27	49,26	8,00
13,0	2,18	3,87	6,04	8,70	11,84	15,47	24,17	37,76	47,37	7,69
13,5	2,10	3,72	5,81	8,38	11,40	14,89	23,27	36,36	45,61	7,41
14,0	2,02	3,59	5,61	8,08	11,00	14,36	22,44	35,06	43,98	7,14
14,5	1,95	3,47	5,41	7,80	10,62	13,87	21,67	33,85	42,47	6,90
15,0	1,89	3,35	5,23	7,54	10,26	13,40	20,94	32,72	41,05	6,67
16,0	1,77	3,14	4,91	7,07	9,62	12,57	19,63	30,68	38,48	6,25
17,0	1,66	2,96	4,62	6,65	9,06	11,83	18,48	28,87	36,22	5,88
18,0	1,57	2,79	4,36	6,28	8,55	11,17	17,45	27,27	34,21	5,56
19,0	1,49	2,65	4,13	5,95	8,10	10,58	16,53	25,84	32,41	5,26
20,0	1,42	2,52	3,93	5,65	7,70	10,05	15,71	24,54	30,79	5,00
21,0	1,35	2,40	3,74	5,39	7,33	9,57	14,96	23,37	29,32	4,76
22,0	1,29	2,29	3,57	5,14	7,00	9,14	14,28	22,31	27,99	4,55
23,0	1,23	2,19	3,41	4,92	6,69	8,74	13,66	21,34	26,77	4,35
24,0	1,18	2,10	3,27	4,71	6,41	8,38	13,09	20,45	25,66	4,17
25,0	1,13	2,01	3,14	4,52	6,16	8,04	12,57	19,63	24,63	4,00

2 Tabellen

Tafel 15: Querschnitte von Betonstahl-Listenmatten, vorrangig verwendete Querschnitte unterlegt

Längs-stab- Ø	A_s eines Stabes	Querschnitt der Längsstäbe $a_{s,längs}$												
		Längsstababstand in mm												
		50	-	100	-	150	-	200	-	250	-	300	-	-
		100 d [2])	150 d [2])	200 d [2])										
mm	cm²	cm² / m												
4,0[1])	0,126	2,52	1,68	1,26	1,01	0,84	0,72	0,63	0,56	0,50	0,46	0,42	0,39	0,36
4,5[1])	0,159	3,18	2,12	1,59	1,27	1,06	0,91	0,80	0,71	0,64	0,58	0,53	0,49	0,45
5,0	0,196	3,93	2,62	1,96	1,57	1,31	1,12	0,98	0,87	0,78	0,71	0,65	0,60	0,56
5,5	0,238	4,75	3,17	2,38	1,90	1,58	1,36	1,19	1,06	0,95	0,86	0,79	0,73	0,68
6,0	0,283	5,65	3,77	2,82	2,26	1,88	1,62	1,41	1,26	1,13	1,03	0,94	0,87	0,81
6,5	0,332	6,64	4,43	3,31	2,65	2,21	1,90	1,65	1,47	1,33	1,21	1,10	1,02	0,95
7,0	0,385	7,70	5,13	3,85	3,08	2,57	2,20	1,92	1,71	1,54	1,40	1,28	1,18	1,10
7,5	0,442	8,84	5,89	4,42	3,53	2,95	2,52	2,20	1,96	1,77	1,61	1,47	1,36	1,26
8,0	0,503	10,05	6,70	5,03	4,02	3,35	2,87	2,51	2,23	2,01	1,83	1,67	1,55	1,44
8,5	0,567	11,35	7,57	5,67	4,54	3,78	3,24	2,84	2,52	2,27	2,06	1,89	1,74	1,62
9,0	0,636	12,72	8,48	6,36	5,09	4,24	3,63	3,18	2,83	2,54	2,31	2,12	1,96	1,82
9,5	0,709	14,18	9,45	7,09	5,67	4,73	4,05	3,54	3,15	2,83	2,58	2,36	2,18	2,02
10,0	0,785	15,71	10,47	7,85	6,28	5,24	4,49	3,92	3,49	3,14	2,85	2,61	2,42	2,24
10,5	0,866	17,32	11,55	8,66	6,93	5,77	4,95	4,33	3,85	3,46	3,15	2,89	2,66	2,47
11,0	0,950	19,01	12,67	9,50	7,60	6,34	5,43	4,74	4,22	3,80	3,45	3,16	2,92	2,71
11,5	1,039	20,77	13,85	10,39	8,31	6,92	5,93	5,19	4,61	4,15	3,78	3,45	3,19	2,97
12,0	1,131	22,62	15,08	11,31	9,04	7,54	6,46	5,66	5,02	4,52	4,11	3,76	3,48	3,23
mm	cm²	cm² / m												
Quer-stab-Ø	eines Stabes	50	75	100	125	150	175	200	225	250	275	300	325	350
		Querstababstand in mm												
		Querschnitt der Querstäbe $a_{s,quer}$												

[1]) Betonstahlmatten mit Nenndurchmessern von 4,0 mm und 4,5 mm dürfen nur bei vorwiegend ruhender Belastung und — mit Ausnahme von untergeordneten vorgefertigten Bauteilen, wie eingeschossigen Einzelgaragen — nur als Querbewehrung bei einachsig gespannten Platten, bei Rippendecken und bei Wänden verwendet werden (DIN 1045, Juli 1988, Tabelle 6).

[2]) Doppelstäbe nur als Längsstäbe

2 Tabellen

Tafel 16: Verschweißbarkeit von Betonstahl-Listenmatten

Einfachlängsstäbe	verschweißbar mit Einfachquerstäben		Doppellängsstäbe	verschweißbar mit Einfachquerstäben	
	von	bis		von	bis
Ø [mm]	Ø [mm]	Ø [mm]	Ø [mm]	Ø [mm]	Ø [mm]
4,0 [1]	4,0 –	6,5	4,0 d [1]	4,0 –	5,5
4,5 [1]	4,0 –	7,0	4,5 d [1]	4,0 –	6,0
5,0	4,0 –	8,5	5,0 d	4,5 –	7,0
5,5	4,0 –	8,5	5,5 d	4,5 –	7,5
6,0	4,0 –	8,5	6,0 d	5,0 –	8,5
6,5	4,0 –	9,0	6,5 d	5,0 –	9,0
7,0	4,5 –	10,0	7,0 d	6,0 –	10,0
7,5	5,0 –	10,5	7,5 d	6,0 –	10,5
8,0	5,0 –	11,0	8,0 d	6,5 –	11,0
8,5	5,0 –	12,0	8,5 d	7,0 –	12,0
9,0	6,5 –	12,0	9,0 d	7,5 –	12,0
9,5	7,0 –	12,0	9,5 d	8,0 –	12,0
10,0	7,0 –	12,0	10,0 d	8,0 –	12,0
10,5	7,5 –	12,0	10,5 d	8,5 –	12,0
11,0	8,0 –	12,0	11,0 d	9,0 –	12,0
11,5	8,5 –	12,0	11,5 d	9,5 –	12,0
12,0	8,5 –	12,0	12,0 d	10,0 –	12,0

[1] Betonstahlmatten mit Nenndurchmessern von 4,0 mm und 4,5 mm dürfen nur bei vorwiegend ruhender Belastung und — mit Ausnahme von untergeordneten vorgefertigten Bauteilen, wie eingeschossigen Einzelgaragen — nur als Querbewehrung bei einachsig gespannten Platten, bei Rippendecken und bei Wänden verwendet werden (DIN 1045, Juli 1988, Tabelle 6).

Wilhelm Modersohn
Verankerungstechnik GmbH & Co. KG
Büro: Eggeweg 2a • Fertigung und Lager: Industriestraße 23 • 32139 Spenge
Telefon 05225/8799-0 • Telefax 05225/3561 oder 6710 (Technik)

Brüstungsverankerung "MU"
für vorgefertigte Brüstungs- und Attikaplatten, die einfache und preiswerte Lösung!

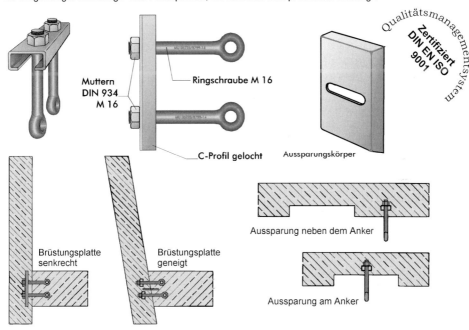

Der MU-Anker, für Stahlbetonfertigteile nach DIN 1045 - typengeprüft -, ist die perfekte Lösung für den Anschluß von vorgefertigten Betonelementen an Ortbetonteile.

Vorteile für den Architekten und Statiker:
- keine Bewehrungszeichnung, keine Bewehrungsauszüge mehr!
- sichere Höhenlage und Einbindung aller Anschlüsse!

Vorteile für das Fertigteilwerk:
- weniger Handgriffe - weitaus weniger Bewehrungseinbau,
- dadurch erhebliche Lohnkostensenkung!
- die bislang immer lästigen, aus den Elementen herausragenden, stets verbogenen Bewehrungsstäbe entfallen,
- dadurch bessere Ausnutzung von Transport- und Lagerraum!

Vorteile für die Baustelle:
- Hinsetzen, Ausrichten, Zulagebewehrung einbauen und die Stahlbetondecke kann betoniert werden!

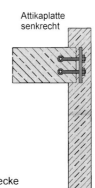

Den MU-Anker gibt es in Normalstahl, Normalstahl-Edelstahl kombiniert und Edelstahl.
Die Anker sind entsprechend des Werkstoffes gekennzeichnet.
Lieferung erfolgt aus freibleibendem Lagervorrat.

Für weitere Informationen sprechen Sie bitte unser Ingenieurbüro an.

Spannstahl
Lieferprogramm mit Spezialitäten

Als eines der ganz wenigen Unternehmen ist DWK Drahtwerk Köln GmbH heute in der Lage, für alle Arten des vorgespannten Betons geeignete Stahldrähte und -litzen zu liefern.

Sämtliche Spannbetonerzeugnisse von DWK Drahtwerk Köln GmbH besitzen gleichbleibend hohen Standard.

Spannbetondraht gezogen

mit glatter oder profilierter Oberfläche
mit normaler oder
sehr niedriger Relaxation
blank, verzinkt, PE-ummantelt
in Ringen, Ringen mit Fixlängen, Stangen

Ummantelungstyp A-COR 1 für temporären Korrosionsschutz

Litze mit mind. 1,8 mm dickem PE-Mantel

7drähtige Spannbetonlitze
3drähtige Spannbetonlitze

mit normaler oder
sehr niedriger Relaxation
blank, verzinkt, PE-ummantelt*
in spulenlosen Wickeln oder
auf Holzspulen

*PE-ummantelt in den zwei abgebildeten Ausführungen

Ummantelungstyp A-COR 2 für Dauerkorrosionsschutz

Litze mit Fettschicht (Korrosionsschutz-Fettung) und mind. 1,5 mm dickem PE-Mantel

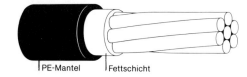

DRAHTWERK KÖLN GMBH

Postfach 80 50 03
51058 Köln
Telefon (02 21) 96 72-3 81
Telefax (02 21) 61 26 19

2 Tabellen

Tafel 17: Nenngewichte[1]) von Betonstahl-Listenmatten, vorrangig verwendete Querschnitte unterlegt

Längs-stab- Ø	eines Stabes	Gewicht der Längsstäbe ▼ Längsstababstand in mm											
		50 100 d[2])	- 150 d[2])	100 200 d[2])	-	150	-	200	-	250	-	300	-	-
mm	kg / m	kg / m²											
4,0	0,099	1,97	1,32	0,99	0,79	0,66	0,56	0,49	0,44	0,39	0,36	0,33	0,30	0,28
4,5	0,125	2,50	1,66	1,25	1,00	0,83	0,71	0,62	0,55	0,50	0,45	0,42	0,38	0,36
5,0	0,154	3,08	2,06	1,54	1,23	1,03	0,88	0,77	0,69	0,62	0,56	0,51	0,47	0,44
5,5	0,187	3,73	2,49	1,87	1,49	1,24	1,07	0,93	0,83	0,75	0,68	0,62	0,57	0,53
6,0	0,222	4,44	2,96	2,22	1,78	1,48	1,27	1,11	0,99	0,89	0,81	0,74	0,68	0,63
6,5	0,260	5,21	3,47	2,60	2,08	1,74	1,49	1,30	1,16	1,04	0,95	0,87	0,80	0,74
7,0	0,302	6,04	4,03	3,02	2,42	2,01	1,73	1,51	1,34	1,21	1,10	1,01	0,93	0,86
7,5	0,347	6,94	4,62	3,47	2,77	2,31	1,98	1,73	1,54	1,39	1,26	1,16	1,07	0,99
8,0	0,395	7,89	5,26	3,95	3,16	2,63	2,25	1,97	1,75	1,58	1,43	1,32	1,21	1,13
8,5	0,445	8,91	5,94	4,45	3,56	2,97	2,55	2,23	1,98	1,78	1,62	1,48	1,37	1,27
9,0	0,499	9,99	6,66	4,99	4,00	3,33	2,85	2,50	2,22	2,00	1,82	1,66	1,54	1,43
9,5	0,556	11,13	7,42	5,56	4,45	3,71	3,18	2,78	2,47	2,23	2,02	1,85	1,71	1,59
10,0	0,617	12,33	8,22	6,17	4,93	4,11	3,52	3,08	2,74	2,47	2,24	2,06	1,90	1,76
10,5	0,680	13,59	9,06	6,80	5,44	4,53	3,88	3,40	3,02	2,72	2,47	2,27	2,09	1,94
11,0	0,746	14,92	9,95	7,46	5,97	4,97	4,26	3,73	3,32	2,98	2,71	2,49	2,30	2,13
11,5	0,815	16,31	10,87	8,15	6,52	5,44	4,66	4,08	3,62	3,26	2,96	2,72	2,51	2,33
12,0	0,888	17,76	11,84	8,88	7,10	5,92	5,07	4,44	3,95	3,55	3,23	2,96	2,73	2,54
mm	kg / m	kg / m²											
Quer-stab- Ø	eines Stabes	50	75	100	125	150	175	200	225	250	275	300	325	350
		Querstababstand in mm ▲ Gewicht der Querstäbe ▲											

[1]) Das Flächennenngewicht einer Betonstahlmatte ergibt sich durch die Addition der Nenngewichte beider Stabrichtungen ohne Berücksichtigung der Randeinsparung. Dabei wird vorausgesetzt, daß die beiden Stabüberstände der Querstäbe zusammen gleich dem Stababstand der Längsstäbe und die beiden Stabüberstände der Längsstäbe zusammen gleich dem Abstand der Querstäbe sind. Sind sie kleiner, so erhöht sich das Flächennenngewicht; sind sie größer, so verringert es sich. Das genaue Mattengewicht ergibt sich als Summe der Gewichte der einzelnen Stäbe.

[2]) Doppelstäbe nur als Längsstäbe

2 Tabellen

Tafel 18: Lagermatten

Länge Breite [m]	Randeinsparung (Längsrichtung)	Matten-bezeichnung	Stab-abstände [mm]	Längsrichtung Querrichtung Stabdurchmesser Innenbereich / Randbereich [mm]		Anzahl der Längsrandstäbe links / rechts		Querschnitt längs quer [cm²/m]	Gewichte je Matte [kg]	Gewichte je m² [kg]	
5,00 / 2,15	ohne	Q 131	150 · 5,0 / 150 · 5,0					1,31 / 1,31	22,5	2,09	
		Q 188	150 · 6,0 / 150 · 6,0					1,88 / 1,88	32,4	3,01	
	mit	Q 221	150 · 6,5 / 150 · 6,5	/ 5,0	-	4	/ 4	2,21 / 2,21	33,7	3,14	
		Q 257	150 · 7,0 / 150 · 7,0	/ 5,0	-	4	/ 4	2,57 / 2,57	38,2	3,55	
		Q 377	150 · 8,5 / 150 · 8,5	/ 6,0	-	4	/ 4	3,78 / 3,78	56,0	5,21	
6,00 / 2,15		Q 513	150 · 7,0d / 100 · 8,0	/ 7,0	-	4	/ 4	5,13 / 5,03	90,0	6,97	
5,00 / 2,15	ohne	R 131	150 · 5,0 / 250 · 4,0 *)					1,31 / 0,50	15,8	1,47	BSt 500M (VI M) nach DIN 488
		R 188	150 · 6,0 / 250 · 4,0 *)					1,88 / 0,50	20,9	1,95	
	mit	R 221	150 · 6,5 / 250 · 4,0 *)	/ 5,0	-	2	/ 2	2,21 / 0,50	21,6	2,01	
		R 257	150 · 7,0 / 250 · 4,5 *)	/ 5,0	-	2	/ 2	2,57 / 0,64	25,1	2,33	
		R 317	150 · 5,5d / 250 · 4,5 *)	/ 5,5	-	2	/ 2	3,17 / 0,64	29,7	2,76	
		R 377	150 · 6,0d / 250 · 5,0	/ 6,0	-	2	/ 2	3,77 / 0,78	35,5	3,30	
		R 443	150 · 6,5d / 250 · 5,5	/ 6,5	-	2	/ 2	4,43 / 0,95	41,8	3,89	
6,00 / 2,15		R 513	150 · 7,0d / 250 · 6,0	/ 7,0	-	2	/ 2	5,13 / 1,13	58,6	4,54	
		R 589	150 · 7,5d / 250 · 6,5	/ 7,5	-	2	/ 2	5,89 / 1,33	67,5	5,24	
		K 664	100 · 6,5d / 250 · 6,5	/ 6,5	-	4	/ 4	6,64 / 1,33	69,6	5,39	
		K 770	100 · 7,0d / 250 · 7,0	/ 7,0	-	4	/ 4	7,70 / 1,54	80,8	6,27	
		K 884	100 · 7,5d / 250 · 7,5	/ 7,5	-	4	/ 4	8,84 / 1,77	92,9	7,20	
5,00 / 2,15	ohne	N 94	75 · 3,0 / 75 · 3,0					0,94 / 0,94	15,9	1,48	glatt
		N 141	50 · 3,0 / 50 · 3,0					1,41 / 1,41	23,7	2,20	

Der Gewichtsermittlung der Lagermatten liegen folgende Überstände zugrunde:
- Q-Matte: Überstände längs: 100/100 mm   Überstände quer: 25/25 mm
- R-Matte: Überstände längs: 125/125 mm   Überstände quer: 25/25 mm
- K-Matte: Überstände längs: 125/125 mm   Überstände quer: 25/25 mm

*) Betonstahlmatten mit Nenn-Ø 4,0 mm und 4,5 mm dürfen nur bei vorwiegend ruhender Belastung und - mit Ausnahme von untergeordneten vorgefertigten Bauteilen, wie eingeschossigen Einzelgaragen - nur als Querbewehrung bei einachsig gespannten Platten, bei Rippendecken und bei Wänden verwendet werden (DIN 1045 [07/88], Tab. 6).

2	Tabellen

2.3 Spannstahl

Auf den folgenden Seiten sind die Kennwerte einiger häufig verwendeter Spanngliedverfahren zusammengestellt. Da in Deutschland Spannverfahren nicht genormt, sondern Gegenstand bauaufsichtlicher Zulassungen sind, ist folgender Hinweis erforderlich:

Die Verlängerung oder Neuerteilung einer bauaufsichtlichen Zulassung kann zu einer Veränderung der im folgenden genannten Werte führen. Maßgebend ist immer die jeweils gültige Zulassung.

Es erscheint den Verfassern dennoch sinnvoll, diese Tabellen aufzunehmen. In der Praxis hat sich gezeigt, daß gerade im Stadium des Entwurfs, wenn mehrere Spannverfahren zur Auswahl stehen, die jeweils relevanten Daten — wie z.B. minimale Achsabstände bei der Verankerung oder bei den Hüllrohren, Verluste durch Reibung, etc. — aus den jeweiligen Zulassungen oder Datenblättern mit dem entsprechenden Zeitaufwand herausgesucht werden müssen. Die Zusammenstellung der für den Entwurf und die Konstruktion wichtigen Daten auf wenigen Seiten ermöglicht schnelles Arbeiten durch unmittelbaren Vergleich.

Der Anfänger wird zunächst ohne die Zulassungen dennoch nicht auskommen, sei es wegen zusätzlicher Informationen oder wegen der hier aus Gründen der Übersichtlichkeit nicht aufgenommenen Zeichnungen. Der im Spannbetonbau erfahrene Anwender wird aber mit den hier vorhandenen Informationen deutlich schneller arbeiten können.

Bei Erscheinen von Zulassungsverlängerungen empfehlen wir eine handschriftliche Eintragung von eventuellen Veränderungen. Bei einer Neuauflage dieses Buches werden die jeweils gültigen Zulassungen berücksichtigt.

Die Angaben der Hersteller in den Zulassungen und den teilweise vorhandenen Datenblättern sind z.T. sehr unterschiedlich, wobei dies sowohl die Anordnung als auch die Inhalte betrifft. Dennoch wurde im Sinne einer leichteren Handhabung versucht, die Anordnung der Werte in den Tabellen zumindest ähnlich vorzunehmen.

Die Aufnahme aller z.Z. in Deutschland zugelassenen Spannverfahren hätte den Umfang dieses Buches gesprengt. Es wurde versucht, diejenigen Spannverfahren zu erfassen, die den größten Marktanteil haben, um auch hier für 95 % aller Fälle dem Leser ein Werkzeug zur Verfügung zu stellen.

Mit einer Ausnahme beziehen sich alle z.Z. gültigen Zulassungen auf die Norm DIN 4227. Den Verfassern ist derzeit nur eine Zulassung bekannt, die in Zusammenhang mit dem EC 2 angewendet werden kann. Dies bestätigt die Annahme der Verfasser, daß ein wirklich nützliches Tabellenwerk (leider) noch den Stand der alten DIN 1045 und DIN 4227 als Grundlage verwenden sollte.

2 Tabellen

Tafel 19: Gebräuchliche Spannstähle mit allgemein bauaufsichtlicher Zulassung[1]

Gruppe	Stahlsorte [1])	Herstellungsart	Form	Oberfläche	Nenn-Ø	Anlieferung	Verankerung (überwiegend)
I Stabstähle	St 590/885 St 835/1030 St 1080/1230	naturhart naturhart, gereckt und angelassen	rund	glatt oder glatt mit Gewinderippen	16 bis 36	in geraden Stäben	Gewinde und Mutter
II Drähte	St 1325/1470 St 1420/1570	gewalzt vergütet	rund oder oval oder rechteckig	glatt oder gerippt oder profiliert	8 bis 12,2	in Ringen [2]) Ø 1,8 m	Klemm-, Reibungs-, Haftverankerung
III Litzen	St 1470/1670 St 1570/1770	kalt gezogen und vergütet	rund	glatt	3 bis 12,2	in Ringen [2]) Ø 1,8 m	aufgestauchte Köpfchen, Bündel

[1]) Die Benennung erfolgt nach der Mindeststreckgrenze und der Mindestzugfestigkeit in N/mm². Die zulässige Stahlzugspannung beträgt höchstens 75% der Streckgrenze bzw. 55% der Zugfestigkeit. Maßgebend ist der geringere Wert von beiden.

[2]) Verformung beim Aufwickeln elastisch. Legen sich beim Abwickeln wieder vollständig gerade.

Die folgenden Spannverfahren werden tabellarisch zusammengefaßt:

Hersteller	Typ	Zulassung gültig bis
2.3.1 Spannglieder ohne Verbund		
DYWIDAG	Litzenspannglieder 0,6"	31.5.1999
SUSPA	Litzenspannglieder 0,62" (0,6")	30.6.1999
VORSPANN-TECHNIK	Spannglieder CMM	31.7.2001
2.3.2 Spannglieder mit nachträglichem Verbund		
BBV	Litzenspannglieder 0,6"	31.1.1999
BBV	Litzenspannglieder 0,62"	beantragt
DYWIDAG	Litzenspannglieder 0,6"	30.6.2002
SUSPA	Litzenspannglieder 0,6"	28.2.1998
SUSPA	Litzenspannglieder 0,62"	13.1.2002
SUSPA-BBRV	Spannverfahren Drähte φ 7 mm	31.3.2001
VORSPANN-TECHNIK	Litzenspannglieder 0,5"	31.5.1999
VORSPANN-TECHNIK	Litzenspannglieder 0,62" (0,6")	30.4.1998
2.3.3 Einzelspannglieder		
DYWIDAG	Glatter Stahl, mit Verbund	15.6.1998
DYWIDAG	Glatter Stahl, ohne Verbund	28.2.1999
DYWIDAG	Gewindestahl, mit Verbund	15.6.1998
DYWIDAG	Gewindestahl, ohne Verbund	28.2.1999

[1] Bertram: Stahl im Bauwesen, Betonkalender 1995, Teil I, Berlin: Ernst & Sohn 1995

2 Tabellen

2.3.1 Spannglieder ohne Verbund

DYWIDAG: Litzenspannglieder 0,6", Zulassung gültig bis 31.5.1999

Spanngliedtyp			6807-7	6809-9	6812-12	6815-15	6819-19
Anzahl der Litzen [1])			7	9	12	15	19
Spannkräfte ($P_{zul} = 0{,}70 \cdot \beta_z \cdot A_z$)		kN	1214	1561	2082	2602	3296
Spannstahleigenschaften							
Stahlgüte β_s / β_z		N/mm²	\multicolumn{5}{c}{1570/1770}			
Elastizitätsmodul E_z		N/mm²	\multicolumn{5}{c}{195 000}			
Fläche A_z		cm²	9,80	12,60	16,80	21,00	26,60
Nenngewicht g		kg/m		9,90	13,20	16,50	20,90
Reibungskennwert μ			0,06	0,06	0,06	0,06	0,06
Umlenkwinkel β		°/m	0	0	0	0	0
Durchmesser PE-Rohr		mm	90	100	110	125	140
minimaler Achsabstand, wg. Umlenkung		mm	110	120	130	145	160
Muffenrohrdurchmesser außen		mm	139,7	152,4	168,3	193,7	200,0
min. zul. Krümmungsradius R		m	\multicolumn{5}{c}{4,0}			
Verankerungen							
Durchmesser der Verankerungsplatte		mm	245	285	315	355	395
Achsabstand	B 25	mm	330	380	430	500	560
	B 35	mm	305	355	400	470	525
	B 45	mm	280	330	370	430	480
Randabstand	B 25	mm	185	210	235	270	300
	B 35	mm	175	200	220	255	285
	B 45	mm	160	185	205	235	260
Wendel							
volle Windungen		n	5	5	5	5	5
Ganghöhe		mm	45	50	50	50	50
$\phi\, d_s$		mm	14	16	16	16	16
Außendurchmesser		mm	260	295	335	375	415
Zusatzbewehrung							
B 25		n ϕ mm	5 ϕ 14	5 ϕ 14	5 ϕ 14	6 ϕ 14	7 ϕ 16
B 35		n ϕ mm	6 ϕ 12	5 ϕ 12	5 ϕ 12	5 ϕ 14	6 ϕ 16
B 45		n ϕ mm	5 ϕ 12	5 ϕ 12	5 ϕ 12	5 ϕ 12	6 ϕ 14

Schlupf			als Zuschlag zum Spannweg	als ungewollter Nachlaßweg in der Statik	
Spannanker, verkeilt mit 20 kN/Litze		mm	1	mit Verkeilen: 2	ohne Verkeilen: 4
Festanker, ohne Keilsicherungsscheibe		mm	4	-	-
Festanker, mit Keilsicherungsscheibe		mm	3		
Feste Kopplung RO	ankommendes Spanngl. A	mm	1	mit Verkeilen: 2	ohne Verkeilen: 4
	weiterführendes Spanngl.	mm	3		
bewegliche Kopplung DO		mm	6		

[1]) Die Anzahl der Litzen in den Spanngliedern darf durch Fortlassen symmetrisch in den Verankerungen liegender Litzen vermindert werden. Es gelten die Bestimmungen für die vollbesetzten Verankerungen auch dann, wenn sie nur teilbesetzt sind.

2 Tabellen

SUSPA: Litzenspannglieder 0,62" (0,6"), Zulassung gültig bis 30.6.1999

Spanngliedtyp				ME 6-2	ME 6-3	ME 6-4	ME 6-5
Anzahl der Litzen				2	3	4	5
Spannkräfte ($P_{zul} = 0{,}70 \cdot \beta_z \cdot A_z$)			kN	372 (347)	558 (520)	743 (694)	929 (867)
Spannstahleigenschaften							
Stahlgüte β_s / β_z			N/mm²	\multicolumn{4}{c}{1570/1770}			
Elastizitätsmodul E_z			N/mm²	\multicolumn{4}{c}{195 000}			
Fläche A_z			cm²	3,0 (2,8)	4,5 (4,2)	6,0 (5,6)	7,5 (7,0)
Nenngewicht g			kg/m	2,36 (2,20)	3,54 (3,30)	4,72 (4,40)	5,90 (5,50)
Reibungsbeiwert				0,06	0,06	0,06	0,06
ungewollter Umlenkwinkel			°/m	0,5	0,5	0,5	0,5
minimaler Krümmungsradius			m	2,60 (2,50)	2,60 (2,50)	2,60 (2,50)	2,60 (2,50)
Verankerung							
Ankerplatte	Breite/Länge/Dicke		B 25	110 / 130 / 25	145 / 185 / 30	145 / 235 / 35	185 / 255 / 40
$l_y / l_x / t$	$l_y \updownarrow$	mm / mm / mm	B 35	100 / 110 / 20	135 / 200 / 30	145 / 200 / 30	160 / 250 / 35
	Länge $l_x \leftrightarrow$	mm / mm / mm	B 45	100 / 110 / 20	135 / 200 / 30	145 / 200 / 30	160 / 250 / 35
Achsabstand			B 25	170 / 220	185 / 290	205 / 320	245 / 380
y / x	$y \updownarrow$	mm / mm	B 35	150 / 210	175 / 270	185 / 295	215 / 350
	$x \leftrightarrow$	mm / mm	B 45	130 / 200	160 / 245	180 / 270	200 / 315
Randabstand			B 25	105 / 130	115 / 165	125 / 180	145 / 210
y / x	$y \updownarrow$	mm / mm	B 35	95 / 125	110 / 155	115 / 170	130 / 195
	$x \leftrightarrow$	mm / mm	B 45	85 / 120	100 / 145	110 / 155	120 / 175
Zusatzbewehrung Ausführung I mit Wendel							
Anzahl, Durchmesser, Abstand			B 25	n φ mm, mm	-	3 φ 10, s = 95	3 φ 12, s = 90	4 φ 12, s = 80
			B 35	n φ mm, mm	-	3 φ 10, s = 85	3 φ 12, s = 65	3 φ 12, s = 70
			B 45	n φ mm, mm	-	3 φ 10, s = 85	3 φ 12, s = 65	3 φ 12, s = 60
Zusatzbewehrung Ausführung II mit Bügel und Orthogonalbewehrung (ohne Wendel)							
Anzahl, Durchmesser, Abstand			B 25	n φ mm, mm	3 φ 12, s = 60	5 φ 12, s = 50	6 φ 12, s = 40	6 φ 14, s = 45
			B 35	n φ mm, mm	3 φ 12, s = 60	5 φ 12, s = 45	6 φ 14, s = 40	6 φ 16, s = 45
			B 45	n φ mm, mm	3 φ 14, s = 65	5 φ 12, s = 45	6 φ 14, s = 40	6 φ 16, s = 45
Schlupf			mm	5			

2 Tabellen

VORSPANN-TECHNIK: Spannglieder CMM, Zulassung gültig bis 31.7.2001

Spanngliedtyp		Dim.	VT-CMM 02-150	VT-CMM 2 x 02-150 D	VT-CMM 3 x 02-150 D	VT-CMM 04-150 D	VT-CMM 2 x 04-150 D	VT-CMM 3 x 04-150 D	VT-CMM 4 x 04-150 D
Anzahl der Litzen			2	4	6	4	8	12	16
Spannkräfte ($P_{zul} = 0,70 \cdot \beta_z \cdot A_z$)		kN	372	743	1115	743	1487	2230	2974
Spannstahleigenschaften									
Stahlgüte β_s / β_z		N/mm²	1570/1770						
Elastizitätsmodul E_z		N/mm²	195 000						
Fläche A_z		cm²	3,0	6,0	9,0	6,0	12,0	18,0	24,0
Nenngewicht g		kg/m	2,36	4,72	7,08	4,72	9,44	14,16	18,88
Reibungsbeiwert [1])			0,06	0,06	0,06	0,06	0,06	0,06	0,06
ungewollter Umlenkwinkel		°/m	0,0	0,0	0,0	0,0	0,0	0,0	0,0
minimaler Krümmungsradius	zur Breitseite	m	2,60	3,10	3,55	2,60	3,10	3,55	4,00
	zur Schmalseite	m	10,00	10,00	10,00	10,00	10,00	10,00	10,00
Spannbündel									
Abmessungen der Bänder, Breite/Dicke		mm/mm	51 / 27	51 / 54	51 / 81	96 / 27	96 / 54	96 / 81	96 / 108
Verankerungen									
Seitenlängen		mm	120	160	200	160	230	270	310
Dicke		mm	15	20	25	20	30	40	50
B 35	Achsabstand	mm	170	250	290	250	330	390	440
	Randabstand	mm	105	145	165	145	185	215	240
	Wendeldurchmesser	mm	-	230	270	230	310	370	420
	Zusatzbewehrung	n φ mm	5 φ 10	6 φ 8	4 φ 12	6 φ 8	4 φ 14	4 φ 14	4 φ 16
	Abmessung Zusatzbewehrung	mm / mm	150 / 150	230 / 230	270 / 270	230 / 230	310 / 310	370 / 370	420 / 420
B 45	Achsabstand	mm	160	220	250	220	290	350	400
	Randabstand	mm	100	130	145	130	165	195	220
	Wendeldurchmesser	mm	-	200	230	200	270	330	380
	Zusatzbewehrung	n φ mm	5 φ 10	6 φ 8	4 φ 12	6 φ 8	4 φ 14	4 φ 14	4 φ 16
	Abmessung Zusatzbewehrung	mm / mm	140 / 140	200 / 200	230 / 230	200 / 200	270 / 270	330 / 330	380 / 380

[1]) Beim gleichzeitigen Spannen mehrerer Spannbänder ist die Reibung von der Anzahl der übereinanderliegenden Spannbänder abhängig, siehe Kapitel 4.4.2 der Anlage 28 der Zulassung

Folgende Information sei zusätzlich gegeben:

BBV: Litzenspannglieder 0,62" (0,6"), Zulassung beantragt

Spanngliedtyp		B+B Lo 2S (B+B Lo 2)	B+B Lo 3S (B+B Lo 3)	B+B Lo 4S (B+B Lo 4)	B+B Lo 5S (B+B Lo 5)
Anzahl der Litzen		2	3	4	5
Spannkräfte ($P_{zul} = 0,70 \cdot \beta_z \cdot A_z$)	kN	372 (347)	558 (520)	743 (694)	929 (867)
Fläche A_z	cm²	3,0 (2,8)	4,5 (4,2)	6,0 (5,6)	7,5 (7,0)

Das entsprechende Litzenspannglied mit 1 Litze mit der Bezeichnung B+B Lo1 bzw. B+B Lo1s besitzt eine Zulassung bis zum 31.01.2000

2 Tabellen

2.3.2 Spannglieder mit nachträglichem Verbund

BBV: Litzenspannglieder 0,6", Zulassung gültig bis 31.1.1999

Spanngliedtyp		Dim.	B+B L 1	B+B L 3	B+B L 4	B+B L 5	B+B L 7	B+B L 9	B+B L 12	B+B L 15	B+B L 19	B+B L 22
Anzahl der Litzen			1	3	4	5	7	9	12	15	19	22
Spannkräfte ($P_{zul} = 0{,}55 \cdot \beta_z \cdot A_z$)		kN	136	409	545	681	954	1227	1635	2044	2590	2998
Spannstahleigenschaften												
Stahlgüte β_s/β_z		N/mm²	1570/1770									
Elastizitätsmodul E_z		N/mm²	195 000									
Fläche A_z		cm²	1,40	4,20	5,60	7,00	9,80	12,60	16,80	21,00	26,60	30,80
Nenngewicht g		kg/m	1,10	3,30	4,40	5,50	7,70	9,90	13,20	16,50	20,90	24,20
Hüllrohr												
Variante 1	Innendurchmesser	mm	21	40	45	50	55	60	70	85	90	100
	Außendurchmesser	mm	26	46	51	56	61	67	77	92	97	107
	Reibungskennwert μ		0,15	0,21	0,20	0,20	0,20	0,22	0,21	0,20	0,21	0,20
	Mindestachsabstand	mm	51	78	87	96	105	115	133	160	169	187
Variante 2	Innendurchmesser	mm	-	-	50	55	60	65	75	90	95	110
	Außendurchmesser	mm	-	-	56	61	67	72	82	97	102	117
	Reibungskennwert μ		-	-	0,19	0,19	0,20	0,20	0,19	0,19	0,20	0,19
	Mindestachsabstand	mm	-	-	96	105	115	124	142	169	178	205
Variante 3/4	Innendurchmesser	mm	-	-	55	60	65	70 / 75	80	-	-	-
	Außendurchmesser	mm	-	-	61	67	72	77 / 82	87	-	-	-
	Reibungskennwert μ		-	-	0,19	0,20	0,19	0,20 / 0,19	0,19	-	-	-
	Mindestachsabstand	mm	-	-	105	115	124	133 / 142	151	-	-	-
Umlenkwinkel β für Varianten 1 bis 4		°/m	0,5	0,4	0,3	0,3	0,3	0,3	0,3	0,3	0,3	0,3
Variante 5 ovale Hüllrohre	Innendurchmesser	mm	-	60 / 21	80 / 21	-	-	-	-	-	-	-
	Außendurchmesser	mm	-	65 / 25	85 / 25	-	-	-	-	-	-	-
	Reibungskennwert μ		-	0,23 / 0,15	0,26 / 0,15	κ um steife Achse / κ um schwache Achse						
	Mindestachsabstand	mm	-	113 / 42	149 / 42	-	-	-	-	-	-	-
Umlenkwinkel β für Variante 5		°/m	-	0,8	0,8	-	-	-	-	-	-	-
min. zul. Krümmungsradius R für 1 bis 5		m	4,80									
Verankerung												
B 25 zugänglicher Anker, Spann- oder Festanker	Ankerplatte Abmessungen [2]	mm / mm	80 / 80	140 / 185	170 / 200	200	240	270	290	310 / 310	350 / 350	375 / 375
	Achsabstand [1]	mm / mm	115 / 115	180 / 240	170 / 330	260	300	340	390	430	500	540
	Randabstand [1]	mm / mm	80 / 80	110 / 140	105 / 185	150	170	190	215	235	270	290
	Wendeldurchmesser	mm	105	120	140	200	240	270	315	350	390	485
	Zusatzbewehrung	n φ mm	-	-	-	3 φ 10	3 φ 10	4 φ 12	5 φ 12	4 φ 20	4 φ 20	10 φ 16
B 25 unzugänglicher Stufenanker	Ankerplatte Abmessungen [2]	mm / mm	90	140 / 185	170 / 200	200	240	270	315	350	390	420
	Achsabstand [1]	mm / mm	115	180 / 240	170 / 330	260	300	340	390	430	500	540
	Randabstand [1]	mm / mm	80	110 / 140	105 / 185	150	170	190	215	235	270	290
	Wendeldurchmesser	mm	105	120	140	200	240	270	315	350	390	485
	Zusatzbewehrung	n φ mm	-	-	-	3 φ 10	3 φ 10	4 φ 12	5 φ 12	4 φ 20	4 φ 20	10 φ 16
B 35 zugänglicher Anker, Spann- oder Festanker	Ankerplatte Abmessungen [2]	mm / mm	70 / 70	120 / 160	140 / 180	180	200	240	260	265 / 265	300 / 300	320 / 320
	Achsabstand [1]	mm / mm	100 / 100	150 / 200	160 / 240	220	260	300	340	380	440	470
	Randabstand [1]	mm / mm	70 / 70	95 / 120	100 / 140	130	150	170	190	210	240	255
	Wendeldurchmesser	mm	105	120	140	160	200	240	285	315	350	390
	Zusatzbewehrung	n φ mm	-	-	-	3 φ 10	3 φ 10	4 φ 12	5 φ 12	4 φ 20	4 φ 20	10 φ 16
B 35 unzugänglicher Stufenanker	Ankerplatte Abmessungen [2]	mm / mm	80	120 / 160	140 / 180	180	200	240	280	310	340	370
	Achsabstand [1]	mm / mm	100	150 / 200	160 / 240	220	260	300	340	380	440	470
	Randabstand [1]	mm / mm	70	95 / 120	100 / 140	130	150	170	190	210	240	255
	Wendeldurchmesser	mm	105	120	140	160	200	240	285	315	350	390
	Zusatzbewehrung	n φ mm	-	-	-	3 φ 10	3 φ 10	4 φ 12	5 φ 12	4 φ 20	4 φ 20	10 φ 16

Fußnoten siehe nächste Seite

Fortsetzung auf der nächsten Seite

2 Tabellen

Spanngliedtyp		Dim.	B+B L 1	B+B L 3	B+B L 4	B+B L 5	B+B L 7	B+B L 9	B+B L 12	B+B L 15	B+B L 19	B+B L 22
Anzahl der Litzen			1	3	4	5	7	9	12	15	19	22
Spannkräfte ($P_{zul} = 0{,}55 \cdot \beta_z \cdot A_z$)		kN	136	409	545	681	954	1227	1635	2044	2590	2998
B 45 zugänglicher Anker, Spann- oder Festanker	Ankerplatte Abmessungen [2]	mm / mm	70 / 70	120 / 160	140 / 180	180	200	240	260	265 / 265	300 / 300	320 / 320
	Achsabstand [1]	mm / mm	90 / 90	130 / 180	140 / 220	190	230	260	310	340	390	420
	Randabstand [1]	mm / mm	65 / 65	85 / 110	90 / 130	115	135	150	175	190	215	230
	Wendeldurchmesser	mm	105	120	140	130	180	200	270	300	330	360
	Zusatzbewehrung	n φ mm	-	-	-	3 φ 10	3 φ 10	4 φ 12	5 φ 12	4 φ 20	4 φ 20	10 φ 16
B 45 unzugänglicher Stufenanker	Ankerplatte Abmessungen [2]	mm / mm	80	120 / 160	140 / 180	180	200	240	280	310	340	370
	Achsabstand [1]	mm / mm	90	130 / 180	140 / 220	190	230	260	310	340	390	420
	Randabstand [1]	mm / mm	65	85 / 110	90 / 130	115	135	150	175	190	215	230
	Wendeldurchmesser	mm	105	120	140	130	180	200	270	300	330	360
	Zusatzbewehrung	n φ mm	-	-	-	3 φ 10	3 φ 10	4 φ 12	5 φ 12	4 φ 20	4 φ 20	10 φ 16

Schlupf		ohne Vorverkeilen	Vorverkeilen mit 1,2 zul P	nach dem Spannen Eindrücken der Keile mit 10% der zul. Vorspannkraft
am Spannanker	mm	4	-	3
am Festanker	mm	4	0	-
an der Übergreifungskopplung	mm	4	0	3
an der Muffenkopplung	mm	4	0	3
Zwischenanker, Festseite	mm	4	-	-
Zwischenanker, Spannseite	mm	5	-	-

1) Die Verankerungsabstände dürfen in einer Richtung um bis zu 15 % der Tafelwerte verkleinert werden, wenn sie gleichzeitig in der anderen, senkrecht dazu stehenden Richtung um den gleichen Prozentsatz vergrößert werden.

2) Die Angabe eines Wertes beschreibt einen kreisförmigen Anker, zwei Werte gelten für einen rechteckigen Ankerkörper

BBV: Litzenspannglieder 0,62", Zulassung beantragt

Spanngliedtyp	Dim.	B+B L 1	B+B L 3	B+B L 4	B+B L 5	B+B L 7	B+B L 9	B+B L 12	B+B L 15	B+B L 19	B+B L 22
Anzahl der Litzen		1	3	4	5	7	9	12	15	19	22
Spannkräfte ($P_{zul} = 0{,}55 \cdot \beta_z \cdot A_z$)	kN	146	438	584	730	1022	1314	1752	2190	2774	3213

Nach dem Stand Januar 1998 stimmen die technischen Angaben weitgehend mit denen des 0,6"-Litzenspannverfahrens überein, bei einigen Spanngliedern verändern sich bei Verwendung eines B 25 voraussichtlich einige Achs- und Randabstände minimal.

2 Tabellen

DYWIDAG: Litzenspannglieder 0,6", Zulassung gültig bis 30.6.2002

Spanngliedtyp	Dim.	6801	6802	6803	6804	6805	6806	6807	6809	6812	6815	6819	6822	6827
Anzahl der Litzen		1	2	3	4	5	6	7	9	12	15	19	22	27
Spannkräfte ($P_{zul} = 0{,}55 \cdot \beta_z \cdot A_z$)	kN	136	273	409	545	681	818	954	1227	1635	2044	2590	2998	3680
Spannstahleigenschaften														
Stahlgüte β_s / β_z	N/mm²	1570/1770												
Elastizitätsmodul E_z	N/mm²	195 000												
Fläche A_z	cm²	1,40	2,80	4,20	5,60	7,00	8,40	9,80	12,60	16,80	21,00	26,60	30,80	37,80
Nenngewicht g	kg/m	1,10	2,20	3,30	4,40	5,50	6,60	7,70	9,90	13,20	16,50	20,90	24,20	29,70
Hüllrohr Typ I														
Reibungskennwert μ		0,15	0,17	0,21	0,24	0,20	0,22	0,22	0,20	0,19	0,20	0,21	0,20	0,20
Umlenkwinkel β	°/m	0,8	0,5	0,4	0,3	0,3	0,3	0,3	0,3	0,3	0,3	0,3	0,3	0,3
Unterstützungsabstände, Größtwert	m	1,80												
Innendurchmesser	mm	20	35	40	45	50	55	60	70	75	85	90	95	-
Außendurchmesser	mm	25	40	46	50	55	60	65	75	80	90	95	100	-
minimaler lichter Abstand = 0,8 ϕ_l	mm	25	28	32	36	40	44	48	56	60	68	72	76	-
minimaler Achsabstand	mm	50	68	78	86	95	104	113	131	140	158	167	176	-
Hüllrohr Typ II														
Reibungskennwert μ		0,15	0,17	0,18	0,19	0,20	0,19	0,19	0,19	0,19	0,19	0,20	0,20	-
Umlenkwinkel β	°/m	0,5	0,5	0,3	0,3	0,3	0,3	0,3	0,3	0,3	0,3	0,3	0,3	-
Unterstützungsabstände, Größtwert	m	1,80												
Innendurchmesser	mm	22	40	50	55	60	65	65	75	80	90	95	100	110
Außendurchmesser	mm	25	46	55	60	65	70	70	80	85	95	100	105	118
minimaler lichter Abstand = 0,8 ϕ_l	mm	25	32	40	44	48	52	52	60	64	72	76	80	88
minimaler Achsabstand	mm	50	77	95	104	113	122	122	140	149	167	176	185	206
ovale Hüllrohre														
Reibungskennwert μ		-	-	0,15	0,15	0,15	-	-	-	-	-	-	-	-
Umlenkwinkel β	°/m	-	-	0,8	0,8	0,8	-	-	-	-	-	-	-	-
Unterstützungsabstände, Größtwert	m	1,80												
Innendurchmesser	mm	-	-	55/21	70/21	85/21	-	-	-	-	-	-	-	-
Außendurchmesser	mm	-	-	60/26	75/26	90/26	-	-	-	-	-	-	-	-
minimaler lichter Abstand = 0,8 ϕ_l	mm	-	-	44/25	56/25	68/25	-	-	-	-	-	-	-	-
minimaler Achsabstand	mm	-	-	104/51	131/51	158/51	-	-	-	-	-	-	-	-
Plattenverankerung SD, nur gültig für > B 35														
Plattenabmessungen	mm/mm	125/140	135/160	150/180	165/205	170/215	-	-	-	-	-	-	-	-
Achsabstand	mm/mm	190/320	200/360	210/390	230/430	240/460	-	-	-	-	-	-	-	-
Randabstand	mm/mm	115/180	120/200	125/205	135/235	140/250	-	-	-	-	-	-	-	-
Wendeldurchmesser	mm	140	150	160	175	190	-	-	-	-	-	-	-	-
Zusatzbewehrung	nϕ mm	3ϕ 8	3ϕ 8	3ϕ 8	4ϕ 8	4ϕ 8	-	-	-	-	-	-	-	-
Rippenplattenverankerung SDR, gültig für > B 25														
Plattenabmessungen	mm/mm	-	130/180	130/180	140/200	-	-	-	-	-	-	-	-	-
Achsabstand	mm/mm	-	160/240	180/260	200/280	-	-	-	-	-	-	-	-	-
Randabstand	mm/mm	-	100/140	110/150	120/160	-	-	-	-	-	-	-	-	-
Wendeldurchmesser	mm	-	140	150	170	-	-	-	-	-	-	-	-	-
Zusatzbewehrung	nϕ mm	-	4ϕ 8	4ϕ 10	4ϕ 12	-	-	-	-	-	-	-	-	-

Fortsetzung auf der nächsten Seite

2 Tabellen

Spanngliedtyp		Dim.	6801	6802	6803	6804	6805	6806	6807	6809	6812	6815	6819	6822	6827
Anzahl der Litzen			1	2	3	4	5	6	7	9	12	15	19	22	27
Spannkräfte ($P_{zul} = 0{,}55 \cdot \beta_z \cdot A_z$)		kN	136	273	409	545	681	818	954	1227	1635	2044	2590	2998	3680
Mehrflächenverankerung Typ MA															
Verankerungskörper, Durchmesser		mm	-	-	-	-	-	-	-	180	220	250	280	300	315
B 25	Achsabstand	mm	-	-	-	-	-	-	-	340	380	420	480	480	580
	Randabstand	mm	-	-	-	-	-	-	-	190	210	230	260	260	310
	Wendeldurchmesser	mm	-	-	-	-	-	-	-	285	340	380	440	430	520
	Zusatzbewehrung	nϕ mm	-	-	-	-	-	-	-	6ϕ12	5ϕ12	5ϕ12	5ϕ12	6ϕ14	7ϕ14
B 35	Achsabstand	mm	-	-	-	-	-	-	-	310	350	390	450	450	530
	Randabstand	mm	-	-	-	-	-	-	-	175	195	215	245	245	285
	Wendeldurchmesser	mm	-	-	-	-	-	-	-	260	310	350	410	400	470
	Zusatzbewehrung	nϕ mm	-	-	-	-	-	-	-	5ϕ12	5ϕ12	5ϕ12	5ϕ12	6ϕ14	6ϕ16
B 45	Achsabstand	mm	-	-	-	-	-	-	-	280	320	360	420	420	480
	Randabstand	mm	-	-	-	-	-	-	-	160	180	200	230	230	260
	Wendeldurchmesser	mm	-	-	-	-	-	-	-	240	280	320	380	370	430
	Zusatzbewehrung	nϕ mm	-	-	-	-	-	-	-	5ϕ10	5ϕ10	5ϕ10	6ϕ12	7ϕ14	7ϕ14

Schlupf Verkeil- bzw. Vorspannkraft		Schlupf am Spannanker: zu berücksichtigen		Schlupf am Festanker: zu berücksichtigen
		beim Spannweg	als Nachlaßweg	beim Spannweg
ohne Verkeilen bzw. ohne Vorverkeilen und ohne Keilsicherungsscheibe oder Druckplatte	mm	1	4	4
ohne Vorverkeilen mit Keilsicherungsscheibe oder Druckplatte	mm	entfällt	entfällt	3
mit Verkeilen mit 20 kN/Litze	mm	1	2	entfällt
mit Vorverkeilen mit 1,2 zul. P	mm	entfällt	entfällt	1

2 Tabellen

SUSPA: Litzenspannglieder 0,6", Zulassung gültig bis 28.2.1998

Spanngliedtyp			6-3	6-4	6-5	6-9	6-12	6-15	6-19	6-22
Anzahl der Litzen			3	4	5	9	12	15	19	22
Spannkräfte ($P_{zul} = 0{,}55 \cdot \beta_z \cdot A_z$)		kN	409	545	681	1227	1635	2044	2590	2998
Spannstahleigenschaften										
Stahlgüte β_s/β_z		N/mm²	\multicolumn{8}{c}{1570/1770}
Elastizitätsmodul E_z		N/mm²	\multicolumn{8}{c}{195 000}
Fläche A_z		cm²	4,2	5,6	7,0	12,6	16,8	21,0	26,6	30,8
Nenngewicht g		kg/m	3,30	4,40	5,50	9,89	13,19	16,49	20,88	24,18
Hüllrohr Typ I, in der Regel für werksgefertigte Spannglieder										
Reibungskennwert μ			0,21	0,20	0,20	0,21	0,20	0,21	0,21	0,20
Umlenkwinkel β		°/m	0,4	0,3	0,3	0,3	0,3	0,3	0,3	0,3
Unterstützungsabstände, Größtwert		m	\multicolumn{8}{c}{1,80}
Innendurchmesser		mm	40	45	50	65	75	80	90	100
Außendurchmesser		mm	47	52	57	72	82	87	97	107
minimaler lichter Abstand = 0,8 ϕ_l		mm	32	36	40	52	60	64	72	80
minimaler Achsabstand		mm	79	88	97	124	142	151	169	187
min. zul. Krümmungsradius R		m	\multicolumn{8}{c}{4,80}
Hüllrohr Typ II, in der Regel für Einbringen des Spannstahls nach dem Verlegen des Hüllrohrs										
Reibungskennwert μ			0,19	0,19	0,19	0,20	0,19	0,20	0,20	0,19
Umlenkwinkel β		°/m	0,4	0,3	0,3	0,3	0,3	0,3	0,3	0,3
Unterstützungsabstände, Größtwert		m	\multicolumn{8}{c}{ohne Aussteifung: 1,00, mit eingelegtem PE-Rohr: 1,80}
Innendurchmesser		mm	45	50	55	70	80	85	95	110
Außendurchmesser		mm	52	57	62	77	87	92	102	117
minimaler lichter Abstand = 0,8 ϕ_l		mm	36	40	44	56	64	68	76	88
minimaler Achsabstand		mm	88	97	106	133	151	160	178	205
min. zul. Krümmungsradius R		m	\multicolumn{8}{c}{4,80}
Verankerung E und EP										
B 25	Ankerplatte Durchmesser	mm	150	170	200	260	290	330	380	420
	Achsabstand [1]	mm	200	230	250	340	390	440	490	540
	Randabstand	mm	120	135	145	190	215	240	265	290
	Wendeldurchmesser	mm	160	180	200	270	315	350	390	470
	Zusatzbewehrung	nϕmm	3 ϕ 8	3 ϕ 8	4 ϕ 8	4 ϕ 12	5 ϕ 14	5 ϕ 14	6 ϕ 14	7 ϕ 14
B 35	Ankerplatte Durchmesser	mm	130	150	170	230	260	290	330	360
	Achsabstand [1]	mm	170	190	220	300	340	380	440	470
	Randabstand	mm	105	115	130	170	190	210	240	255
	Wendeldurchmesser	mm	130	160	160	240	285	315	350	390
	Zusatzbewehrung	nϕmm	3 ϕ 10	3 ϕ 10	3 ϕ 12	4 ϕ 14	4 ϕ 16	5 ϕ 16	5 ϕ 16	5 ϕ 20
B 45	Ankerplatte Durchmesser	mm	130	150	170	230	260	290	330	360
	Achsabstand [1]	mm	150	170	190	260	310	340	390	420
	Randabstand	mm	95	105	115	150	175	190	215	230
	Wendeldurchmesser	mm	100	130	130	200	270	300	330	360
	Zusatzbewehrung	nϕmm	3 ϕ 10	3 ϕ 12	3 ϕ 14	4 ϕ 16	4 ϕ 16	4 ϕ 20	4 ϕ 20	5 ϕ 20
Verankerung ER und EPR										
B 25	Ankerplatte Abmessungen	mm / mm	140 / 180	150 / 230	180 / 250	-	-	-	-	-
	Achsabstand [1]	mm / mm	180 / 280	200 / 310	240 / 370	-	-	-	-	-
	Randabstand	mm / mm	110 / 160	120 / 175	140 / 205	-	-	-	-	-
	Wendeldurchmesser	mm	140	160	200	-	-	-	-	-
	Zusatzbewehrung	nϕmm	3 ϕ 8	3 ϕ 8	4 ϕ 8	-	-	-	-	-

Fußnoten siehe nächste Seite

Fortsetzung auf der nächsten Seite

2 Tabellen

Spanngliedtyp			6-3	6-4	6-5	6-9	6-12	6-15	6-19	6-22
Anzahl der Litzen			3	4	5	9	12	15	19	22
Spannkräfte ($P_{zul} = 0{,}55 \cdot \beta_z \cdot A_z$)		kN	409	545	681	1227	1635	2044	2590	2998
Verankerung ER und EPR, Fortsetzung										
B 35	Ankerplatte Abmessungen	mm / mm	120 / 180	130 / 180	160 / 230	-	-	-	-	
	Achsabstand [1]	mm / mm	160 / 280	170 / 270	200 / 320	-	-	-	-	-
	Randabstand	mm / mm	100 / 160	105 / 155	120 / 180	-	-	-	-	-
	Wendeldurchmesser	mm	120	120	140	-	-	-	-	-
	Zusatzbewehrung	nϕ mm	3 ϕ 10	3 ϕ 10	3 ϕ 12	-	-	-	-	-
B 45	Ankerplatte Abmessungen	mm / mm	120 / 180	130 / 180	150 / 220	-	-	-	-	
	Achsabstand [1]	mm / mm	140 / 220	160 / 240	180 / 280	-	-	-	-	-
	Randabstand	mm / mm	90 / 130	100 / 140	110 / 160	-	-	-	-	-
	Wendeldurchmesser	mm	120	120	140	-	-	-	-	-
	Zusatzbewehrung	nϕ mm	3 ϕ 10	3 ϕ 12	3 ϕ 14	-	-	-	-	-
Verankerung HL										
B 35	Ankerplatte Abmessungen	mm / mm	90 / 290	90 / 390	90 / 330	210 / 390	250 / 480	250 / 480	250 / 610	250 / 730
	Achsabstand	mm / mm	120 / 320	120 / 420	160 / 360	240 / 420	280 / 510	300 / 510	320 / 640	320 / 760
	Randabstand	mm / mm	100 / 200	100 / 250	100 / 220	160 / 250	180 / 295	180 / 295	180 / 360	180 / 420
	Wendeldurchmesser	mm	-	-	-	200	230	230	300	300
	Mindestbew. / Zusatzbew.	cm²/m	9,0 / 9,0	9,0 / 9,0	9,0 / 9,0	9,0 / 18,0	9,0 / 18,0	9,0 / 18,0	9,0 / 18,0	9,0 / 18,0
B 45	Ankerplatte Abmessungen	mm / mm	90 / 210	90 / 270	90 / 330	210 / 330	220 / 430	250 / 450	250 / 570	250 / 570
	Achsabstand	mm / mm	120 / 240	120 / 320	120 / 360	240 / 360	250 / 460	280 / 480	320 / 600	320 / 640
	Randabstand	mm / mm	100 / 160	100 / 190	100 / 220	160 / 220	165 / 270	180 / 280	180 / 340	180 / 360
	Wendeldurchmesser	mm	-	-	-	200	230	230	300	300
	Mindestbew. / Zusatzbew.	cm²/m	9,0 / 9,0	9,0 / 9,0	9,0 / 9,0	9,0 / 18,0	9,0 / 18,0	9,0 / 18,0	9,0 / 18,0	9,0 / 18,0
Verankerung HR										
B 35	Ankerplatte Abmessungen	mm / mm	-	190 / 210	210 / 210	290 / 290	330 / 390	350 / 410	390 / 490	450 / 490
	Achsabstand	mm / mm	-	220 / 240	240 / 240	320 / 320	360 / 420	380 / 440	420 / 520	480 / 520
	Randabstand	mm / mm	-	150 / 160	160 / 160	200 / 200	220 / 250	230 / 260	250 / 300	280 / 300
	Wendeldurchmesser	mm	-	-	200	200	230	230	300	300
	Mindestbew. / Zusatzbew.	cm²/m	-	9,0 / 9,0	9,0 / 9,0	9,0 / 18,0	9,0 / 18,0	9,0 / 18,0	9,0 / 18,0	9,0 / 18,0
B 45	Ankerplatte Abmessungen	mm / mm	-	190 / 190	190 / 190	250 / 250	290 / 390	290 / 330	390 / 390	390 / 490
	Achsabstand	mm / mm	-	220 / 220	220 / 220	280 / 280	320 / 420	320 / 400	420 / 420	420 / 520
	Randabstand	mm / mm	-	150 / 150	150 / 150	180 / 180	200 / 250	200 / 220	250 / 250	250 / 300
	Wendeldurchmesser	mm	-	-	200	200	230	230	300	300
	Mindestbew. / Zusatzbew.	cm²/m	-	9,0 / 9,0	9,0 / 9,0	9,0 / 18,0	9,0 / 18,0	9,0 / 18,0	9,0 / 18,0	9,0 / 18,0
Schlupf		mm	6							

[1] Der minimale Achsabstand der Verankerungen Typ E, EP, ER und EPR darf bei Bedarf unterschritten werden, siehe Zulassung, Abschnitt 7.5

2 Tabellen

SUSPA: Litzenspannglieder 0,62", Zulassung gültig bis 13.1.2002

Spanngliedtyp		6-3	6-4	6-5	6-9	6-12	6-15	6-19	6-22
Anzahl der Litzen		3	4	5	9	12	15	19	22
Spannkräfte ($P_{zul} = 0{,}55 \cdot \beta_z \cdot A_z$)	kN	438	584	730	1314	1752	2190	2774	3213
Spannstahleigenschaften									
Stahlgüte β_s / β_z	N/mm²	\multicolumn{8}{c}{1570/1770}
Elastizitätsmodul E_z	N/mm²	\multicolumn{8}{c}{195 000}
Fläche A_z	cm²	4,5	6,0	7,5	13,5	18,0	22,5	28,5	33,0
Nenngewicht g	kg/m	3,54	4,72	5,90	10,62	14,16	17,70	22,42	25,96
Hüllrohr Typ I, in der Regel für werksgefertigte Spannglieder									
Reibungskennwert μ		0,21	0,20	0,20	0,21	0,20	0,21	0,21	0,20
Umlenkwinkel β	°/m	0,4	0,3	0,3	0,3	0,3	0,3	0,3	0,3
Unterstützungsabstände, Größtwert	m	\multicolumn{8}{c}{1,80}
Innendurchmesser	mm	40	45	50	65	75	80	90	100
Außendurchmesser	mm	47	52	57	72	82	87	97	107
minimaler lichter Abstand = 0,8 ϕ_l	mm	32	36	40	52	60	64	72	80
minimaler Achsabstand	mm	79	88	97	124	142	151	169	187
min. zul. Krümmungsradius R	m	\multicolumn{8}{c}{4,80}
Hüllrohr Typ II, in der Regel für Einbringen des Spannstahls nach dem Verlegen des Hüllrohrs									
Reibungskennwert μ		0,19	0,19	0,19	0,20	0,19	0,20	0,20	0,19
Umlenkwinkel β	°/m	0,4	0,3	0,3	0,3	0,3	0,3	0,3	0,3
Unterstützungsabstände, Größtwert	m	\multicolumn{8}{c}{ohne Aussteifung: 1,00, mit eingelegtem PE-Rohr: 1,80}
Innendurchmesser	mm	45	50	55	70	80	85	95	110
Außendurchmesser	mm	52	57	62	77	87	92	102	117
minimaler lichter Abstand = 0,8 ϕ_l	mm	36	40	44	56	64	68	76	88
minimaler Achsabstand	mm	88	97	106	133	151	160	178	205
min. zul. Krümmungsradius R	m	\multicolumn{8}{c}{4,80}
Verankerung E und EP									
B 25	Ankerplatte Durchmesser	mm	150	170	200	260	290	330	380	420
B 25	Achsabstand [1]	mm	200	230	260	345	400	445	500	540
B 25	Randabstand	mm	120	135	145	190	215	240	265	290
B 25	Wendeldurchmesser	mm	160	180	200	270	315	350	390	470
B 25	Zusatzbewehrung	nϕmm	3 ϕ 8	3 ϕ 8	4 ϕ 8	4 ϕ 12	5 ϕ 10	5 ϕ 14	6 ϕ 14	7 ϕ 14
B 35	Ankerplatte Durchmesser	mm	130	150	170	230	260	290	330	360
B 35	Achsabstand [1]	mm	170	200	220	300	340	380	440	470
B 35	Randabstand	mm	105	115	130	170	190	210	240	255
B 35	Wendeldurchmesser	mm	130	160	160	240	285	315	350	390
B 35	Zusatzbewehrung	nϕmm	3 ϕ 10	3 ϕ 12	3 ϕ 12	4 ϕ 14	4 ϕ 16	5 ϕ 16	5 ϕ 16	5 ϕ 20
B 45	Ankerplatte Durchmesser	mm	130	150	170	230	260	290	330	360
B 45	Achsabstand [1]	mm	155	175	195	260	310	340	390	420
B 45	Randabstand	mm	95	105	115	150	175	190	215	230
B 45	Wendeldurchmesser	mm	100	130	130	200	270	300	330	360
B 45	Zusatzbewehrung	nϕmm	3 ϕ 12	3 ϕ 14	3 ϕ 14	4 ϕ 16	4 ϕ 16	4 ϕ 20	4 ϕ 20	5 ϕ 20
Verankerung ER und EPR									
B 25	Ankerplatte Abmessungen	mm / mm	140 / 180	150 / 230	180 / 250	-	-	-	-	-
B 25	Achsabstand [1]	mm / mm	180 / 280	200 / 310	240 / 370	-	-	-	-	-
B 25	Randabstand	mm / mm	110 / 160	120 / 175	140 / 205	-	-	-	-	-
B 25	Wendeldurchmesser	mm	140	160	200	-	-	-	-	-
B 25	Zusatzbewehrung	nϕmm	3 ϕ 10	3 ϕ 12	4 ϕ 12	-	-	-	-	-

Fußnoten siehe nächste Seite   Fortsetzung auf der nächsten Seite

2 Tabellen

Spanngliedtyp			6-3	6-4	6-5	6-9	6-12	6-15	6-19	6-22
Anzahl der Litzen			3	4	5	9	12	15	19	22
Spannkräfte ($P_{zul} = 0{,}55 \cdot \beta_z \cdot A_z$)		kN	438	584	730	1314	1752	2190	2774	3213
Verankerung ER und EPR, Fortsetzung										
B 35	Ankerplatte Abmessungen	mm / mm	120 / 180	130 / 180	160 / 230	-	-	-	-	-
B 35	Achsabstand [1])	mm / mm	160 / 280	170 / 270	200 / 320	-	-	-	-	-
B 35	Randabstand	mm / mm	100 / 160	105 / 155	120 / 180	-	-	-	-	-
B 35	Wendeldurchmesser	mm	120	120	140	-	-	-	-	-
B 35	Zusatzbewehrung	nϕ mm	3 ϕ 10	3 ϕ 12	4 ϕ 12	-	-	-	-	-
B 45	Ankerplatte Abmessungen	mm / mm	120 / 180	130 / 180	150 / 220	-	-	-	-	-
B 45	Achsabstand [1])	mm / mm	140 / 220	160 / 240	180 / 280	-	-	-	-	-
B 45	Randabstand	mm / mm	90 / 130	100 / 140	110 / 160	-	-	-	-	-
B 45	Wendeldurchmesser	mm	120	120	140	-	-	-	-	-
B 45	Zusatzbewehrung	nϕ mm	3 ϕ 10	3 ϕ 12	4 ϕ 12	-	-	-	-	-
Verankerung HL										
B 35	Ankerplatte Abmessungen	mm / mm	90 / 290	90 / 390	90 / 330	210 / 390	250 / 480	250 / 480	250 / 610	250 / 730
B 35	Achsabstand	mm / mm	120 / 320	120 / 420	160 / 360	240 / 420	280 / 510	300 / 510	320 / 640	320 / 760
B 35	Randabstand	mm / mm	100 / 200	100 / 250	100 / 220	160 / 250	180 / 295	180 / 295	180 / 360	180 / 420
B 35	Wendeldurchmesser	mm	-	-	-	200	230	230	300	300
B 35	Mindestbew. / Zusatzbew.	cm²/m	9,0 / 9,0	9,0 / 9,0	9,0 / 9,0	9,0 / 18,0	9,0 / 18,0	9,0 / 18,0	9,0 / 18,0	9,0 / 18,0
B 45	Ankerplatte Abmessungen	mm / mm	90 / 210	90 / 270	90 / 330	210 / 330	220 / 430	250 / 450	250 / 570	250 / 570
B 45	Achsabstand	mm / mm	120 / 240	120 / 320	120 / 360	240 / 360	250 / 460	280 / 480	320 / 600	320 / 640
B 45	Randabstand	mm / mm	100 / 160	100 / 190	100 / 220	160 / 220	165 / 270	180 / 280	180 / 340	180 / 360
B 45	Wendeldurchmesser	mm	-	-	-	200	230	230	300	300
B 45	Mindestbew. / Zusatzbew.	cm²/m	9,0 / 9,0	9,0 / 9,0	9,0 / 9,0	9,0 / 18,0	9,0 / 18,0	9,0 / 18,0	9,0 / 18,0	9,0 / 18,0
Verankerung HR										
B 35	Ankerplatte Abmessungen	mm / mm	-	190 / 210	210 / 210	290 / 290	330 / 390	350 / 410	390 / 490	450 / 490
B 35	Achsabstand	mm / mm	-	220 / 240	240 / 240	320 / 320	360 / 420	380 / 440	420 / 520	480 / 520
B 35	Randabstand	mm / mm	-	150 / 160	160 / 160	200 / 200	220 / 250	230 / 260	250 / 300	280 / 300
B 35	Wendeldurchmesser	mm	-	-	200	200	230	230	300	300
B 35	Mindestbew. / Zusatzbew.	cm²/m	-	9,0 / 9,0	9,0 / 9,0	9,0 / 18,0	9,0 / 18,0	9,0 / 18,0	9,0 / 18,0	9,0 / 18,0
B 45	Ankerplatte Abmessungen	mm / mm	-	190 / 190	190 / 190	250 / 250	290 / 390	290 / 330	390 / 390	390 / 490
B 45	Achsabstand	mm / mm	-	220 / 220	220 / 220	280 / 280	320 / 420	320 / 400	420 / 420	420 / 520
B 45	Randabstand	mm / mm	-	150 / 150	150 / 150	180 / 180	200 / 250	200 / 220	250 / 250	250 / 300
B 45	Wendeldurchmesser	mm	-	-	200	200	230	230	300	300
B 45	Mindestbew. / Zusatzbew.	cm²/m	-	9,0 / 9,0	9,0 / 9,0	9,0 / 18,0	9,0 / 18,0	9,0 / 18,0	9,0 / 18,0	9,0 / 18,0
Schlupf		mm	6							

[1]) Der minimale Achsabstand der Verankerungen Typ E, EP, ER und EPR darf bei Bedarf unterschritten werden, siehe Zulassung, Abschnitt 3.6

2 Tabellen

SUSPA (BBRV): Spannverfahren Drähte ϕ 7 mm, Zulassung gültig bis 31.3.2001

Spanngliedtyp		I	II	III	IV	V
Anzahl der Drähte ϕ 7 mm		9	16	24	32	42
Spannkräfte ($P_{zul} = 0{,}55 \cdot \beta_z \cdot A_z$)	kN	318	566	849	1132	1485
Spannstahleigenschaften						
Stahlgüte β_s/β_z	N/mm²	\multicolumn{5}{c}{1470/1670}				
Elastizitätsmodul E_z	N/mm²	\multicolumn{5}{c}{205 000}				
Fläche A_z	cm²	3,46	6,16	9,24	12,32	16,17
Nenngewicht g	kg/m	2,718	4,832	7,248	9,664	12,684
Hüllrohr Typ I, in der Regel für werksgefertigte Spannglieder						
Reibungskennwert μ		0,15	0,15	0,15	0,15	0,15
Umlenkwinkel β	°/m	0,3	0,3	0,3	0,3	0,3
Unterstützungsabstände, Größtwert	m			1,80		
Innendurchmesser	mm	35	45	55	65	72
Außendurchmesser	mm	42	52	62	72	79
minimaler lichter Abstand = 0,8 ϕ_l	mm	28	36	44	52	58
minimaler Achsabstand	mm	70	88	106	124	137
min. zul. Krümmungsradius R	m			2,40		
Hüllrohr Typ II, in der Regel für Einbringen des Spannstahls nach dem Verlegen des Hüllrohrs						
Reibungskennwert μ		0,14	0,14	0,14	0,14	0,14
Umlenkwinkel β	°/m	0,3	0,3	0,3	0,3	0,3
Unterstützungsabstände, Größtwert	m		ohne Aussteifung: 1,00, mit eingelegtem PE-Rohr: 1,80			
Innendurchmesser	mm	45	55	65	75	82
Außendurchmesser	mm	52	62	72	82	89
minimaler lichter Abstand = 0,8 ϕ_l	mm	36	44	52	60	66
minimaler Achsabstand	mm	88	106	124	142	155
min. zul. Krümmungsradius R	m			2,40		
Verankerung B und F						
B 25	Ankerplatte Durchmesser	mm	155	205	245	275	290
B 25	Achsabstand	mm	190	240	280	320	390
B 25	Randabstand	mm	115	140	160	180	215
B 25	Wendeldurchmesser	mm	160	200	240	270	300
B 25	Zusatzbewehrung	nϕ mm	-	-	-	5ϕ10	5ϕ10
B 35	Ankerplatte Durchmesser	mm	155	205	245	245	290
B 35	Achsabstand	mm	170	220	260	290	340
B 35	Randabstand	mm	105	130	150	165	190
B 35	Wendeldurchmesser	mm	160	200	240	240	300
B 35	Zusatzbewehrung	nϕ mm	-	-	-	5ϕ10	5ϕ10
B 45	Ankerplatte Durchmesser	mm	155	205	245	245	290
B 45	Achsabstand	mm	170	220	260	260	310
B 45	Randabstand	mm	105	130	150	165	175
B 45	Wendeldurchmesser	mm	160	200	240	240	300
B 45	Zusatzbewehrung	nϕ mm	-	-	-	5ϕ12	5ϕ12
Verankerung SQ							
B 25	Ankerplatte Abmessungen	mm / mm	150 / 150	200 / 200	250 / 250	290 / 290	-
B 25	Achsabstand	mm	190	240	280	320	-
B 25	Randabstand	mm	115	140	160	180	-
B 25	Zusatzbewehrung, hor./vert.	nϕ mm / nϕ mm	4ϕ10 / 4ϕ10	4ϕ10 / 4ϕ10	5ϕ10 / 5ϕ10	6ϕ10 / 6ϕ10	-
B 25	Abstand der Bewehrung	mm / mm	160 / 160	210 / 210	250 / 250	290 / 290	-
≥ B 35	Ankerplatte Abmessungen	mm / mm	150 / 150	200 / 200	250 / 250	270 / 270	290 / 290
≥ B 35	Achsabstand	mm	170	220	260	290	340
≥ B 35	Randabstand	mm	105	130	150	165	190
≥ B 35	Zusatzbewehrung, hor./vert.	nϕ mm / nϕ mm	4ϕ10 / 4ϕ10	4ϕ10 / 4ϕ10	5ϕ10 / 5ϕ10	6ϕ10 / 6ϕ10	7ϕ12 / 7ϕ12
≥ B 35	Abstand der Bewehrung	mm / mm	140 / 140	190 / 190	230 / 230	260 / 260	310 / 310

Fortsetzung auf der nächsten Seite

2 Tabellen

Spanngliedtyp			I	II	III	IV	V
Anzahl der Drähte φ 7 mm			9	16	24	32	42
Spannkräfte ($P_{zul} = 0{,}55 \cdot \beta_z \cdot A_z$)		kN	318	566	849	1132	1485
Verankerung SR, Fortsetzung							
B 25	Ankerplatte Abmessungen	mm / mm	110 / 220	145 / 290	180 / 350	205 / 410	-
	Achsabstand	mm / mm	140 / 260	180 / 320	210 / 370	240 / 430	-
	Randabstand	mm / mm	90 / 150	110 / 180	125 / 205	140 / 235	-
	Zusatzbewehrung, horizontal	nφmm	4φ10	4φ10	5φ10	6φ10	-
	vert. Abstand der Bewehrung	mm	110	150	180	210	-
≥ B 35	Ankerplatte Abmessungen	mm / mm	110 / 220	145 / 290	180 / 350	190 / 380	205 / 410
	Achsabstand	mm / mm	120 / 230	160 / 300	190 / 360	210 / 400	260 / 460
	Randabstand	mm / mm	80 / 140	100 / 170	115 / 200	125 / 220	150 / 250
	Zusatzbewehrung, horizontal	nφmm	4φ10	4φ10	5φ10	6φ10	7φ12
	vert. Abstand der Bewehrung	mm	90	130	160	180	230
Verankerung SL							
B 25	Ankerplatte Abmessungen	mm / mm	70 / 350	95 / 450	115 / 540	130 / 650	-
	Achsabstand	mm / mm	95 / 380	125 / 460	140 / 560	160 / 650	-
	Randabstand	mm / mm	65 / 210	80 / 250	90 / 300	100 / 345	-
	Zusatzbewehrung, horizontal	nφmm	4φ10	5φ10	6φ10	9φ10	-
	vert. Abstand der Bewehrung	mm	65	95	110	130	-
≥ B 35	Ankerplatte Abmessungen	mm / mm	70 / 350	95 / 450	115 / 540	120 / 600	120 / 680
	Achsabstand	mm / mm	80 / 360	110 / 460	125 / 550	140 / 620	170 / 720
	Randabstand	mm / mm	60 / 195	75 / 245	85 / 295	90 / 330	100 / 380
	Zusatzbewehrung, horizontal	nφmm	4φ10	4φ10	6φ10	9φ10	10φ12
	vert. Abstand der Bewehrung	mm	50	80	95	110	140

2 Tabellen

VORSPANN-TECHNIK: Litzenspannglieder 0,5", Zulassung gültig bis 31.5.1999

Spanngliedtyp			VT-L 3	VT-L 4	VT-L 6	VT-L 12	VT-L 16	VT-L 20
Anzahl der Litzen			3	4	6	12	16	20
Spannkräfte ($P_{zul} = 0,55 \cdot \beta_z \cdot A_z$)		kN	292	389	584	1168	1558	1948
Spannstahleigenschaften								
Stahlgüte β_s / β_z		N/mm²	\multicolumn{6}{c}{1570/1770}					
Elastizitätsmodul E_z		N/mm²	\multicolumn{6}{c}{195 000}					
Fläche A_z		cm²	3,00	4,00	6,00	12,00	16,00	20,00
Nenngewicht g		kg/m	2,36	3,14	4,71	9,42	12,56	15,80
Hüllrohr								
Reibungskennwert μ			0,20	0,20	0,19	0,20	0,21	0,21
Umlenkwinkel β		°/m	0,3	0,3	0,3	0,3	0,3	0,3
Unterstützungsabstände, Größtwert		m	0,90	0,90	1,00	1,20	1,50	1,50
Innendurchmesser		mm	35	40	50	65	70	80
Außendurchmesser		mm	40	45	55	72	77	87
minimaler lichter Abstand		mm	28	32	40	50	55	65
minimaler Achsabstand		mm	68	77	95	122	132	152
Zementbedarf		kg/m	1,4	1,8	2,75	4,2	4,6	4,6
min. zul. Krümmungsradius R		m	3,90	3,90	3,90	3,90	3,90	3,90
Verankerung								
Ankerplatte Seitenlänge / Dicke		mm / mm	120 / 15	140 / 15	180 / 15	230 / 30	270 / 30	320 / 30
Achsabstand	B 25	mm	180	200	260	395	425	445
	B 35	mm	160	180	230	330	375	385
	B 45	mm	140	160	205	300	330	340
Randabstand	B 25	mm	110	120	150	215	235	245
	B 35	mm	100	110	135	185	205	210
	B 45	mm	90	100	125	170	185	190
für Verankerung in Platten								
Achsabstand [1])	≥ B 25	mm	350	350	350	290	370	380
Randabstand	≥ B 25	mm	130	90	120	165	205	210
Ringkörper	Außendurchmesser	mm	100	100	100	150	175	215
	Dicke (Normalringk.)	mm	42	42	42	45	45	45
Schlupf brutto an der Meßmarke		mm	5	5	5	5	5	5
Schlupf netto in der Verankerung		mm	4	4	4	4	4	4
Kopplung								
Ringkörper	Außendurchmesser	mm	95	95	95	150	175	215
	Dicke	mm	42	42	42	75	75	75
	Außengewinde		M 95 x 4	M 95 x 4	M 95 x 4			
Koppelmuffe	Außendurchmesser	mm	120	120	120	M 64 x 4	M 64 x 4	M 64 x 4
	Länge	mm	130	130	130	220	260	260
Hüllkasten	Außendurchmesser	mm	130	130	130	160	185	225
	Länge feste Kopplungen	mm	170	170	170	260	300	300
	Länge bewegliche Kopplungen	mm	470+1,15Δl	470+1,15Δl	500+1,15Δl	800+1,15Δl	990+1,15Δl	990+1,15Δl
Spaltzugwendel								
Anzahl der Windungen / Ganghöhe		n / mm	5,5 / 40	5,5 / 40	5,5 (6,5) / 40	6,5 / 50	6,5 / 50	7 / 50
Normalverankerung	Draht ϕ	mm	8	8	10	12	12	12
	Wendel ϕ B 25	mm	160	180	240	375	405	425
	Wendel ϕ B 35	mm	140	160	205	310	355	365
	Wendel ϕ B 45	mm	120	140	185	280	310	320
	Zusatzbewehrung	n ϕ mm	6 ϕ 8	6 ϕ 8	6 ϕ 8	6 ϕ 8	6 ϕ 8	6 ϕ 8
Verankerung in Platten	Draht ϕ	mm	10	10	12	12	12	12
	Wendel ϕ ≥ B 25	mm	110	120	160	280	320	340
Schlaufenverankerung	Draht ϕ	mm			10			
	Wendel ϕ ≥ B 25	mm			160			
	Zusatzbewehrung	n ϕ mm		12 ϕ 8	6 ϕ 8	6 ϕ 8	6 ϕ 8	6 ϕ 8

[1]) gilt in Richtung der Plattenebene

2 Tabellen

VORSPANN-TECHNIK: Litzenspannglieder 0,62" (0,6"), Zulassung gültig bis 30.4.1998

Spanngliedtyp		VT01-150 (VT01-140)	VT04-150 (VT04-140)	VT06-150 (VT06-140)	VT07-150 (VT07-140)	VT08-150 (VT08-140)	VT12-150 (VT12-140)	VT15-150 (VT15-140)	VT19-150 (VT19-140)
Anzahl der Litzen		1	4	6	7	8	12	15	19
Spannkräfte ($P_{zul} = 0,55 \cdot \beta_z \cdot A_z$) Werte in Klammern für 0,6"-Litzen	kN	146 (136)	584 (545)	876 (818)	1022 (954)	1168 (1090)	1752 (1635)	2190 (2044)	2774 (2590)
Spannstahleigenschaften									
Stahlgüte β_s/β_z	N/mm²	1570/1770							
Elastizitätsmodul E_z	N/mm²	195 000							
Fläche A_z	cm²	1,5 (1,4)	6,0 (5,6)	9,0 (8,4)	10,5 (9,8)	12,0 (11,2)	18,0 (16,8)	22,5 (21,0)	28,5 (26,6)
Nenngewicht g	kg/m	1,18 (1,10)	4,72 (4,40)	7,08 (6,60)	8,26 (7,70)	9,44 (8,80)	14,16 (13,20)	17,70 (16,50)	22,42 (20,90)
Hüllrohr									
Reibungskennwert μ		0,20	0,20	0,20	0,20	0,20	0,20	0,20	0,21
Umlenkwinkel β	°/m	0,5	0,3	0,3	0,3	0,3	0,3	0,3	0,3
Unterstützungsabstände, Größtwert	m	0,9	0,9	1,1	1,1	1,3	1,5	1,5	1,5
Innendurchmesser	mm	22	45	60	60	70	75	85	90
Außendurchmesser	mm	27	51	67	67	77	82	94	99
minimaler lichter Abstand	mm	25	36	48	48	56	60	68	72
minimaler Achsabstand	mm	52	87	115	115	133	142	162	171
min. zul. Krümmungsradius R	m	4,80							
Verankerung S									
Ankerplatte Seitenlänge / Dicke	mm / mm	90 / 15	170 / 20	200 / 20	-	230 / 30	300 / 30	-	-
Achsabstand ≥ B 35	mm	120	230	280	-	330	380	-	-
≥ B 45	mm	120	205	250	-	300	340	-	-
Randabstand ≥ B 35	mm	90	135	160	-	185	210	-	-
≥ B 45	mm	90	125	145	-	170	190	-	-
Wendeldurchmesser ≥ B 35 / ≥ B 45	mm / mm	110 ¹⁾	200 / 170	250 / 220	-	310 / 270	350 / 320	-	-
Zusatzbewehrung, Abstand	nφ mm, mm	3 φ 8, 50¹⁾	-	5 φ 10, 75	-	5 φ 10, 80	6 φ 10, 80	-	-
Verankerung P									
Ankerplatte Seitenlänge / Dicke	mm / mm	-	170 / 20	-	200 / 25	-	270 / 30	300 / 35	340 / 45
Achsabstand ≥ B 35	mm	-	230	-	280	-	370	410	460
≥ B 45	mm	-	205	-	250	-	330	370	420
Randabstand ≥ B 35	mm	-	135	-	160	-	205	225	250
≥ B 45	mm	-	125	-	145	-	185	205	230
Wendeldurchmesser ≥ B 35 / ≥ B 45	mm / mm	-	200 / 185	-	230 / 200	-	320 / 280	360 / 320	410 / 370
Zusatzbewehrung, Abstand	nφ mm, mm	-	-	-	4 φ 14, 80	-	4 φ 14, 100	5 φ 14, 100	6 φ 14, 80
Verankerung M (Mehrflächenverankerung)									
Ankerplatte Durchmesser	mm	-	-	-	-	-	220	280	280
Achsabstand ≥ B 35	mm	-	-	-	-	-	370	400	440
≥ B 45	mm	-	-	-	-	-	350	380	420
Randabstand ≥ B 35	mm	-	-	-	-	-	205	220	240
≥ B 45	mm	-	-	-	-	-	195	210	230
Wendeldurchmesser ≥ B 35 / ≥ B 45	mm / mm	-	-	-	-	-	320 / 300	350 / 330	390 / 350
Zusatzbewehrung, Abstand	nφ mm, mm	-	-	-	-	-	4 φ 14, 100	5 φ 14, 80	6 φ 14, 80
Schlupf brutto an der Meßmarke	mm	6	6	6	6	6	6	6	6
Schlupf netto in der Verankerung	mm	5	5	5	5	5	5	5	5

¹⁾ Wendel oder Zusatzbewehrung alternativ

2 Tabellen

2.3.3 Einzelspannglieder

DYWIDAG: Glatter Stahl mit Verbund, Zulassung gültig bis 15.6.1998
Glatter Stahl ohne Verbund, Zulassung gültig bis 28.2.1999

Spanngliedart			Glatter Stahl							
Stahlgüte β_s/β_z		N/mm²	835/1030			1080/1230			1420/1570	
Elastizitätsmodul E_z		N/mm²	205 000							
Nenndurchmesser		mm	26 [1]	32	36 [1]	26 [1]	32 [1]	36	10 [2]	12,2 [2]
Typ-Nr. des Spannstahles			26G	32G	36G	26C	32C	36C	10H	12H
Spannkräfte ($P_{zul} = 0{,}55 \cdot \beta_z \cdot A_z$)		kN	301	455	577	359	544	689	60 [3]	96 [3]
Nennfläche		cm²	5,31	8,04	10,18	5,31	8,04	10,18	0,785	1,17
Nenngewicht		kg/m	4,17	6,31	7,99	4,17	6,31	7,99	0,616	0,92
maximaler Durchmesser über Gewinde		mm	27,35	33,35	37,35	27,35	33,35	37,35	10,30	12,80
maximale Lieferlänge für LKW-Transport		m	25							
Hüllrohre										
Reibungskennwert μ [4]			0,25	0,25	0,25	0,25	0,25	0,25	0,20	0,23
Umlenkwinkel β		°/m	0,3	0,3	0,3e	0,3	0,3	0,3	0,7	0,5
Innendurchmesser		mm	32 / 38	38 / 44	44 / 51	32 / 38	38 / 44	44 / 51	17 / 18	20 / 22
Außendurchmesser		mm	37 / 43	43 / 49	49 / 57	37 / 43	43 / 49	49 / 57	21 / 23	24 / 26
minimaler Achsabstand		mm	63 / 73	73 / 84	84 / 98	63 / 73	73 / 84	84 / 98	42 / 43	45 / 47
min. zul. Krümmungsradius R, elastisch		m	15,90	19,50	21,90	8,75	10,75	12,10	2,85	3,50
min. zul. Krümmungsradius R, kalt gebogen		m	3,90	4,80	5,40	3,90	4,80	5,40	1,50	1,80
Glockenverankerung (in Klammern gesetzte Maße gelten für Glockenverankerungen ohne Zusatzbewehrung) [5]										
Durchmesser		mm	140	170	195	160	190	220	63	80
B 25	Achsabstand	mm	160	210 (220)	280	220	290	320	80	110
	Randabstand	mm	100	125 (150)	160	130	165	180	55	70
B 35	Achsabstand	mm	160	210 (220)	270	210 (310)	260 (380)	290 (420)	75	110
	Randabstand	mm	95	120 (140)	155	125 (180)	150 (210)	165 (230)	45	70
B 45	Achsabstand	mm	160 (175)	210 (220)	250	200 (310)	240 (380)	270 (420)	75	110
	Randabstand	mm	90 (100)	110 (125)	145	120 (180)	140 (210)	155 (230)	45	70
Zusatzbewehrung		nϕ mm	3ϕ10	3ϕ10	3ϕ14	3ϕ10	4ϕ10	4ϕ12	-	-
Rippenplattenverankerung, quadratisch										
Seitenlänge		mm	-	160	180	-	180	210	-	-
B 25	Achsabstand	mm	-	-	-	-	-	300	-	-
	Randabstand	mm	-	-	-	-	-	170	-	-
B 35	Achsabstand	mm	-	-	-	-	-	280	-	-
	Randabstand	mm	-	-	-	-	-	160	-	-
B 45	Achsabstand	mm	-	200	220	-	220	250	-	-
	Randabstand	mm	-	120	130	-	130	150	-	-
Zusatzbewehrung		nϕ mm	-	3ϕ12	4ϕ12	-	4ϕ12	4ϕ10	-	-
Rippenplattenverankerung, rechteckig										
Seitenlänge y / x		mm	120 / 140	120 / 210	150 / 240	150 / 180	150 / 240	150 / 290	-	-
B 25	Achsabstand y / x	mm	-	-	160 / 440	160 / 280	160 / 440	160 / 550	-	-
	Randabstand y / x	mm	-	-	100 / 240	100 / 160	100 / 240	100 / 300	-	-
	Zusatzbewehrung	nϕ mm	-	-	4ϕ12	3ϕ12	4ϕ12	5ϕ12	-	-
B 35	Achsabstand y / x	mm	-	-	160 / 360	160 / 230	160 / 360	160 / 440	-	-
	Randabstand y / x	mm	-	-	100 / 200	100 / 140	100 / 200	100 / 240	-	-
	Zusatzbewehrung	nϕ mm	-	-	4ϕ12	4ϕ10	4ϕ12	4ϕ12	-	-
B 45	Achsabstand y / x	mm	120 / 200	120 / 300	160 / 280	160 / 180	160 / 280	160 / 330	-	-
	Randabstand y / x	mm	80 / 120	80 / 170	100 / 160	100 / 110	100 / 160	100 / 190	-	-
	Zusatzbewehrung	nϕ mm	4ϕ10	3ϕ10	4ϕ10	3ϕ10	4ϕ10	4ϕ10	-	-

Fortsetzung auf der nächsten Seite

Definition der Seiten
y ↕
x ↔

[1] Spannglieder zur Zeit nur bedingt lieferbar
[2] Spannglieder zur Zeit nicht lieferbar, Abdruck erfolgt dennoch zur Beurteilung vorhandener Konstruktionen
[3] abgeminderte Werte wegen Abfall der Bruchlast im Gewindebereich
[4] Werte gelten für den Fall „keine Längsschwingungen". Für den Fall von Längsschwingungen können in Abhängigkeit der Spanngliedlänge geringere Werte (bis 0,15) angesetzt werden.
[5] Glockenverankerung zur Zeit nicht lieferbar, Abdruck erfolgt dennoch zur Beurteilung vorhandener Konstruktionen

2 Tabellen

Spanngliedart			Glatter Stahl							
Stahlgüte β_s/β_z		N/mm²	835/1030			1080/1230			1420/1570	
Elastizitätsmodul E_z		N/mm²	205 000							
Nenndurchmesser		mm	26 [1]	32	36 [1]	26 [1]	32 [1]	36	10 [2]	12,2 [2]
Typ-Nr. des Spannstahles			26G	32G	36G	26C	32C	36C	10H	12H
Spannkräfte ($P_{zul} = 0,55 \cdot \beta_z \cdot A_z$)		kN	301	455	577	359	544	689	60 [3]	96 [3]
Vollplattenverankerung, quadratisch										
Seitenlänge		mm	-	160	180	-	180	-	-	-
B 25	Achsabstand	mm	-	240	-	-	-	-	-	-
	Randabstand	mm	-	140	-	-	-	-	-	-
B 35	Achsabstand	mm	-	220	-	-	-	-	-	-
	Randabstand	mm	-	130	-	-	-	-	-	-
B 45	Achsabstand	mm	-	200	230	-	230	-	-	-
	Randabstand	mm	-	120	135	-	135	-	-	-
Zusatzbewehrung		nφ mm	-	3φ 12	3φ 12	-	3φ 12	-	-	-
Vollplattenverankerung, rechteckig										
Seitenlänge y / x		mm	120 / 150	120 / 220	150 / 240	150 / 180	150 / 240	150 / 290	-	-
B 25	Achsabstand y / x	mm	-	-	160 / 440	160 / 280	160 / 440	160 / 550	-	-
	Randabstand y / x	mm	-	-	100 / 240	100 / 160	100 / 240	100 / 300	-	-
B 35	Achsabstand y / x	mm	-	-	160 / 360	160 / 230	160 / 360	160 / 440	-	-
	Randabstand y / x	mm	-	-	100 / 200	100 / 140	100 / 200	100 / 240	-	-
B 45	Achsabstand y / x	mm	130 / 200	130 / 300	160 / 280	160 / 180	160 / 280	160 / 330	-	-
	Randabstand y / x	mm	85 / 120	85 / 170	100 / 160	100 / 110	100 / 160	100 / 190	-	-
Zusatzbewehrung		nφ mm	4φ 10	3φ 12	4φ 10	3φ 10	4φ 10	4φ 10	-	-
QR-Plattenverankerung, kleine Randabstände in der y-Richtung (Richtung der kürzeren Seitenlänge)										
Seitenlänge y / x		mm	-	-	-	120 / 130	140 / 165	160 / 180	-	-
B 25	Achsabstand y / x	mm	-	-	-	140 / 340	160 / 480	170 / 580	-	-
	Randabstand y / x	mm	-	-	-	90 / 190	100 / 260	105 / 310	-	-
	Zusatzbewehrung, längs	nφ mm	-	-	-	5φ 12	6φ 12	6φ 12	-	-
	Zusatzbewehrung, Bügel	nφ mm	-	-	-	3φ 12	3φ 12	4φ 12	-	-
B 35	Achsabstand y / x	mm	-	-	-	140 / 300	160 / 410	170 / 490	-	-
	Randabstand y / x	mm	-	-	-	90 / 170	100 / 225	105 / 265	-	-
	Zusatzbewehrung, längs	nφ mm	-	-	-	4φ 12	5φ 12	5φ 12	-	-
	Zusatzbewehrung, Bügel	nφ mm	-	-	-	2φ 12	3φ 12	3φ 12	-	-
B 45	Achsabstand y / x	mm	-	-	-	140 / 260	150 / 340	170 / 400	-	-
	Randabstand y / x	mm	-	-	-	90 / 150	95 / 190	105 / 220	-	-
	Zusatzbewehrung, längs	nφ mm	-	-	-	4φ 10	6φ 10	5φ 12	-	-
	Zusatzbewehrung, Bügel	nφ mm	-	-	-	1φ 10	1φ 10	1φ 12	-	-
QR-Plattenverankerung, annähernd gleiche Achs- bzw. Randabstände in x- und y-Richtung										
Seitenlänge y / x		mm	-	-	-	120 / 130	140 / 165	160 / 180	-	-
B 25	Achsabstand y / x	mm	-	-	-	220 / 220	250 / 280	280 / 320	-	-
	Randabstand y / x	mm	-	-	-	120 / 130	145 / 165	160 / 180	-	-
	Zusatzbewehrung	nφ mm	-	-	-	2φ 8	2φ 8	2φ 8	-	-
	Zusatzbewehrung, Wendel φ w	φ mm, mm	-	-	-	φ 10, 170	φ 12, 220	φ 12, 250	-	-
B 35	Achsabstand y / x	mm	-	-	-	190 / 210	230 / 260	260 / 290	-	-
	Randabstand y / x	mm	-	-	-	115 / 125	135 / 150	150 / 165	-	-
	Zusatzbewehrung	nφ mm	-	-	-	2φ 8	2φ 8	2φ 8	-	-
	Zusatzbewehrung, Wendel φ w	φ mm, mm	-	-	-	φ 10, 160	φ 12, 200	φ 12, 230	-	-
B 45	Achsabstand y / x	mm	-	-	-	170 / 190	210 / 230	230 / 260	-	-
	Randabstand y / x	mm	-	-	-	105 / 115	125 / 135	135 / 150	-	-
	Zusatzbewehrung	nφ mm	-	-	-	2φ 8	2φ 8	2φ 8	-	-
	Zusatzbewehrung, Wendel φ w	φ mm, mm	-	-	-	φ 10, 140	φ 12, 180	φ 12, 200	-	-

Fußnoten siehe vorherige Seite

2 Tabellen

DYWIDAG: Gewindestahl mit Verbund, Zulassung gültig bis 15.6.1998
Gewindestahl ohne Verbund, Zulassung gültig bis 28.2.1999

Spanngliedart		Gewindestahl							
Stahlgüte β_s/β_z	N/mm²	835/1030			885/1080	1080/1230			1325/1470
Elastizitätsmodul E_z	N/mm²	205 000							
Nenndurchmesser	mm	26,5	32	36	15	26,5	32	36	16 [1)]
Typ-Nr. des Spannstahles		26E	32E	36E	15F	26D	32D	36D	16L
Spannkräfte ($P_{zul} = 0{,}55 \cdot \beta_z \cdot A_z$)	kN	312	455	577	105	373	544	689	163
Nennfläche	cm²	5,51	8,04	10,18	1,77	5,51	8,04	10,18	2,01
Nenngewicht	kg/m	4,48	6,53	8,27	1,44	4,48	6,53	8,27	1,63
maximaler Durchmesser über Gewinde	mm	30,5	37,0	41,4	17,6	30,5	37,0	41,4	18,6
maximale Lieferlänge für LKW-Transport	m	25							
Hüllrohre									
Reibungskennwert μ [2)]		0,50	0,50	0,50	0,44	0,50	0,50	0,50	0,35
Umlenkwinkel β	°/m	0,3	0,3	0,3	0,5	0,3	0,3	0,3	0,5
Innendurchmesser	mm	32/38	38/44	44/51	20/25	32/38	38/44	44/51	22/28
Außendurchmesser	mm	37/43	43/49	49/57	24/29	37/43	43/49	49/57	26/34
minimaler Achsabstand	mm	63/73	73/84	84/98	45/50	63/73	73/84	84/98	47/53
min. zul. Krümmungsradius R, elastisch	m	16,20	19,50	21,90	8,10	8,90	10,75	12,10	4,50
min. zul. Krümmungsradius R, kalt gebogen	m	5,30	6,40	7,20	3,00	5,30	6,40	7,20	3,20
Glockenverankerung (in Klammern gesetzte Maße gelten für Glockenverankerungen ohne Zusatzbewehrung) [3)]									
Durchmesser	mm	140	170	195	80	160	190	220	102
B 25 Achsabstand	mm	160	230	280	120	220	290	320	-
Randabstand	mm	120	135	160	80	130	165	180	-
B 35 Achsabstand	mm	160	220	270	120	210 (310)	260 (380)	290 (420)	140
Randabstand	mm	110	130	155	80	125 (180)	150 (210)	165 (230)	90
B 45 Achsabstand	mm	160	210	250	120	200 (310)	240 (380)	270 (420)	140
Randabstand	mm	100	125	145	80	120 (180)	140 (210)	155 (230)	90
Zusatzbewehrung	nϕ mm	3ϕ12	4ϕ12	3ϕ14	1ϕ6	4ϕ10	4ϕ10	4ϕ12	3ϕ8
Rippenplattenverankerung, quadratisch									
Seitenlänge	mm	-	160	180	-	-	180	210	-
B 25 Achsabstand	mm	-	-	-	-	-	-	300	-
Randabstand	mm	-	-	-	-	-	-	170	-
B 35 Achsabstand	mm	-	-	-	-	-	-	280	-
Randabstand	mm	-	-	-	-	-	-	160	-
B 45 Achsabstand	mm	-	200	220	-	-	220	250	-
Randabstand	mm	-	120	130	-	-	130	150	-
Zusatzbewehrung	nϕ mm	-	3ϕ12	4ϕ12	-	-	4ϕ12	4ϕ10	-
Rippenplattenverankerung, rechteckig									
Seitenlänge y/x	mm	120/140	120/210	150/240	-	150/180	150/240	150/290	80/110
B 25 Achsabstand y/x	mm	-	-	160/440	-	160/280	160/440	160/550	-
Randabstand y/x	mm	-	-	100/240	-	100/160	100/240	100/300	-
Zusatzbewehrung	nϕ mm	-	-	4ϕ12	-	3ϕ12	4ϕ12	5ϕ12	-
B 35 Achsabstand y/x	mm	-	-	160/360	-	160/230	160/360	160/440	-
Randabstand y/x	mm	-	-	100/200	-	100/140	100/200	100/240	-
Zusatzbewehrung	nϕ mm	-	-	4ϕ12	-	3ϕ12	4ϕ12	4ϕ12	-
B 45 Achsabstand y/x	mm	120/200	120/300	160/280	-	160/180	160/280	160/330	80/160
Randabstand y/x	mm	80/120	80/170	100/160	-	100/110	100/160	100/190	60/100
Zusatzbewehrung	nϕ mm	4ϕ10	3ϕ10	4ϕ10	-	3ϕ10	4ϕ10	4ϕ10	4ϕ10

Fortsetzung auf der nächsten Seite

Definition der Seiten
y ↕
x ↔

[1)] Spannglied zur Zeit nicht lieferbar, Abdruck erfolgt dennoch zur Beurteilung vorhandener Konstruktionen
[2)] Werte gelten für den Fall „keine Längsschwingungen". Für den Fall von Längsschwingungen können in Abhängigkeit der Spanngliedlänge geringere Werte (bis 0,15) angesetzt werden
[3)] Glockenverankerung zur Zeit nicht lieferbar, Abdruck erfolgt dennoch zur Beurteilung vorhandener Konstruktionen

2 Tabellen

Spanngliedart			Gewindestahl							
Stahlgüte β_s/β_z		N/mm²	835/1030			885/1080	1080/1230			1325/1470
Elastizitätsmodul E_z		N/mm²	205 000							
Nenndurchmesser		mm	26,5	32	36	15	26,5	32	36	16 [1]
Typ-Nr. des Spannstahles			26E	32E	36E	15F	26D	32D	36D	16L
Spannkräfte ($P_{zul} = 0,55 \cdot \beta_z \cdot A_z$)		kN	312	455	577	105	373	544	689	163
Vollplattenverankerung, quadratisch										
	Seitenlänge	mm	-	160	180	-	-	180	-	ϕ 105
B 25	Achsabstand	mm	-	240	-	-	-	-	-	-
	Randabstand	mm	-	140	-	-	-	-	-	-
B 35	Achsabstand	mm	-	220	-	-	-	-	-	-
	Randabstand	mm	-	130	-	-	-	-	-	-
B 45	Achsabstand	mm	-	200	230	-	-	230	-	115
	Randabstand	mm	-	120	135	-	-	135	-	80
Zusatzbewehrung		nϕ mm	-	3ϕ 12	3ϕ 12	-	-	3ϕ 12	-	-
Vollplattenverankerung, rechteckig										
	Seitenlänge y / x	mm	120 / 150	120 / 220	150 / 240		150 / 180	150 / 240	150 / 290	-
B 25	Achsabstand y / x	mm	-	-	160 / 440		160 / 280	160 / 440	160 / 550	-
	Randabstand y / x	mm	-	-	100 / 240		100 / 160	100 / 240	100 / 300	-
B 35	Achsabstand y / x	mm	-	-	160 / 360		160 / 230	160 / 360	160 / 440	-
	Randabstand y / x	mm	-	-	100 / 200		100 / 140	100 / 200	100 / 240	-
B 45	Achsabstand y / x	mm	130 / 200	130 / 300	160 / 280		160 / 180	160 / 280	160 / 330	-
	Randabstand y / x	mm	85 / 120	85 / 170	100 / 160		100 / 110	100 / 160	100 / 190	-
Zusatzbewehrung		nϕ mm	4ϕ 10	3ϕ 12	4ϕ 10		3ϕ 10	4ϕ 10	4ϕ 10	-
QR-Plattenverankerung, kleine Randabstände in der y-Richtung (Richtung der kürzeren Seitenlänge)										
	Seitenlänge y / x	mm	-	-	-		120 / 130	140 / 165	160 / 180	-
B 25	Achsabstand y / x	mm	-	-	-		140 / 340	160 / 480	170 / 580	-
	Randabstand y / x	mm	-	-	-		90 / 190	100 / 260	105 / 310	-
	Zusatzbewehrung, längs	nϕ mm	-	-	-		5ϕ 12	6ϕ 12	6ϕ 12	-
	Zusatzbewehrung, Bügel	nϕ mm	-	-	-		3ϕ 12	3ϕ 12	4ϕ 12	-
B 35	Achsabstand y / x	mm	-	-	-		140 / 300	160 / 410	170 / 490	-
	Randabstand y / x	mm	-	-	-		90 / 170	100 / 225	105 / 265	-
	Zusatzbewehrung, längs	nϕ mm	-	-	-		4ϕ 12	5ϕ 12	5ϕ 12	-
	Zusatzbewehrung, Bügel	nϕ mm	-	-	-		2ϕ 12	3ϕ 12	3ϕ 12	-
B 45	Achsabstand y / x	mm	-	-	-		140 / 260	150 / 340	170 / 400	-
	Randabstand y / x	mm	-	-	-		90 / 150	95 / 190	105 / 220	-
	Zusatzbewehrung, längs	nϕ mm	-	-	-		4ϕ 10	6ϕ 10	5ϕ 12	-
	Zusatzbewehrung, Bügel	nϕ mm	-	-	-		1ϕ 10	1ϕ 10	1ϕ 12	-
QR-Plattenverankerung, annähernd gleiche Achs- bzw. Randabstände in x- und y-Richtung										
	Seitenlänge y / x	mm	-	-	-		120 / 130	140 / 165	160 / 180	-
B 25	Achsabstand y / x	mm	-	-	-		220 / 220	250 / 280	280 / 320	-
	Randabstand y / x	mm	-	-	-		120 / 130	145 / 165	160 / 180	-
	Zusatzbewehrung	nϕ mm	-	-	-		2ϕ 8	2ϕ 8	2ϕ 8	-
	Zusatzbewehrung, Wendel ϕ w	ϕ mm, mm	-	-	-		ϕ 10, 170	ϕ 12, 220	ϕ 12, 250	-
B 35	Achsabstand y / x	mm	-	-	-		190 / 210	230 / 260	260 / 290	-
	Randabstand y / x	mm	-	-	-		115 / 125	135 / 150	150 / 165	-
	Zusatzbewehrung	nϕ mm	-	-	-		2ϕ 8	2ϕ 8	2ϕ 8	-
	Zusatzbewehrung, Wendel ϕ w	ϕ mm, mm	-	-	-		ϕ 10, 160	ϕ 12, 200	ϕ 12, 230	-
B 45	Achsabstand y / x	mm	-	-	-		170 / 190	210 / 230	230 / 260	-
	Randabstand y / x	mm	-	-	-		105 / 115	125 / 135	135 / 150	-
	Zusatzbewehrung	nϕ mm	-	-	-		2ϕ 8	2ϕ 8	2ϕ 8	-
	Zusatzbewehrung, Wendel ϕ w	ϕ mm, mm	-	-	-		ϕ 10, 140	ϕ 12, 180	ϕ 12, 200	-

Fußnoten siehe vorherige Seite

3 Vorbereitende Maßnahmen

3.1 Bauteilart und Kontrolle der Abmessungen

3.1.1 Definitionen zur Eingruppierung in eine Bauteilart

- Balken sind überwiegend auf Biegung beanspruchte stabförmige Träger beliebigen Querschnittes.
- Plattenbalken sind stabförmige Bauteile, deren kraftschlüssig verbundene Platten und Balken zusammenwirken.
- Wandartige Träger sind in Richtung ihrer Mittelachse belastete, ebene Flächentragwerke, für die DIN 1045, Abschnitt 17.2.1 (Ebenbleiben der Querschnitte) nicht mehr zutrifft. Für wandartige Träger gelten folgende Voraussetzungen:

Einfeldträger	$d/l > 0{,}5$		
Zweifeldträger	$d/l > 0{,}4$	d	Bauhöhe
Endfelder von DLT	$d/l > 0{,}4$	l	Stützweite
Innenfelder von DLT	$d/l > 0{,}3$	l_k	Kragarmlänge
Kragträger	$d/l_k > 1{,}0$		

3.1.2 Biegeschlankheiten

Wenn die im folgenden genannten Werte eingehalten werden, braucht nicht zwangsweise eine Verformungsberechnung durchgeführt zu werden. Dies schließt jedoch nicht aus, daß in Einzelfällen aus konstruktiven Gründen trotzdem Verformungsberechnungen durchzuführen sind, z.B. bei weitgespannten Unterzügen über großen Glasscheiben.

Die Ersatzstützweite l_i wird definiert als $l_i = \alpha \cdot l$ mit α aus Tafel 2 oder Tafel 3

Tafel 1: Begrenzung der Biegeschlankheit durch die statische Mindesthöhe h[1]

biegebeanspruchte Bauteile, die mit überhöhter Schalung hergestellt werden	$\dfrac{l_i}{h} \leq 35$ oder $h \geq \dfrac{l_i}{35}$
Zusätzliche Bedingung für Bauteile, bei denen störende Risse in den vom Bauteil zu tragenden Trennwänden nicht durch andere Maßnahmen vermieden werden (maßgebend, wenn $l_i > 4{,}29$ m)	$\dfrac{l_i}{h} \leq \dfrac{150}{l_i}$ oder $h \geq \dfrac{l_i^2}{150}$ [l_i, h in m]

---

[1] nach DIN 1045, Abschn. 17.7.2.

| 3 | Vorbereitende Maßnahmen |

Tafel 2: Beiwert α für Einfeldträger, -platten und durchlaufende Tragwerke, für die min $l \geq 0{,}8 \cdot \max l$ gilt.

Statisches System	α
	1,00
	0,80
	0,60
	2,40

Tafel 3: Beiwert α für Durchlaufträger mit beliebigem Stützweitenverhältnis[1]

beidseitig gestütztes Feld	$\alpha = \dfrac{1 + 4{,}8 \cdot (m_1 + m_2)}{1 + 4 \cdot (m_1 + m_2)}$
Kragbalken an Durchlaufträgern (elastische Einspannung)	$\alpha = 0{,}8 \cdot \left[\dfrac{l}{l_k} \cdot \left(4 + 3 \cdot \dfrac{l_k}{l}\right) - \dfrac{q}{q_k} \cdot \left(\dfrac{l}{l_k}\right)^3 \cdot (4m + 1) \right]$

m Moment (mit Vorzeichen) über den Stützen zu den benachbarten Innenfeldern bzw. über der vom Kragarm abliegenden Stütze des anschließenden Innenfeldes, bezogen auf $q \cdot l^2$

q maßgebliche Gleichlast des Feldes bzw. des an den Kragarm anschließenden Feldes

q_k maßgebliche Gleichlast des Kragarmes

l Stützweite des Feldes bzw. des an den Kragarm anschließenden Feldes

l_k Kragarmlänge

---

[1] Grasser, E., Thielen, G.: Hilfsmittel zur Berechnung der Schnittgrößen und Formänderungen von Stahlbetontragwerken; DAfStb, Heft 240, Berlin: Beuth Verlag 1991

3 Vorbereitende Maßnahmen

Tafel 4: Biegeschlankheiten l_i/h bzw. l_i^2/h nach EC 2 und DIN 1045

Bauteil	EC 2		DIN 1045	
	$\rho = 1{,}5\%$ hohe Beanspruchung $l/h \leq$	$\rho = 0{,}5\%$ niedrige Beanspruchung $l/h \leq$	aus $l_i/h \leq 35$ [1]) folgt $l/h \leq$	aus $l_i^2/h \leq 150$ [2]) folgt $l^2/h \leq$
Einfeldträger	18	25	35	150
Endfeld DLT	23	32	44	234
Innenfeld DLT	25	35	58	417
Flachdecke	21	30	-	-
Kragträger	7	10	15	26

[1]) Kann bei Querkraftbemessung von Platten dazu führen, daß Schubbereich 1 nicht eingehalten wird und Schubbewehrung erforderlich wird.

[2]) bei Bauteilen, in denen störende Risse in den vom Bauteil zu tragenden Trennwänden nicht durch andere Maßnahmen vermieden werden

3.1.3 Plattenbalken

Bei der Bemessung von Plattenbalken ist die Lage der Nullinie von großer Bedeutung. Liegt die Nullinie in der Platte ($x \leq d$), erfolgt die Bemessung wie für eine normale rechteckige Druckzone. Liegt sie jedoch im Stegbereich ($x > d$), kommen folgende Verfahren in Frage:

- Näherungslösung für gedrungene Querschnitte ($b/b_0 \leq 5$): Der Steg nimmt einen wesentlichen Teil der Betondruckkraft auf; die Bemessung erfolgt für eine rechteckförmige Druckzone mit der Ersatzbreite b_i,
- Näherungslösung für schlanke Querschnitte ($b/b_0 > 5$): Der auf die Stegfläche entfallende Anteil der Druckkraft ist gering und kann vereinfachend gegenüber demjenigen in der Platte vernachlässigt werden,
- genaue Lösung, die jedoch durch die Notwendigkeit eines iterativen Vorgehens mit erheblichem Rechenaufwand verbunden ist.

Nach Thielen[1] braucht jedoch nicht zwischen gedrungenem und schlankem Querschnitt unterschieden zu werden. Bemessen wird direkt nach Kapitel 6.

---

[1] Thielen, G.: Bemessung von Plattenbalkenquerschnitten aus Stahlbeton und Spannbeton mit Hilfe von neuen Diagrammen und vereinfachten Formeln, Beton- und Stahlbetonbau 68 (1973) S. 61-65

| 3 | Vorbereitende Maßnahmen |

3.2 Modellbildung

Die Stützweite ist der Abstand zwischen den Auflagerpunkten. Falls diese nicht durch besondere Lagerausbildung (z.B. Kipp- oder Punktlager) eindeutig definiert werden, gelten für ihre Lage die Werte der nachstehenden Tafel. Für die Auflagertiefe ist zu beachten, daß

- die zulässigen Spannungen in der Auflagerfläche nicht überschritten werden dürfen (insbesondere Kantenpressung),
- die erforderlichen Verankerungslängen der Bewehrung (l_2 und l_3 siehe Abschnitt 5.2.3) untergebracht werden können.
- die Mindestauflagertiefen eingehalten werden.

Tafel 5: Annahme des Auflagerpunktes (DIN 1045; 15.2)

frei drehbares Endauflager	eingespanntes Auflager	durchlaufendes Bauteil
$t' = \min\left(t/3 \text{ bzw. } 0{,}025 \cdot l_w\right)$	$t' = \min\left(t/2 \text{ bzw. } 0{,}025 \cdot l_w\right)$	$b/2$

Tafel 6: Mindestauflagertiefen t

Bauteil	Baustoff der Auflagerfläche	t [cm]
Platten	Mauerwerk, Beton B 5 oder B 10	7
	Stahl, Beton B 15 bis B 55	5
	Träger aus Stahl oder Stahlbeton, wenn seitliches Ausweichen konstruktiv verhindert wird und die Stützweite der Platte ≤ 2,50 m beträgt	3
Balken, Plattenbalken	immer	10
Betonfertigteile	im Montagezustand (bei nachträglicher Ergänzung)	3,5
	im endgültigen Zustand	wie oben

3 Vorbereitende Maßnahmen

3.3 Mitwirkende Plattenbreite

Die mitwirkende Plattenbreite b_m beim Plattenbalken wird an der Stelle des größten Feldmomentes bestimmt.

Tafel 7: Vereinfachte Annahme für die mitwirkende Plattenbreite[1]

beidseitiger Plattenbalken	einseitiger Plattenbalken
$b_m = \dfrac{l_0}{3} \leq b_0 + b_1 + b_2$	$b_m = \dfrac{l_0}{6} \leq b_0 + b_1$

l_0 ist der Abstand der Momentennullpunkte. Er darf (unabhängig vom Lastfall) gesetzt werden:
- bei Kragträgern mit Kragarmlänge l_k: $l_0 = 1{,}5 \cdot l_k$
- bei Durchlaufträgern in Endfeldern $l_0 = 0{,}8 \cdot l$
- in Mittelfeldern $l_0 = 0{,}6 \cdot l$
- im Stützbereich von Durchlaufträgern $l_0 = 0{,}4 \cdot l_m$ mit $l_m = \tfrac{1}{2}(l_l + l_r)$

Tafel 8: Genauere Annahme für die mitwirkende Plattenbreite[1]

bei beiderseits freien Plattenrändern und bei Randträgern	$b_m = b_0 + b_{m1} + b_{m2} \leq vorh\ b$
bei Innenträgern	$b_m = b_0 + b_{m2} + b_{m3} \leq vorh\ b$

Bei Vorhandensein von Einzellasten sind die ermittelten b_m-Werte wegen der einschnürenden Wirkung dieser Lasten (z.B. Stützkräfte) um 40 % abzumindern.

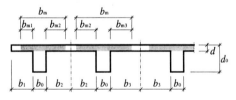

Bei sehr großen vorhandenen Plattenbreiten b_i ($i = 1, 2, 3$) darf näherungsweise der zu $b_i / l = 1$ gehörende Wert b_{mi} / b_i verwendet werden (siehe Tafel 9). Zur Ermittlung der mitwirkenden Breite b_{mi} ist die vorhandene Plattenbreite b_i dabei rechnerisch auf $b_i = 1{,}0 \cdot l$ zu begrenzen. Ergeben sich stark unsymmetrische Querschnitte, so muß eine Bemessung für schiefe Biegung durchgeführt werden, wenn der Querschnitt hoch ausgenutzt und nicht gegen Verdrehen gesichert ist.

---

[1] Löser, B., Löser, H., Wiese, H., Stritzke, J.: Bemessungsverfahren für Beton- und Stahlbetonbauteile, Kapitel 1.3., 19. neubearbeitete Auflage, Berlin: Ernst & Sohn 1986

3 | Vorbereitende Maßnahmen

Tafel 9: Bezogene mitwirkende Plattenbreiten b_{m1}/b_1, b_{m2}/b_2 und b_{m3}/b_3
$[b_{mk} = \text{Tafelwert} \cdot b_k \ (k = 1, 2, 3)]^1$

d/d_0	b_1/l bzw. b_2/l bzw. b_3/l [1]												
	1,0	0,9	0,8	0,7	0,6	0,5	0,45	0,40	0,35	0,30	0,25	0,20	0,15	0,10
0,10	0,18	0,20	0,23	0,26	0,31	0,38	0,43	0,48	0,55	0,62	0,71	0,82	0,92	1,00
0,15	0,20	0,22	0,25	0,28	0,33	0,40	0,45	0,50	0,57	0,64	0,72	0,82	0,92	1,00
0,20	0,23	0,26	0,29	0,33	0,38	0,45	0,50	0,55	0,61	0,68	0,76	0,85	0,93	1,00
0,30	0,32	0,36	0,40	0,44	0,50	0,56	0,59	0,63	0,68	0,74	0,80	0,87	0,94	1,00
1,00	0,67	0,72	0,78	0,85	0,91	0,95	0,96	0,97	0,98	0,99	1,00	1,00	1,00	1,00

[1]) Bei Durchlaufträgern ist für l der Wert l_0 einzusetzen

Tafel 10: Verlauf der mitwirkenden Plattenbreite nach DIN 1075

System	Verlauf von b_m/b	Abstand der Momentennullpunkte[2])
Einfeldträger		$l_i = l_0 = l$
Durchlaufträger-Endfeld		$l_i = l_0 = 0{,}8 \cdot l$
Durchlaufträger-Innenfeld		$l_i = l_0 = 0{,}6 \cdot l$
Kragarm		$l_i = l_0 = 1{,}5 \cdot l$

$a = b$, jedoch nicht größer als $0{,}25 \cdot l$; $c = 0{,}1 \cdot l$

[1]) Anstieg der mitwirkenden Breite von ρ_S auf ρ_F auf der Länge a gilt nur für den Belastungsanteil des Kragarms, ρ_F ist für den Einfeldträger oder das Endfeld eines Durchlaufträgers zu bestimmen

[2]) in DIN 1075 wird der Abstand der Momentennullpunkte mit l_i bezeichnet

---

[1] Löser, B., Löser, H., Wiese, H., Stritzke, J.: Bemessungsverfahren für Beton- und Stahlbetonbauteile, Tafel 5, 19. neubearbeitete Auflage, Berlin: Ernst & Sohn 1986

| 3 | Vorbereitende Maßnahmen |

Tafel 11: Beiwerte ρ_F und ρ_S zur Bestimmung der mitwirkenden Plattenbreite nach DIN 1075

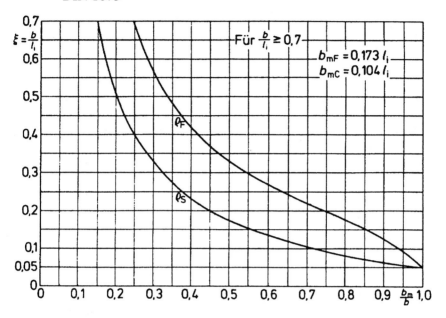

Tafel 12: Querschnitte und zugehörige mitwirkende Plattenbreiten bei Biegemoment und Querkraft sowie Spannungsverteilung nach DIN 1075

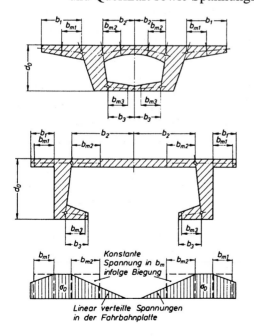

| 3 | Vorbereitende Maßnahmen |

3.4 Voraussetzungen für die Schnittgrößenermittlung

3.4.1 Allgemeine Grundlagen

Die Berechnung der Schnittgrößen hat für alle maßgebenden Beanspruchungen während des Bau- und Montagezustandes sowie im Gebrauchszustand zu erfolgen. Dabei sind insbesondere die Einflüsse von Zwang, räumlicher Steifigkeit, Stabilität und Schnittgrößenumlagerung zu berücksichtigen.

Die Schnittgrößen statisch unbestimmter Tragwerke dürfen mit Verfahren berechnet werden, die auf der Elastizitätstheorie beruhen. Ob bei der Schnittgrößenermittlung die Formänderungen der Bauteile berücksichtigt werden müssen (Theorie II. Ordnung), hängt von der räumlichen Steifigkeit des Gebäudes und/oder der Schlankheit des Einzelbauteils ab (siehe Abschnitt 3.7 und 6.5.1).

Die Querschnittswerte dürfen i. allg. nach Zustand I mit oder ohne Einschluß des Stahlquerschnittes ermittelt werden.

Die Einflüsse von Schwinden, Kriechen, Temperaturänderungen, Stützensenkungen usw. dürfen berücksichtigt werden. Sie müssen dann berücksichtigt werden, wenn die hierdurch entstehende Summe der Schnittkräfte wesentlich in ungünstiger Weise verändert wird. Im zweiten Fall darf, im ersten Fall muß die Verminderung der Steifigkeit durch Rißbildung (Zustand II) berücksichtigt werden.

3.4.2 Ungünstigste Laststellungen

Verkehrslasten sind in ungünstigster Stellung, bei Durchlaufträgern in üblichen Hochbauten als Vollbelastung der einzelnen Felder in ungünstigster Anordnung (feldweise veränderlich) anzusetzen.

Querkräfte dürfen bei Hochbauten durch Vollbelastung aller Felder bestimmt werden. Bei ungleichen Stützweiten darf eine Vollbelastung nur dann zugrunde gelegt werden, wenn das Verhältnis benachbarter Stützweiten nicht kleiner als 0,7 ist. In Feldern mit größeren Querschnittsschwächungen, Aussparungen, Geometriesprüngen usw. ist im geschwächten Bereich die ungünstigste Teilstreckenbelastung anzusetzen.

Stützkräfte, die von einachsig gespannten Platten, Rippendecken oder Balken auf andere Bauteile übertragen werden, dürfen i. allg. ohne Berücksichtigung einer Durchlaufwirkung berechnet werden, wenn angenommen wird, daß die Tragwerke über allen Innenstützen gestoßen und frei drehbar gelagert sind. Die Durchlaufwirkung ist bei der ersten Innenstütze stets, bei den übrigen Innenstützen nur dann zu berücksichtigen, wenn das Verhältnis benachbarter Stützweiten kleiner als 0,7 ist.

3 Vorbereitende Maßnahmen

3.4.3 Bemessungsschnittgrößen

In vielen Fällen werden die ermittelten Schnittgrößen nicht direkt zur Bemessung verwendet, sondern in Bemessungswerte umgerechnet:

- Bemessungsmomente durchlaufender Platten und Balken (siehe Abschnitt 3.5)
- Bei Bauteilen mit kleinen Nutzhöhen (statische Höhen) sind die Schnittgrößen für die Bemessung mit dem Faktor α_i auf $\alpha_i \cdot M$ bzw. $\alpha_i \cdot N$ zu vergrößern (DIN 1045, Abschnitt 17.2.1 und DAfStb-Heft 400 S. 68). Mit Δc ist das Vorhaltemaß, d.h. die Differenz zwischen Nennmaß und Mindestmaß der Betondeckung, gemeint.

wenn $\Delta c = 1{,}0$ cm und $h < 7$ cm	wenn $\Delta c = 0$ cm und $h < 7$ cm
$\alpha_1 = \dfrac{15}{h+8}$	$\alpha_2 = \dfrac{15}{h+5}$
Für $0 < \Delta c < 1{,}0$ darf zwischen α_1 und α_2 geradlinig interpoliert werden	

- Berücksichtigung zusätzlicher Ausmitten f bei der Stützenbemessung (siehe Abschnitt 6.5)
- Verringerung bzw. Vergrößerung der Stützmomente um bis zu 15 % bei Durchlaufkonstruktionen mit Stützweiten < 12 m und gleichbleibenden Betonquerschnitten im üblichen Hochbau. Die zugehörigen Feldmomente müssen dann zur Einhaltung des Gleichgewichts gleichzeitig vergrößert bzw. verringert werden.

3.4.4 Voraussetzungen für die Durchlaufwirkung

Liegen Platten zwischen Stahlträgern oder Stahlbeton-Fertigteilbalken, dürfen sie nur dann als durchlaufend betrachtet werden, wenn die Oberkante der Platte mindestens 4 cm über der Trägeroberkante liegt und die Bewehrung zur Deckung der Stützmomente über den Träger hinweg geführt wird.

3 Vorbereitende Maßnahmen

3.5 Bemessungsmomente einachsig gespannter durchlaufender Platten und Balken

Durchlaufende Platten und Balken dürfen bei der Schnittgrößenermittlung als frei drehbar gelagert angesehen werden. Konstruktive Eck- und Randeinfassungsbewehrungen sind nicht als Rahmenbewehrung zu betrachten.

3.5.1 Stützmomente

- Stützmomentenausrundung bei nicht biegesteifem Anschluß an die Unterstützung, wenn bei der Schnittkraftberechnung frei drehbare Lagerung angenommen wurde

$$|red\, M| = |M| - \left|\frac{A \cdot b}{8}\right|$$

- Bei biegesteifem Anschluß an die Unterstützung ist bei Hochbauten für die Randmomente zu bemessen

$$|M_I| = |M_i| - \left|\frac{Q_{i,l} \cdot b}{2}\right| \geq |\overline{M}_I|$$

$$|M_{II}| = |M_i| - \left|\frac{Q_{i,r} \cdot b}{2}\right| \geq |\overline{M}_{II}|$$

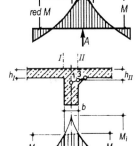

$|\overline{M}_I|$ und $|\overline{M}_{II}|$ sind Mindestrandmomente (siehe weiter unten).

Die Stützweiten l_l und l_r der benachbarten Felder sollten nicht zu unterschiedlich sein (zu großer Ausrundungsfehler). Man beachte die unterschiedlichen Bemessungswerte für h im Bild !

- Mindestrandmomente

Wenn kein genauerer Nachweis der Einspannung der Platten in die Unterstützung geführt wird, ist bei gleichmäßig verteilter Belastung mindestens mit den folgenden Randmomenten zu bemessen:

in Endfeldern an der ersten Innenstütze: $M = -\dfrac{q \cdot l_w^2}{12}$ mit l_w als lichte Weite

in Innenfeldern an den übrigen Innenstützen: $M = -\dfrac{q \cdot l_w^2}{14}$ mit l_w als lichte Weite

Mit anderer Belastung ist sinngemäß zu verfahren. Bei durchlaufenden zweiachsig gespannten Platten sind die entsprechenden Lastanteile q_x und q_y zu verwenden (siehe Abschnitt 3.6).

3 Vorbereitende Maßnahmen

3.5.2 Positive Feldmomente

Wenn kein genauerer Nachweis der Einspannung der Platten in die Unterstützung geführt wird, ist bei gleichmäßig verteilter Belastung mindestens mit folgenden Feldmomenten zu bemessen:

in Endfeldern: $M_F = \dfrac{q \cdot l^2}{14,2}$ mit l als Spannweite zwischen den Achsen

in Innenfeldern: $M_F = \dfrac{q \cdot l^2}{24}$ mit l als Spannweite zwischen den Achsen

Mit anderer Belastung ist sinngemäß entsprechend zu verfahren.

3.5.3 Negative Feldmomente

Wenn trotz biegesteifer Verbindung zur Unterstützung frei drehbare Auflagerung angenommen wurde, brauchen sie nur mit folgender Belastung berechnet zu werden (ungünstigste Laststellung nach Abschnitt 3.4.2 beachten):

Bei Balken	$g + 0,7 \cdot p$
Bei Platten und Rippendecken	$g + 0,5 \cdot p$

3.5.4 Torsionsmomente

Wenn die Torsionssteifigkeit der angrenzenden Bauteile rechnerisch nicht erfaßt wird, so sind die vernachlässigten Torsionsmomente und ihre Weiterleitung in die unterstützenden Bauteile bei der Bewehrungsführung konstruktiv zu berücksichtigen.

| 3 | Vorbereitende Maßnahmen |

3.6 Schnittgrößen und Auflagerkräfte in zweiachsig gespannten Platten

Es existieren mehrere Verfahren, die die Schnittkräfte in Abhängigkeit des Stützweitenverhältnisses der Platte selbst, der benachbarten Platten, des Verkehrslastanteils und der zugrunde liegenden Querdehnung unterschiedlich genau liefern. Nach DIN 1045, Abschnitt 15.1.2 sind die Schnittkräfte mit $\mu = 0{,}2$ zu ermitteln, zur Vereinfachung darf jedoch auch mit $\mu = 0$ gerechnet werden. An dieser Stelle soll nur das sehr verbreitete Verfahren nach Pieper/Martens[1] genannt werden.

Vorteile dieses Verfahrens sind:
- einfaches Verfahren, das auf der linear-elastischen Theorie beruht
- Anwendung für Platten mit „dreiseitigen" Knoten, d.h. T-förmige Plattenbegrenzung:
- Anwendung auch dann möglich, wenn einachsig und zweiachsig gespannte Felder zusammentreffen
- keine volle Einspannung bei der Ermittlung der Feldmomente
- größere Stützweitenunterschiede erfaßbar

Bedingungen für die Anwendung:
- $p \leq \dfrac{2}{3} \cdot (g + p)$ mit: g ständige Last
                                      p Verkehrslast
- $p \leq 2 \cdot g$
- $l_x = \min[l_1, l_2]$
- konstante, gleiche oder annähernd gleiche Deckendicke in allen Feldern
- Plattenecken müssen gegen Abheben gesichert sein, wahlweise durch
  - biegesteife Verbindungen mit der Unterstützung
  - Auflast
  - Eckbewehrung/Drillbewehrung

Es empfiehlt sich, in einem globalen Koordinatensystem zu arbeiten, das nur dann gedreht werden muß, wenn l_x die größere Stützweite ist (aus l_x wird l_y' und aus l_y wird l_x'). Die Beiwerte f und s sind dann ebenfalls zu vertauschen.

---

[1] Pieper, K., Martens, P., Durchlaufende vierseitig gestützte Platten im Hochbau, Beton- und Stahlbetonbau 61 (1966) S. 158-162. Zuschrift G. Utescher: Beton- und Stahlbetonbau 62 (1967) S. 150-151

3 Vorbereitende Maßnahmen

Vorgehensweise (für jeden Plattenabschnitt separat, Sonderfälle siehe unten):
- Stützungsart und Stützweiten l_x und l_y (bzw. l_x' und l_y') bestimmen
- Stützweitenverhältnis $\varepsilon = \dfrac{l_y}{l_x}$ bzw. $\varepsilon' = \dfrac{l_y'}{l_x'}$, $1{,}0 \leq \varepsilon \leq 2{,}0$ ermitteln
- Gesamtlast $q = g + p$ berechnen
- Beiwerte f_x, f_y (bzw. f_x^0, f_y^0) sowie s_x, s_y aus Tafel 13 bzw. f_{x1} Tafel 14 ablesen
- Bestimmung der Feldmomente

Platten mit Drillbewehrung und gehaltenen freien Ecken	$m_{fx} = \dfrac{1}{f_x} \cdot q \cdot l_x^2$	$m_{fy} = \dfrac{1}{f_y} \cdot q \cdot l_x^2$
Platten ohne volle Drilltragfähigkeit	$m_{fx} = \dfrac{1}{f_x^0} \cdot q \cdot l_x^2$	$m_{fy} = \dfrac{1}{f_y^0} \cdot q \cdot l_x^2$
Auf zwei kleine Felder folgt ein großes Feld	Feld 1	$m_{fx1} = \dfrac{1}{f_{x1}} \cdot q \cdot l_{x1}^2$
Anmerkung: Es kann Tafel 13 verwendet werden, wenn $f_{x1} > 10{,}2$ bzw. $\varepsilon \leq 2$	Feld 2	$m_{fx2} = \dfrac{1}{12} \cdot q \cdot l_{x2}^2$ $\geq m_b$ (siehe Stützmomente)

- Bestimmung der Stützmomente

absolut größtes Einspannmoment der zusammenstoßenden Plattenränder		$m_{so} = -\dfrac{1}{s} \cdot q \cdot l_x^2$
gemittelte Stützmomente der zusammenstoßenden Plattenränder	$\dfrac{l_1}{l_2} < 5$	$m_s = \left\|0{,}5 \cdot (m_{so1} + m_{so2})\right\|$ $\geq 0{,}75 \cdot \max(\|m_{so1}\|\ \text{oder}\ \|m_{so2}\|)$
Anmerkung: l_1 und l_2 sind die Stützweiten senkrecht zum betreffenden Plattenrand	$\dfrac{l_1}{l_2} > 5$	$m_s = \max(\|m_{so1}\|\text{oder}\|m_{so2}\|)$
Kragarme oder sonstige angrenzende einspannende Systeme		Bei der Ermittlung der Stützungsart eines Feldes können angrenzende Kragarme dann als einspannend angenommen werden, wenn das Kragmoment infolge g größer ist als das halbe Volleinspannmoment des Feldes bei q. Sinngemäß ist bei anderen angrenzenden einspannenden Systemen zu verfahren.
Auf zwei kleine Felder folgt ein großes Feld	Endauflagerkraft A der Platte 1:	$A = \sqrt{2 \cdot q \cdot m_{fx1}}$
	Stützmoment zwischen Feld 1 und 2	$m_b = A \cdot l_{x1} - \dfrac{q \cdot l_{x1}^2}{2}$

Die ermittelten Stützmomente gelten unmittelbar als Bemessungswerte

3 Vorbereitende Maßnahmen

Tafel 13: Momentenbeiwerte $f_x, f_y, f_x^0, f_y^0, s_x, s_y$ nach Pieper/Martens [1, siehe Tafel 14]

Stützungsart	Bei-wert	Stützweitenverhältnis $\varepsilon = l_y / l_x$ bzw. $\varepsilon' = l_y' / l_x'$ (l_x bzw. $l_x' = l_{min}$)										
		1,0	1,1	1,2	1,3	1,4	1,5	1,6	1,7	1,8	1,9	2,0	$\to \infty$
1	f_x	27,2	22,4	19,1	16,8	15,0	13,7	12,7	11,9	11,3	10,8	10,4	8,0
	f_y	27,2	27,9	29,1	30,9	32,8	34,7	36,1	37,3	38,5	39,4	40,3	*
	f_x^0	20,0	16,6	14,5	13,0	11,9	11,1	10,6	10,2	9,8	9,5	9,3	8,0
	f_y^0	20,0	20,7	22,1	24,0	26,2	28,3	30,2	31,9	33,4	34,7	35,9	*
2.1	f_x	32,8	26,3	22,0	18,9	16,7	15,0	13,7	12,8	12,0	11,4	10,9	8,0
	f_y	29,1	29,2	29,8	30,6	31,8	33,5	34,8	36,1	37,3	38,4	39,5	*
	s_y	11,9	10,9	10,1	9,6	9,2	8,9	8,7	8,5	8,4	8,3	8,2	8,0
	f_x^0	26,4	21,4	18,2	15,9	14,3	13,0	12,1	11,5	10,9	10,4	10,1	8,0
	f_y^0	22,4	22,8	23,9	25,1	26,7	28,6	30,4	32,0	33,4	34,8	36,2	*
2.2	f_x	29,1	24,6	21,5	19,2	17,5	16,2	15,2	14,4	13,8	13,3	12,9	10,2
	f_y	32,8	34,5	36,8	38,8	40,9	42,7	44,1	45,3	46,5	47,2	47,9	*
	s_x	11,9	10,9	10,2	9,7	9,3	9,0	8,8	8,6	8,4	8,3	8,3	8,0
	f_x^0	22,4	19,2	17,2	15,7	14,7	13,9	13,2	12,7	12,3	12,0	11,8	10,2
	f_y^0	26,4	28,1	30,3	32,7	35,1	37,3	39,1	40,7	42,2	43,3	44,8	*
3.1	f_x	38,0	30,2	24,8	21,1	18,4	16,4	14,8	13,6	12,7	12,0	11,4	8,0
	f_y	30,6	30,2	30,3	31,0	32,2	33,8	35,9	38,3	41,1	44,9	46,3	*
	s_y	14,3	12,7	11,5	10,7	10,0	9,5	9,2	8,9	8,7	8,5	8,4	8,0
3.2	f_x	30,6	26,3	23,2	20,9	19,2	17,9	16,9	16,1	15,4	14,9	14,5	12,0
	f_y	38,0	39,5	41,4	43,5	45,6	47,6	49,1	50,3	51,3	52,1	52,9	*
	s_x	14,3	13,5	13,0	12,6	12,3	12,2	12,0	12,0	12,0	12,0	12,0	12,0
4	f_x	33,2	27,3	23,3	20,6	18,5	16,9	15,8	14,9	14,2	13,6	13,1	10,2
	f_y	33,2	34,1	35,5	37,7	39,9	41,9	43,5	44,9	46,2	47,2	48,3	*
	s_x	14,3	12,7	11,5	10,7	10,0	9,6	9,2	8,9	8,7	8,5	8,4	8,0
	s_y	14,3	13,6	13,1	12,8	12,6	12,4	12,3	12,2	12,2	12,2	12,2	11,2
	f_x^0	26,7	22,1	19,2	17,2	15,7	14,6	13,8	13,2	12,7	12,3	12,0	10,2
	f_y^0	26,7	27,6	29,2	31,4	33,8	36,2	38,1	39,8	41,4	42,8	44,2	*
5.1	f_x	33,6	28,2	24,4	21,8	19,8	18,3	17,2	16,3	15,6	15,0	14,6	12,0
	f_y	37,3	38,7	40,4	42,7	45,1	47,5	49,5	51,4	53,3	55,1	56,9	*
	s_x	16,2	14,8	13,9	13,2	12,7	12,5	12,3	12,2	12,1	12,0	12,0	12,0
	s_y	18,3	17,7	17,5	17,5	17,5	17,5	17,5	17,5	17,5	17,5	17,5	17,5
5.2	f_x	37,3	30,3	25,3	22,0	19,5	17,7	16,4	15,4	14,6	13,9	13,4	10,2
	f_y	33,6	34,1	35,1	37,3	39,8	43,1	46,6	52,3	55,5	60,5	66,1	*
	s_x	18,3	15,4	13,5	12,2	11,2	10,6	10,1	9,7	9,4	9,0	8,9	8,0
	s_y	16,2	14,8	13,9	13,3	13,0	12,7	12,6	12,5	12,4	12,3	12,3	11,2
6	f_x	36,8	30,2	25,7	22,7	20,4	18,7	17,5	16,5	15,7	15,1	14,7	12,0
	f_y	36,8	38,1	40,4	43,5	47,1	50,6	52,8	54,5	56,1	57,3	58,3	*
	s_x	19,4	17,1	15,5	14,5	13,7	13,2	12,8	12,5	12,3	12,1	12,0	12,0
	s_y	19,4	18,4	17,9	17,6	17,5	17,5	17,5	17,5	17,5	17,5	17,5	17,5

Für die Berechnung der Tafelwerte für die Feldmomente wurde eine 50%ige Einspannung durch zugehörige Stützmomente angenommen. Die Stützmomente wurden für volle Einspannung berechnet.

| 3 | Vorbereitende Maßnahmen |

Tafel 14: Momentenbeiwerte für unterschiedliche Seitenverhältnisse[1]

Hinweise zur Anwendung der Tafel 14:
- Eine Interpolation innerhalb und zwischen den Tafeln ist möglich.
- Normalerweise genügt es, die Tafel mit dem nächstliegenden Seitenverhältnis ε des Feldes 3 zu verwenden und, wenn eine Tafel mit einem niedrigeren Seitenverhältnis gewählt wurde, etwas reichlicher zu bewehren.

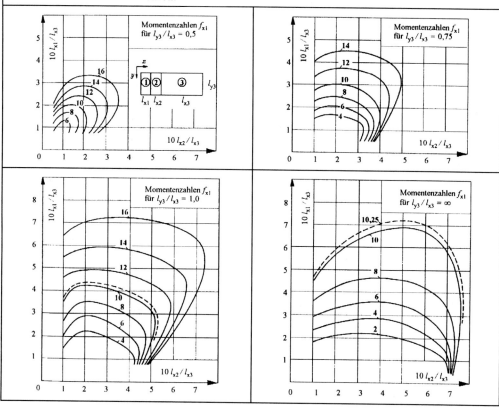

---

[1] Pieper, K., Martens, P., Durchlaufende vierseitig gestützte Platten im Hochbau, Beton- und Stahlbetonbau 61 (1966) S. 158-162

3 Vorbereitende Maßnahmen

3.7 Räumliche Aussteifung
3.7.1 Translationssteifigkeit

Tragwerke mit aussteifenden Bauteilen dürfen als unverschieblich angesehen werden, wenn die nachfolgenden Bedingungen eingehalten werden:

$$\alpha = h_{tot} \cdot \sqrt{\frac{F_V}{E_{cm} \cdot I_c}} \leq \begin{cases} 0{,}2 + 0{,}1 \cdot n & \text{für } n \leq 3 \\ 0{,}6 & \text{für } n \geq 4 \end{cases}$$

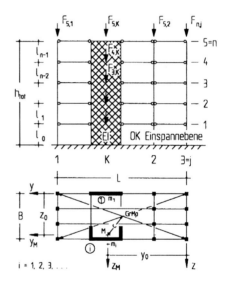

h_{tot} Gesamthöhe des Tragwerkes über OK Fundament bzw. Einspannebene in m

n Anzahl der Geschosse

F_V Summe aller Vertikallasten $F_{V,nj}$ im Gebrauchszustand ($\gamma_F = 1$) in [MN], die auf die aussteifenden und die nicht aussteifenden Bauteile wirken.

$E_{cm} \cdot I_c$ Summe der Nennbiegesteifigkeiten (im Zustand I) in [MN/m²] aller vertikalen aussteifenden Bauteile, die in der betrachteten Richtung wirken. Die Betonzugspannung sollte in den aussteifenden Bauteilen unter der maßgebenden Lastkombination des Gebrauchszustandes den Wert $f_{ctk;0,05}$ nicht überschreiten (E_{cm} und $f_{ctk;0,05}$ siehe Tafel 10 im Kapitel 2).
Wenn die Steifigkeit der aussteifenden Bauteile über die Höhe veränderlich ist, wird eine Ersatzsteifigkeit bestimmt, so daß sich die gleiche maximale horizontale Verschiebung ergibt wie nach dem realen Steifigkeitsverlauf (siehe DIN 1045, Abs. 15.8.1).

Bei aussteifenden Wänden aus Mauerwerk sind die maßgebenden Biegesteifigkeiten des Mauerwerkes nach DIN 1053 bzw. EC 6 (Entwurf) einzusetzen.

Die Labilitätszahl α muß für beide Gebäudeachsen y und z erfüllt sein!

3 Vorbereitende Maßnahmen

Tragwerke ohne aussteifende Bauteile gelten als unverschieblich, wenn die Schnittgrößen nach Theorie II. Ordnung nicht mehr als 10 % über den nach Theorie I. Ordnung ermittelten liegen. Eine Abschätzung kann mit EC 2, A3.2(3) erfolgen, wonach Rahmen dann als unverschieblich gelten, wenn jedes lotrechte Druckglied, das mehr als 70 % der mittleren Längskraft $N_{Sd,m}$ aufnimmt, die Grenzschlankheit λ_{lim} nicht überschreitet.

$$N_{Sd,m} = \frac{\gamma_F \cdot F_V}{n}$$

$$v_u = \frac{N_{Sd}}{f_{cd} \cdot A_c}$$

$$\lambda_{lim} \leq \begin{cases} \dfrac{15}{\sqrt{v_u}} \\ 25 \end{cases}$$

n Anzahl der lotrechten Druckglieder in einem Geschoß

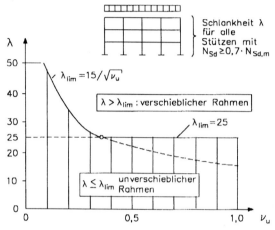

3 | Vorbereitende Maßnahmen

3.7.2 Rotationssteifigkeit

In Anlehnung an die Labilitätszahl α für Translation hat *Brandt*[1] zur Beurteilung der Rotationssteifigkeit eine Labilitätszahl α_T für Gebäude mit Rechteckgrundriß und unter Gleichlast entwickelt.

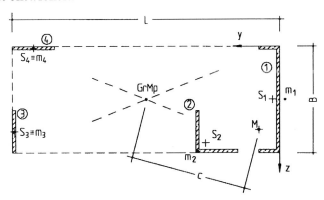

Bestimmung der Eingangsgrößen :

c	Abstand zwischen Schubmittelpunkt M (siehe Tafel 16) und Grundrißmittelpunkt GrMp in m
d	Grundrißdiagonale $d = \sqrt{L^2 + B^2}$ in m
h_{tot}	Gesamthöhe des Tragwerks über Einspannebene der lotrechten aussteifenden Bauteile in m
F_V	Summe aller Vertikallasten im Gebrauchszustand ($\gamma_F = 1$) in MN
E	Elastizitätsmodul in MN/m²
I_T	St. Venantsches Torsionsflächenmoment in m⁴

$$E \cdot I_\omega = \sum \left(E_i \cdot I_{y,i} \cdot y^2_{Mmi} + E_i \cdot I_{z,i} \cdot z^2_{Mmi} + E_i \cdot I_{\omega i} \right)$$

$I_{y,i}; I_{z,i}$	Flächenmomente 2. Grades des aussteifenden Bauteils i in m⁴
$I_{\omega i}; I_{yz,i}$	Wölbflächenmoment 2. Grades des aussteifenden Bauteils i; Flächenzentrifugalmoment
y_{Mmi}, z_{Mmi}	Abstände zwischen M und m_i
M	Schubmittelpunkt (y_0, z_0) der zu einem Gesamtstab zusammengefaßten lotrechten, aussteifenden Bauteile i im Zustand I nach der Elastizitätstheorie (siehe Tafel 16)
m_i	Schubmittelpunkt des aussteifenden Bauteils i
G	Schubmodul in [MN/m²] $G = \dfrac{E}{2 \cdot (1+v)}$
κ	Torsionskonstante $\kappa = h_{tot} \cdot \sqrt{\dfrac{I_T}{(E/G) \cdot I_\omega}}$
φ	Beiwert in Abhängigkeit von κ (siehe Tafel 15); für $\kappa > 10$ ist $\kappa \to \infty$ anzunehmen, so daß die entsprechende Gleichung für $\kappa \to \infty$ anzusetzen ist

---

[1] Brandt, B.: Zur Beurteilung der Gebäudestabilität. Beton- und Stahlbetonbau 71 (1976) S. 177-178

| 3 | Vorbereitende Maßnahmen |

Tafel 15: Beiwert φ zur Bestimmung der Torsionskonstanten κ

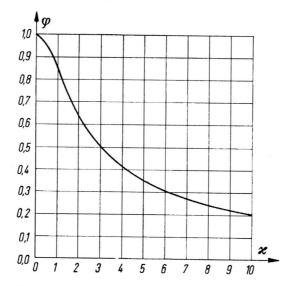

Berechnung der Labilitätszahl α_T

$$\kappa \neq \infty : \quad \alpha_T = \varphi \cdot h_{tot} \cdot \sqrt{\frac{F_V}{E \cdot I_\omega} \cdot \left(\frac{d^2}{12} + c^2\right)}$$

$$\kappa \to \infty : \quad \alpha_T = 2{,}28 \cdot \sqrt{\frac{F_V}{G \cdot I_T} \cdot \left(\frac{d^2}{12} + c^2\right)}$$

$$\leq \begin{cases} 0{,}2 + 0{,}1 \cdot n & \text{für } n \leq 3 \\ 0{,}6 & \text{für } n \geq 4 \end{cases}$$

Tafel 16: Koordinaten des Schubmittelpunktes M bei gleich hohen Aussteifungselementen

allgemein	$y_0 = \dfrac{\left(\sum EI_{y,i} \cdot y_i - \sum EI_{yz,i} \cdot z_i\right) \cdot \sum EI_{z,i} - \left(\sum EI_{yz,i} \cdot y_i - \sum EI_{z,i} \cdot z_i\right) \cdot \sum EI_{yz,i}}{\sum EI_{y,i} \cdot \sum EI_{z,i} - \left(\sum EI_{yz,i}\right)^2}$ $z_0 = \dfrac{\left(\sum EI_{y,i} \cdot y_i - \sum EI_{yz,i} \cdot z_i\right) \cdot \sum EI_{yz,i} - \left(\sum EI_{yz,i} \cdot y_i - \sum EI_{z,i} \cdot z_i\right) \cdot \sum EI_{y,i}}{\sum EI_{y,i} \cdot \sum EI_{z,i} - \left(\sum EI_{yz,i}\right)^2}$
E = const. und $\Sigma EI_{yz,i} = 0$	$y_0 = \left(\sum I_{y,i} \cdot y_i\right) / \left(\sum I_{y,i}\right)$ $z_0 = \left(\sum I_{z,i} \cdot z_i\right) / \left(\sum I_{z,i}\right)$

4 Unbewehrter Beton

4.1 Grundlagen
- Ermittlung der Tragfähigkeit unbewehrter Betonquerschnitte nach DIN 1045, 17.9
- Ermittlung der zulässigen Gebrauchslast mit $\gamma = 2{,}1$
- Rechnerisch darf keine höhere Betonfestigkeitsklasse als B 35 ausgenützt werden.
- Bei einer Betonfestigkeitsklasse niedriger als B 10 dürfen nur Schlankheiten $\lambda \leq 20$ ausgeführt werden.
- Höchstzulässige Randstauchung $\varepsilon_{b1} = -3{,}5\%o$, bei zentrischem Druck ist $\varepsilon_{b1} = \varepsilon_{b2} = -2\%o$.
- Mitwirkung des Betons auf Zug darf nicht in Rechnung gestellt werden.
- Beschreibung des σ-ε-Verhaltens mit dem Parabel-Rechteck-Diagramm
- Eine klaffende Fuge darf höchstens bis zum Schwerpunkt des Gesamtquerschnittes entstehen.
- Die Lastausbreitung darf bis zu einer Neigung 1:2 zur Lastrichtung in Rechnung gestellt werden.

4.2 Unbewehrte Fundamente
Bei unbewehrten Fundamenten darf für die Lastausbreitung anstelle einer Neigung 1:2 zur Lastrichtung eine Neigung 1:n in Rechnung gestellt werden.

Tafel 1: n–Werte nach DIN 1045 Tab. 17

Betonklasse	Bodenpressung σ_0 in kN/m² $\leq$				
	100	200	300	400	500
B 5	1,6	2,0	2,0	unzulässig	
B 10	1,1	1,6	2,0	2,0	2,0
B 15	1,0	1,3	1,6	1,8	2,0
B 25	1,0	1,0	1,2	1,4	1,6
B 35	1,0	1,0	1,0	1,2	1,3

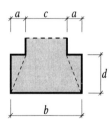

Ein Fundament darf dann als unbewehrtes Fundament ausgeführt werden, wenn $d \geq n \cdot a$ ist. Wird es breiter ausgeführt, ist es als bewehrtes Fundament zu berechnen. Das Einlegen einer konstruktiven Bewehrung ist jedoch immer zu empfehlen (siehe Abschnitt Teilflächenpressung 6.10)

4 | Unbewehrter Beton

4.3 Unbewehrte Druckglieder

4.3.1 Stützen

Der traglastmindernde Einfluß der Bauteilauslenkung ist auch für Schlankheiten $\lambda \leq 20$ zu berücksichtigen.

Für die ungewollte Ausmitte e_V (Vorverformung) gilt:

$$e_V = \frac{s_K}{300} \qquad s_K \quad \text{Knicklänge des Druckgliedes}$$

Die Einflüsse von Schlankheit und ungewollter Ausmitte werden näherungsweise durch Verringerung der ermittelten zulässigen Last mit dem Beiwert κ berücksichtigt.

$$\kappa = 1 - \frac{\lambda}{140} \cdot \left(1 + \frac{m}{3}\right) \quad \text{mit}$$

$m = \dfrac{e}{k}$ bezogene Ausmitte des Lastangriffs im Gebrauchszustand

$e = \dfrac{M}{N}$ größte planmäßige Ausmitte des Lastangriffs unter Gebrauchslast im mittleren Drittel der Knicklänge des zugrunde gelegten Knickstabs

$k = \dfrac{W_d}{A_b}$ Kernweite des Betonquerschnitts, bezogen auf den Druckrand. Bei Rechteckquerschnitten ist $k = d/6$

$\lambda = \dfrac{s_k}{i}$ Schlankheit
Bei Rechteckquerschnitten $\lambda = s_k \cdot \sqrt{12}/d$

$i = \sqrt{\dfrac{I_b}{A_b}}$ Trägheitsradius in Knickrichtung
Bei Rechteckquerschnitten $i = d/\sqrt{12}$

Diese Gleichung darf nur angewendet werden für (Zwischenwerte interpolieren!):

$m \leq 1{,}20$ nur bis $\lambda \leq 70$,
$m \leq 1{,}50$ nur bis $\lambda \leq 40$,
$m \leq 1{,}80$ nur bis $\lambda \leq 20$.

Die zulässige Normalkraft für Rechteck- oder Kreisquerschnitte kann mit Hilfe der Tafel 2 und Tafel 3 ermittelt werden zu:

$$zul\, N = n_u \cdot A_b \cdot \frac{\beta_R}{\gamma}$$

4 Unbewehrter Beton

Tafel 2: Bezogene Normalkräfte unbewehrter Rechteckquerschnitte[1]

Tafel 3: Bezogene Normalkräfte unbewehrter Kreisquerschnitte

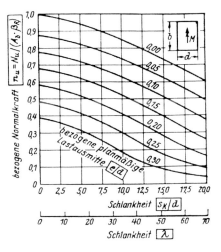

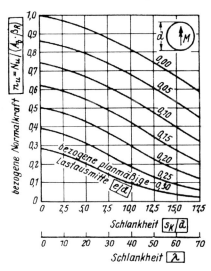

Für Schlankheiten $\lambda > 70$ ist stets ein genauerer Knicksicherheitsnachweis nach Theorie II. Ordnung mit Berücksichtigung des Kriechens zu führen.

Die Mindestabmessungen für unbewehrte Stützen betragen nach Tafel 4:

Tafel 4: Mindestabmessungen unbewehrter Stützen in [cm] nach DIN 1045, Tab 31

Querschnittsform	stehend hergestellte Druckglieder aus Ortbeton	Fertigteile und liegend hergestellte Druckglieder
Vollquerschnitte (Dicke)	20	14
Aufgelöster Querschnitt, z.B. I-, T- und L-förmig (Flansch- und Stegdicke)	14	7
Hohlquerschnitte (Wanddicke)	14	7

4.3.2 Wände

Der Knicksicherheitsnachweis wird analog zu dem der Stützen geführt. Die Knicklängen der Wände sind dabei abhängig von der Art der Aussteifung.

---

[1] nach DAfStb Heft 220, Bemessung von Beton- und Stahlbetonbauteilen, S. 121, Bilder 4.2.7, 4.2.8

4 Unbewehrter Beton

Tafel 5: Mindestwanddicken in [cm] für unbewehrte, tragende Wände nach DIN 1045, Tab. 33

Festigkeitsklasse des Betons	Herstellung	Decken über Wänden	
		nicht durchlaufend	durchlaufend
bis B 10	Ortbeton	20	14
ab B 15	Ortbeton	14	12
	Fertigteil	12	10

Wenn bei nicht durchlaufenden Decken nachgewiesen werden kann, daß die Ausmitte der lotrechten Last kleiner als 1/6 der Wanddicke ist oder wenn Decke und Wand biegesteif miteinander verbunden sind, dann gelten die Werte für durchlaufende Decken, wenn die Decken unverschieblich gehalten werden.

Bei der baulichen Durchbildung von unbewehrten Wänden ist folgendes zu beachten:
- Die Ableitung der waagerechten Auflagerkräfte der Deckenscheiben in die Wände ist nachzuweisen.
- Um grobe Schwindrisse zu vermeiden, sind bestimmte konstruktive Maßnahmen einzuhalten, zum Beispiel die Anordnung von Bewegungsfugen, eine zwangfreie Lagerung und der Einbau einer entsprechenden Bewehrung.
- In die Außen-, Haus- und Wohnungstrennwände ist etwa in Höhe jeder Geschoß- oder Kellerdecke ein Ringanker mit zwei durchlaufenden Bewehrungsstäben von mindestens 12 mm Durchmesser zu legen. Diese Bewehrung darf nicht unterbrochen werden. Die zum Ringanker parallel liegende durchlaufende Bewehrung darf auf diesen angerechnet werden:
  - mit vollem Querschnitt, wenn sie in Decken oder in Fensterstürzen im Abstand von höchstens 50 cm von der Mittelebene der Wand bzw. der Decke liegen;
  - mit halbem Querschnitt, wenn sie mehr als 50 cm, aber höchstens im Abstand von 1,0 m von der Mittelebene der Decke in der Wand liegen, z.B. unter Fensteröffnungen.
- Aussparungen, Schlitze, Durchbrüche und Hohlräume sind bei der Bemessung der Wände zu berücksichtigen, mit Ausnahme von lotrechten Schlitzen bei Wandanschlüssen und lotrechten Schlitzen, deren Tiefe höchstens 1/6 der Wandstärke, maximal aber 3 cm beträgt, deren Breite höchstens gleich der Wanddicke ist, ihr gegenseitiger Abstand mindestens 2,0 m und die Wand mindestens 12 cm dick ist.

4 Unbewehrter Beton

4.4 Unbewehrte Platten und Balken[1]

Die Bemessung erfolgt auf der Grundlage des Parabel-Rechteck-Diagrammes der Spannungsverteilung und der möglichen Dehnungen im Bruchzustand. Eine Mitwirkung des Betons auf Zug wird ausgeschlossen. Eine bei größerer Ausmitte der Normalkraft entstehende klaffende Fuge (gleich Riß) darf höchstens bis zum Schwerpunkt des Gesamtquerschnitts reichen.

Unter Berücksichtigung der im Abschnitt 4.1 aufgeführten Randbedingungen kann die zulässige Last des unbewehrten Rechteckquerschnittes näherungsweise nach folgender Gleichung ermittelt werden. Die Beanspruchung durch ein Moment geht über die Ausmitte $e = M/N$ ein:

$$N = \kappa \cdot \frac{1}{\gamma} \cdot A_b \cdot \beta_R \cdot \left(1 - 2 \cdot \frac{e}{d}\right)$$

mit $\quad \kappa = 1 - \dfrac{\lambda}{140} \cdot \left(1 + \dfrac{m}{3}\right)$

bzw. $\quad \kappa = 1 - \dfrac{s_k \cdot \sqrt{12}}{d \cdot 140} \cdot \left(1 + \dfrac{2e}{d}\right) \quad$ beim Rechteckquerschnitt

darin bedeuten:

$m = e/k$ — Ausmitte bezogen auf die Kernweite
$e = M/N$ — Ausmitte des Lastangriffs unter Gebrauchslast
$k = W_d/A_b$ — Kernweite, $k = d/6$ beim Rechteckquerschnitt
$\lambda = s_k/i$ — Schlankheit
$i = \sqrt{I_b/A_b}$ — Trägheitsradius in Knickrichtung
$\gamma = 2,1$

Anwendungsgrenzen (Zwischenwerte dürfen interpoliert werden):

$\lambda \leq 70: \quad m \leq 1,20, \quad$ entspricht $\quad e/d \leq 0,20 \quad$ beim Rechteckquerschnitt
$\lambda \leq 40: \quad m \leq 1,50, \quad$ entspricht $\quad e/d \leq 0,25 \quad$ beim Rechteckquerschnitt
$\lambda \leq 20: \quad m \leq 1,80, \quad$ entspricht $\quad e/d \leq 0,30 \quad$ beim Rechteckquerschnitt

Bei vom Rechteck abweichenden Querschnittsformen wird das Rechnen mit dem Rechteck-Diagramm für die Spannungsverteilung empfohlen.

Der Nachweis der Knicksicherheit ist entsprechend Abschnitt 4.3 zu führen.

---

[1] Grasser, E., Bemessung der Stahlbetonbauteile - Bemessung für Biegung mit Längskraft, Schub und Torsion, Beton-Kalender 1994, Teil 1, Berlin: Ernst & Sohn 1994

5 | Konstruktive Durchbildung

5.1 Mindestabmessungen

- von Platten (nach DIN 1045, Abschn. 20.1.3)

Im allgemeinen Fall	7 cm
Befahrbare Platten für: Personenwagen / schwere Fahrzeuge	10 cm / 12 cm
Bei nur ausnahmsweise begangenen Platten	5 cm
Platten bei Plattenbalken, Balken und deckengleichen Unterzügen	7 cm oder obige Werte

- von Stahlbetonrippendecken (nach DIN 1045, Abschn. 21.2.1, 21.2.2.1)

Lichter Abstand der Rippen	≤ 70 cm
Dicke der Platte	$\geq 1/10$ des lichten Rippenabstandes / ≥ 5 cm
Breite der Längsrippen	≥ 5 cm

- Stahlsteindecken (nach DIN 1045, Abschn. 20.2.4)
    - mindestens 9 cm dick

- Glasstahlbeton (nach DIN 1045, Abschn. 20.3.2)
    - Betonrippen bei einachsig gespannten Tragwerken mindestens 6 cm hoch.
    - Betonrippen bei zweiachsig gespannten Tragwerken mindestens 8 cm hoch.
    - Betonrippen in Höhe der Bewehrung mindestens 3 cm breit.
    - Der erforderliche Ringbalken muß in Breite und Dicke mindestens der Dicke des Bauteils selbst entsprechen.

- Stabförmige Druckglieder (nach DIN 1045, Abschn. 25.3.2)
    - umschnürte Druckglieder
        $d_k \geq 20$ cm bei Ortbeton
        $d_k \geq 14$ cm bei werkmäßiger Herstellung

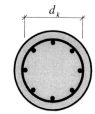

    - bügelbewehrte Druckglieder
    Die Werte in Tafel 1 (siehe unten) sind auch für unbewehrte Druckglieder gültig. Flansche, bei denen die Breite größer als die 5fache Dicke ist, sind wie Wände zu behandeln. Wandungen von Hohlprofilen mit einer lichten Seitenlänge größer als ihre 10fache Wanddicke sind ebenfalls mit Wänden gleichzusetzen.

5 Konstruktive Durchbildung

Tafel 1: Mindestdicken bügelbewehrter Druckglieder (nach DIN 1045, Tab.31)

Querschnittsform	stehend hergestellte Druckglieder aus Ortbeton	Fertigteile und liegend hergestellte Druckglieder
Vollquerschnitt, Dicke	≥ 20 cm	≥ 14 cm
aufgelöster Querschnitt [1]	≥ 14 cm	≥ 7 cm
Hohlquerschnitt (Wanddicke)	≥ 10 cm	≥ 5 cm

[1] I-, T- und L-förmige Querschnitte - es sind die Steg- und Flanschdicken angegeben. Die gesamte Flanschbreite, d.h. auch der kleinste Wert der Flanschdicke muß ≥ dem Wert in Zeile 1 sein.

- **Wände**

  Aussteifende Wände sind mindestens 8 cm dick auszubilden, für sonstige tragende Wände gelten die Werte der folgenden Tafel. Sie gelten auch für Wandteile mit $b < 5 \cdot d$ zwischen oder neben Wandöffnungen und für Wandteile mit Einzellasten.

Tafel 2: Mindestdicken tragender Wände (nach DIN 1045, Tab.33)

Beton	Herstellung	aus unbewehrtem Beton, wenn Decke über der Wand		aus bewehrtem Beton, wenn Decke über der Wand	
		nicht durchläuft	durchläuft [1]	nicht durchläuft	durchläuft [1]
bis B10	Ortbeton	20 cm	14 cm	-	-
ab B15	Ortbeton	14 cm	12 cm	12 cm	10 cm
	Fertigteil	12 cm	10 cm	10 cm	8 cm

[1] Die Werte dieser Spalte gelten auch bei nicht durchlaufenden Decken, wenn nachgewiesen wird, daß die Ausmitten der lotrechten Lasten < 1/6 der Wanddicke sind oder Wand und Decke biegesteif miteinander verbunden sind.

- **Schlitze in Betonwänden** (mit einem Bewehrungsgehalt < 0,5 % von erf A_b)

  Randbedingungen für die Ausbildung von Schlitzen und Aussparungen:

  $d \geq 12$ cm

  $b \leq d$

  $a \geq 2{,}0$ m

  $t \begin{cases} \leq d/6 \\ \leq 3 \text{ cm} \end{cases}$

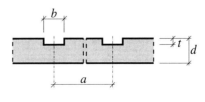

5 Konstruktive Durchbildung

- Unbewehrte Fundamente (siehe auch Abschnitt 4.2)
  Ein Fundament darf dann als unbewehrtes Fundament ausgeführt werden, wenn $d \geq n \cdot a$ ist. Wird es breiter ausgeführt, ist es als bewehrtes Fundament zu berechnen.

- Bewehrte Fundamente: Bei Seitenverhältnissen $d < n \cdot a$
- Köcherfundamente:

$$\min t = \begin{cases} 1{,}5 \cdot \max(d_s, b_s) \\ \text{erf } l_1 \end{cases}$$

$$\min d_0 = \frac{d_s + b_s + 4 \cdot f_0}{6}$$

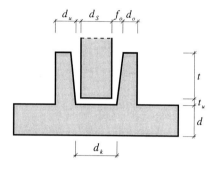

$l_1 = t$ für Verbundbereich I mit $\tau = 1{,}5 \cdot \text{zul } \tau_1$,

f_o bzw. f_u zu 4...7 cm wählen, wobei $f_o > f_u$,

$t_u \approx 50$ mm,

Neigung der Köcherinnenseite 5...10 %

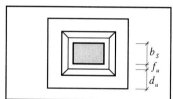

- Stahlbetonfertigteile (nach DIN 1045, Abschn. 19.3)

„relatives" Maß: 2 cm kleiner als Ortbetonkonstruktionen	
im allgemeinen	4,0 cm
unbewehrte Plattenspiegel von Kassettenplatten	2,5 cm
Platten vorgefertigter Rippendecken, Hohldielen für Dächer	5,0 cm
Stahlbetonhohldielen im allgemeinen	6,0 cm

- Brückenunterbauten (nach ZTV-K 96, Abschn. 6.11.1)

Sauberkeitsschicht (Unterbeton)			10 cm
Kammerwände an der Einspannstelle			30 cm
Wände und Rippen	Wandhöhen ≤ 1,50 m	unten und oben	30 cm
	Wandhöhen ≤ 4,00 m	oben	30 cm
		unten [1]	50 cm
Hohlpfeilerwände		außen	30 cm
		innen	20 cm
Aussteifende horizontale Scheiben und Platten			15 cm

[1] Zwischenwerte sind gradlinig zu interpolieren

5 Konstruktive Durchbildung

- Brückenüberbauten (nach ZTV-K 96, Abschn.6.11.2)

nicht erdberührt		
Fahrbahnplatten und Platten über Fertigteilen		20 cm
Kragplatten am Außenrand bei Quervorspannung		23 cm
Untere Platten von Hohlkästen und Plattenbalken, Kragplatten am Außenrand ohne Quervorspannung		18 cm
Flansche von Trägern, Kragplatten ohne Vorspannung		15 cm
Obergurtflansche von Fertigteilen im Verbund mit Ortbetonplatte	im Bauzustand am Rand im Bauzustand am Anschnitt	10 cm 12 cm
Untergurtflansche von Fertigteilen am Außenrand		20 cm
Stege bei Hohlkästen und Plattenbalken	Konstruktionshöhe ≤ 1,00 m Konstruktionshöhe ≥ 4,00 m	30 cm 50 cm
erdberührt		
Rahmen, Gewölbe, Überbauten mit Überschüttung	Ortbeton, Fertigteile werkmäßig hergestellte Fertigteile werkmäßig hergestellte Fertigteile für Durchlässe mit Lichtweiten < 2,00 m	30 cm 25 cm 20 cm
Stützwände Wandhöhe über Fundament < 1,50 m bei Einwirken von Verkehrslasten nach DIN 1072 bzw. DS 804 und/oder mit ansteigendem	Gelände unten und oben ≥ 1,50 m unten und oben ≥ 4,00 m unten oben	30 cm 30 cm 50 cm 30 cm

Bei werksmäßig hergestellten Fertigteilen 5 cm weniger.
Zwischenwerte sind geradlinig zu interpolieren

5.2 Bewehrung

5.2.1 Stababstände

Bei gleichlaufenden Bewehrungsstäben muß außerhalb des Stoßbereiches ein lichter Mindeststababstand von $s \geq 2$ cm und $s \geq d_s$ eingehalten werden.

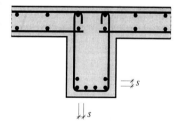

Diese Bestimmungen sollen die Entmischung des Betons durch eine Art Siebwirkung der Bewehrung verhindern, durch welche die Zusammensetzung und die Qualität des Betons in der Bewehrungsebene verschlechtert würde.

5 Konstruktive Durchbildung

Im Stoßbereich sollen die Bewehrungsstähle möglichst dicht nebeneinander liegen. Der maximale Stababstand beträgt $s \leq 4 \cdot d_s$.

Stähle von Stabbündeln und Doppelstäbe bei Betonstahlmatten sowie Hauptbewehrung und Längsbewehrung von Bügelmatten dürfen sich berühren.

Aus Gründen der rationellen Bewehrungsführung ist es erwünscht, die Anzahl der Stäbe möglichst gering zu halten, d.h. große Stabdurchmesser anzuordnen.

5.2.2 Biegen von Bewehrung

5.2.2.1 Mindestbiegerollendurchmesser

Entsprechend Tabelle 18 der DIN 1045 müssen für gebogene Stahleinlagen Mindestbiegerollendurchmesser eingehalten werden.

Tafel 3: Biegerollendurchmesser min d_{br} für Haken, Winkelhaken, Schlaufen und Bügel (nach DIN 1045, Tab. 18)

Stabdurchmesser d_s	Ø 6	Ø 8	Ø 10	Ø 12	Ø 14	Ø 16	Ø 20	Ø 25	Ø 28
erf. Biegerollendurchmesser d_{br}	\multicolumn{6}{c}{$4\,d_s$}			$7\,d_s$	
erf. d_{br} [cm]	2,4	3,2	4,0	4,8	5,6	6,4	14,0	17,5	19,6

Tafel 4: Biegerollendurchmesser min d_{br} für Auf- und Abbiegungen, sowie Krümmungen (nach DIN 1045, Tab. 18)

Stab- Ø d_s [mm]	Aufbiegungen und andere Krümmungen von Stäben (z.B. Rahmenecken)			Abbiegungen von <u>mehreren</u> Bewehrungslagen an gleicher Stelle für innere Lagen		
	Betondeckung rechtwinklig zu Krümmungsebene			Betondeckung rechtwinklig zu Krümmungsebene		
	Achsabstand der Stäbe [cm]			Achsabstand der Stäbe [cm]		
	≤ 5 cm, ≤ 3 d_s, d_{br} = 20·d_s	> 5 cm, > 3 d_s, d_{br} = 15·d_s	≥ 10 cm, ≥ 7·d_s d_{br} = 10·d_s	≤ 5 cm, ≤ 3·d_s, d_{br} = 30·d_s	> 5 cm, > 3·d_s, d_{br} = 22,5·d_s	≥ 10 cm, ≥ 7·d_s d_{br} = 15·d_s
6	12,0	9,0	6,0	18,0	13,5	9,0
8	16,0	12,0	8,0	24,0	18,0	12,0
10	20,0	15,0	10,0	30,0	22,5	15,0
12	24,0	18,0	12,0	36,0	27,0	18,0
14	28,0	21,0	14,0	42,0	31,5	21,0
16	32,0	24,0	16,0	48,0	36,0	24,0
20	40,0	30,0	20,0	60,0	45,0	30,0
25	50,0	37,5	25,0	75,0	56,3	37,5
28	56,0	42,0	28,0	84,0	63,0	42,0

| 5 | Konstruktive Durchbildung |

5.2.2.2 Biegen geschweißter Bewehrung

Geschweißte Bewehrungsstöße und Betonstahlmatten dürfen erst im Abstand von $s \geq 4 \cdot d_s$ von der Schweißstelle gebogen werden. Dieser Abstand darf bei vorwiegend ruhender Belastung und einem Biegerollendurchmesser $\geq 20 \cdot d_s$ unterschritten werden. Bei nicht vorwiegend ruhender Belastung muß der Biegerollendurchmesser dagegen bei auf der Krümmungsaußenseite liegenden Schweißpunkten mindestens $100 \cdot d_s$ und bei auf der Krümmungsinnenseite liegenden Schweißpunkten mindestens $500 \cdot d_s$ betragen.

5.2.2.3 Rückbiegen von Anschlußbewehrung

Dünne Bewehrungsstäbe dürfen zunächst mit einer Abbiegung eingebaut und nach dem Ausschalen in ihre planmäßige Lage zurückgebogen werden. Derartige abgebogene Bewehrungsstäbe werden in Verwahrungskästen zusammengefaßt.

Beim Hin- und Rückbiegen sind nachstehende Bedingungen zu beachten:
- Kaltbiegen
  - $d_s \leq 14$ mm
  - mehrfaches Biegen an der gleichen Stelle ist verboten (einmaliges Biegen ist davon ausgenommen)
  - bei vorwiegend ruhender Belastung: $d_{br} \geq 6 \cdot d_s$
  - Bewehrung maximal zu 80% ausgenützt
  - bei nicht vorwiegend ruhender Belastung: $d_{br} \geq 15 \cdot d_s$
  - die Schwingbreite muß $\leq 50 \dfrac{N}{mm^2}$ sein
  - Verwahrungskästen für Bewehrungsanschlüsse dürfen die Tragfähigkeit des Betonquerschnitts nicht herabsetzen und auch den Korrosionsschutz der Bewehrung nicht beeinträchtigen.
- Warmbiegen
  - der Stahl darf nur wie BSt I (BSt 220) behandelt werden, es sei denn, der Stahl wurde nach DIN 4099 geschweißt (DIN 1045, 6.6.1).
  - die Schwingbreite muß $\leq 50 \dfrac{N}{mm^2}$ sein

5 | Konstruktive Durchbildung

5.2.3 Verankerung von Bewehrung

Bewehrungen erhalten zur Gewährleistung des Verbundes im Beton an ihrem Ende entweder eine ausreichende Verankerungslänge oder ein Verankerungselement.

Übliche Verankerungselemente sind:
- gerade Stabenden und Winkelhaken (nur bei Rippenstahl zulässig)
- angeschweißte Querstäbe (z.B. bei Betonstahlmatten)
- Haken (z.B. bei glatten Stählen)
- Schlaufen
- Ankerkörper (z.B. bei großen zu verankernden Kräften und sehr kurzer Verankerungslänge)

Bei der Verankerung gestaffelter Bewehrung ist das Versatzmaß zu berücksichtigen.

5.2.3.1 Versatzmaße für Balken nach DIN 1045

Tafel 5: Versatzmaß v für Balken (nach DIN 1045, Tab.25)

Schubbereich	Schrägbügel mit $s_{bü}$		Lotrechte Bügel und aufgebogene Stäbe mit $45° \leq \alpha \leq 60°$	Lotrechte Bügel allein	Bauteile ohne Schubbewehrung
	$\leq 0{,}25 \cdot h$	$> 0{,}25 \cdot h$			
1	$0{,}75 \cdot h$	$0{,}75 \cdot h$	$0{,}75 \cdot h$	$0{,}75 \cdot h$	nicht zulässig
2	$0{,}50 \cdot h$	$0{,}75 \cdot h$	$0{,}75 \cdot h$	$1{,}00 \cdot h$	nicht zulässig
3	$0{,}25 \cdot h$	$0{,}50 \cdot h$	$0{,}50 \cdot h$	$0{,}75 \cdot h$	nicht zulässig

Bemerkungen:
- Aufgebogene Stäbe allein sind nicht zulässig!
- Bei voller „Schubdeckung" gelten immer die Versatzmaße des Schubbereiches 3.
- Als „Bügel" sind Umschließungsbügel + Schubzulagen anzusehen.

5 Konstruktive Durchbildung

5.2.3.2 Versatzmaße für Platten

Tafel 6: Versatzmaß v für Platten (nach DIN 1045, Tab. 25)

Schubbereich	Schrägbügel mit $s_{bü}$		Lotrechte Bügel und aufgebogene Stäbe mit $45° \leq \alpha \leq 60°$	Lotrechte Bügel allein	Bauteile ohne Schubbewehrung
	$\leq 0{,}25 \cdot h$	$> 0{,}25 \cdot h$			
1	$0{,}75 \cdot h$	$0{,}75 \cdot h$	$0{,}75 \cdot h$	$0{,}75 \cdot h$	$1{,}00 \cdot h$
2	$0{,}50 \cdot h$	$0{,}75 \cdot h$	$0{,}75 \cdot h$	$1{,}00 \cdot h$	nicht zulässig

*) in Plattenbereichen mit $\tau_0 > 0{,}5 \cdot \tau_{02}$ dürfen Schubzulagen nur in Verbindung mit Bügeln verwendet werden.

5.2.3.3 Verbundbereiche, zulässige Verbundspannung

Der Nachweis einer ausreichenden Verankerung wird durch Einhaltung bestimmter Verankerungslängen geführt. Das Grundmaß der Verankerungslänge l_0 ist von der zulässiger Verbundspannung und von der Betongüteklasse abhängig.

Es werden zwei Verbundbereiche unterschieden. Gegenüber dem Verbundbereich I (guter Verbund) sind die Verankerungslängen im Verbundbereich II (mäßiger Verbund) zu verdoppeln.

- Zum Verbundbereich I gehören:
  - geneigte Stäbe (Stabneigung zwischen 45° und 90°), z.B. Stützenbewehrungen, Aufbiegungen an Balken,
  - Stäbe, die flacher als 45° geneigt sind, wenn sie beim Betonieren höchstens 25 cm über der Frischbetonunterseite liegen oder mindestens 30 cm unter der freien Betonoberseite liegen, z.B. Deckenbewehrung, untere Bewehrung in hohen Balken
- Zum Verbundbereich II gehören:
  - alle Stäbe die nicht dem Verbundbereich I zugeordnet werden können, z.B. obere Bewehrung in Balken, flache Aufbiegungen in dünnen Bauteilen,
  - alle Stäbe, die in Bauteilen liegen, welche im Gleitschalungsverfahren hergestellt werden, wobei für innerhalb der horizontalen Bewehrung angeordnete lotrechte Stäbe eine um 30 % erhöhte Verbundspannung des Verbundbereiches II angenommen werden kann.

5 | Konstruktive Durchbildung

Tafel 7: Zulässige Grundwerte der Verbundspannungen zul τ_1 in MN/m²

Verbund bereich	Oberflächengestaltung des Betonstahls	B 15	B 25	B 35	B 45	B 55
I	glatt, BSt 220/340 GU, BSt 500/550 GK	0,6	0,7	0,8	0,9	1,0
	profiliert, BSt 500/550 PK	0,8	1,0	1,2	1,4	1,6
	gerippt, BSt 420 S, BSt 500 S, BSt 500 M	1,4	1,8	2,2	2,6	3,0
II	50% der Werte von Verbundbereich I	0,7	0,9	1,1	1,3	1,5

Diese Werte gelten nur unter der Voraussetzung, daß der Verbund während des Erhärtens des Betons nicht gestört wird. Die angegebenen Werte dürfen bei allseitigem Querdruck bzw. bei allseitiger, durch Bewehrung gesicherter Betondeckung von $\geq 10 \cdot d_s$ um 50% erhöht werden. Bei Übergreifungsstößen und bei Verankerungen am Endauflager ist dies nicht zulässig.

5.2.3.4 Verankerungen durch gerade Stabenden, Haken, Winkelhaken, Schlaufen oder angeschweißte Querstäbe

Das Grundmaß l_0 kennzeichnet die Verankerungslänge für voll ausgenutzte Bewehrungsstäbe mit geraden Stabenden. Für Einzelstäbe und Betonstahlmatten errechnet sich l_0 zu:

$$l_0 = \frac{F_s}{\gamma \cdot u \cdot zul\tau_1} = \frac{d_s}{4 \cdot zul\tau_1} \cdot \frac{\beta_s}{\gamma} = \alpha_0 \cdot d_s \quad \text{bzw.} \quad l_0 = \alpha_0 \cdot d_{SV}$$

Das Grundmaß l_0 ist demnach ein Vielfaches des Stabdurchmessers d_s bzw. des Vergleichsdurchmessers d_{SV} (bei Doppelstabmatten mit $d_{SV} = d_s \cdot \sqrt{2}$) und außerdem von der Betonstahlart, von der Betonfestigkeitsklasse und vom Verbundbereich abhängig.

Tafel 8: Beiwerte α_0 zur Berechnung des Grundmaßes l_0 der Verankerungslänge

Betonstahl	Verbund-bereich	Betonfestigkeitsklasse					
		B 15	B 25	B 35	B 45	B 55	alle
BSt 420 S	I	42,9	33,3	27,3	23,1	20,0	$\geq d_{br}/2 + d_s$
	II	85,7	66,7	54,5	46,2	40,0	
BSt 500 S und BSt 500 M	I	51,0	39,7	32,5	27,5	23,8	$\geq 10 \cdot d_s$
	II	102,0	79,4	65,0	55,0	47,6	

5 Konstruktive Durchbildung

Tafel 9: Grundmaß l_0 der Verankerungslänge für BSt 500 S/M [cm]

Beton-	Verbund-	Stabdurchmesser d_s [cm]								
klasse	bereich	Ø 6	Ø 8	Ø 10	Ø 12	Ø 14	Ø 16	Ø 20	Ø 25	Ø 28
B 15	I	30,6	40,8	51,0	61,2	71,4	81,6	102,0	127,6	142,9
	II	61,2	81,6	102,0	122,5	142,9	163,3	204,1	255,1	285,7
B 25	I	23,8	31,7	39,7	47,6	55,6	63,5	79,4	99,2	111,1
	II	47,6	63,5	79,4	95,2	111,1	127,0	158,7	198,4	222,2
B 35	I	19,5	26,0	32,5	39,0	45,5	52,0	64,9	81,2	90,9
	II	39,0	52,0	64,9	77,9	90,9	103,9	129,9	162,4	181,8
B 45	I	16,5	22,0	27,5	33,0	38,5	44,0	54,9	68,7	76,9
	II	33,0	44,0	55,0	65,9	76,9	87,9	109,9	137,4	153,9
B 55	I	14,3	19,1	23,8	28,6	33,3	38,1	47,6	59,5	66,7
	II	28,6	38,1	47,6	57,1	66,7	76,2	95,2	119,1	133,3

Die erforderliche Verankerungslänge l_1 ist von der Verankerungsart, der Beanspruchungsart und -größe der Bewehrungsstäbe abhängig. Sie ergibt sich zu:

$$l_1 = \alpha_1 \cdot l_0 \cdot \frac{\text{erf } A_s}{\text{vorh } A_s}$$
$$\geq \min l_1$$

l_0 Grundmaß der Verankerungslänge nach Tafel 9
α_1 Beiwert zur Berücksichtigung der Verankerungsart nach Tafel 10
erf A_s rechnerisch erforderlicher Bewehrungsquerschnitt
vorh A_s vorhandener (gewählter) Bewehrungsquerschnitt
min l_1 für gerade Stabenden: $\geq 10 \cdot d_s$
     für Haken, Winkelhaken und Schlaufen: $\geq \frac{d_{br}}{2} + d_s$

Tafel 10: Beiwerte α_1 zur Berücksichtigung der Verankerungsart

Art und Ausbildung der Verankerung	Zugstäbe	Druckstäbe
Gerade Stabenden	1,0	1,0
Haken, Winkelhaken, Schlaufen ohne angeschweißte Querstäbe	0,7 (1,0)	1,0
Gerade Stabenden mit mindestens einem angeschweißten Querstab innerhalb l_1	0,7	0,7
Haken, Winkelhaken, Schlaufen mit mindestens einem angeschweißten Querstab innerhalb l_1 vor dem Krümmungsbeginn	0,5*) (0,7)	1,0
Gerade Stabenden mit mindestens zwei angeschweißten Querstäben innerhalb l_1	0,5 *)	0,5

*) Bei der Berechnung der Übergreifungslängen von Zugstößen muß der Beiwert $\alpha > 0,7$ verwendet werden. Die vorangegangenen Verankerungsmaße gelten für Einzelstäbe und Matten aus gerippten Stäben.
( ) Werte in Klammern gelten bei Betondeckung $< 3 d_s$ im Krümmungsbereich

Die Mindestanforderungen gelten für Stäbe mit und ohne angeschweißten Querstab. Auf die Anordnung der für die verschiedenen Bauteile vorgeschriebenen Querbewehrung ist zu achten. Sie muß auch im Verankerungsbereich vorhanden sein und die dort auftretenden örtlichen Querzugspannungen aufnehmen. Bei Platten und Wänden mit Stäben $d_s \geq 16$ mm im Verankerungsbereich muß die Querbewehrung außen liegen.

| 5 | Konstruktive Durchbildung |

1. <u>Verankerungen außerhalb der Auflager</u>

Die zur Kraftübertragung nicht mehr benötigte Bewehrung kann ab dem Punkt, wo sie rechnerisch nicht mehr voll ausgenutzt wird, verankert werden. Die hierfür erforderliche Verankerungslänge ergibt sich zu:

$$\alpha_1 \cdot l_0 = \alpha_1 \cdot \alpha_0 \cdot d_s$$

Für die Verankerung ist im allgemeinen jedoch der rechnerische Endpunkt E entscheidend, von dem an die Bewehrung statisch nicht mehr erforderlich ist.

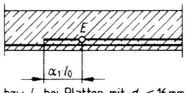

bzw. l_1 bei Platten mit $d_s < 16$ mm

Für Platten und Balken ergeben sich als Verankerungslängen vom Endpunkt E:

– für endende Bewehrung allgemein

$$l_1 = \alpha_1 \cdot l_0 = \alpha_1 \cdot \alpha_0 \cdot d_s \begin{cases} \geq 10 \cdot d_s & \text{bei geraden Stabenden mit/ohne Querstab} \\ \geq \dfrac{d_{br}}{2} + d_s & \text{bei Haken, Winkelhaken, Schlaufen mit oder ohne Querstab} \end{cases}$$

Wenn nachgewiesen wird, daß die vom Anfangspunkt A gemessene Verankerungslänge den Wert $\alpha_1 \cdot l_0$ nicht unterschreitet, darf gesetzt werden:

- für gestaffelte Bewehrung von Platten mit geraden Stabenden $d_s < 16$ mm

$$l_1 = 1{,}0 \cdot l_0 \cdot \frac{\text{erf } a_s}{\text{vorh } a_s} \geq 10 \cdot d_s$$

- für gestaffelte Bewehrung von Platten mit Betonstahlmatten $d_s < 16$ mm

$$l_1 = 0{,}7 \cdot l_0 \cdot \frac{\text{erf } a_s}{\text{vorh } a_s} \geq 10 \cdot d_s$$

– bei auf- oder abgebogenen Stäben, die zur Schubsicherung benötigt werden

- in der Betonzugzone

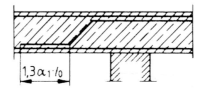

$$l_4 = 1{,}3 \cdot \alpha_1 \cdot \alpha_0 \cdot d_s$$

5 Konstruktive Durchbildung

- in der Betondruckzone

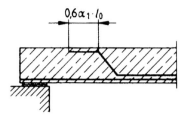

$$l_5 = 0{,}6 \cdot \alpha_1 \cdot \alpha_0 \cdot d_s$$

Bei der Verankerung von Betonstahlmatten aus Doppelstäben ist wiederum der Vergleichsdurchmesser $d_{SV} = d_s \cdot \sqrt{2}$ einzusetzen.

2. <u>Verankerung am Endauflager</u>

An frei drehbaren oder nur schwach eingespannten Endauflagern (z.B. bei Balken und Platten) ist mindestens 1/3 der größten Feldbewehrung über die Auflagerlinie zu führen und mit der erforderlichen Verankerungslänge ab der Auflagerkante zu verankern.

Die im Endauflager zu verankernde Zugkraft beträgt:

$$F_{sR} = Q_R \cdot \frac{v}{h} + N \qquad v \quad \text{Versatzmaß (siehe Abschnitt Zugkraftdeckung)}$$

Berechnungsalgorithmus:

– Vorhandene Zugkraft F_{SR} am Auflager berechnen
– Daraus folgt der erforderliche Stahlquerschnitt erf $A_S = F_{SR}/\sigma_S^*$ mit $\sigma_S^* = \beta_S/1{,}75$
– Bestimmen der vorhandenen Bewehrung vorh A_S = untere Bewehrung im Verankerungsbereich
– Vergleich von erf A_S und vorh A_S
– Verankerungslängen errechnen oder aus Tabellen entnehmen

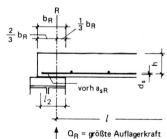

| 5 | Konstruktive Durchbildung |

Die erforderliche Verankerungslänge ist von der Art der Auflagerung abhängig. Sie wird von der Auflagervorderkante gemessen, da hier der äußerste Biegeriß entsteht. Sie muß mindestens betragen:

– bei direkter bzw. unmittelbarer Auflagerung (Platten auf Wänden und Unterzügen, Balken auf Stützen)

$$l_2 = \frac{2}{3} \cdot \alpha_1 \cdot l_0 \cdot \frac{\text{erf } A_s}{\text{vorh } A_s} \geq 6 \cdot d_s$$

– bei indirekter bzw. mittelbarer Auflagerung (Platten mit einer Einbindung in der unteren Balkenhälfte, Querbalken auf Längsbalken)

$$l_3 = \alpha_1 \cdot l_0 \cdot \frac{\text{erf } A_s}{\text{vorh } A_s} \geq 10 \cdot d_s$$

Bei der Verankerung von Betonstahlmatten im Endauflager ist auch bei Doppelstabmatten der Einzelstabdurchmesser einzusetzen.

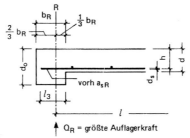

Wird bei Mattenbewehrung mehr als 1/3 der erforderlichen Bewehrung verankert (d.h. erf A_s / vorh A_s ≤ 1/3), genügt zur Verankerung ein Querstab hinter der rechnerischen Auflagerlinie.

3. <u>Verankerung am Zwischenauflager</u>

An Zwischenauflagern von durchlaufenden Platten und Balken, an Auflagern mit anschließendem Kragarm, an eingespannten Auflagern und an Rahmenecken ist mindestens 1/4 der größten Feldbewehrung um das Mindestmaß l_4 hinter der Auflagervorderkante zu verankern.

Die Verankerungslänge l_4 beträgt:

$l_4 \geq 6 \cdot d_s$ bei geraden Stabenden mit oder ohne Querstab

$l_4 \geq \frac{1}{2} \cdot d_{br} + d_s$ bei Haken, Winkelhaken und Schlaufen

| 5 | Konstruktive Durchbildung |

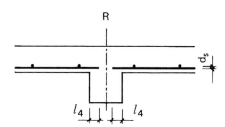

- Bei Platten ohne Schubbewehrung ist zusätzlich zu beachten, daß die Feldbewehrung nur dann gestaffelt werden darf, wenn mindestens die Hälfte der Feldbewehrung über das Auflager geführt wird.
- Zur Aufnahme rechnerisch nicht berücksichtigter Beanspruchungen (z.B. Brandeinwirkung und Stützensenkung) ist es empfehlenswert, mindestens ¼ der größten Feldbewehrung über dem Auflager durchzuführen oder kraftschlüssig zu stoßen. Dies gilt insbesondere für die Auflagerung auf Mauerwerk.
- Haken sind nur bei glatten Stäben erforderlich.
- Es wird empfohlen, die Stäbe kraftschlüssig zu stoßen, d.h. die Stäbe sind bis zur gegenüberliegenden Seite des Auflagers zu führen.

5 Konstruktive Durchbildung

Tafel 11: Verankerungslängen für BSt 500 S und M für B 25, Verbundbereich I für unterschiedliche Werte von erf A_s/vorh A_s

d_s [mm]	l_0 [cm]	$0{,}7l_0$ [cm]	\multicolumn{8}{c}{$l_1 = l_3$ in cm}									\multicolumn{8}{c}{l_2 in cm}									$6\,d_s$ [cm]
			≤0,2	0,3	0,4	0,5	0,6	0,7	0,8	0,9	1,0	≤0,2	0,3	0,4	0,5	0,6	0,7	0,8	0,9	1,0	
4,0	16	12	4	5	7	8	10	12	13	15	16	3	4	5	6	7	8	9	10	11	3
4,5	18	13	5	6	8	9	11	13	15	16	18	3	4	5	6	8	9	10	11	12	3
5,0	20	14	5	6	8	10	12	14	16	18	20	4	4	6	7	8	10	11	12	14	3
5,5	22	16	6	7	9	11	13	16	18	20	22	4	5	6	8	9	11	12	13	15	4
6,0	24	17	6	8	10	12	15	17	19	22	24	4	5	7	8	10	12	13	15	16	4
6,5	26	18	7	8	11	13	16	18	21	24	26	5	6	7	9	11	12	14	16	18	4
7,0	28	20	7	9	12	14	17	20	23	25	28	5	6	8	10	12	13	15	17	19	5
7,5	30	21	8	9	12	15	18	21	24	27	30	5	6	8	10	12	14	16	18	20	5
8,0	32	23	8	10	13	16	19	23	26	29	32	6	7	9	11	13	15	17	19	22	5
8,5	34	24	9	11	14	17	21	24	27	31	34	6	7	9	12	14	16	18	21	23	6
5,5 d	31	22	7	10	13	16	19	22	25	28	31	5	7	9	11	13	15	17	19	21	4
6,0 d	34	24	7	11	14	17	21	24	27	31	34	5	7	9	12	14	16	18	21	23	4
6,5 d	37	26	8	11	15	19	22	26	30	33	37	6	8	10	13	15	17	20	22	25	4
7,0 d	39	28	8	12	16	20	24	28	32	36	40	6	8	11	13	16	19	21	24	27	5
7,5 d	42	30	9	13	17	21	26	30	34	38	42	6	9	12	14	17	20	23	26	28	5
6,5/5,0	33	23	7	10	13	17	20	23	26	30	33	5	7	9	11	13	16	18	20	22	4
7,0/5,0	35	24	7	11	14	17	21	24	28	31	35	5	7	10	12	14	16	19	21	23	5
10	40	28	10	12	16	20	24	28	32	36	40	7	8	11	14	16	19	22	24	27	6
12	48	34	12	15	20	24	29	34	39	44	48	8	10	13	16	20	23	26	29	32	8
14	56	39	14	17	23	28	34	39	45	51	56	10	12	15	19	23	27	30	34	38	9
16	64	45	16	20	26	32	39	45	52	58	64	11	13	18	22	26	30	35	39	43	10
20	80	56	20	24	32	40	48	56	64	72	80	14	16	22	27	32	38	43	48	54	12
25	99	69	25	30	40	50	60	69	80	90	99	17	20	27	33	40	47	53	60	66	15
28	111	78	28	34	45	56	67	78	89	100	111	19	23	30	37	45	52	60	67	74	17

Verbundbereich II: erf A_s/vorh $A_s \geq 0{,}4$:   Tafelwert verdoppeln

erf A_s/vorh $A_s < 0{,}4$:   Verdopplung ergibt größere Verankerungslängen als erforderlich

5 Konstruktive Durchbildung

Tafel 12: Verankerungslängen für BSt 500 S und M für B 35, Verbundbereich I für unterschiedliche Werte von erf A_s/vorh A_s

d_s [mm]	l_0 [cm]	$0{,}7 l_0$ [cm]	\multicolumn{9}{c|}{$l_1 = l_3$ in cm, $\alpha_1 \cdot$ erf A_s / vorh A_s}									\multicolumn{9}{c|}{l_2 in cm}									$6 d_s$ [cm]
			≤0,2	0,3	0,4	0,5	0,6	0,7	0,8	0,9	1,0	≤0,2	0,3	0,4	0,5	0,6	0,7	0,8	0,9	1,0	
4,0	13	9	4	4	6	7	8	9	11	12	13	3	3	4	5	6	6	7	8	9	3
4,5	15	11	5	5	6	8	9	11	12	14	15	3	3	4	5	6	7	8	9	10	3
5,0	17	12	5	5	7	9	10	12	13	15	17	4	4	5	6	7	8	9	10	11	3
5,5	18	13	6	6	8	9	11	13	15	16	18	4	4	5	6	8	9	10	11	12	4
6,0	20	14	6	6	8	10	12	14	16	18	20	4	4	6	7	8	9	11	12	13	4
6,5	22	15	7	7	9	11	13	15	17	19	22	5	5	6	7	9	10	12	13	14	4
7,0	23	16	7	7	9	12	14	16	19	21	23	5	5	6	8	9	11	13	14	16	5
7,5	25	17	8	8	10	13	15	17	20	22	25	5	5	7	9	10	12	13	15	17	5
8,0	26	19	8	8	11	13	16	19	21	24	26	6	6	7	9	11	13	14	16	18	5
8,5	28	20	9	9	11	14	17	20	22	25	28	6	6	8	10	11	13	15	17	19	6
5,5 d	26	18	6	8	11	13	16	18	21	23	26	4	6	7	9	11	12	14	16	17	4
6,0 d	28	20	6	9	11	14	17	20	22	25	28	4	6	8	10	11	13	15	17	19	4
6,5 d	30	21	7	10	12	15	18	21	24	27	30	5	7	8	10	12	14	16	18	20	4
7,0 d	33	23	7	10	13	16	20	23	26	29	33	5	7	9	11	13	15	18	20	22	5
7,5 d	35	25	8	11	14	18	21	25	28	31	35	6	7	10	12	14	16	19	21	23	5
6,5/5,0	27	19	7	9	11	14	16	19	22	24	27	5	6	8	9	11	13	15	16	18	4
7,0/5,0	28	20	7	9	12	14	17	20	23	26	28	5	6	8	10	12	13	15	17	19	5
10	33	23	10	10	14	17	20	23	27	30	33	7	7	9	11	14	16	18	20	22	6
12	39	27	12	12	16	20	24	27	32	36	39	8	8	11	13	16	19	21	24	26	8
14	46	32	14	14	19	23	28	32	37	42	46	10	10	13	16	19	22	25	28	31	9
16	52	36	16	16	21	26	32	36	42	47	52	11	11	14	18	21	25	28	32	35	10
20	65	46	20	20	26	33	39	46	52	59	65	14	14	18	22	26	31	35	39	44	12
25	81	57	25	25	33	41	49	57	65	73	81	17	17	22	27	33	38	44	49	54	15
28	91	64	28	28	37	46	55	64	73	82	91	19	19	25	31	37	43	49	55	61	17

Verbundbereich II: erf A_s/vorh $A_s \geq 0{,}4$: Tafelwert verdoppeln

erf A_s/vorh $A_s < 0{,}4$: Verdopplung ergibt größere Verankerungslängen als erforderlich

5 | Konstruktive Durchbildung

Tafel 13: Verankerungslängen für BSt 500 S und M für B 45, Verbundbereich I für unterschiedliche Werte von erf A_s/vorh A_s

d_s [mm]	l_0 [cm]	$0{,}7 l_0$ [cm]	$l_1 = l_3$ in cm $\alpha_1 \cdot$ erf A_s/ vorh A_s								l_2 in cm $\alpha_1 \cdot$ erf A_s/ vorh A_s								$6\, d_s$ [cm]
			≤0,2	0,3	0,4	0,5	0,6	0,7	0,8	0,9	1,0	≤0,2	0,3	0,4	0,5	0,6	0,7	0,8	0,9	1,0	
4,0	11	8	4	4	4	5	7	8	9	10	11	3	3	3	4	4	5	6	7	7	3
4,5	12	9	5	5	5	6	7	9	10	11	12	3	3	3	4	5	6	7	7	8	3
5,0	14	10	5	5	5	7	8	10	11	12	14	3	3	4	5	5	6	7	8	9	3
5,5	15	11	6	6	6	8	9	11	12	14	15	4	4	4	5	6	7	8	9	10	4
6,0	17	12	6	6	7	8	10	12	13	15	17	4	4	4	5	7	8	9	10	11	4
6,5	18	13	7	7	7	9	11	13	14	16	18	4	5	5	6	7	8	10	11	12	4
7,0	19	13	7	7	8	10	12	13	15	17	19	5	5	5	6	8	9	10	12	13	5
7,5	21	14	8	8	8	10	12	14	16	19	21	5	5	5	7	8	10	11	12	14	5
8,0	22	15	8	8	9	11	13	15	18	20	22	5	5	6	7	9	10	12	13	15	5
8,5	23	16	9	9	9	12	14	16	19	21	23	6	6	6	8	9	11	12	14	16	6
5,5 d	21	15	6	8	9	11	13	15	17	19	21	4	5	6	7	9	10	11	13	14	4
6,0 d	23	16	6	7	9	12	14	16	19	21	23	4	5	6	8	9	11	12	14	16	4
6,5 d	25	18	7	8	10	13	15	18	20	23	25	4	6	7	8	10	12	13	15	17	4
7,0 d	27	19	7	8	11	14	16	19	22	24	27	5	6	7	9	11	13	15	16	18	5
7,5 d	29	20	8	9	12	15	17	20	23	26	29	5	6	8	10	12	14	16	17	19	5
6,5/5,0	23	16	7	7	9	11	14	16	18	20	23	5	5	6	8	9	11	12	14	15	4
7,0/5,0	24	17	7	7	10	12	14	17	19	22	24	5	5	7	8	10	11	13	14	16	5
10	27	19	10	10	11	14	16	19	22	25	27	7	7	7	9	11	13	15	16	18	6
12	33	23	12	12	13	16	20	23	26	30	33	8	8	9	11	13	15	18	20	22	8
14	38	27	14	14	15	19	23	27	31	35	38	10	10	10	13	15	18	21	23	26	9
16	44	31	16	16	18	22	26	31	35	40	44	11	11	12	15	18	21	23	26	29	10
20	55	38	20	20	22	27	33	38	44	49	55	14	14	15	18	22	26	29	33	37	12
25	69	48	25	25	27	34	41	48	55	62	69	17	17	18	23	27	32	37	41	46	15
28	77	54	28	28	31	38	46	54	62	69	77	19	19	21	26	31	36	41	46	51	17

Verbundbereich II: erf A_s/vorh $A_s \geq 0{,}4$: Tafelwert verdoppeln

  erf A_s/vorh $A_s < 0{,}4$: Verdopplung ergibt größere Verankerungslängen als erforderlich

5.2.3.5 Ankerkörper

Ankerkörper sind möglichst nah an der Bauteilstirnfläche, mindestens jedoch zwischen Stirnfläche und Auflagermitte anzuordnen. Es ist eine kraft- und formschlüssige Einleitung der Ankerkräfte zu gewährleisten, die auftretenden Spaltkräfte sind durch Bewehrung aufzunehmen.

Wenn die auftretenden Betonpressungen die für Teilflächenbelastung zulässigen Druckspannungen $\sigma_1 \leq 1{,}4 \cdot \beta_R$ übersteigen, ist die Tragfähigkeit der Ankerkörper experimentell nachzuweisen. Dies gilt auch für die Verbindung Ankerkörper-Bewehrungsstahl, wenn diese nicht rechnerisch nachweisbar ist oder dynamisch beansprucht wird.

5 Konstruktive Durchbildung

5.2.4 Abmessungen der Verankerungskonstruktionen
5.2.4.1 Haken- und Winkelhakenlängen

Art und Ausbildung der Verankerung			Beiwert a_1	
			Zugstäbe	Druckstäbe
1	a) Gerade Stabenden		1,0	1,0
2	b) Haken ($\alpha \geq 150°$) c) Winkelhaken ($150° > \alpha \geq 90°$) d) Schlaufen		0,7 (1,0)	1,0
3	e) Gerade Stabenden mit mindestens einem angeschweißten Stab innerhalb l_1		0,7	0,7
4	f) Haken ($\alpha \geq 150°$) g) Winkelhaken ($150° > \alpha \geq 90°$) h) Schlaufen (Draufsicht) mit jeweils mindestens einem angeschweißten Stab innerhalb l_1 vor dem Krümmungsbeginn		0,5 (0,7)	1,0
5	i) Gerade Stabenden mit mindestens zwei angeschweißten Stäben innerhalb l_1 (Stababstand $s_q < 10$ cm bzw. $\geq 5 \, d_s$ und ≥ 5 cm) nur zulässig bei Einzelstäben mit $d_s \leq 16$ mm bzw. Doppelstäben mit $d_s \leq 12$ mm		0,5	0,5

Die in Spalte 2 in Klammern angegebenen Werte gelten, wenn im Krümmungsbereich rechtwinklig zur Krümmungsebene die Betondeckung weniger als $3 \, d_s$ beträgt bzw. kein Querdruck oder keine enge Verbügelung vorhanden ist.

Der Zuschlag für Haken ist abhängig von Stabdurchmesser d_s und Biegerollendurchmesser (siehe Abschnitt 5.2.2.1, Tafel 3). Die Hakenlänge a nach DIN ISO 4066, 9.96 ergibt sich aus dem Überstand $ü \geq 5 \cdot d_s$ bzw. $ü \geq 10 \cdot d_s$ bei Winkelhaken bei Bügeln, dem halben Biegerollebdurchmesser und einem Stabdurchmesser. Die Werte für die Hakenlängen sind in den Tafeln 14 bis 17 zusammengestellt.

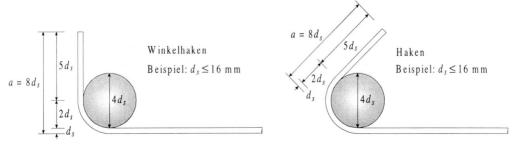

5 | Konstruktive Durchbildung

Tafel 14: Biegerollendurchmesser d_{br} (nach DIN 1045, Tab.18) und Gesamthakenlänge a für Längsstäbe (nach DIN ISO 4066)

	d_{br}		a	
Stabdurchmesser d_s	Ø 6 – Ø 16	Ø 20 – Ø 28	Ø 6 – Ø 16	Ø 20 – Ø 28
Haken und Winkelhaken mit $ü \geq 5 \cdot d_s$	$4\,d_s$	$7\,d_s$	$8{,}0\,d_s$	$9{,}5\,d_s$

Tafel 15: Hakenlängen a für Haken und Winkelhaken bei Längsstäben

Stabdurchmesser d_s	Ø 6	Ø 8	Ø 10	Ø 12	Ø 14	Ø 16	Ø 20	Ø 25	Ø 28
Hakenlänge a [cm]	5,0	7,0	8,0	10,0	12,0	13,0	19,0	24,0	27,0

5.2.4.2 Haken- und Winkelhakenlängen bei Bügeln

Für Haken ergeben sich dieselben Längen wie bei Längsstäben. Für Winkelhaken ergeben sich aufgrund des größeren erforderlichen Überstandes von $ü \geq 10 \cdot d_s$ folgende Längen:

Tafel 16: Biegerollendurchmesser d_{br} (nach DIN 1045, Abschn. 18.8.2.1, Bild 26) und Gesamthakenlängen a für Bügel (nach DIN ISO 4066)

	d_{br}		a	
Durchmesser	Ø 6 – Ø 16	Ø 20 – Ø 28	Ø 6 – Ø 16	Ø 20 – Ø 28
Haken mit $ü \geq 5 \cdot d_s$	$4\,d_s$	$7\,d_s$	$8{,}0\,d_s$	$9{,}5\,d_s$
Winkelhaken mit $ü \geq 10 \cdot d_s$	$4\,d_s$	$7\,d_s$	$13{,}0\,d_s$	$14{,}5\,d_s$

Tafel 17: Hakenlängen a für Haken und Winkelhaken bei Bügeln

Stabdurchmesser	Ø 6	Ø 8	Ø 10	Ø 12	Ø 14	Ø 16	Ø 20	Ø 25	Ø 28
Hakenlänge a [cm]	5,0	7,0	8,0	10,0	12,0	13,0	19,0	24,0	27,0
Winkelhakenlänge a [cm]	8,0	11,0	13,0	16,0	19,0	21,0	29,0	37,0	41,0

5.2.5 Bewehrungsstöße

Es werden zwei Arten von Stoßverbindungen unterschieden:
- Indirekte Bewehrungsstöße können durch Übergreifen von Stäben mit geraden Stabenden, Haken, Winkelhaken oder Schlaufen sowie mit geraden Stabenden mit angeschweißten Querstäben hergestellt werden.
- Die direkte Stoßverbindung

  Direkte Stoßverbindungen von Betonstabstählen entstehen durch Verschweißen, Verschrauben, Kontaktstoß und durch Muffenverbindungen mit bauaufsichtlicher Zulassung.

5 Konstruktive Durchbildung

5.2.5.1 Zulässiger Anteil der gestoßenen Stäbe

Der zulässige Anteil der gestoßenen Bewehrungsstäbe an der Gesamtbewehrung, welche in einem Schnitt ohne Längsversatz gestoßen werden kann, ist Tafel 18 zu entnehmen.

Tafel 18: Zulässiger Anteil der gestoßenen Bewehrung

Art des Stoßes	zul. Anteil der Gesamtbewehrung	Bedingung (nähere Angaben in den jeweiligen Abschnitten)
Übergreifungsstoß mit Stabstählen		
Tragbewehrung einlagig	100%	Im Bereich der Übergreifungsstöße $A_s \leq 0{,}09 \cdot A_b$, Querbewehrung erforderlich
Tragbewehrung mehrlagig	50% 100% je Lage	ohne Längsversatz, Querbewehrung erforderlich
	100%	Längsversatz $l_v \geq 1{,}3 \cdot l_{\ddot{u}}$ gegenüber der anderen Lage, Querbewehrung erforderlich
Querbewehrung bei Platten und Wänden	100%	
Übergreifungsstoß mit Betonstahlmatten		
Tragbewehrung als Ein-Ebenen-Stoß	100%	
Tragbewehrung als Zwei-Ebenen-Stoß mit bügelartiger Umfassung	100%	Quer- bzw. Umfassungsbewehrung wie bei mehrlagiger Tragbewehrung aus Stabstahl
Tragbewehrung als Zwei-Ebenen-Stoß ohne bügelartige Umfassung	100%	zulässig bis $a_s \leq 12$ cm^2/m in Bereichen mit $\leq 80\%$ Ausnutzung der Bewehrung, bei mehrlagiger Bewehrung Längsversatz $l_v \geq 1{,}3 \cdot l_{\ddot{u}}$ gegenüber der anderen Lage, bei $a_s \geq 6$ cm^2/m und bei mehr als 80% Ausnutzung der Bewehrung ist der Nachweis der Rißbreite für 25% erhöhte Stahlspannung unter häufig wirkendem Lastanteil zu führen
	60%	bei $a_s \geq 12$ cm^2/m, nur Stoß der inneren Lage zulässig
Querbewehrung als Ein- oder Zwei-Ebene-Stoß	100%	
Verschraubte Stöße		
	100%	Nachweis erforderlich (s. DIN 1045 18.6.5)
Geschweißte Stöße		
	100%	Nachweis erforderlich (s. DIN 1045 18.6.6)
Kontaktstöße		
	50%	zulässig nur bei $\varnothing\, d_s \geq 20$ mm Anteil ungestoßener Bewehrung $A_s \geq 0{,}008 \cdot A_b$ (mit A_b als statisch erforderlichen Betonquerschnitt) weitere Angaben siehe DIN 1045 18.6.7

5 Konstruktive Durchbildung

5.2.5.2 Ausbildung von Übergreifungsstößen

- Stabstahl

Im Bereich von Übergreifungsstößen muß zur Aufnahme der Querzugspannungen stets eine Querbewehrung angeordnet werden. Für die Bemessung und Anordnung sind entscheidend:

- Anteil der gestoßenen Stäbe am Gesamtquerschnitt
- Stoßachsenabstand s
- Längsversatz zweier Stöße l_v

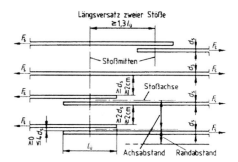

Tafel 19: Querbewehrung im Übergreifungsbereich von Tragstäben (nach DIN 1045, Abschn. 18.6.3.4)

Stoß- d_s [mm]	Anteil der gestoßenen Stäbe am Gesamtquerschnitt	Querbewehrung im Stoßbereich entspricht der	Stoßachsenabstand s	Längsversatz zweier Stöße l_v	Querbewehrung (die Bügelschenkel der bügelartigen Umfassung sind mit l_1 oder nach den Regeln für Bügel im Bauteilinneren zu verankern)	
					Anordnung	Form
Die gestoßenen Stäbe liegen nebeneinander						
< 16	ohne Vorschrift	konstruktiv	konstruktiv	konstruktiv	außen	verankerte Stabbewehrung oder bügelartige Umfassung bzw. Bügel (Bügelartige Umfassung bzw. Bügel sind nicht gefordert)
≥ 16	≤ 20 %	konstruktiv	konstruktiv			
	> 20 % ... ≤ 50 %	Stabkraft eines gestoßenen Stabes				
	> 50 %	$\sum A_{sq} = \text{erf } A_{sl} \cdot \dfrac{\beta_{sl}}{\beta_{sq}}$	≥ 10 d_s			
			< 10 d_s	≈ 0,5 $l_ü$		
				0		
Die gestoßenen Stäbe liegen übereinander					außen, im Bereich der Stoßenden (≈ $l_ü$ / 3)	bügelartige Umfasssung bzw. Bügel erforderlich
alle d_s	unabhängig	Σ der Stabkräfte aller gestoßener Stäbe $\sum A_{Bü} = \sum \text{erf } A_{sl} \cdot \dfrac{\beta_{sl}}{\beta_{sq}}$	konstruktiv	-		

5 Konstruktive Durchbildung

Abstand einer nachzuweisenden Querbewehrung im Bereich der Stoßenden
- in Längsrichtung: ≤ 15 cm
- in Querrichtung: Höchstabstände wie bei Schubbügeln (siehe Tafel 45)
  Eine vorhandene Querbewehrung darf angerechnet werden.

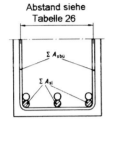
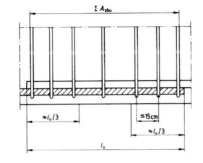

ΣA_{sbu} Querschnittsfläche aller Bügelschenkel

- Mattenstahl

Es wird unterschieden in
- Ein-Ebenen-Stoß (zu stoßende Stäbe liegen nebeneinander) und
- Zwei-Ebenen-Stoß (zu stoßende Stäbe liegen übereinander).

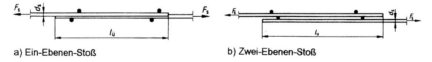

a) Ein-Ebenen-Stoß   b) Zwei-Ebenen-Stoß

Tafel 20: Zulässige Belastungsart für Stöße von Tragstäben bei Betonstahlmatten (nach DIN 1045, Tab.22)

Stoßart	Querschnitt der zu stoßenden Matte a_s	zulässige Belastungsart	Ausbildung
Ein-Ebenen-Stoß	beliebig	vorwiegend ruhende und nicht vorwiegend ruhende Belastung	nach Regeln für Stäbe, $l_ü$ nach Abschnitt 5.2.5.3, ohne Berücksichtigung der Querstäbe, bei Doppelstabmatten: $d_{sV} = \sqrt{d_{s1}^2 + d_{s2}^2} = \sqrt{2} \cdot d_s$ bei $d_{s1} = d_{s2}$
Zwei-Ebenen-Stoß mit bügelartiger Umfassung der Tragstäbe	beliebig	vorwiegend ruhende und nicht vorwiegend ruhende Belastung	nach Regeln für Stäbe, $l_ü$ nach Abschnitt 5.2.5.3, ohne Berücksichtigung der Querstäbe, bei Doppelstabmatten: $d_{sV} = \sqrt{d_{s1}^2 + d_{s2}^2} = \sqrt{2} \cdot d_s$ bei $d_{s1} = d_{s2}$
Zwei-Ebenen-Stoß ohne bügelartige Umfassung der Tragstäbe	≤ 6 cm²/m		Ausbildung siehe unten, $l_ü$ nach Abschnitt 5.2.5.3
	> 6 cm²/m	vorwiegend ruhende Belastung	

5 Konstruktive Durchbildung

- Zwei-Ebenen-Stoß mit bügelartiger Umfassung der Tragstäbe:
  Die Quer- bzw. Umfassungsbewehrung im Stoßbereich kann nach
  Tafel 19 ermittelt werden.
- Zwei-Ebenen-Stoß ohne bügelartige Umfassung der Tragstäbe:
  - Die Stöße sind möglichst in Bereichen anzuordnen, in denen die Bewehrung nicht mehr als 80 % ausgenutzt wird ($\alpha_A \leq 0{,}8$).
    Wenn $\alpha_A > 0{,}8$; $a_s \geq 6$ cm²/m und ein Nachweis zur Beschränkung der Rißbreite erforderlich ist, so ist dieser an der Stoßstelle mit einer um 25 % erhöhten Stahlspannung unter häufig wirkendem Lastanteil zu führen.
  - Matten mit $a_s \leq 12$ cm²/m   dürfen in einem Querschnitt gestoßen werden
    $a_s > 12$ cm²/m   dürfen nur in der inneren Lage bei mehrlagiger Bewehrung gestoßen werden, wobei der gestoßene Anteil max. 60 % der erforderlichen Bewehrung betragen darf.
  - bei mehrlagiger Bewehrung sind die Stöße zu versetzen mit:

    $l_v \geq 1{,}3 \cdot l_{\ddot{u}}$ l_v Längsversatz der Stöße
                  $l_{\ddot{u}}$ Übergreifungslänge
  - Eine zusätzliche Querbewehrung im Stoßbereich ist nicht erforderlich.

5.2.5.3 Erforderliche Übergreifungslänge $l_{\ddot{u}}$

a) gerade Stabenden

c) Winkelhaken

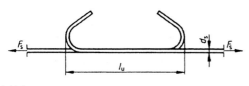

b) Haken

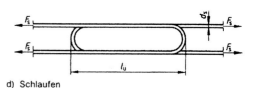

d) Schlaufen

- Übergreifungslängen bei Zugstößen
  - Stabstahl

    $l_{\ddot{u}} = \alpha_{\ddot{u}} \cdot l_1 \begin{cases} \geq 20 \text{ cm} & \text{in allen Fällen} \\ \geq 15 \, d_s & \text{bei geraden Stabenden} \\ \geq 1{,}5 \, d_{br} & \text{bei Haken, Winkelhaken, Schlaufen} \end{cases}$

    $\alpha_{\ddot{u}}$ Beiwert nach Tafel 21, jedoch mindestens 1,0
    l_1 Verankerungslänge nach Abschnitt 5.2.3.4 mit $\alpha_1 \geq 0{,}7$
    d_{br} vorhandener Biegerollendurchmesser

5 Konstruktive Durchbildung

Tafel 21: Beiwerte $\alpha_{ü}$ (nach DIN 1045, Tab.21)

Verbund-bereich	d_s [2) mm]	Anteil der ohne Längsversatz gestoßenen Tragstäbe am Querschnitt einer Bewehrungslage [1)]			Querbewehrung
		≤ 20 %	> 20 % ≤ 50 %	>50 %	
I	< 16	1,2	1,4	1,6	1,0
	≥ 16	1,4	1,8	2,2	
II		75 % der Werte von Verbundbereich I			

1) Die Beiwerte $\alpha_{ü}$ der Spalten 3 bis 5 dürfen mit 0,7 multipliziert werden, wenn der gegenseitige Achsabstand nicht längsversetzter Stöße ≥ 10 d_s und bei stabförmigen Bauteilen der Randabstand ≥ 5 d_s beträgt.

2) Bei Doppelstäben ist der querschnittsgleiche Einzelstabdurchmesser zu verwenden: $d_{sV} = d_s \cdot \sqrt{2}$

– Betonstahlmatten

Stöße der Tragstäbe:

- Ein-Ebenen-Stöße sowie Zwei-Ebenen-Stöße mit bügelartiger Umfassung der Tragbewehrung:

$l_ü = \alpha_ü \cdot l_1$ $\begin{cases} \geq 20 \text{ cm} & \text{in allen Fällen} \\ \geq 15\, d_s & \text{bei geraden Stabenden} \end{cases}$

$\alpha_ü$ Beiwert nach Tafel 21
l_1 Verankerungslänge nach Abschnitt 5.2.3.4 mit $\alpha_1 = 1,0$

- Zwei-Ebenen-Stöße ohne bügelartige Umfassung der Tragbewehrung:

$l_ü = \alpha_{üm} \cdot l_1$ $\begin{cases} \geq 20 \text{ cm} & \text{in allen Fällen} \\ \geq 15\, d_s & \text{bei geraden Stabenden} \end{cases}$

$\alpha_{ümI} = \frac{1}{2} + \frac{a_s}{7}$ $\begin{cases} \geq 1,1 \\ \leq 2,2 \end{cases}$ im Verbundbereich I

$\alpha_{ümII} = \frac{3}{4} \cdot \alpha_{ümI}$ ≥ 1,0 im Verbundbereich II

l_1 Verankerungslänge nach Abschnitt 5.2.3.4 mit $\alpha_1 = 1,0$
a_s Bewehrungsquerschnitt der zu stoßenden Matte in cm²/m

5 Konstruktive Durchbildung

Tafel 22: Übergreifungslängen $l_{ü}$ [cm] für Lagermatten und B 25

		Q-Matten							R-Matten						K-Matten		
		131	188	221	295	378	443	513	670	188	221	295	378	443	513	589	664	770	884
Verbund-bereich I	längs	22	27	29	33	38	42	49	66	27	29	33	38	42	49	57	53	63	75
	quer	22	27	29	33	38	34	39	51	22	22	22	22	24	27	29	29	31	33
Verbund-bereich II	längs	40	48	52	60	68	73	79	99	48	52	60	68	73	79	85	80	95	112
	quer	40	48	52	60	68	60	64	76	40	40	40	40	44	48	52	52	56	60

Bei Verwendung anderer Betonklassen müssen die Werte der Tafel 22 mit einem Umrechnungsfaktor nach Tafel 23 multipliziert werden da sich das Verhältnis der Schubspannungen ändert.

Tafel 23: Umrechnungsfaktoren für Betonklassen verschieden von B 25

Betonklasse	B 15	B 35	B 45	B 55
Umrechnungsfaktor	1,29	0,82	0,69	0,60

Stöße der Querbewehrung:

Die Übergreifungslänge $l_{ü}$ kann der Tafel 22 ennommen werden, wobei innerhalb $l_{ü}$ mindestens zwei sich gegenseitig abstützende Stäbe der Längsbewehrung mit einem Abstand von $\geq 5\,d_s$ bzw. ≥ 5 cm vorhanden sein müssen.

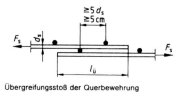
Übergreifungsstoß der Querbewehrung

Tafel 24: Erforderliche Übergreifungslänge $l_{ü}$ der Querbewehrung (nach DIN 1045, Tab.23)

Stabdurchmesser der Querbewehrung d_s in mm	$d_s \leq 6,5$	$6,5 < d_s \leq 8,5$	$8,5 < d_s \leq 12,0$
Erforderliche Übergreifungslänge $l_{ü}$ in cm	≥ 15	≥ 25	≥ 35

- Übergreifungslängen bei Druckstößen:

$$l_{ü} = l_0 = \frac{\beta_s}{7 \cdot \text{zul } \tau_1} \cdot d_s(d_{sV}) \qquad \text{zul } \tau_1 \text{ nach Tafel 7}$$

5 Konstruktive Durchbildung

Tafel 25: Übergreifungslängen für Stäbe mit geraden Stabenden, BSt 500 S und Bewehrungsmatten bei Ein-Ebenen-Stößen, BSt 500 M, B15

d_s	min $l_ü$	\multicolumn{10}{c}{**Zugstäbe** $l_ü = \alpha_A \cdot \text{Tab.Wert} = \frac{\text{erf } A_s}{\text{vorh } A_s} \cdot \text{Tab.Wert} \geq \min l_ü$ [cm]}										**Druckstäbe**[2] $l_ü = \text{Tab.Wert}$ **Querbewehrung**[3] $l_ü = \alpha_A \cdot \text{Tab.Wert}$ [cm]	
		\multicolumn{10}{c}{Anteil der gestoßenen Stäbe ohne Längsversatz[1]}										Stoßanteil	
		\multicolumn{2}{c}{≤ 20 %}		\multicolumn{2}{c}{20 - 50 %}		\multicolumn{2}{c}{> 50%}				0 - 100 %	
		$e < 10\,d_S$		$e \geq 10\,d_S$		$e < 10\,d_S$		$e \geq 10\,d_S$		$e < 10\,d_S$		$e \geq 10\,d_S$	
mm	cm	I	II	I	II	I	II	I	II	I	II	I	II
4,0	20					30	44	21	42	34	51	24	42		
4,5	20					33	49	24	47	38	56	26	47		
5,0	20					36	54	26	52	42	62	30	52	26	52
5,5	20					40	60	29	57	45	69	33	57	29	57
6,0	20	38	62	31	62	44	65	31	62	51	75	35	62	31	62
6,5	20					48	71	34	67	54	80	38	67	34	67
7,0	20					51	76	36	72	58	87	42	72	36	72
7,5	20					54	81	39	78	62	93	44	78	39	78
8,0	20	51	83	42	83	58	87	42	83	66	99	47	83	42	83
8,5	20					62	92	44	88	70	105	49	88	44	88
9,0	20					65	97	47	93	75	111	52	93	47	93
9,5	20					69	103	49	98	79	117	56	98	49	98
10,0	20	62	103	52	103	72	108	52	103	83	124	58	103	52	103
10,5	20					76	114	54	108	87	129	61	108	54	108
11,0	20					80	119	57	114	90	135	63	114	57	114
11,5	20					83	124	60	119	94	142	67	119	60	119
12	20	75	124	62	124	87	129	62	124	99	148	70	124	62	124
14	21	87	144	72	144	101	151	72	144	115	173	81	144	72	144
16	24	115	173	83	164	148	222	103	164	180	270	126	189	83	164
20	30	144	215	103	205	184	277	129	205	225	337	159	237	103	205
25	38	179	269	129	256	231	345	161	256	282	422	197	296	129	256
28	42	201	301	144	287	257	386	180	287	315	472	222	331	144	287

1) Zulässiger Anteil der gestoßenen Bewehrung siehe Tafel 18
2) Druckstäbe können in Bereichen mit $\varepsilon_b = -2\,‰$ (z.B. bei mittigem Druck) nur mit $\sigma_{sU} = -420\,N/mm^2$ ausgenutzt werden. In diesem Fall dürfen die Tabellenwerte auf 84 % (Faktor 0,84) ermäßigt werden.
3) Querbewehrung einachsig gespannter Platten und bei Wänden

5 Konstruktive Durchbildung

Tafel 26: Übergreifungslängen für Stäbe mit geraden Stabenden, BSt 500 S und Bewehrungsmatten bei Ein-Ebenen-Stößen, BSt 500 M, B25

d_s	min $l_{ü}$	Zugstäbe $l_{ü} = \alpha_A \cdot \text{Tab.Wert} = \frac{\text{erf } A_s}{\text{vorh } A_s} \cdot \text{Tab.Wert} \geq \min l_{ü}$ [cm]										Druckstäbe [2] $l_{ü}$ = Tab.Wert Querbewehrung [3] $l_{ü} = \alpha_A \cdot \text{Tab.Wert}$ [cm]	
		Anteil der gestoßenen Stäbe ohne Längsversatz [1]										Stoßanteil	
		≤ 20 %				20 - 50 %				> 50%		0 - 100 %	
		$e < 10\, d_S$		$e \geq 10\, d_S$		$e < 10\, d_S$		$e \geq 10\, d_S$		$e < 10\, d_S$		$e \geq 10\, d_S$	
mm	cm	I	II	I	II	I	II	I	II	I	II	I	II
4,0	20					23	34	(16)	32	26	39	(18)	32		
4,5	20					25	38	(18)	36	29	43	20	36		
5,0	20					28	42	20	40	32	48	23	40	20	40
5,5	20					31	46	22	44	35	53	25	44	22	44
6,0	20	29	48	24	48	34	50	24	48	39	58	27	48	24	48
6,5	20					37	55	26	52	42	62	29	52	26	52
7,0	20					39	59	28	56	45	67	32	56	28	56
7,5	20					42	63	30	60	48	72	34	60	30	60
8,0	20	39	64	32	64	45	67	32	64	51	77	36	64	32	64
8,5	20					48	71	34	68	54	81	38	68	34	68
9,0	20					50	75	36	72	58	86	40	72	36	72
9,5	20					53	80	38	76	61	91	43	76	38	76
10,0	20	48	80	40	80	56	84	40	80	64	96	45	80	40	80
10,5	20					59	88	42	84	67	100	47	84	42	84
11,0	20					62	92	44	88	70	105	49	88	44	88
11,5	20					64	96	46	92	73	110	52	92	46	92
12	20	58	96	48	96	67	100	48	96	77	115	54	96	48	96
14	21	67	112	56	112	78	117	56	112	89	134	63	112	56	112
16	24	89	134	64	127	115	172	80	127	140	210	98	147	64	127
20	30	112	167	80	159	143	215	100	159	175	262	123	184	80	159
25	38	139	209	100	199	179	268	125	199	219	328	153	230	100	199
28	42	156	234	112	223	200	300	140	223	245	367	172	257	112	223

1) Zulässiger Anteil der gestoßenen Bewehrung siehe Tafel 18
2) Druckstäbe können in Bereichen mit $\varepsilon_b = -2\,^0/_{00}$ (z.B. bei mittigem Druck) nur mit $\sigma_{sU} = -420\,N/mm^2$ ausgenutzt werden. In diesem Fall dürfen die Tabellenwerte auf 84 % (Faktor 0,84) ermäßigt werden.
3) Querbewehrung einachsig gespannter Platten und bei Wänden

5 | Konstruktive Durchbildung

Tafel 27: Übergreifungslängen für Stäbe mit geraden Stabenden, BSt 500 S und Bewehrungsmatten bei Ein-Ebenen-Stößen, BSt 500 M, B35

		Zugstäbe $l_ü = \alpha_A \cdot \text{Tab.Wert} = \dfrac{\text{erf } A_s}{\text{vorh } A_s} \cdot \text{Tab.Wert} \geq \min l_ü$ [cm]								**Druckstäbe** [2] $l_ü = \text{Tab.Wert}$ **Querbewehrung** [3] $l_ü = \alpha_A \cdot \text{Tab.Wert}$ [cm]	
d_s	min $l_ü$	Anteil der gestoßenen Stäbe ohne Längsversatz [1]								Stoßanteil	
		≤ 20 %		20 - 50 %				> 50%		0 - 100 %	
		e < 10 d_S	e ≥ 10 d_S	e < 10 d_S		e ≥ 10 d_S		e < 10 d_S	e ≥ 10 d_S		
mm	cm	I	II	I	II	I	II	I	II	I	II	I	II
4,0	20					(18)	28	(13)	26	21	32	(15)	26
4,5	20					21	31	(15)	30	24	36	(17)	30
5,0	20					23	35	(16)	33	26	39	(19)	33	17	33
5,5	20					25	38	(18)	36	29	43	20	36	18	36
6,0	20	24	39	20	39	28	41	20	39	32	47	22	39	20	39
6,5	20					30	45	22	43	34	51	24	43	22	43
7,0	20					32	48	23	46	37	55	26	46	23	46
7,5	20					35	52	25	49	39	59	28	49	25	49
8,0	20	32	52	26	52	37	55	26	52	42	63	30	52	26	52
8,5	20					39	58	28	55	45	67	31	55	28	56
9,0	20					41	62	30	59	47	71	33	59	30	59
9,5	20					44	65	31	62	50	75	35	62	31	62
10,0	20	39	65	33	65	46	69	33	65	52	78	37	65	33	65
10,5	20					48	72	35	69	55	82	39	69	35	69
11,0	20					50	75	36	72	58	86	40	72	36	72
11,5	20					53	79	38	75	60	90	42	75	38	75
12	20	47	78	39	78	55	82	39	78	63	94	44	78	39	78
14	21	55	91	46	91	64	96	46	91	73	110	51	91	46	91
16	24	73	110	52	104	94	141	66	104	115	172	80	120	52	104
20	30	91	137	65	130	117	176	82	130	143	215	100	150	65	130
25	38	114	171	82	163	147	220	103	163	179	268	125	188	82	163
28	42	128	192	91	182	164	246	115	182	200	300	140	210	91	182

1) Zulässiger Anteil der gestoßenen Bewehrung siehe Tafel 18

2) Druckstäbe können in Bereichen mit $\varepsilon_b = -2\,‰$ (z.B. bei mittigem Druck) nur mit $\sigma_{sU} = -420\,\text{N}/\text{mm}^2$ ausgenutzt werden. In diesem Fall dürfen die Tabellenwerte auf 84 % (Faktor 0,84) ermäßigt werden.

3) Querbewehrung einachsig gespannter Platten und bei Wänden

5 | Konstruktive Durchbildung

Tafel 28: Übergreifungslängen für Stäbe mit geraden Stabenden, BSt 500 S und Bewehrungsmatten bei Ein-Ebenen-Stößen, BSt 500 M, B45

d_s	min $l_\ddot{u}$	Zugstäbe $l_\ddot{u} = \alpha_A \cdot$ Tab.Wert $= \dfrac{\text{erf } A_s}{\text{vorh } A_s} \cdot$ Tab.Wert $\geq$ min $l_\ddot{u}$ [cm]								Druckstäbe [2] $l_\ddot{u} =$ Tab.Wert Querbewehrung [3] $l_\ddot{u} = \alpha_A \cdot$ Tab.Wert [cm]	
		Anteil der gestoßenen Stäbe ohne Längsversatz [1]								Stoßanteil	
		≤ 20 %				20 - 50 %		> 50%		0 - 100 %	
		e < 10 d_S		e ≥ 10 d_S		e < 10 d_S	e ≥ 10 d_S	e < 10 d_S	e ≥ 10 d_S		
mm	cm	I	II	I	II	I	II	I	II	I	II	I	II
4,0	20					(16)	24	(12)	23	(18)	27	(13)	23
4,5	20					(18)	27	(13)	25	21	30	(14)	25
5,0	20					20	30	(14)	28	23	34	(16)	28	14	28
5,5	20					22	32	(16)	31	25	37	(18)	31	16	31
6,0	20	21	34	17	34	24	35	(17)	34	27	41	(19)	34	17	34
6,5	20					26	39	(18)	36	30	43	21	36	18	36
7,0	20					27	41	20	39	32	47	23	39	20	39
7,5	20					30	44	21	42	34	50	24	42	21	42
8,0	20	27	45	23	45	32	47	23	45	36	54	25	45	23	45
8,5	20					34	50	24	48	38	57	27	48	24	48
9,0	20					35	52	25	50	41	60	28	50	25	50
9,5	20					37	56	27	53	43	63	30	53	27	53
10,0	20	34	56	28	56	39	59	28	56	45	67	32	56	28	56
10,5	20					41	61	30	59	47	70	33	59	30	59
11,0	20					43	64	31	61	49	73	34	61	31	61
11,5	20					45	67	32	64	51	77	36	64	32	64
12	20	41	67	34	67	47	70	34	67	54	80	38	67	34	67
14	21	47	78	39	78	54	81	39	78	62	93	44	78	39	78
16	24	62	93	45	88	80	120	56	88	97	146	68	102	45	88
20	30	78	116	56	111	99	149	70	110	122	182	86	128	56	111
25	38	97	145	70	138	124	186	87	138	152	227	106	160	70	138
28	42	108	162	78	155	139	208	97	154	170	254	120	178	78	155

1) Zulässiger Anteil der gestoßenen Bewehrung siehe Tafel 18

2) Druckstäbe können in Bereichen mit $\varepsilon_b = -2\,‰$ (z.B. bei mittigem Druck) nur mit $\sigma_{sU} = -420\,\text{N/mm}^2$ ausgenutzt werden. In diesem Fall dürfen die Tabellenwerte auf 84 % (Faktor 0,84) ermäßigt werden.

3) Querbewehrung einachsig gespannter Platten und bei Wänden

5 Konstruktive Durchbildung

Tafel 29: Übergreifungslängen für Stäbe mit geraden Stabenden, BSt 500 S und Bewehrungsmatten bei Ein-Ebenen-Stößen, BSt 500 M, B55

d_s	min $l_{ü}$	Zugstäbe $l_{ü} = \alpha_A \cdot$ Tab.Wert $= \dfrac{\text{erf } A_s}{\text{vorh } A_s} \cdot$ Tab.Wert $\geq$ min $l_{ü}$ [cm]										Druckstäbe [2] $l_{ü}$ = Tab.Wert Querbewehrung [3] $l_{ü} = \alpha_A \cdot$ Tab.Wert [cm]	
		Anteil der gestoßenen Stäbe ohne Längsversatz [1]										Stoßanteil	
		≤ 20 %				20 - 50 %				> 50%		0 - 100 %	
		e < 10 d_S		e ≥ 10 d_S		e < 10 d_S		e ≥ 10 d_S		e < 10 d_S		e ≥ 10 d_S	
mm	cm	I	II	I	II	I	II	I	II	I	II	I	II
4,0	20					(14)	21	(10)	20	(16)	24	(11)	20		
4,5	20					(15)	23	(11)	22	(18)	26	(12)	22		
5,0	20					(17)	26	(12)	24	20	29	(14)	24	12	24
5,5	20					(19)	28	(14)	27	21	32	(15)	27	14	27
6,0	20	(18)	29	(15)	29	21	30	(15)	29	24	35	(17)	29	15	29
6,5	20					23	33	(16)	32	26	38	(18)	32	16	32
7,0	20					24	36	(17)	34	27	41	20	34	17	34
7,5	20					26	38	(18)	36	29	44	21	36	18	36
8,0	20	24	39	20	39	27	41	20	39	31	47	22	39	20	39
8,5	20					29	43	21	41	33	49	23	41	21	41
9,0	20					30	45	22	44	35	52	24	44	22	44
9,5	20					32	48	23	46	37	55	26	46	23	46
10,0	20	29	48	24	48	34	51	24	48	39	58	27	48	24	48
10,5	20					36	53	26	51	41	60	29	51	26	51
11,0	20					38	56	27	53	42	63	30	53	27	53
11,5	20					39	58	28	56	44	66	32	56	28	56
12	20	35	58	29	58	41	60	29	58	47	69	33	58	29	58
14	21	41	68	34	68	47	71	34	68	54	81	38	68	34	68
16	24	54	81	39	77	69	104	48	77	84	126	59	89	39	77
20	30	68	101	48	96	86	129	60	96	105	158	74	111	48	96
25	38	84	126	60	120	108	161	75	120	132	197	92	138	60	120
28	42	94	141	68	134	120	180	84	134	147	221	104	155	68	134

[1] Zulässiger Anteil der gestoßenen Bewehrung siehe Tafel 18

[2] Druckstäbe können in Bereichen mit $\varepsilon_b = -2\,\text{‰}$ (z.B. bei mittigem Druck) nur mit $\sigma_{sU} = -420\,\text{N/mm}^2$ ausgenutzt werden. In diesem Fall dürfen die Tabellenwerte auf 84 % (Faktor 0,84) ermäßigt werden.

[3] Querbewehrung einachsig gespannter Platten und bei Wänden

5 Konstruktive Durchbildung

Tafel 30: Übergreifungslängen bei Haken, Winkelhaken oder Schlaufen[1], BSt 500, B15

Zugstäbe
$$l_{ü} = \alpha_A \cdot \text{Tab.Wert} = \frac{\text{erf } A_s}{\text{vorh } A_s} \cdot \text{Tab.Wert} \geq \min l_{ü}$$
[cm]

d_s		min $l_{ü}$ für min d_{br}	\multicolumn{4}{c}{Anteil der gestoßenen Stäbe ohne Längsversatz[3]}						
			≤ 20 %				20 - 50 %				> 50 %	
M[2]	S		$e < 10\,d_S$		$e \geq 10\,d_S$		$e < 10\,d_S$		$e \geq 10\,d_S$		$e < 10\,d_S$		$e \geq 10\,d_S$
mm		cm	I	II	I	II	I	II	I	II	I	II
4,0										24	36	(17)	30
4,5										26	39	(18)	33
5,0										30	44	21	36
5,5										33	48	24	40
6,0	6	20	26	44	22	44	31	45	22	44	35	52	25	44
6,5												39	57	27	48
7,0												42	61	30	51
7,5												44	66	31	54
8,0	8	20	35	58	30	58	42	61	30	58	47	70	33	58
8,5												49	74	35	62
9,0												53	78	36	66
9,5												56	83	39	70
10,0	10	20	44	72	36	72	51	76	36	72	58	87	42	72
10,5												61	90	43	76
11,0												63	93	45	80
11,5												66	99	48	84
12,0	12	20	52	87	44	87	61	90	44	87	70	103	49	87
	14	20	61	101	51	101	70	106	51	101	81	121	57	101
	16	20	80	121	58	115	103	155	72	115	126	189	89	133
	20	21	101	151	72	143	129	193	90	143	159	237	111	166
	25	27	126	188	90	179	162	242	114	179	197	296	138	207
	28	30	141	211	101	201	180	270	126	201	222	331	155	232

1) Voraussetzung: Betondeckung im Krümmungsbereich der Haken usw. ⊥ zur Krümmung > $3d_s$ bzw. Querdruck oder enge Verbügelung

2) Tabelle bei Bewehrungsmatten nur für Ein-Ebenen-Stoß anwendbar.

3) Zulässiger Anteil der gestoßenen Bewehrung siehe Tafel 18

5 Konstruktive Durchbildung

Tafel 31: Übergreifungslängen bei Haken, Winkelhaken oder Schlaufen[1], BSt 500, B25

d_s		min $l_ü$ für min d_{br}	Zugstäbe $l_ü = \alpha_A \cdot$ Tab.Wert $= \dfrac{\text{erf } A_s}{\text{vorh } A_s} \cdot$ Tab.Wert $\geq$ min $l_ü$ [cm]									
			Anteil der gestoßenen Stäbe ohne Längsversatz[3]									
			$\leq 20\%$				20 - 50 %				> 50%			
			e < 10 d_S		e $\geq$ 10 d_S		e < 10 d_S		e $\geq$ 10 d_S		e < 10 d_S		e $\geq$ 10 d_S	
M[2]	S		I	II	I	II	I	II	I	II	I	II	I	II
mm		cm												
4,0											(18)	28	(13)	23
4,5											20	30	(14)	25
5,0											23	34	(16)	28
5,5											25	37	(18)	31
6,0	6	20	20	34	(17)	34	24	35	(17)	34	27	40	(19)	34
6,5											30	44	21	37
7,0											32	47	23	39
7,5											34	51	24	42
8,0	8	20	27	45	23	45	32	47	23	45	36	54	25	45
8,5											38	57	27	48
9,0											41	60	28	51
9,5											43	64	30	54
10,0	10	20	34	56	28	56	39	59	28	56	45	67	32	56
10,5											47	70	33	59
11,0											49	74	35	62
11,5											51	77	37	65
12,0	12	20	40	67	34	67	47	70	34	67	54	80	38	67
	14	20	47	78	39	78	54	82	39	78	63	94	44	78
	16	20	62	94	45	89	80	120	56	89	98	147	69	103
	20	21	78	117	56	111	100	150	70	111	123	184	86	129
	25	27	98	146	70	139	126	188	88	139	153	230	107	161
	28	30	109	164	78	156	140	210	98	156	172	257	120	180

1) Voraussetzung: Betondeckung im Krümmungsbereich der Haken usw. $\perp$ zur Krümmung > $3d_s$ bzw. Querdruck oder enge Verbügelung vorhanden.
2) Tabelle bei Bewehrungsmatten nur für Ein-Ebenen-Stoß anwendbar.
3) Zulässiger Anteil der gestoßenen Bewehrung siehe Tafel 18

5 Konstruktive Durchbildung

Tafel 32: Übergreifungslängen bei Haken, Winkelhaken oder Schlaufen[1], BSt 500, B35

$$l_{ü} = \alpha_A \cdot \text{Tab.Wert} = \frac{\text{erf } A_s}{\text{vorh } A_s} \cdot \text{Tab.Wert} \geq \min l_{ü} \quad [\text{cm}]$$

d_s		min $l_{ü}$ für min d_{br}	Zugstäbe — Anteil der gestoßenen Stäbe ohne Längsversatz[3]									
			≤ 20 %				20 - 50 %				> 50%	
			e < 10 d_S		e ≥ 10 d_S		e < 10 d_S		e ≥ 10 d_S		e < 10 d_S		e ≥ 10 d_S
M[2]	S		I	II	I	II	I	II	I	II	I	II
mm		cm										
4,0											(15)	23
4,5											(17)	25
5,0											(18)	28
5,5											20	30
4,0											(11)	(18)
4,5											(12)	21
5,0											(13)	23
5,5											(14)	26
6,0	6	20	(17)	28	(14)	28	20	29	(14)	28	22	33
6,5											24	36
7,0											26	39
7,5											28	42
6,0											(16)	28
6,5											(17)	30
7,0											(18)	32
7,5											20	35
8,0	8	20	22	37	(19)	37	26	39	(19)	37	30	44
8,5											32	47
9,0											33	50
9,5											35	53
8,0											21	37
8,5											22	39
9,0											23	42
9,5											25	44
10,0	10	20	28	46	23	46	32	48	23	46	37	55
10,5											39	58
11,0											41	60
11,5											42	63
10,0											26	46
10,5											27	48
11,0											28	51
11,5											30	53
12,0	12	20	33	55	28	55	39	58	28	55	44	66
	14	20	39	64	32	64	45	67	32	64	51	77
	16	20	51	77	37	73	66	99	46	73	80	120
	20	21	64	96	46	91	82	123	58	91	101	151
	25	27	80	120	57	114	103	154	72	114	126	188
	28	30	90	134	64	128	115	172	81	128	141	211
12,0											31	55
	14										36	64
	16										56	84
	20										71	106
	25										88	132
	28										99	148

1) Voraussetzung: Betondeckung im Krümmungsbereich der Haken usw. ⊥ zur Krümmung > 3d_s bzw. Querdruck oder enge Verbügelung vorhanden.

2) Tabelle bei Bewehrungsmatten nur für Ein-Ebenen-Stoß anwendbar.

3) Zulässiger Anteil der gestoßenen Bewehrung siehe Tafel 18

5 Konstruktive Durchbildung

Tafel 33: Übergreifungslängen bei Haken, Winkelhaken oder Schlaufen[1], BSt 500, B45

d_s		min $l_ü$ für min d_{br}	Zugstäbe $l_ü = \alpha_A \cdot \text{Tab.Wert} = \dfrac{\text{erf } A_s}{\text{vorh } A_s} \cdot \text{Tab.Wert} \geq \min l_ü$ [cm]									
			Anteil der gestoßenen Stäbe ohne Längsversatz[3]									
			≤ 20 %		20 - 50 %				> 50%			
			$e < 10\,d_S$		$e \geq 10\,d_S$		$e < 10\,d_S$		$e \geq 10\,d_S$		$e < 10\,d_S$		$e \geq 10\,d_S$
$M^{2)}$	S		I	II	I	II	I	II	I	II	I	II
mm		cm										
4,0									(13)	20	(9)	(16)
4,5									(14)	21	(10)	(18)
5,0									(16)	24	(12)	20
5,5									(18)	26	(13)	22
6,0	6	20	(14)	24	(12)	24	(17)	25	(11)	24	(19)	28	(14)	24
6,5											21	31	(15)	26
7,0											23	33	(16)	27
7,5											24	36	(17)	30
8,0	8	20	19	32	(16)	32	23	33	(16)	32	25	38	(18)	32
8,5											27	40	(19)	34
9,0											29	42	20	36
9,5											30	45	21	38
10,0	10	20	24	39	20	39	27	41	20	39	32	47	23	39
10,5											33	49	23	41
11,0											34	52	25	43
11,5											36	54	26	45
12,0	12	20	28	47	24	47	33	49	24	47	38	56	27	47
	14	20	33	54	27	54	38	57	27	54	44	66	31	54
	16	20	43	66	32	62	56	84	39	62	68	102	48	72
	20	21	54	81	39	77	70	104	49	77	86	128	60	90
	25	27	68	102	49	97	88	131	61	97	106	160	75	112
	28	30	76	114	54	108	97	146	68	108	120	178	84	125

1) Voraussetzung: Betondeckung im Krümmungsbereich der Haken usw. ⊥ zur Krümmung > $3d_s$ bzw. Querdruck oder enge Verbügelung vorhanden.
2) Tabelle bei Bewehrungsmatten nur für Ein-Ebenen-Stoß anwendbar.
3) Zulässiger Anteil der gestoßenen Bewehrung siehe Tafel 18

5 Konstruktive Durchbildung

Tafel 34: Übergreifungslängen bei Haken, Winkelhaken oder Schlaufen[1], BSt 500, B55

$$l_{\ddot{u}} = \alpha_A \cdot \text{Tab.Wert} = \frac{\text{erf } A_s}{\text{vorh } A_s} \cdot \text{Tab.Wert} \geq \min l_{\ddot{u}} \quad [\text{cm}]$$

d_s		min $l_{\ddot{u}}$ für min d_{br}	Zugstäbe – Anteil der gestoßenen Stäbe ohne Längsversatz[3]									
			≤ 20 %				20 - 50 %				> 50%	
			$e < 10\,d_S$		$e \geq 10\,d_S$		$e < 10\,d_S$		$e \geq 10\,d_S$		$e < 10\,d_S$		$e \geq 10\,d_S$
M[2]	S		I	II	I	II	I	II	I	II	I	II
mm		cm											
4,0									(11)	(17)	(8)	(14)
4,5									(12)	(18)	(9)	(15)
5,0									(14)	21	(10)	(17)
5,5									(15)	23	(11)	(19)
6,0	6	20	(12)	21	(11)	21	(15)	21	(11)	21	(17)	24	(12)	21
6,5											(18)	27	(13)	23
7,0											20	29	(14)	24
7,5											21	31	(15)	26
8,0	8	20	(17)	27	(14)	27	20	29	(14)	27	22	33	(15)	27
8,5											23	35	(17)	29
9,0											25	36	(17)	31
9,5											26	39	(18)	33
10,0	10	20	21	34	(17)	34	24	36	(17)	34	27	41	20	34
10,5											29	42	20	36
11,0											30	45	21	38
11,5											31	47	23	39
12,0	12	20	24	41	21	41	29	42	21	41	33	48	23	41
	14	20	29	47	24	47	33	50	24	47	38	57	27	47
	16	20	38	57	27	53	48	72	34	53	59	89	42	62
	20	21	47	71	34	37	60	90	42	37	74	11	52	78
	25	27	59	88	42	84	76	113	53	84	92	138	65	97
	28	30	66	99	47	94	84	126	59	94	104	155	72	108

1) Voraussetzung: Betondeckung im Krümmungsbereich der Haken usw. ⊥ zur Krümmung > $3d_s$ bzw. Querdruck oder enge Verbügelung vorhanden.
2) Tabelle bei Bewehrungsmatten nur für Ein-Ebenen-Stoß anwendbar.
3) Zulässiger Anteil der gestoßenen Bewehrung siehe Tafel 18

5 Konstruktive Durchbildung

Tafel 35: Übergreifungslängen beim Ein-Ebenen-Stoß und Zwei-Ebenen-Stoß mit bügelartiger Umfassung[1]) von Lagermatten, BSt 500, B15, B25 und B35

Beton	Bezeichnung der zu stossenden Matte a_S [cm²/m]	Längsstäbe d_S d_Sd [mm]	min $l_ü$ [cm]	Zugstäbe $l_ü = \alpha_A \cdot$ Tab.Wert $= \dfrac{\text{erf } A_s}{\text{vorh } A_s} \cdot$ Tab.Wert $\geq$ min $l_ü$ [cm]					Druckstäbe[3]) $l_ü =$ Tab.Wert [cm]	
				Längsstäbe				Querstäbe in Q-Matten	Stoßanteil[2])	
				Stoßanteil[2])					0 - 100 %	
				20 - 50 %		> 50 %				
				I	II	I	II		I	II
B15	Q 131	5,0	20	26	39	30	44		26	52
	R / Q 188	6,0	20	31	45	35	52		31	62
	R / Q 221	6,5	20	34	49	38	57		34	67
	R / Q 295	7,5	20	39	59	45	66		39	78
	R / Q 378	8,5	20	43	65	49	74		44	88
	R / Q 443	6,5d	20	47	70	53	80		48	94
	R / Q 513	7,0d	20	51	75	57	85		52	102
	R 589	7,5d	20	54	80	62	92		56	110
	Q 670	8,0d	20	59	88	68	100		59	118
	K 664	6,5d	20	47	70	53	80		48	94
	K 770	7,0d	20	51	75	57	85		52	102
	K 884	7,5d	20	76	115	88	130		56	110
B25	Q 131	5,0	20	20	30	23	34	gleiche Tab.Werte wie in Längsrichtung (näherungsweise auch für Q 513) jedoch in der Regel Zwei-Ebenen-Stoß	20	40
	R / Q 188	6,0	20	24	35	27	40		24	48
	R / Q 221	6,5	20	26	38	29	44		26	52
	R / Q 295	7,5	20	30	45	35	51		30	60
	R / Q 378	8,5	20	33	50	38	57		34	68
	R 443	6,5d	20	36	54	41	62		37	73
	R / Q 513	7,0d	20	39	58	44	66		40	79
	R 589	7,5d	20	42	62	48	71		43	85
	Q 670	8,0d	20	45	68	52	77		45	90
	K 664	6,5d	20	36	54	41	62		37	73
	K 770	7,0d	20	39	58	44	66		40	79
	K 884	7,5d	20	59	89	68	101		43	85
B35	Q 131	5,0	20	(16)	24	(19)	28		(17)	33
	R / Q 188	6,0	20	20	29	22	33		20	39
	R / Q 221	6,5	20	21	31	24	36		22	43
	R / Q 295	7,5	20	24	36	29	42		26	50
	R / Q 378	8,5	20	27	41	31	47		28	56
	R 443	6,5d	20	30	44	34	51		30	60
	R / Q 513	7,0d	20	32	48	36	54		33	65
	R 589	7,5d	20	34	51	39	58		35	69
	Q 670	8,0d	20	36	54	43	63		39	75
	K 664	6,5d	20	30	44	34	51		30	60
	K 770	7,0d	20	32	48	36	54		33	65
	K 884	7,5d	20	49	73	39	83		35	69

5 Konstruktive Durchbildung

Tafel 36: Übergreifungslängen beim Ein-Ebenen-Stoß und Zwei-Ebenen-Stoß mit bügelartiger Umfassung[1)] von Lagermatten, BSt 500, B45 und B55

Beton	Bezeichnung der zu stossenden Matte a_S cm²/m	Längsstäbe d_S d_Sd mm	min $l_ü$ cm	Zugstäbe $l_ü = \alpha_A \cdot$ Tab.Wert $= \frac{\text{erf } A_s}{\text{vorh } A_s} \cdot$ Tab.Wert $\geq$ min $l_ü$ [cm]				Querstäbe in Q-Matten	Druckstäbe[3)] $l_ü =$ Tab.Wert [cm]	
				Längsstäbe					Stoßanteil[2)]	
				Stoßanteil[2)]					0 - 100 %	
				20 - 50 %		> 50 %				
				I	II	I	II		I	II
B45	Q 131	5,0	20	(14)	21	(16)	24		(14)	28
	R / Q 188	6,0	20	(17)	25	(19)	28		(17)	34
	R / Q 221	6,5	20	(18)	27	21	31		(18)	36
	R / Q 295	7,5	20	21	32	24	36		21	42
	R / Q 378	8,5	20	23	35	27	40		24	48
	R 443	6,5d	20	25	38	29	43		26	51
	R / Q 513	7,0d	20	27	41	31	46		28	55
	R 589	7,5d	20	30	43	34	50	gleiche Tab.Werte wie in Längsrichtung (näherungsweise auch für Q 513) jedoch in der Regel Zwei-Ebenen-Stoß	30	59
	Q 670	8,0d	20	32	48	36	54		32	64
	K 664	6,5d	20	25	38	29	43		26	51
	K 770	7,0d	20	27	41	31	46		28	55
	K 884	7,5d	20	41	62	48	70		30	59
B55	Q 131	5,0	20	(12)	(18)	(14)	21		(12)	24
	R / Q 188	6,0	20	(15)	21	(17)	24		(15)	29
	R / Q 221	6,5	20	(16)	23	(18)	27		(16)	32
	R / Q 295	7,5	20	(18)	27	21	32		(18)	36
	R / Q 378	8,5	20	20	30	23	35		21	41
	R 443	6,5d	20	22	33	25	38		23	44
	R / Q 513	7,0d	20	24	35	27	40		24	48
	R 589	7,5d	20	26	38	29	43		26	51
	Q 670	8,0d	20	27	41	32	48		27	54
	K 664	6,5d	20	22	33	25	38		23	44
	K 770	7,0d	20	24	35	27	40		24	48
	K 884	7,5d	20	36	54	41	61		26	51

1) bügelartige Umfassung ist nicht zu empfehlen

2) Zulässiger Anteil der gestoßenen Bewehrung siehe Tafel 18

3) Druckstäbe können in Bereichen mit $\varepsilon_b = -2\%_{oo}$ (z.B. bei mittigem Druck) nur mit $\sigma_{sU} = -420 \text{ N/mm}^2$ ausgenutzt werden. In diesem Fall dürfen die Tabellenwerte auf 84 % (Faktor 0,84) ermäßigt werden.

5 Konstruktive Durchbildung

Tafel 37: Übergreifungslängen beim Zwei-Ebenen-Stoß von Lagermatten, BSt 500, B15, B25 und B35

Beton	Bezeichnung der zu stossenden Matte a_S cm²/m	Längs-stäbe d_S $d_S d$ mm	min $l_{ü}$ cm	Zugstäbe $l_{ü} = \alpha_A \cdot$ Tab.Wert $= \frac{\text{erf } A_s}{\text{vorh } A_s} \cdot$ Tab.Wert $\geq$ min $l_{ü}$ [cm] Längsstäbe Stoßanteil 0 - 100 %		Querstäbe in Q-Matten Stoßanteil 0 - 100 %		Druckstäbe[1] $l_{ü} =$ Tab.Wert [cm] Stoßanteil 0 - 100 %	
				I	II	I	II	I	II
B15	Q 131	5,0	20	29	52	29	52	26	52
	R / Q 188	6,0	20	35	62	35	62	31	62
	R / Q 221	6,5	20	38	67	38	67	34	67
	R / Q 295	7,5	20	44	78	44	78	39	78
	R / Q 378	8,5	20	48	88	48	88	44	88
	R 443	6,5d	20	54	94			48	94
	R / Q 513	7,0d	20	63	102	52	83	52	102
	R 589	7,5d	20	74	110			56	110
	Q 670	8,0d	20	66	118			59	118
	K 664	6,5d	20	69	103			48	94
	K 770	7,0d	20	83	124			52	102
	K 884	7,5d	20	97	144			56	110
B25	Q 131	5,0	20	22	40	22	40	20	40
	R / Q 188	6,0	20	27	48	27	48	24	48
	R / Q 221	6,5	20	29	52	29	52	26	52
	R / Q 295	7,5	20	33	60	33	60	30	60
	R / Q 378	8,5	20	37	68	37	68	34	68
	R 443	6,5d	20	42	73			37	73
	R / Q 513	7,0d	20	49	79	40	64	40	79
	R 589	7,5d	20	57	85			43	85
	Q 670	8,0d	20	50	91			45	91
	K 664	6,5d	20	53	80			37	73
	K 770	7,0d	20	64	96			40	79
	K 884	7,5d	20	75	112			43	85
B35	R / Q 131	5,0	20	(18)	33	(18)	33	(17)	33
	R / Q 188	6,0	20	22	39	22	39	20	39
	R / Q 221	6,5	20	24	43	24	43	22	43
	R / Q 295	7,5	20	27	45	27	45	26	45
	R / Q 378	8,5	20	31	56	31	56	28	56
	R 443	6,5d	20	34	60			30	60
	R / Q 513	7,0d	20	40	65	32	52	33	65
	R 589	7,5d	20	47	70			35	69
	Q 670	8,0d	20	41	75			38	75
	K 664	6,5d	20	44	65			30	60
	K 770	7,0d	20	52	78			33	65
	K 884	7,5d	20	61	91			35	69

5 Konstruktive Durchbildung

Tafel 38: Übergreifungslängen beim Zwei-Ebenen-Stoß von Lagermatten, BSt 500, B45 und B55

Beton	Bezeichnung der zu stossenden Matte	Längs-stäbe	min $l_ü$	Zugstäbe $l_ü = \alpha_A \cdot \text{Tab.Wert} = \frac{\text{erf } A_s}{\text{vorh } A_s} \cdot \text{Tab.Wert} \geq \min l_ü$ [cm]				Druckstäbe[1)] $l_ü = \text{Tab.Wert}$ [cm]	
				Längsstäbe		Querstäbe in Q-Matten			
				Stoßanteil		Stoßanteil		Stoßanteil	
				0 - 100 %		0 - 100 %		0 - 100 %	
	a_S	d_S							
		$d_S d$							
	cm²/m	mm	cm	I	II	I	II	I	II
B45	Q 131	5,0	20	(16)	28	(16)	28	(14)	28
	R / Q 188	6,0	20	(19)	34	(19)	54	(17)	34
	R / Q 221	6,5	20	21	36	21	36	(18)	36
	R / Q 295	7,5	20	24	42	24	42	21	42
	R / Q 378	8,5	20	26	48	26	48	24	48
	R 443	6,5d	20	30	51			26	51
	R / Q 513	7,0d	20	34	55	28	45	28	55
	R 589	7,5d	20	40	59			30	59
	Q 670	8,0d	20	36	63			32	63
	K 664	6,5d	20	37	56			26	51
	K 770	7,0d	20	45	67			28	55
	K 884	7,5d	20	52	78			30	59
B55	Q 131	5,0	20	(14)	24	(14)	24	(12)	24
	R / Q 188	6,0	20	(17)	29	(17)	29	(14)	29
	R / Q 221	6,5	20	(18)	32	(18)	32	(16)	31
	R / Q 295	7,5	20	21	36	21	36	(18)	36
	R / Q 378	8,5	20	23	41	23	41	20	41
	R 443	6,5d	20	26	44			22	44
	R / Q 513	7,0d	20	30	48	24	39	24	47
	R 589	7,5d	20	35	51			26	51
	Q 670	8,0d	20	32	54			27	54
	K 664	6,5d	20	32	48			22	44
	K 770	7,0d	20	39	58			24	47
	K 884	7,5d	20	45	68			26	51

[1)] Druckstäbe können in Bereichen mit $\varepsilon_b = -2‰$ (z.B. bei mittigem Druck) nur mit $\sigma_{sU} = -420 \text{ N}/\text{mm}^2$ ausgenutzt werden. In diesem Fall dürfen die Tabellenwerte auf 84 % (Faktor 0,84) ermäßigt werden.

5 Konstruktive Durchbildung

Tafel 39: Übergreifungslängen beim Ein-Ebenen-Stoß und Zwei-Ebenen-Stoß mit bügelartiger Umfassung[1)] von Listenmatten, BSt 500, B15 und B25

Beton	Einfachstäbe Zug und Druck	Doppelstäbe Stabdurchmesser	min $l_ü$	Doppelstäbe Zugstäbe $l_ü = \alpha_A \cdot$ Tab.Wert $= \dfrac{\text{erf } A_s}{\text{vorh } A_s} \cdot$ Tab.Wert $\geq$ min $l_ü$ [cm] Anteil der gestossenen Stäbe[2)] 20 - 50 %				Doppelstäbe Zugstäbe > 50%				Druckstäbe[3)] $l_ü$ = Tab.Wert [cm] Stoßanteil[2)] 0 - 100 %	
				e < 10 d_S		e ≥ 10 d_S		e < 10 d_S		e ≥ 10 d_S			
	d_S mm	$d_S d$ mm	cm	I	II	I	II	I	II	I	II	I	II
B15	Siehe Tafel 25	4,0d	20	(42	62)	29	43	(47	70)	34	49	30	58
		4,5d	20	(47	69)	33	49	(53	79)	38	56	34	66
		5,0d	20	(52	76)	36	54	(58	88)	42	62	38	74
		5,5d	20	(57	84)	40	60	(65	97)	45	67	40	80
		6,0d	20	(62	92)	43	65	(70	105)	49	74	44	88
		6,5d	20	(66	99)	47	70	(76	114)	53	80	48	94
		7,0d	20	(71	107)	51	75	(81	123)	57	85	52	102
		7,5d	20	76	115	54	80	88	130	62	92	56	110
		8,0d	20	81	123	(57	85)	93	139	(66	98)	58	116
		8,5d	20	87	130	(61	92)	99	148	(70	105)	62	124
		9,0d	20	92	138	(65	97)	105	157	(74	110)	66	130
		9,5d	20	97	144	(69	102)	111	165	(78	116)	70	138
		10,0d	22	102	152	(71	107)	116	174	(81	123)	74	146
		10,5d	23	107	160			123	183			76	152
		11,0d	24	112	168			128	192			80	160
		11,5d	25	151	225			183	274			84	168
		12,0d	26	157	234			192	287			88	174
B25	Siehe Tafel 26	4,0d	20	(32	48)	22	33	(36	54)	26	38	23	45
		4,5d	20	(36	53)	25	38	(41	61)	29	43	26	51
		5,0d	20	(40	59)	28	42	(45	68)	32	48	29	57
		5,5d	20	(44	65)	31	46	(50	75)	35	52	31	62
		6,0d	20	(48	71)	33	50	(54	81)	38	57	34	68
		6,5d	20	(51	77)	36	54	(59	88)	41	62	37	73
		7,0d	20	(55	83)	39	58	(63	95)	44	66	40	79
		7,5d	20	59	89	42	62	38	101	48	71	43	85
		8,0d	20	63	95	(44	66)	72	108	(51	76)	45	90
		8,5d	20	67	101	(47	71)	77	115	(54	81)	48	96
		9,0d	20	71	107	(50	75)	81	122	(57	85)	51	101
		9,5d	20	75	112	(53	79)	86	128	(60	90)	54	107
		10,0d	22	79	118	(55	83)	90	135	(63	95)	57	113
		10,5d	23	83	124			95	142			59	118
		11,0d	24	87	130			99	149			62	124
		11,5d	25	117	175			142	213			65	130
		12,0d	26	122	182			149	223			68	135

5 Konstruktive Durchbildung

Tafel 40: Übergreifungslängen beim Ein-Ebenen-Stoß und Zwei-Ebenen-Stoß mit bügelartiger Umfassung[1] von Listenmatten, BSt 500, B35 und B45

Beton	Einfachstäbe			Doppelstäbe								
	Zug und Druck	Stabdurchmesser	min $l_ü$	\multicolumn{8}{c}{Zugstäbe $l_ü = \alpha_A \cdot$ Tab.Wert $= \dfrac{\text{erf } A_s}{\text{vorh } A_s} \cdot$ Tab.Wert $\geq$ min $l_ü$ [cm]}	Druckstäbe[3] $l_ü =$ Tab.Wert [cm]	
				\multicolumn{8}{c}{Anteil der gestossenen Stäbe[2]}	Stoßanteil[2]	
				\multicolumn{4}{c}{20 - 50 %}	\multicolumn{4}{c}{> 50 %}	\multicolumn{2}{c}{0 - 100 %}
	d_S	$d_S d$		e < 10 d_S		e ≥ 10 d_S		e < 10 d_S		e ≥ 10 d_S		
	mm	mm	cm	I	II	I	II	I	II	I	II	I	II
B35	Siehe Tafel 27	4,0d	20	(26	39)	(18)	27	(30	45)	21	31	20	38
		4,5d	20	(29	44)	21	31	(33	50)	24	35	21	42
		5,0d	20	(33	49)	23	34	(37	56)	26	39	23	46
		5,5d	20	(36	53)	25	38	(41	61)	29	43	26	51
		6,0d	20	(39	58)	27	41	(45	67)	31	47	28	56
		6,5d	20	(42	63)	30	44	(48	72)	34	51	30	60
		7,0d	20	(45	68)	32	48	(52	78)	36	54	33	65
		7,5d	20	49	73	34	51	56	83	39	58	35	69
		8,0d	20	52	78	(36	54)	59	89	(42	62)	37	74
		8,5d	20	55	82	(39	58)	63	94	(44	66)	40	79
		9,0d	20	58	87	(41	61)	67	100	(47	70)	42	83
		9,5d	20	62	94	(43	65)	70	105	(49	74)	44	88
		10,0d	22	65	97	(45	68)	74	111	(52	78)	46	92
		10,5d	23	68	102			78	116			49	97
		11,0d	24	71	107			81	122			51	101
		11,5d	25	96	143			117	175			53	106
		12,0d	26	100	149			122	182			56	111
B45	Siehe Tafel 28	4,0d	20	(23	34)	(16)	23	(24	38)	(18)	27	(16)	32
		4,5d	20	(25	37)	(18)	27	(29	43)	21	30	(18)	36
		5,0d	20	(28	41)	20	30	(32	48)	23	34	21	40
		5,5d	20	(31	45)	22	32	(35	52)	25	36	22	43
		6,0d	20	(34	50)	23	35	(38	57)	27	40	24	48
		6,5d	20	(36	54)	25	38	(41	61)	29	43	26	51
		7,0d	20	(39	58)	27	41	(44	66)	31	46	28	55
		7,5d	20	41	62	30	43	48	70	34	50	30	59
		8,0d	20	44	66	(31	46)	50	75	(36	53)	32	63
		8,5d	20	47	70	(33	50)	54	80	(38	57)	34	67
		9,0d	20	50	75	(35	52)	57	85	(40	59)	36	70
		9,5d	20	52	78	(37	55)	60	89	(42	63)	38	75
		10,0d	22	55	82	(39	58)	63	94	(44	66)	40	79
		10,5d	23	58	86			66	99			41	82
		11,0d	24	61	90			69	104			43	86
		11,5d	25	81	122			99	148			45	90
		12,0d	26	85	126			104	155			48	94

5 Konstruktive Durchbildung

Tafel 41: Übergreifungslängen beim Ein-Ebenen-Stoß und Zwei-Ebenen-Stoß mit bügelartiger Umfassung[1] von Listenmatten, BSt 500, B55

Beton	Einfachstäbe Zug und Druck	Doppelstäbe Stabdurchmesser	min $l_{ü}$	Doppelstäbe Zugstäbe $l_{ü} = \alpha_A \cdot$ Tab.Wert $= \frac{\text{erf A}_s}{\text{vorh A}_s} \cdot$ Tab.Wert $\geq$ min $l_{ü}$ [cm]								Druckstäbe[3] $l_{ü}$ = Tab.Wert [cm]	
				Anteil der gestoßenen Stäbe[2]								Stoßanteil[2]	
				20 - 50 %				> 50%				0 - 100 %	
				e < 10 d_S		e ≥ 10 d_S		e < 10 d_S		e ≥ 10 d_S			
	d_S	$d_S d$		I	II	I	II	I	II	I	II	I	II
	mm	mm	cm										
B55	Siehe Tafel 29	4,0d	20	(20	29)	(14)	20	(22	33)	(16)	23	(14)	27
		4,5d	20	(22	32)	(15)	23	(25	37)	(18)	26	(16)	31
		5,0d	20	(24	36)	(17)	26	(27	41)	20	29	(18)	35
		5,5d	20	(27	39)	(19)	28	(30	45)	21	32	(19)	38
		6,0d	20	(29	43)	20	30	(33	49)	23	35	21	41
		6,5d	20	(31	47)	22	33	(36	53)	25	38	23	44
		7,0d	20	(33	50)	24	35	(38	57)	27	40	24	48
		7,5d	20	36	54	26	38	41	61	29	43	26	51
		8,0d	20	38	57	(27	40)	44	65	(31	46)	27	54
		8,5d	20	41	61	(29	43)	47	69	(33	49)	29	58
		9,0d	20	43	65	(30	45)	49	74	(35	51)	31	61
		9,5d	20	45	68	(32	48)	52	77	(36	54)	33	65
		10,0d	22	48	71	(33	50)	54	81	(38	57)	35	68
		10,5d	23	50	75			57	86			36	71
		11,0d	24	53	78			60	90			38	75
		11,5d	25	71	105			86	128			39	78
		12,0d	26	74	110			90	134			41	81

1) bügelartige Umfassung gem. Tafel 19 (s.a. Abschnitt 5.2.5.2)

2) Zulässiger Anteil der gestoßenen Bewehrung siehe Tafel 18

3) Druckstäbe können in Bereichen mit $\varepsilon_b = -2\,‰$ (z.B. bei mittigem Druck) nur mit $\sigma_{sU} = -420\,\text{N}/\text{mm}^2$ ausgenutzt werden. In diesem Fall dürfen die Tabellenwerte auf 84 % (Faktor 0,84) ermäßigt werden.

5 Konstruktive Durchbildung

Tafel 42: Übergreifungslängen beim Zwei-Ebenen-Stoß von Listenmatten, BSt 500, B15 und B25

Beton	Einfachstäbe						Doppelstäbe					
	$\varnothing$	Stab-ab-stand	min $l_{\ddot{u}}$	Zugstäbe $l_{\ddot{u}} = \alpha_A \cdot$ Tab.Wert $\geq$ min $l_{\ddot{u}}$ [cm]		Druckstäbe[1] $l_{\ddot{u}} =$ Tab.Wert [cm]	$\varnothing\varnothing$	Stab-ab-stand	min $l_{\ddot{u}}$	Zugstäbe $l_{\ddot{u}} = \alpha_A \cdot$ Tab.Wert $\geq$ min $l_{\ddot{u}}$ [cm]		Druckstäbe[1] $l_{\ddot{u}} =$ Tab.Wert [cm]
	d_S	e		Stoßanteil[2] 0 - 100 %		Stoßanteil[2] 0 - 100 %	d_Sd	e		Stoßanteil[2] 0 - 100 %		Stoßanteil[2] 0 - 100 %
	mm	cm	cm	I	II	I	II	mm	cm	cm	I	II	I	II
B15	4,0	15	20	24	42			4,0d	15	20	33	58	30	58
	4,5	15	20	26	47			4,5d	15	20	36	66	34	66
	5,0	15	20	29	52	26	52	5,0d	15	20	40	72	36	72
	5,5	15	20	31	57	29	57	5,5d	15	20	44	80	40	80
	6,0	15	20	35	62	31	62	6,0d	15	20	48	88	44	88
	6,5	15	20	38	67	34	67	6,5d	10	20	69	102	48	94
	7,0	15	20	40	72	36	72	7,0d	10	20	83	124	52	102
	7,5	15	20	43	78	39	78	7,5d	10	20	97	144	56	110
	8,0	10	20	51	83	42	83	8,0d	10	20	112	168	58	116
	8,5	10	20	58	88	44	88	8,5d	10	20	131	197	62	124
	9,0	10	20	66	98	47	93	9,0d	10					
	9,5	10	20	75	111	49	98	9,5d	10		$a_s > 12$ cm^2			
	10,0	10	20	84	125	52	103	10,0d	10		Stöße von Matten mit $a_s > 12$ cm^2 nur in der inneren Lage mehrlagiger Bewehrung zulässig, Stoßanteil $\leq 0{,}6 \cdot$ erf. A_s.			
	10,5	10	20	94	141	54	108	10,5d	10					
	11,0	10	20	105	157	57	114	11,0d	10					
	11,5	10	20	117	175	60	119	11,5d	10					
	12,0	10	20	130	195	62	124	12,0d	10					
B25	4,0	15	20	(18)	32			4,0d	15	20	25	45	23	45
	4,5	15	20	20	36			4,5d	15	20	28	51	26	51
	5,0	15	20	22	40	20	40	5,0d	15	20	31	56	28	56
	5,5	15	20	24	44	22	44	5,5d	15	20	34	62	31	62
	6,0	15	20	27	48	24	48	6,0d	15	20	37	68	34	68
	6,5	15	20	29	52	26	52	6,5d	10	20	53	79	37	73
	7,0	15	20	31	56	28	56	7,0d	10	20	64	96	40	79
	7,5	15	20	33	60	30	60	7,5d	10	20	75	112	43	85
	8,0	10	20	39	64	32	64	8,0d	10	20	87	130	45	90
	8,5	10	20	45	68	34	68	8,5d	10	20	102	153	48	96
	9,0	10	20	51	76	36	72	9,0d	10					
	9,5	10	20	58	86	38	76	9,5d	10		$a_s > 12$ cm^2			
	10,0	10	20	65	97	40	80	10,0d	10		Stöße von Matten mit $a_s > 12$ cm^2 nur in der inneren Lage mehrlagiger Bewehrung zulässig, Stoßanteil $\leq 0{,}6 \cdot$ erf. A_s.			
	10,5	10	20	73	109	42	84	10,5d	10					
	11,0	10	20	81	122	44	88	11,0d	10					
	11,5	10	20	91	136	46	92	11,5d	10					
	12,0	10	20	101	151	48	96	12,0d	10					

1) Druckstäbe können in Bereichen mit $\varepsilon_b = -2\,‰$ (z.B. bei mittigem Druck) nur mit $\sigma_{sU} = -420\,\text{N}/\text{mm}^2$ ausgenutzt werden. In diesem Fall dürfen die Tabellenwerte auf 84 % (Faktor 0,84) ermäßigt werden.

2) Zulässiger Anteil der gestoßenen Bewehrung siehe Tafel 18

5 Konstruktive Durchbildung

Tafel 43: Übergreifungslängen beim Zwei-Ebenen-Stoß von Listenmatten, BSt 500, B35 und B45

Beton	\multicolumn{5}{c	}{Einfachstäbe}	\multicolumn{5}{c	}{Doppelstäbe}

Beton	Ø d_s [mm]	Stababstand e [cm]	min $l_{ü}$ [cm]	Zugstäbe $l_{ü} = \alpha_A \cdot$ Tab.Wert $\geq$ min $l_{ü}$ [cm] Stoßanteil[2] 0-100%		Druckstäbe[1] $l_{ü}$ = Tab.Wert [cm] Stoßanteil[2] 0-100%		ØØ d_{sd} [mm]	Stababstand e [cm]	min $l_{ü}$ [cm]	Zugstäbe $l_{ü} = \alpha_A \cdot$ Tab.Wert $\geq$ min $l_{ü}$ [cm] Stoßanteil[2] 0-100%		Druckstäbe[1] $l_{ü}$ = Tab.Wert [cm] Stoßanteil[2] 0-100%	
				I	II	I	II				I	II	I	II
B35	4,0	15	20	(15)	27			4,0d	15	20	21	37	(19)	37
	4,5	15	20	(17)	30			4,5d	15	20	23	42	21	42
	5,0	15	20	(18)	33	(17)	33	5,0d	15	20	26	46	23	46
	5,5	15	20	20	36	(18)	36	5,5d	15	20	28	51	26	51
	6,0	15	20	22	40	20	39	6,0d	15	20	31	56	28	56
	6,5	15	20	24	43	22	43	6,5d	10	20	44	65	30	60
	7,0	15	20	26	46	23	46	7,0d	10	20	52	78	33	65
	7,5	15	20	28	49	25	49	7,5d	10	20	61	91	35	69
	8,0	10	20	32	53	26	52	8,0d	10	20	71	107	37	74
	8,5	10	20	37	56	28	56	8,5d	10	20	84	125	39	78
	9,0	10	20	42	63	30	59	9,0d	10		\multicolumn{4}{l	}{$a_s > 12$ cm^2}
	9,5	10	20	47	71	31	62	9,5d	10					
	10,0	10	20	53	80	33	65	10,0d	10		\multicolumn{4}{l	}{Stöße von Matten mit $a_s > 12$ cm^2}
	10,5	10	20	60	90	35	69	10,5d	10		\multicolumn{4}{l	}{nur in der inneren Lage mehrlagi-}
	11,0	10	20	67	100	36	72	11,0d	10		\multicolumn{4}{l	}{ger Bewehrung zulässig, Stoßan-}
	11,5	10	20	75	112	38	75	11,5d	10		\multicolumn{4}{l	}{teil $\leq 0{,}6 \cdot$ erf. A_s.}
	12,0	10	20	83	124	39	78	12,0d	10					
B45	4,0	15	20	(13)	23			4,0d	15	20	(18)	32	(16)	32
	4,5	15	20	(14)	25			4,5d	15	20	20	36	(18)	36
	5,0	15	20	(16)	28	(14)	28	5,0d	15	20	22	39	20	39
	5,5	15	20	(17)	31	(16)	31	5,5d	15	20	24	43	22	43
	6,0	15	20	(19)	34	(17)	34	6,0d	15	20	26	48	24	48
	6,5	15	20	21	36	(18)	36	6,5d	10	20	37	55	26	51
	7,0	15	20	22	39	20	39	7,0d	10	20	45	67	28	55
	7,5	15	20	23	42	21	42	7,5d	10	20	52	78	30	59
	8,0	10	20	27	45	23	45	8,0d	10	20	61	90	32	63
	8,5	10	20	32	48	24	48	8,5d	10	20	71	106	34	67
	9,0	10	20	36	53	25	50	9,0d	10		\multicolumn{4}{l	}{$a_s > 12$ cm^2}
	9,5	10	20	41	60	27	53	9,5d	10					
	10,0	10	20	45	68	28	56	10,0d	10		\multicolumn{4}{l	}{Stöße von Matten mit $a_s > 12$ cm^2}
	10,5	10	20	51	76	30	59	10,5d	10		\multicolumn{4}{l	}{nur in der inneren Lage mehrlagi-}
	11,0	10	20	57	85	31	61	11,0d	10		\multicolumn{4}{l	}{ger Bewehrung zulässig, Stoßan-}
	11,5	10	20	63	95	32	64	11,5d	10		\multicolumn{4}{l	}{teil $\leq 0{,}6 \cdot$ erf. A_s.}
	12,0	10	20	70	105	34	67	12,0d	10					

1) Druckstäbe können in Bereichen mit $\varepsilon_b = -2\,‰$ (z.B. bei mittigem Druck) nur mit $\sigma_{sU} = -420$ N/mm^2 ausgenutzt werden. In diesem Fall dürfen die Tabellenwerte auf 84 % (Faktor 0,84) ermäßigt werden.

2) Zulässiger Anteil der gestoßenen Bewehrung siehe Tafel 18

5 Konstruktive Durchbildung

Tafel 44: Übergreifungslängen beim Zwei-Ebenen-Stoß von Listenmatten, BSt 500, B55

| Beton | \multicolumn{5}{c}{Einfachstäbe} | \multicolumn{5}{c}{Doppelstäbe} |

Beton	Ø	Stab-ab-stand	min $l_ü$	Zugstäbe $l_ü = \alpha_A \cdot$ Tab.Wert $\geq$ min $l_ü$ [cm]	Druckstäbe[1] $l_ü =$ Tab.Wert [cm]	ØØ	Stab-ab-stand	min $l_ü$	Zugstäbe $l_ü = \alpha_A \cdot$ Tab.Wert $\geq$ min $l_ü$ [cm]	Druckstäbe[1] $l_ü =$ Tab.Wert [cm]
	d_S	e		Stoßanteil[2] 0 - 100 %	Stoßanteil[2] 0 - 100 %	$d_S d$	e		Stoßanteil[2] 0 - 100 %	Stoßanteil[2] 0 - 100 %
	mm	cm	cm	I | II	I | II	mm	cm	cm	I | II	I | II
B55	4,0	15	20	(11) | 20	|	4,0d	15	20	(15) | 27	(14) | 27
	4,5	15	20	(12) | 22	|	4,5d	15	20	(17) | 31	(16) | 31
	5,0	15	20	(14) | 24	(12) | 24	5,0d	15	20	(19) | 34	(17) | 34
	5,5	15	20	(15) | 26	(14) | 27	5,5d	15	20	21 | 38	(19) | 38
	6,0	15	20	(17) | 29	(15) | 29	6,0d	15	20	23 | 41	21 | 41
	6,5	15	20	(18) | 32	(16) | 32	6,5d	10	20	32 | 48	23 | 44
	7,0	15	20	(19) | 34	(17) | 34	7,0d	10	20	39 | 58	24 | 48
	7,5	15	20	20 | 36	(18) | 36	7,5d	10	20	45 | 68	26 | 51
	8,0	10	20	24 | 39	20 | 39	8,0d	10	20	53 | 78	27 | 54
	8,5	10	20	27 | 41	21 | 41	8,5d	10	20	62 | 92	29 | 58
	9,0	10	20	31 | 46	22 | 44	9,0d	10		\multicolumn{2}{c}{$a_s > 12$ cm²}
	9,5	10	20	35 | 52	23 | 46	9,5d	10		Stöße von Matten mit $a_s > 12$ cm²
	10,0	10	20	39 | 59	24 | 48	10,0d	10		nur in der inneren Lage mehrla-
	10,5	10	20	44 | 66	26 | 51	10,5d	10		giger Bewehrung zulässig, Stoß-
	11,0	10	20	49 | 74	27 | 53	11,0d	10		anteil $\leq 0,6 \cdot$ erf. A_s.
	11,5	10	20	55 | 82	28 | 56	11,5d	10			
	12,0	10	20	61 | 91	29 | 58	12,0d	10			

1) Druckstäbe können in Bereichen mit $\varepsilon_b = -2\,^o/_{oo}$ (z.B. bei mittigem Druck) nur mit $\sigma_{sU} = -420$ N/mm² ausgenutzt werden. In diesem Fall dürfen die Tabellenwerte auf 84 % (Faktor 0,84) ermäßigt werden.

2) Zulässiger Anteil der gestoßenen Bewehrung siehe Tafel 18

5.2.6 Schubbewehrung

5.2.6.1 Grundsätze

Die erforderliche Schubbewehrung muß den Zuggurt mit der Druckzone zugfest verbinden und ist in der Zug- und Druckzone zu verankern. Die Verankerung erfolgt:

- in der Druckzone: zwischen Schwerpunkt der Druckzonenfläche und Druckrand; dies gilt als erfüllt, wenn die Schubbewehrung über die ganze Querschnittshöhe reicht
- in der Zugzone: möglichst nahe am Zugrand

5 Konstruktive Durchbildung

Die Schubbewehrung kann bestehen aus:
- vertikalen oder schrägen Bügeln
- Schrägstäben
- vertikalen oder schrägen Schubzulagen
- einer Kombination der vorgenannte Elemente

Die Schubbewehrung ist mindestens dem Bemessungswert τ entsprechend zu verteilen. Dabei darf das Schubspannungsdiagramm wie folgt abgestuft werden:

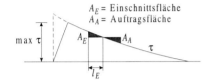

A_E = Einschnittsfläche
A_A = Auftragsfläche

$l_E \leq 1{,}0 \cdot h$ für die Schubbereiche 1 und 2 bzw.
$l_E \leq 0{,}5 \cdot h$ für den Schubbereiche 3
$A_A \geq A_E$

Für die Schubbewehrung in punktförmig gestützten Platten siehe Abschnitt 6.9.2.

5.2.6.2 Bügel

- in Balken und Plattenbalken:
  Bügel können aus Einzelelementen zusammengesetzt werden und müssen die Biegezugbewehrung und die Druckzone umschließen.
- in Platten:
  Bügel müssen mindestens die Hälfte der Stäbe der äußersten Bewehrungslage umfassen, brauchen jedoch die Druckzone nicht zu umschließen.
- bei Druckgliedern siehe Abschnitt 5.2.7

Bügel dürfen mit folgenden Verankerungselementen in der Zug- und Druckzone verankert werden:

a) Haken

b) Winkelhaken

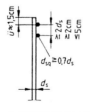
c) Gerade Stabenden mit zwei angeschweißten Stäben

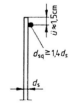
d) Gerade Stabenden mit einem angeschweißten Stab

5 Konstruktive Durchbildung

Bei der Verankerung mit angeschweißten Querstäben ist die Sicherheit gegen Abplatzen durch eine ausreichende Betondeckung sicherzustellen:

$\min c = 3 \cdot d_s$ d_s Bügeldurchmesser
≥ 5 cm

Schließen von Bügeln
- bei Balken in der Druckzone:

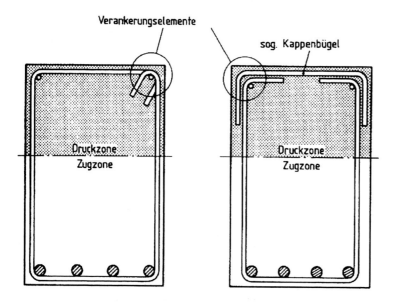

- bei Balken in der Zugzone:

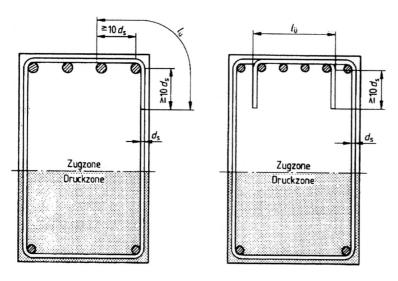

5 | Konstruktive Durchbildung

- bei Plattenbalken (in der Druck- und Zugzone) mittels durchgehender Querstäbe:

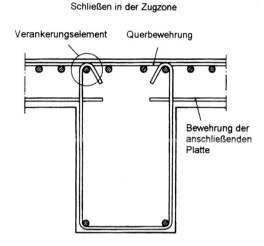

Die Abstände der Bügel und der Querstäbe zum Schließen der Bügel in Richtung der Biegezugbewehrung und die Abstände der Bügelschenkel quer dazu dürfen folgende Werte nicht überschreiten (die kleineren Werte sind maßgebend):

Tafel 45: Obere Grenzwerte der zulässigen Abstände der Bügel und Bügelschenkel (nach DIN 1045, Tab.26)

Abstände der Bügel in Richtung der Biegezugbewehrung		
Art des Bauteils und Höhe der Schubbeanspruchung	Bemessungsspannung der Schubbewehrung	
	$\sigma_s \leq 240$ N/mm²	$\sigma_s = 286$ N/mm²
Platten im Schubbereich 2	0,6 d bzw. 80 cm	0,6 d bzw. 80 cm
Balken im Schubbereich 1	0,8 d_0 bzw. 30 cm[1]	0,8 d_0 bzw. 25 cm[1]
Balken im Schubbereich 2	0,6 d_0 bzw. 25 cm	0,6 d_0 bzw. 20 cm
Balken im Schubbereich 3	0,3 d_0 bzw. 20 cm	0,3 d_0 bzw. 15 cm
Abstand der Bügelschenkel quer zur Biegezugbewehrung		
Bauteildicke d bzw. $d_0 \leq 40$ cm	40 cm	
Bauteildicke d bzw. $d_0 > 40$ cm	d oder d_0 bzw. 80 cm	

[1] Bei Balken $d_0 \leq 20$ cm und $\tau_0 \leq \tau_{011}$ braucht der Abstand nicht kleiner als 15 cm zu sein.

Die Ausbildung der Übergreifungsstöße von Bügeln im Stegbereich erfolgt nach Abschnitt 5.2.5.

5.2.6.3 Schrägstäbe

Schrägstäbe können als Schubbewehrung angerechnet werden, wenn in Richtung der Bauteillängsachse folgende Bedingungen erfüllt sind:

5 Konstruktive Durchbildung

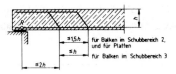

- Abstand von der rechnerischen Auflagerlinie ≤ $2 \cdot h$
- Abstand untereinander

  ≤ $1{,}5 \cdot h$ für Platten und Balken im Schubbereich 2

  ≤ $1{,}0 \cdot h$ für Balken im Schubbereich 3

Werden Schrägstäbe im Längsschnitt nur an einer Stelle angeordnet, so darf ihnen höchstens die Schubkraft zugewiesen werden, welche in einem Längenbereich von $2{,}0\,h$ vorhanden ist.

In Bauteilquerrichtung sollten die aufgebogenen Stäbe möglichst gleichmäßig über die Querschnittsbreite verteilt werden.

Verankerung der Schrägstäbe siehe Abschnitt 5.2.3.

5.2.6.4 Schubzulagen

Schubzulagen sind korb-, leiter- oder girlandenartige Schubbewehrungselemente, die die Biegezugbewehrung nicht umschließen. Sie bestehen aus Rippenstäben oder Betonstahlmatten und sind möglichst gleichmäßig über den Querschnitt zu verteilen.

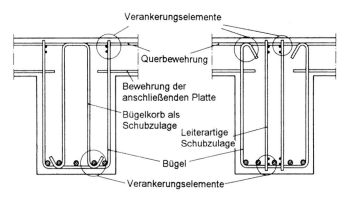

Beispiel für eine Schubbewehrung aus Bügeln und Schubzulagen in Plattenbalken

Die Verankerung und die Grenzwerte für die Stababstände entsprechen denen der Bügel (siehe Abschnitt 5.2.6.2 und Tafel 45).

Bei girlandenförmigen Schubzulagen gilt:

$$d_{br} \geq 10 \cdot d_s$$

d_{br} Biegerollendurchmesser
d_s Stabdurchmesser

Bei Platten in Bereichen mit Schubspannungen

$\tau_0 \leq 0{,}5\,\tau_{02}$ dürfen Schubzulagen auch allein verwendet werden,

$\tau_0 > 0{,}5\,\tau_{02}$ dürfen Schubzulagen nur in Verbindung mit Bügeln angeordnet werden.

5 | Konstruktive Durchbildung

5.2.6.5 Anschluß von Zug- oder Druckgurten

Bei Plattenbalken und Balken mit I-förmigen Querschnitten oder mit Hohlquerschnitten u.a. sind die außerhalb der Bügel liegenden Zugstäbe und Druckflansche mit einer über die Stege durchlaufenden Querbewehrung anzuschließen.

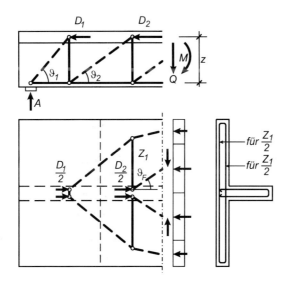

Bei reiner Schubbeanspruchung ist die Anschlußbewehrung etwa gleichmäßig auf die Plattenoberseite und -unterseite zu verteilen. Eine über den Steg durchlaufende oder dort mit l_1 verankerte Plattenbewehrung darf angerechnet werden.

Bei zusätzlichem Querbiegemoment in der Platte genügt es, neben der Bewehrung infolge Querbiegung 50 % der Anschlußbewehrung infolge Schubbeanspruchung auf der Biegezugseite der Platte anzuordnen.

Für die größten zulässigen Stababstände gilt Tafel 45, wobei die im Steg vorhandene Schubspannung zugrunde zu legen ist.

5 Konstruktive Durchbildung

5.2.7 Bewehrung in Druckgliedern

5.2.7.1 Längsbewehrung

Der Längsbewehrungsgehalt in Druckgliedern ist wie folgt begrenzt:

Tafel 46: Zulässiger Längsbewehrungsgehalt A_s (nach DIN 1045, Abschn. 25.2.2.1 und 25.3.3)

A_s	Bügelbewehrte Druckglieder	Umschnürte Druckglieder
gezogener oder weniger gedrückter Rand	$\geq 0{,}4\ \%$ erf $A_b{}^{2)}$	-
Gesamtquerschnitt	$\geq 0{,}8\ \%$ erf $A_b{}^{2)}$	$\geq 2\ \% \ A_k{}^{3)}$, mindestens 6 Längsstäbe, gleichmäßig auf den Umfang verteilt
Gesamtquerschnitt, auch im Bereich von Übergreifungsstößen (ab B25)	$\leq 9\ \% \ A_b{}^{1)}$	$\leq 9\ \% \ A_k{}^{3)}$
Gesamtquerschnitt, auch im Bereich von Übergreifungsstößen (für B15)	$\leq 5\ \% \ A_b{}^{1)}$	-

1) Betonquerschnitt

2) statisch erforderlicher Betonquerschnitt (Lastausmitte und Schlankheit bleiben unverändert):

$$\text{erf } A_b = \text{vorh } A_b \cdot \frac{\text{vorh } N}{\text{zul } N}$$

3) Kernquerschnitt: $A_k = \frac{\pi}{4} \cdot d_k^2$ d_k Kerndurchmesser = Achsdurchmesser der Wendel

≥ 20 cm   bei Ortbeton
≥ 14 cm   bei werksmäßiger Herstellung

Die Druckbewehrung A_{s1} darf höchstens mit dem Querschnitt A_s am gezogenen oder weniger gedrückten Rand in Rechnung gestellt werden.

Die Mindestdurchmesser d_{sl} der Längsbewehrung sind in folgender Tafel festgelegt. Bei Stützen und Druckgliedern, deren vereinzelter Ausfall weder die Standsicherheit des Gesamtbauwerks noch die Tragfähigkeit der durch sie abgestützten Bauteile gefährdet, dürfen diese Durchmesser unterschritten werden.

Tafel 47: Mindestdurchmesser d_{sl} der Längsbewehrung (nach DIN 1045, Tab. 32)

Kleinste Querschnittsdicke der Druckglieder	[cm]	< 10	≥ 10 bis < 20	≥ 20
Mindestdurchmesser d_{sl}	[mm]	8	10	12

- Abstand der Längsbewehrungsstäbe ≤ 30 cm,
- bei $b \leq 40$ cm genügt ein Stab in jeder Ecke

5 Konstruktive Durchbildung

Gerade endende, druckbeanspruchte Bewehrungsstäbe dürfen erst im Abstand l_1 vom Stabende als tragend mitgerechnet werden.

Kann diese Verankerungslänge ganz in dem anschließenden Bauteil untergebracht werden oder wird höchstens ein 0,5 d langer Abschnitt der Stütze in Ansatz gebracht, so kann die Verankerung der Stütze ohne besondere Verbundmaßnahmen erfolgen.

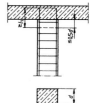

Verankerungsbereich der Stütze ohne besondere Verbundmaßnahmen

Werden mehr als 0,5 d, aber höchstens 2 d der Stütze als Verankerungslänge benötigt, so ist in diesem Bereich die Verbundwirkung durch allseitige Behinderung der Querdehnung des Betons sicherzustellen, z.B. durch Bügel bzw. Querbewehrung im Abstand von höchstens 8 cm.

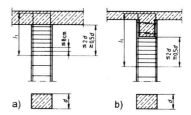

5.2.7.2 Bügel- und Wendelbewehrung

	Bügelbewehrung		Wendelbewehrung (Umschnürung)	
Durchmesser der Längsbewehrung d_{sl}	≤ 20 mm	> 20 mm	≤ 20 mm	> 20 mm
Bügel- bzw. Wendel stabdurchmesser	≥ 5 mm	≥ 8 mm[1]	≥ 5 mm	≥ 8 mm[1]
Bügelabstand $s_{bü}$ [2] bzw. Ganghöhe der Wendel s_w [2]	≤ min d ≤ 12 d_{sl}		≤ 8 cm ≤ d_k/5 [3]	

1) Bügel und Wendel mit dem Mindeststabdurchmesser von 8mm dürfen durch eine größere Anzahl dünnerer Stäbe (bis zu 5 mm dünn) mit gleichem Querschnitt ersetzt werden.

2) kleinerer Wert ist maßgebend

3) d_k: Kerndurchmesser = Achsdurchmesser der Wendel   ≥ 20 cm bei Ortbeton
   ≥ 14 cm bei werksmäßiger Herstellung

Die Bügel sind mit Haken zu schließen und die Haken sind möglichst versetzt über die Stützenlänge anzuordnen.

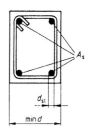

5 | Konstruktive Durchbildung

Wenn mehr als drei Längsstäbe in einer Querschnittseck liegen, müssen die Haken versetzt oder die Bügel mit Winkelhaken geschlossen werden, siehe Seite 122.

Die Enden der Wendel, auch an Übergreifungsstößen, sind in Form eines Winkelhakens nach innen abzubiegen der an die benachbarte Windung anzuschweißen.

Mit Bügeln können in jeder Querschnittsecke bis zu 5 Längsstäbe gegen Knicken gesichert werden. Der größte Achsabstand des äußersten dieser Stäbe vom Eckstab darf höchstens 15 $d_{bü}$ betragen.

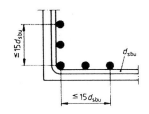

Verbügelung mehrerer Längsstäbe

Weitere Längsstäbe und solche in größerem Abstand vom Eckbügel sind durch Zwischenbügel zu sichern. Diese dürfen im doppelten Abstand der Hauptbügel liegen. Eine häufige Bügelanordnung bei vielen Längsstäben oder größeren Stützenquerschnitten ($d \geq 40$ cm) zeigt nebenstehendes Bild.

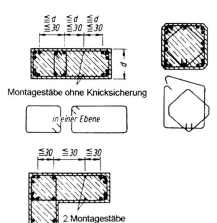

5.2.8 Stabbündel

5.2.8.1 Allgemeines, Mindestabstände, Betondeckung

Stabbündel bestehen aus zwei oder drei Einzelstäben mit $d_s \leq 28$ mm, die sich berühren und durch Bindedraht o.ä. zusammengehalten werden. Bei allen Nachweisen geht an Stelle des Stabdurchmessers d_s der Vergleichsdurchmesser d_{sv} ein. Der Vergleichsdurchmesser dient als Bezugsgröße eines mit dem Bündel querschnittsgleichen Einzelstabes.

Allgemein: $\quad d_{sv} = \sqrt{n} \cdot d_s \qquad$ n Anzahl der gebündelten Stäbe
$\qquad\qquad\qquad\qquad\qquad\qquad d_s$ Stabdurchmesser der gebündelten Einzelstäbe

Doppelstäbe: $\quad d_{sV} = \sqrt{d_1^2 + d_2^2} \qquad$ für $d_1 \neq d_2$
$\qquad\qquad\quad d_{sv} = \sqrt{2} \cdot d_s \qquad$ für $d_1 = d_2$

5 Konstruktive Durchbildung

Für die Anordnung der Stabbündel gilt grundlegend dasselbe wie für Einzelstäbe.

Die gegenseitige Mindestabstand beträgt $s_{Sb} \geq d_{sv}$ oder $s_{Sb} \geq 2$ cm

Die Betondeckung von Stabbündeln entsprechend Abschnitt 5.3.

5.2.8.2 Hautbewehrung

Zur Gewährleistung eines ausreichenden Rißverhaltens in der Zugzone ist bei Stabbündel mit $d_{sv} \geq 36$ mm stets eine Hautbewehrung einzulegen.

Als Hautbewehrung sind nur Betonstahlmatten mit Längs- und Querabständen von $s \leq 10$ cm zulässig. Der Querschnitt der Hautbewehrung a_{shl} [cm²/m] in Richtung der Stabbündel ist von der Betondeckung c_{sb} [cm] abhängig und beträgt $a_{shl} \geq 2 \cdot c_{sb}$.

In Querrichtung muß mindestens ein Querschnitt von $a_{shq} \geq 2$ cm²/m vorhanden sein.

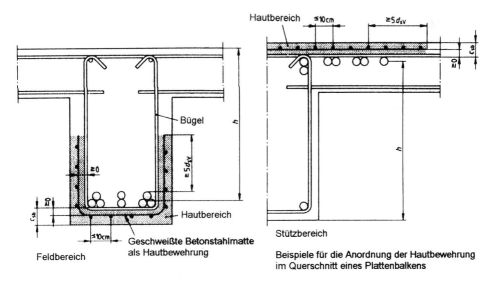

Feldbereich — Geschweißte Betonstahlmatte als Hautbewehrung

Stützbereich

Beispiele für die Anordnung der Hautbewehrung im Querschnitt eines Plattenbalkens

Die Hautbewehrung ist an den Bauteilseiten mindestens um das Maß $5 \cdot d_{sv}$ über die innerste Lage der Stabbündel bzw. bei Plattenbalken im Stützbereich über das äußerste Stabbündel zu führen.

Die Hautbewehrung darf auf die statische Bewehrung angerechnet werden.

5.2.8.3 Verankerungen und Stöße von Stabbündeln

Zugbeanspruchte Stabbündel mit $d_{sV} \leq 28$ mm dürfen wie querschnittsgleiche Einzelstäbe verankert werden.

Bei zugbeanspruchten Stabbündeln mit $d_{sV} \geq 28$ mm sind bei der Verankerung vor dem Auflager die Stabenden gegenseitig in Längsrichtung zu versetzen.

5 | Konstruktive Durchbildung

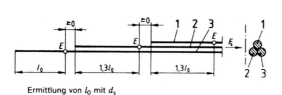
Ermittlung von l_0 mit d_s

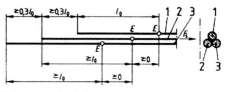
Ermittlung von l_0 mit d_{sV}

Bei druckbeanspruchten Stabbündeln dürfen alle Stäbe an einer Stelle enden. Bei $d_{sV} \geq 28$ mm sind im Bereich der Bündelenden mindestens vier Bügel mit $d_{bü} \geq 12$ mm anzuordnen.

Bei Stabbündeln aus zwei Stäben mit $d_{sV} \leq 28$ mm darf der Stoß ohne Längsversatz ausgeführt werden. Bei allen anderen Stabbündeln sind die Einzelstäbe stets um mindestens $1{,}3 \cdot l_ü$ in Längsrichtung versetzt zu stoßen. In jedem Schnitt eines gestoßenen Bündels dürfen nur vier Stäbe vorhanden sein. Für die Berechnung von $l_ü$ ist dann der Einzeldurchmesser einzusetzen.

Beispiel für einen zugbeanspruchten Übergreifungsstoß durch Zulage eines Stabes bei einem Bündel aus drei Stäben

Dickere Stabbündel werden auseinandergezogen oder enggestaffelt verankert.
- Weitgestaffelte Stabbündelverankerungen

  Koordinaten für E aus der Zugkraftdeckungslinie ablesen. Zur ermittelten Länge wird an beiden Enden die nach den Gegebenheiten errechnete Verankerungslänge hinzuaddiert. l_0 kann mit d_s bestimmt werden.

  $$l_0 = \frac{\beta_s}{4 \cdot \gamma \cdot zul\tau_1} \cdot d_s \text{ oder } l_0 = k_1 \cdot d_s$$

- Enggestaffelte Stabbündelverankerungen

  Koordinaten von E aus der Zugkraftdeckungslinie ablesen. Zur ermittelten Länge auf beiden Seiten noch die ermittelten Verankerungslängen hinzuaddieren. l_0 kann mit d_{sV} bestimmt werden.

  $$l_0 = \frac{\beta_s}{4 \cdot \gamma \cdot zul\tau_1} \cdot d_{sV} \text{ oder } l_0 = k_1 \cdot d_{sV}$$

5 Konstruktive Durchbildung

Tafel 48: Beiwerte k_1 in Abhängigkeit der Betonfestigkeitsklasse für BSt 500S

Verankerungsart	VB	B 15	B 25	B 35	B 45	B 55
gerades Stabende	I	51,0	39,7	32,5	27,5	23,8
	II	102,0	79,4	64,9	54,9	47,6
90°-Winkelhaken	I	35,7	27,8	22,7	19,2	16,7
	II	71,4	55,6	45,5	38,5	33,3

Tafel 49: Beiwerte k_1 in Abhängigkeit der Betonfestigkeitsklasse für BSt 420S

Verankerungsart	VB	B 15	B 25	B 35	B 45	B 55
gerades Stabende	I	42,8	33,3	27,3	23,1	20,0
	II	85,7	66,7	54,5	46,1	40,0
90°-Winkelhaken	I	30,0	23,4	19,1	16,1	14,0
	II	60,0	46,7	38,2	32,3	28,0

5.2.8.4 Verbügelung von Stabbündeln

Bei druckbeanspruchten Stabbündeln mit $d_{sV} \geq 28$ mm ist für Einzelbügel oder Bügelwendeln $d_{b\ddot{u}} \geq 12$ mm zu verwenden.

5.2.9 Bewehrungsgrade, zusätzliche Regeln

5.2.9.1 Bewehrungsgrade nach DIN 1045

- Beim Durchstanznachweis:

    μ [%] ist hier der mittlere Bewehrungsprozentsatz der im Gurtbereich (d_r) befindlichen Bewehrung, wobei $\mu \leq 25\beta_{WN} / \beta_S \leq 1,5\%$ einzuhalten ist.

$$\mu = 0,5 \cdot (\mu_x + \mu_y) = 0,5 \cdot \left(A_{s,x}^{Gurt} + A_{s,y}^{Gurt}\right) \cdot \frac{100}{h_m \cdot d_r}$$

mit $0,67 \leq \dfrac{c_x}{c_y} \leq 1,5$

$A_{s,x}^{Gurt}$; $A_{s,y}^{Gurt}$ die im Bereich d_r vorhandenen Bewehrungsmengen in cm²

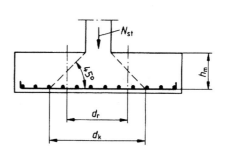

5 Konstruktive Durchbildung

- Von Rahmenecken:

Tafel 50: Bewehrungsgrad von Rahmenecken nach DIN 1045, 18.9.3

	von den Rahmenschenkeln eingeschlossene Winkel α			
	$\alpha < 80°$	\multicolumn{3}{c}{$80° \leq \alpha \leq 135°$}		
μ in %	alle	< 0,4	$0,4 \leq \mu \leq 1,0$	> 1,0
erforderliche Schrägbewehrung A_{SS}	vorgeschrieben $\geq 1,0 \max \mu$ ferner ist Voute anzuordnen	nicht erforderlich, aber konstruktiv empfohlen	vorgeschrieben $\geq 0,5 \max \mu$	vorgeschrieben $\geq 1,0 \max \mu$

- Bewehrung von Platten :
  - Hauptbewehrung : $s \leq 25$ cm bei $d \geq 25$ cm

    $s \leq 15$ cm bei $d \leq 15$ cm
    Bei Zwischenwerten ist linear zu interpolieren,
    gilt für den Größtmomentenbereich.

    $a_{s,Rand} \geq 0,5 \, a_{s,Mitte}$ Abminderung im Randbereich $c = 0,2 \min l$
    von zweiachsig gespannten Platten.

  - Querbewehrung/m: $\geq 1/5$ der erforderlichen Hauptbewehrung mindestens aber :

    $\geq 3 \varnothing 6$ mm bei BSt 420 S (III S), BSt 500 S (IV S)

    $\geq 3 \varnothing 4,5$ mm   bei BSt 500 M (IV M)

    oder eine gesamtquerschnittgleiche Anzahl dünnerer Stäbe

    Abreißbewehrung/m: $\geq 0,6 \, a_s$ der Hauptbewehrung,

    jedoch mindestens $5 \varnothing 6$ mm

    oder gesamtquerschnittgleiche Anzahl dünnerer Stäbe wenn die Hauptbewehrung mit einer nicht berücksichtigten Stützung gleichläuft.

  - Stützbewehrung : $\approx 1/3 \, a_{s,Feld}$, oben liegende Bewehrung bei einer nicht berücksichtigten Einspannung (Auflager im Mauerwerk)

  - Auflagerbewehrung : $\geq 1/3 \, a_{s,Feld} \geq$ erf a_s infolge F_{sR} (Zugkraft im Endauflager)

    $\geq 1/2 \, a_{s,Feld}$ ohne Schubbewehrung, τ_{011} nach Zeile 1a

    $= a_{s,Feld}$, ohne Schubbewehrung, τ_{011} nach Zeile 1b

    $\geq 1/4 \, a_{s,Feld}$ an Zwischenauflagern (unten liegend)

  - Randeinfassung :   an freien ungestützten Rändern von Platten und breiten Balken ist konstruktive Bewehrung in Form von z.B. Steckbügeln vorzusehen (DIN 1045 18.9.1).

  - Schubbewehrung :   sollte in Platten vermieden werden.

5 | Konstruktive Durchbildung

- Eckbewehrung :   erf $a_s \geq$ max $a_{s,Feld}$ (in beiden Richtungen)
- Drillbewehrung :   oben und unten nach folgender Skizze einlegen

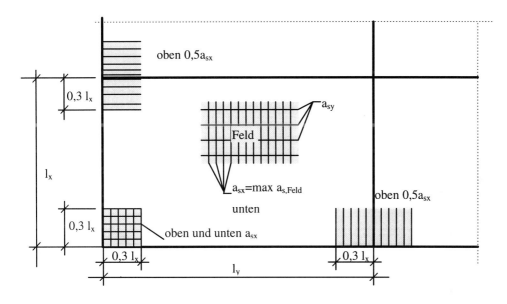

- Bewehrung im Randstreifen : $\geq 0{,}5\ a_s$

    Verminderung der Feldbewehrung im Auflagerbereich von $0{,}2\ \min l$ (bei zweiachsig gespannten Platten)

- **Deckengleiche Unterzüge**

  - Trageinlagen :
    Für die Bewehrungsmenge gibt es keine Einschränkung; ihre Bestimmung erfolgt entsprechend Bemessung, aber einzuhaltende Grenzwerte sind:
    - $d_s \leq d/8 \ldots d/10$ für die ausgelagerte Bewehrung
    - Auslagerungsbreite ist $\leq b_m/2$
    - Abstände der Längsbewehrung $s_l \begin{cases} \geq 2\ \text{cm} \\ \geq d_s \end{cases}$ (Rüttellücken beachten)

  - Steckbügel : $a_{sbü} = \dfrac{h(\text{cm})}{10}$ in cm²/m je Plattenseite in Randunterzügen
  - Stegbewehrung :   8 % der Biegezugbewehrung wenn d bzw. $d_0 > 1{,}0$ m
  - Abreißbewehrung : wie bei Platten
  - Bügelbewehrung :   eingebaut mit den in Tafel 51 angegebenen Grenzwerten

5 Konstruktive Durchbildung

Tafel 51: Bügelabstände (nach DIN 1045, Tab.26)

Art des Bauteil und Höhe der Schubbeanspruchung	Abstände der Bügel in Richtung der Biegezugbewehrung	
	Bemessungsspannung der Schubbewehrung	
	$\sigma_s \leq 240$ MN/m² (BSt III)	$\sigma_s \leq 286$ MN/m² (BSt IV)
Platten im Schubbereich 2	0,6 d bzw. 80 cm	0,6 d bzw. 80 cm
Balken im Schubbereich 1	0,8 d_0 bzw. 30 cm [1)]	0,8 d_0 bzw. 25 cm [1)]
Balken im Schubbereich 2	0,6 d_0 bzw. 25 cm	0,6 d_0 bzw. 20 cm
Balken im Schubbereich 3	0,3 d_0 bzw. 20 cm	0,3 d_0 bzw. 15 cm
Abstand der Bügelschenkel quer zur Biegezugbewehrung		
Bauteildicke d bzw. $d_0 \leq 40$ cm	40 cm	
Bauteildicke d bzw. $d_0 > 40$ cm	d oder d_0 bzw. 80 cm	

[1)] bei Balken mit $d_0 < 20$ cm und $\tau_0 < \tau_{011}$ braucht der Abstand nicht kleiner als 15 cm zu sein

- Stahlbetonrippendecken

  - Druckbewehrung in Rippen : $\mu_d \leq 1$ % von A_b (in Rechnung gestellt)

- Stabförmige Druckglieder
  1. Umschnürte Druckglieder

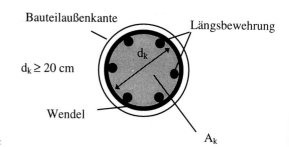

$d_k \geq 20$ cm

  - Längsbewehrung : $A_s \geq 2$ % von A_k

    $A_s \leq 9$ % im Bereich von Übergreifungsstößen

    mindestens 6 Längsstäbe gleichmäßig auf den Umfang verteilt

  - Wendelbewehrung : $d_W \geq 5$ mm

    Ganghöhe $s_W \leq 8$ cm $\leq d_k /5$

5 Konstruktive Durchbildung

2. Bügelbewehrte Druckglieder
- Längsbewehrung: $A_S \geq 0{,}4\ \%\ \mathit{erf}\ A_b$ am gezogenen bzw. weniger gedrückten Rand

  $A_S \geq 0{,}8\ \%\ \mathit{erf}\ A_b$ im Gesamtquerschnitt

  $A_S \leq 9{,}0\ \%\ A_b$, auch im Bereich von Übergreifungsstößen

  $A_S \leq 5{,}0\ \%\ A_b$ bei B 15

  Reduzierung von min A_s bei statisch nicht voll ausgenutztem Betonquerschnitt

  ↪ red $A_s = \min \mu \cdot \mathrm{vorh}\ A_b \cdot \mathrm{vorh}\ N\ /\ \mathrm{zul}\ N$

- Druckbewehrung: A_{s1} darf nur maximal mit der Menge der Bewehrung am gezogenen oder weniger gedrückten Rand angesetzt werden.

- Bügelbewehrung: $d_{sbü} \geq 5$ mm für Einzelbügel, Bügelwendeln, Betonstahlmatten

  $d_{sbü} \geq 8$ mm bei Längsstäben mit $d_{s1} > 20$ mm

  Bügelabstand $d \geq s_{bü} \leq 12\ d_{s1}$

  in jeder Bügelecke können bis zu 5 Längsstäbe gegen Ausknicken gesichert werden

Tafel 52: Mindestdurchmesser der Längsbewehrung

Kleinste Querschnittsdicke der Druckglieder [cm]	Nenndurchmesser d_{s1} [cm]
< 10	8
≥ 10 bis < 20	10
≥ 20	12

5 | Konstruktive Durchbildung

- Stahlbetonwände

$$\text{vorh } A_s \geq 0{,}5 \text{ \% erf } A_b = 0{,}005 \text{ erf } A_b$$

- Tragstabdurchmesser : $d_{s1} \geq 8$ mm bei Betonstabstahl

  $d_{s1} \geq 5$ mm bei Betonstahlmatten
- Tragstababstand : max $s_1 \leq 20$ cm
- Querbewehrung : wie bei Platten
- Bügelbewehrung : wie bei stabförmigen Druckgliedern, wenn der statisch erf. Bewehrungsprozentsatz/Wandseite $\geq 1\%$ ist; freie Ränder sind durch Steckbügel zu sichern; an freien Rändern sind Eckstäbe einzulegen.

5.2.9.2 Mindestbewehrung nach ZTV-K 96

- Mindestbewehrung von Pfählen
  - Bohrpfähle mit einem Schaftdurchmesser von < 50 cm

    $\mu \geq 0{,}8$ % des Pfahlquerschnittes auf gesamter Pfahllänge
  - Bohrpfähle mit einem Schaftdurchmesser von ≥ 50 cm

    $\geq \varnothing$ 20 mm mit einem maximalen Abstand von $a = 20$ cm in Kombination mit einer Wendel- bzw. Bügelbewehrung mit einem Durchmesser von $\varnothing$ 10 mm mit einem maximalen Abstand von 24 cm

- Für Unterbauten:
  - Allgemein : Begrenzungsflächen von scheiben- und plattenartigen Bauteilen sind kreuzweise zu bewehren.

    $\mu \geq 0{,}06$ % des Betonquerschnittes für jede Bewehrungsrichtung der betrachteten Begrenzungsfläche wählen,

    mindestens jedoch Stäbe mit $\varnothing$ 10 mm und einem Abstand von $a = 20$ cm, oder Betonstahlmatten mit entsprechendem Stahlquerschnitt.

- In schwindbehinderten Bauteilen :

  (Bauteile, die an bereites erhärtete anbetoniert werden)

  Die konstruktive Schwindbewehrung kann auf die statisch erf. Bewehrung angerechnet werden. Sie ist ohne Abminderung zu stoßen.

  Bewehrungsbereiche für eine Wandhöhe h:

5 Konstruktive Durchbildung

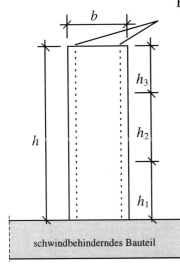

Bewehrungsstäbe senkrecht zu Bildebene

Bewehrung je Wandseite im Bereich h_1, h_2, h_3

Definition von h_1, h_2, h_3 :

$h \leq 2{,}00$ m : $\quad h_1 = h$

$2{,}0$ m $< h < 4{,}0$ m : $h_1 = 2{,}0$ m

$\qquad\qquad\qquad\qquad h_2 = h - 2{,}0$ m

$h \geq 4{,}0$ m $\qquad h_1 = h_2 = 2{,}0$ m

$\qquad\qquad\qquad h_3 = h - 4{,}0$ m

Bewehrung der einzelnen Bereiche :

h_2 : $\quad b \leq 50$ cm : $\varnothing\ 10$ mm, $a \leq 15$ cm

$\qquad b > 50$ cm : $\varnothing\ 12$ mm, $a \leq 15$ cm

h_1 : $\quad b \leq 50$ cm : $\varnothing\ 12$ mm, $a \leq 15$ cm

$\qquad b > 50$ cm : $\varnothing\ 16$ mm, $a \leq 15$ cm

im Bereich h_3 gilt die Mindestbewehrung wie im Allgemeinen

- Für Überbauten :

allgemeine Mindestbewehrung in Arbeits- und Abschnittsfugen, Tragwerken mit Hohlräumen (hier sind die dem Hohlraum zugekehrten Innenflächen gemeint):

– Kragplatten :
  - $\mu \geq 0{,}8$ % Längsbewehrung des Betonquerschnittes am Außenrand in einem 1m breiten Streifen der Kragarmlänge .
  - Sie ist oben und unten mit gleichen Durchmessern und mit Abständen von $s \leq 10$ cm einzulegen.
  - Bei Kragarmlängen < 1 m wird der vorhandene Betonquerschnitt maßgebend für μ .
  - Ergeben sich bei einspringenden Ecken konstruktive Schwierigkeiten, darf der Durchmesser ausnahmsweise von $\varnothing\ 10$ mm auf $\varnothing\ 6$ mm abgemindert werden, $a \leq 10$ cm.

| 5 | Konstruktive Durchbildung |

- Glasstahlbeton :
  - Glasstahlbeton entsteht durch das Einbetten von Betongläsern in den Frischbeton.
  - Die sich ergebenden Längs- und Querrippen sind mit mindestens einem Stab von Ø 6 mm zu bewehren.
  - Bauteile aus Glasbeton müssen einen geschlossenen Ringbalken erhalten, dessen Ringbewehrung der Größe der Längsbewehrung entspricht.
- Schalen und Faltwerke :
  - Bei Dicken > 6 cm ist Bewehrung nach folgender Tabelle gleichmäßig auf jeder Leibungsseite einzulegen.
  - Bei Dicken < 6 cm ist die gesamte Bewehrung zu einem mittigen angeordneten Bewehrungsnetz zusammenzufassen.

Tafel 53: Bewehrung von Schalen und Faltwerken (nach DIN 1045, Tab. 30)

	1	2	3	4
	Betondicke d in cm	Bewehrung		
		Art	Mindeststabdurchmesser in mm	maximaler Abstand s der außenliegenden Stäbe in cm
1	$d > 6$	im allgemeinen	6	20
		bei Betonstahlmatten	5	
2	$d \leq 6$	im allgemeinen	6	15 bzw. $3d$
		bei Betonstahlmatten	5	

5.3 Betondeckung

5.3.1 Allgemeines

Mindestmaße *min c* sind Betondeckungsmaße, die von keinem Bewehrungsstab nach irgendeiner Seite hin unterschritten werden dürfen.

Nennmaße *nom c* sind Verlegemaße (darum auf den Bewehrungszeichnungen anzugeben) und den Standsicherheitsnachweisen zugrunde zu legen. Das Nennmaß setzt sich aus einem Mindestmaß *min c* und einem Vorhaltemaß, von i.d.R. 1,0 cm, zusammen. Zu Sonderfällen zur Verringerung des Vorhaltemaßes siehe DIN 1045; 13.2.1 (4) – (9) (siehe Kapitel 5.3.4).

5 Konstruktive Durchbildung

5.3.2 Maße der Betondeckung

Tafel 54: Maße der Betondeckung (nach DIN 1045, Tab.10)

Bereich	Umweltbedingung	Stabdurch- messer d_s [mm]	Mindestmaße für $\geq$ B 25 $min\ c$ [cm]	Nennmaße für $\geq$ B 25 $nom\ c$ [cm]
1	Bauteile in geschlossenen Räumen, z.B. in Wohnungen (incl. Küche, Bad, Waschküchen), Büroräumen, Schulen, Krankenhäusern, Verkaufsstätten - soweit nicht im folgenden etwas anderes gesagt ist. Bauteile, die ständig trocken sind	bis 12 14,16 20 25 28	1,0 1,5 2,0 2,5 3,0	2,0 2,5 3,0 3,5 4,0
2	Bauteile, zu denen die Außenluft häufig oder ständig Zugang hat, z. B. offene Hallen und Garagen. Bauteile, die ständig unter Wasser oder im Boden verbleiben, soweit nicht Bereich 3 oder Bereich 4 oder andere Gründe maßgebend sind. Dächer mit einer wasserdichten Dachhaut für die Seite, auf der die Dachhaut liegt.	bis 20 25 28	2,0 2,5 3,0	3,0 3,5 4,0
3	Bauteile im Freien. Bauteile in geschlossenen Räumen mit oft auftretender, sehr hoher Luftfeuchte bei üblicher Raumtemperatur, z.B. in gewerblichen Küchen, Bädern, Wäschereien, in Feuchträumen von Hallenbädern und in Viehställen. Bauteile, die wechselnder Durchfeuchtung ausgesetzt sind, z.B. durch häufige starke Tausalzbildung oder in der Wasserwechselzone. Bauteile, die „schwachem" chemischen Angriff nach DIN 4030 ausgesetzt sind.	bis 25 28	2,5 3,0	3,5 4,0
4	Bauteile, die besonders korrosionsfördernden Einflüssen auf Stahl oder Beton ausgesetzt sind, z.B. durch häufige Einwirkung angreifender Gase und Tausalze (Sprühnebel- oder Spritzwasserbereich) oder „starkem" chem. Angriff nach DIN 4030.	bis 28	4,0	5,0

Beton der Festigkleitsklasse B15 darf nur für bewehrte Bauteile des Bereichs 1 verwendet werden. Für B15 dürfen folgende Betondeckungen nicht unterschritten werden: $min\ c \geq 1{,}5$ cm und $nom\ c \geq 2{,}5$ cm.

5 | Konstruktive Durchbildung

5.3.3 Vergrößerung der Betondeckung

Tafel 55: Vergrößerung von *nom c* (nach DIN 1045, Abschn. 13.2.2)

Beton mit Größtkorn > 32 mm	um 0,5 cm
mechanischen Einwirkungen auf nicht voll erhärteten Beton	um 0,5 cm
Waschbeton oder steinmetzartiger Bearbeitung	um angemessenen Wert
aus Brandschutzgründen	siehe DIN 4102, Teil 4

5.3.4 Verringerung der Betondeckung

Eine Verringerung von *nom c* darf erfolgen, wenn besondere Maßnahmen bei der Bewehrungsverlegung gemäß Merkblatt „Betondeckung" des Deutschen Beton-Vereins getroffen werden.

- Maßnahmen bei der Tragwerksplanung
  - Verlegemaß *nom c* und Mindestmaß *min c* der Betondeckung sind auf den Bewehrungszeichnungen anzugeben, ebenso der Vermerk, daß die DBV-Merkblätter „Betondeckung" und „Abstandhalter" zu berücksichtigen sind
  - Einhaltung von Mindestbiegerollendurchmesser und Berücksichtigung der Grenzdurchmesser und Mindestlängen für Bewehrungsstähle und Biegeformen; Sicherung der unteren und oberen Bewehrungslage durch Abstandhalter
  - die die Betondeckung bestimmenden Maße der Biegeformen sind stets als Außenmaße anzugeben
  - Vermeiden von Biegeformen mit Paßlängen
- Maßnahmen beim Biegen, Ablängen, Anliefern und Verlegen der Bewehrung
  - stichprobenartige Überprüfung von Betonstahlsorte, der Stabdurchmesser, der Maße der Biegeformen und der Einhaltung der Grenzabmaße
  - Einhalten der Mindeststababstände und Mindestbiegerollendurchmesser, Anordnen von Rüttelgassen und Betonieröffnungen
  - Vermeiden von Verbiegen und Verschieben der Bewehrung, besonders beim Montieren von Einbauteilen
  - genügende Steifigkeit des Bewehrungsgeflechtes durch ausreichend viele Bindestellen
  - Einhalten des Nennmaßes *nom c* auch an ungeschalten Betonflächen
  - Eignung und Dicke sowie Anzahl und Anordnung der Abstandhalter

5 | Konstruktive Durchbildung

5.3.5 Abstandhalter

Die erforderliche Betondeckung ist durch genügend Abstandhalter zu sichern. Die Abstandhalter sind an der Bewehrung zu befestigen und müssen bis zum Abschluß der Betonierarbeiten fest sitzen. Da sie die korrosionsschützende Funktion der Betondeckung nicht beeinträchtigen dürfen, ist es bei erhöhter Korrosionsgefahr empfehlenswert, Abstandhalter aus mineralischen Baustoffen (z.B. aus Faserzement oder Beton) zu verwenden.

5.3.5.1 Abstandhalter für Platten

Die untere Bewehrungslage wird durch Klötzchen gesichert. Die Entfernung der Abstandhalter beträgt zwischen 0,50 m und 1,00 m und ist vom Stabdurchmesser der Bewehrung und vom Betonierbetrieb abhängig.

Die obere Bewehrung wird mit Stehbügeln oder Unterstützungskörben gegen Herunterdrücken gesichert.

Tafel 56: Stabdurchmesser für Stehbügel[1]

Plattendicke d	bis 15 cm	15 bis 30 cm	30 bis 50 cm	über 50 cm
Stabdurchmesser	⌀ 8 mm	⌀ 12 mm	⌀ 14 mm	Sonderlösung

Tafel 57: maximaler Abstand von Abstandhaltern und Unterstützungen[2]

Stabdurchmesser	Abstandhalter				Unterstützungen
	punktförmig		linienförmig, flächig		
	max s	Stück. / m^2	max s		max s
bis 14 mm	50 cm	4	50 cm		50 cm
über 14 mm	70 cm	2	70 cm		70 cm

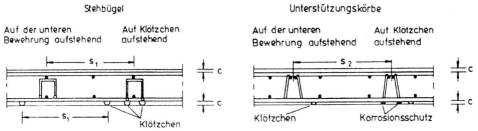

---

[1] Deutscher Beton-Verein E. V., Merkblatt Betondeckung (Fassung Oktober 1982), DBV-Merkblatt-Sammlung, neues Merkblatt „Unterstützungen" ist in Arbeit

[2] Deutscher Beton-Verein E. V., Merkblatt Betondeckung und Bewehrung (Fassung Januar 1997), DBV-Merkblatt-Sammlung

5 Konstruktive Durchbildung

5.3.5.2 Abstandhalter für Balken und Stützen

Zur Einhaltung der erforderlichen Betondeckung bei Balken und Stützen dienen Abstandhalter in Form von Klötzchen aus Faserzement, Metall, Beton oder Kunststoff.

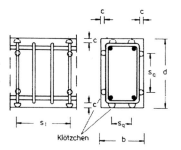

Tafel 58: Abstand der Abstandhalter in Längsrichtung[1]

Ø Längsstäbe		bis 10 mm	12 bis 20 mm	über 20 mm
Stützen	max s_1	50 cm	100 cm	125 cm
Balken	max s_1	25 cm	50 cm	75 cm

Tafel 59: Anzahl und Abstand der Abstandhalter in Querrichtung[1]

b bzw. d	bis 100 cm	über 100 cm	maximaler Abstand s_2
Stützen	2	≥ 3	75 cm
Balken	2	≥ 3	50 cm

5.3.5.3 Abstandhalter für Bewehrungen bei Seitenschalung

Zur Sicherung der seitlichen Betondeckung werden die Abstandhalter auf die Bewehrungsstäbe geklemmt oder an diesen festgebunden. Das Zusammenklappen der Wandbewehrungen wird durch S-Haken verhindert, wobei darauf zu achten ist, daß bei S-Haken, die die außenliegende Bewehrung umgreifen, die geforderte Betondeckung ebenfalls eingehalten wird.

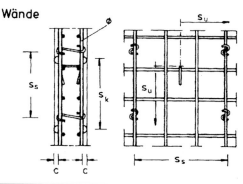

Tafel 60: Abstandhalter für Wände[1]

Ø Tragstäbe	Abstandhalter		S-Haken		Lagesicherung U-Haken	
	max s_k	Stk. / m² Wand	max s_s	Stk / m² Wand	max s_u	Stk. / m² Wand
bis 8 mm	70 cm	4	100 cm	1	100 cm	1
10 bis 16 mm	100 cm	2	100 cm	1		
über 16 mm	100 cm	2	50 cm	4		

---

[1] Deutscher Beton-Verein E. V., Merkblatt Betondeckung und Bewehrung (Fassung Januar 1997), DBV-Merkblatt-Sammlung

5 Konstruktive Durchbildung

5.4 Regeln für den Brandschutz

5.4.1 Grundlagen, Baustoffklassen, Feuerwiderstandsklassen

Der Feuerwiderstand eines Bauteils hängt im wesentlichen von folgenden Einflüssen ab:
- Brandbeanspruchung (ein- oder mehrseitig)
- verwendeter Baustoff oder Baustoffverbund
- Bauteilabmessungen (Querschnittsabmessung, Schlankheit, Achsabstände usw.)
- bauliche Ausbildung (Anschlüsse, Auflager, Halterungen, Befestigungen, Fugen Verbindungsmittel usw.)
- statisches System (statisch bestimmte oder unbestimmte Lagerung, ein- oder zweiachsige Lastabtragung, Einspannung usw.)
- Ausnutzungsgrad der Festigkeiten der verwendeten Baustoffe infolge äußerer Lasten
- Anordnung von Bekleidungen (Ummantelungen, Putze, Unterdecken, Vorsatzschalen usw.)

In Abhängigkeit der Verwendung sind nach Maßgabe der bauaufsichtlichen Bestimmungen brandschutztechnische Nachweise für die Bauteile bzw. Konstruktionen erforderlich. Für Baustoffe und Bauteile, die in DIN 4102 Teil 4 erfasst und klassifiziert sind, ist der Nachweis über das Brandverhalten erbracht. Alle Baustoffe und Bauteile, die dort nicht behandelt werden, müssen durch Prüfung nach DIN 4102 Teil 1 oder andere geeignete Verfahren nachgewiesen werden.

In DIN 4102 werden die Baustoffe in folgende Klassen eingeteilt:

Tafel 61: Baustoffklassen nach DIN 4102 Teil 1

Baustoffklasse	Bauaufsichtliche Benennung
A	nicht brennbare Baustoffe
A1	
A2	
B	Brennbare Baustoffe
B1	schwerentflammbare Baustoffe
B2	normalentflammbare Baustoffe
B3	leichtentflammbare Baustoffe

Mörtel, Beton, Stahl- und Spannbeton, Poren- und Leichtbeton gehören zur Baustoffklasse A1.

Das Brandverhalten von Bauteilen ist durch die Feuerwiderstandsdauer gekennzeichnet. Die Feuerwiderstandsdauer ist die Mindestdauer in Minuten, während der

5 Konstruktive Durchbildung

ein Bauteil unter praxisgerechten Randbedingungen unter einer bestimmten Temperaturbeanspruchung folgende Anforderungen erfüllen muß:
- der Durchgang des Feuers muß verhindert werden
- die Erwärmung des Bauteils darf an der dem Feuer abgekehrten Seite 140 K, an allen anderen Stellen 180 K nicht überschreiten
- tragende Bauteile dürfen unter ihrer rechnerisch zulässigen Gebrauchslast und nichttragende Bauteile unter ihrer Eigenlast nicht zusammenbrechen
- bei überwiegend biegebeanspruchten Bauteilen darf die Durchbiegungsgeschwindigkeit folgenden Wert nicht überschreiten:

$$\frac{\Delta f}{\Delta t} = \frac{l^2}{9000 \cdot h}$$

l Stützweite in cm
h Statische Höhe in cm
$\Delta f / \Delta t$ Durchbiegungsgeschwindigkeit in cm / min

Entsprechend ihrer Feuerwiderstandsdauer werden die Bauteile in folgende Feuerwiderstandsklassen eingeteilt:

Tafel 62: Feuerwiderstandsklassen F

Feuerwiderstandsklasse	Feuerwiderstandsdauer in Minuten
F 30	≥ 30
F 60	≥ 60
F 90	≥ 90
F 120	≥ 120
F 180	≥ 180

5.4.2 Betondeckung, Putzbekleidung

Die brandschutztechnische Bemessung von Stahlbetonteilen erfolgt unter Berücksichtigung bestimmter Mindestquerschnittsabmessungen, vor allem durch die Einhaltung von Mindeswerten der Betondeckung, da sie maßgebend für die Erwärmung der Stahleinlagen sind.

Die Betondeckung wird durch den Achsabstand u charakterisiert. Der Achsabstand u ist der Abstand zwischen der Längsachse der tragenden Bewehrungsstäbe bzw. der Achse des Stabbündels und der beflammten Oberfläche. Nach der Lage werden unterschieden:

    u_s (seitlich)
    u_o (oben)

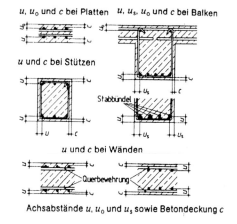

Achsabstände u, u_o und u_s sowie Betondeckung c

5 Konstruktive Durchbildung

Die Tafeln der folgenden Abschnitte gelten für eine kritische Stahltemperatur von crit $T = 500°C$ (gilt für BSt 420/500 und BSt 500/550 mit einer 100 prozentige Auslastung des Stahls $\sigma_s = 0{,}572\,\beta_s$). Davon abweichende Voraussetzungen können mit folgenden Δu-Werten erfaßt werden.

Tafel 63: crit T- und Δu-Werte

Stahlsorte	Beanspruchung	crit T [°C]	Δu [mm]
BSt 220/340	$0{,}572\,\beta_s \approx 100\,\%$	570	-7,5
	$0{,}34\,\beta_s \approx 60\,\%$	650	-15,0
BST 420/500	$0{,}572\,\beta_s \approx 100\,\%$	500	0
BSt 500/550	$0{,}44\,\beta_s \approx 77\,\%$	550	-5,0
	$0{,}27\,\beta_s \approx 47\,\%$	600	-10,0

Werden in den Tafeln keine Angaben über den Achsabstand u gemacht, so gilt nom c nach DIN 1045 (siehe Abschnitt 5.3).

Wenn die Betondeckung des am nächsten zur Bauteiloberfläche liegenden Stabes bei biegebeanspruchten Bauteilen $c > 50$ mm ist, dann ist eine Schutzbewehrung anzuordnen, um ein frühzeitiges Abfallen von Betonschichten zu vermeiden:

$$2{,}5 \text{ mm} \leq \text{Stabdurchmesser} \leq 8 \text{ mm}$$
$$150 \text{ mm} \times 150 \text{ mm} \leq \text{Maschenweite} \leq 500 \text{ mm} \times 500 \text{ mm}$$
$$\text{Betondeckung:} \quad \text{nom } c$$

Bügel dürfen als Schutzbewehrung herangezogen werden.

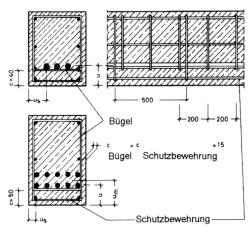

günstig angeordnete Schutzbewehrung

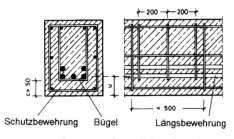

ungünstig angeordnete Schutzbewehrung

5 Konstruktive Durchbildung

Wenn der Achsabstand der Bewehrung konstruktiv begrenzt ist und wenigstens den Mindestwerten für F30 entspricht oder Bauteile in brandschutztechnischer Hinsicht nachträglich verstärkt werden müssen, so kann der für höhere Feuerwiderstandsklassen notwendige Achsabstand (zum Teil auch die erforderlichen Querschnittsabmessungen) durch Putzbekleidung ersetzt werden.

Tafel 64: Putzdicke als Ersatz für den Achsabstand u oder eine Querschnittsabmessung

Putzart	Erforderliche Putzdicke in mm als Ersatz für 10 mm		Maximal zulässige Putzdicke
	Normalbeton	Leicht- oder Porenbeton	mm
Putze ohne Putzträger: Putzmörtel der Gruppe P II und P IV c Putzmörtel der Gruppe P IV a und P IV b	15 10	18 12	20 25
Putze mit Putzträger: Putzmörtel der Gruppe I, II, P IV a, P IV b und P IV c	8	10	25[1]
Putze mit Putzträger: zweilagige Vermiculite- oder Perlite-Zementputze oder zweilagige Vermiculite- oder Perlite-Gipsputze	5	6	30[1]

1) gemessen über Putzträger

5.4.3 Hinweise zu einzelnen Bauteilen

Für einzelne Bauteile aus Stahl- bzw. Spannbeton sind in DIN 4102, Teil 4, Abschnitt 3 und 4 Feuerwiderstandsklassen wiedergegeben in Abhängigkeit von Mindestquerschnittsabmessungen, Betondeckungen, zulässigen Spannungen usw. Diese Werte wurden so festgelegt, daß zwar geringfügige Oberflächenabplatzungen möglich sind, zerstörende Abplatzungen jedoch ausgeschlossen werden. Hierzu wird vorausgesetzt, daß die Betonbauteile einen Feuchtegehalt von kleiner als 4% (Massenanteil) aufweisen, was für Normalbeton in der Regel der Fall ist. Bei Leichtbeton mit geschlossenem Gefüge nach DIN 4219 sind hier Einschränkungen zu machen, weshalb Wände und Decken aus diesem Baustoff klassifiziert sind, Stützen jedoch nicht.

5 | Konstruktive Durchbildung

Es folgt eine Auflistung der in DIN 4102 klassifizierten Betonbauteile. Für detaillierte Angaben muß auf die Norm verwiesen werden.

- Statisch bestimmt gelagerte Stahlbeton- und Spannbetonbalken aus Normalbeton
- Statisch unbestimmt gelagerte Stahlbeton- und Spannbetonbalken aus Normalbeton
- Decken aus Stahlbeton- und Spannbetonplatten aus Normalbeton und Leichtbeton mit geschlossenem Gefüge nach DIN 4219 Teil 1 und Teil 2
- Decken aus Stahlbetonhohldielen und Porenbetonplatten
- Stahlbeton- und Spannbetondecken bzw. -dächer aus Fertigteilen aus Normalbeton
- Stahlbeton- und Spannbeton-Rippendecken aus Normalbeton bzw. Leichtbeton mit geschlossenem Gefüge nach DIN 4219 Teil 1 und Teil 2 ohne Zwischenbauteile
- Stahlbeton- und Spannbeton-Plattenbalkendecken aus Normalbeton bzw. Leichtbeton mit geschlossenem Gefüge nach DIN 4219 Teil 1 und Teil 2
- Stahlsteindecken
- Stahlbeton- und Spannbeton-Balkendecken sowie entsprechende Rippendecken jeweils aus Normalbeton mit Zwischenbauteilen
- Stahlbetondecken in Verbindung mit im Beton eingebetteten Stahlträgern sowie Kappendecken
- Stahlbetondächer aus Normal- oder Leichtbeton
- Stahlbetonstützen aus Normalbeton
- Stahlbeton- und Spannbeton-Zugglieder aus Normalbeton
- Beton- und Stahlbetonwände aus Normalbeton
- Gegliederte Stahlbetonwände
- Wände aus Leichtbeton mit geschlossenem Gefüge nach DIN 4219 Teil 1 und Teil 2
- Wände aus Leichtbeton mit haufwerksporigem Gefüge
- Wände aus bewehrtem Porenbeton

5.4.4 Fugen

Bei Bauwerken mit erhöhter Brandgefahr und größerer Längen- oder Breitenausdehnung ist bei Bränden mit großen Längenänderungen der Stahlbetonbauteile zu rechnen. Daher soll sein:

Abstand a der Dehnfugen ≤ 30 m

wirksame lichte Fugenweite $\geq a/1200$

5 Konstruktive Durchbildung

Bei Gebäuden, in denen bei einem Brand mit besonders hohen Temperaturen oder besonders langer Branddauer zu rechnen ist, soll diese Fugenweite bis auf das Doppelte vergrößert werden.

Die Fugen sind so abzudecken, daß das Feuer durch die Fugen nicht unmittelbar oder durch zu große Durchwärmung übertragen werden kann. Dabei darf die Ausdehnung des Bauteils nicht behindert werden.

Die Wirkung der Fugen darf auch nicht durch spätere Einbauten, z.B. Wandverkleidungen, maschinelle Einrichtungen, Rohrleitungen und dergleichen aufgehoben werden.

Um beim Brand eine zu starke Überbeanspruchung der stützenden Bauteile zu vermeiden, sollten die Bauteile zwischen den Dehnfugen sich beim Brand möglichst gleichmäßig von der Mitte zwischen den Fugen nach beiden Seiten ausdehnen können. Daher sollten Dehnfugen möglichst so angeordnet werden, daß besonders steife Einbauten, z.B. Treppenhäuser oder Aufzugsschächte, in der Mitte zwischen zwei Fugen bzw. zwischen Fuge und Gebäudeende liegen.

5.5 Fugenausbildung

Durch Formänderungen des Betons, z.B. infolge Temperatur, Quellen oder Schwinden, kann es zu Zugspannungen im Beton kommen, die die Betonzugfestigkeit überschreiten. Wenn eine wirksame Rißbreitenbeschränkung nicht sinnvoll ausgeführt werden kann, werden größere Betonbauwerke durch Fugen in einzelne Abschnitte unterteilt. Ein weiterer Zwangspunkt für die Anordnung von Fugen stellt der Bauablauf dar.

Auf den folgenden Seiten werden die wichtigsten Fugenarten hinsichtlich Zweck und Anordnung sowie Richtwerte für Fugenabstände und Fugenbreiten zusammengestellt. Detaillierte Angaben können dem Buch von Klawa/Haack[1] entnommen werden.

---

[1] Klawa, N.; Haack, A.: Tiefbaufugen: Fugen und Fugenkonstruktionen im Beton- und Stahlbetonbau; Ernst & Sohn, Berlin 1990

KLEBEARMIERUNG
NACHTRÄGLICHES VERSTÄRKEN VON STAHLBETON

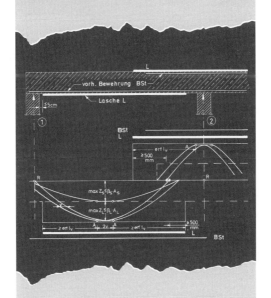

Bauaufsichtliche Zulassung
für Belastungen nach
DIN 1055, DIN 1072,
DIN 4132, DIN 15018.

Beratung, Bemessung, Ausführung:

LUDWIG FREYTAG
BAUUNTERNEHMEN SEIT 1891

Ludwig Freytag GmbH & Co.
Postfach 1829, 26008 Oldenburg
Telefon 0441/9704-0,
Telefax 0441/9704-100

Niederlassungen in Berlin,
Stralsund und Leipzig

Abdichtungssysteme und Injektionstechnik

Produktprogramm:

Fugenbänder
Injektionsschläuche
Quellfugenbänder
Injektionsmaterialien

Dienstleistungen vor Ort:

Montage-, Verlege- und Verpreßarbeiten
Injektionsarbeiten
Rißverpressungen
Vergelungen

Dichte Betonbauwerke im Tief- und Ingenieurbau

Tricosal GmbH
Von-Helmholtz-Straße 1 · D-89257 Illertissen
Telefon 07303/180-0 · Telefax 07303/180-280

BBZ Injektions- und Abdichtungstechnik GmbH
Hans-Böckler-Straße 22 · 47877 Willich
Telefon 02154/92560 · Telefax 02154/428400

5 Konstruktive Durchbildung

Tafel 65: Fugenarten, Zweck und Anordnung der Fugen[1]

Arbeitsfuge (AF)			Abgrenzung von Betonierabschnitten ggf. Abbau von Zusatzspannungen aus Temperatur und Schwinden durch Betonieren mit Lücken und Ergänzen Alle Schnittkräfte können übertragen werden	Anordnung bzw. Abstand abhängig vom Arbeitsablauf und der Betonierkapazität
Fugen zur Aufnahme von Bewegungen				
Raumfugen	Bewegungsfuge (BF)		gegenseitig Bewegungsmöglichkeit der getrennten Bauteile in mehrere Richtungen einschließlich evtl. Verdrehung ohne Zwängungsbeanspruchung	allein oder in Ergänzung zu AF, SchF, PF, SchwF
	Dehnungsfuge (DF)		überwiegend Bewegungsmöglich-keit der getrennten Bauteile senkrecht zur Fugenebene ohne Zwängungsbeanspruchung (Öffnen und Schließen der Fuge) Querbewehrung ggf. durch Verzahnung ganz vermeidbar	die Abstände sind von Fall zu Fall festzulegen Bewehrung unterbrochen
	Setzungsfuge (SF)		überwiegend Bewegungsmöglichkeit der getrennten Bauteile in Fugenebene ohne Zwängungsbeanspruchung (Scheren der Fuge)	

Fortsetzung siehe nächste Seite

---

[1] Klawa, N.; Haack, A.: Tiefbaufugen: Fugen und Fugenkonstruktionen im Beton- und Stahlbetonbau; Ernst & Sohn, Berlin 1990

5 Konstruktive Durchbildung

Fugenart		Darstellung	Zweck	Anordnung
Sonder-fugen	Scheinfuge (SchF)		durch Querschnittsschwächung außen oder innen „Vorzeichen" der Risse (Sollrißstellen) Bewegungsmöglichkeiten bei Bauteilverkürzung (Rißöffnung) Abbau von Zwängungsspannungen (Temperatur und Schwinden) je nach Ausbildung Querkraftübertragung möglich	in Ergänzung zu AF und DF Abstand abhängig von der Konstruktionsdicke Bewehrung ganz oder teilweise unterbrochen
	Preßfugen (PF)		Abgrenzung von statischen Einheiten Bewegungsmöglichkeit (Öffnen der Fuge) bei Verkürzungen Druckübertragung bei Ausdehnung Querverschiebung der Fugenflanken gegeneinander durch Verzahnung vermeidbar	in Ergänzung zu AF oder SchF und DF Bewegung und Verformung benachbarter Bauteile sollen „gleichgerichtet" sein Bewehrung unterbrochen
	Schwindfuge (SchwF)		Abbau von Bauteilbewegungen, die im wesentlichen aus dem Abbindevorgang, dem Schwinden und evtl. auch aus Bauteilsetzungen entstehen durch nachträgliches Schließen können Schnittkräfte übertragen werden	wenn andere Fugenarten nicht zweckmäßig sind Bewehrung durchlaufend
	Gelenkfuge (GF)		Verdrehungmöglichkeit der Bauteile gegeneinander Normal- und Querkräfte werden übertragen	wenn biegesteife Konstruktionen nicht zweckmäßig sind Bewehrung u.U. durchlaufend

Die Fugenbreite ist in Abhängigkeit vom Fugenabstand und den Bewegungsgrößen so zu wählen, daß keine Bauwerkszwängungen auftreten und das Dichtungsmaterial in der Fuge nicht zerstört wird.

Allgemein kann gesagt werden, daß der Abstand von Bewegungsfugen bei dünnen im Vergleich zu dicken sowie bei bewehrten im Vergleich zu unbewehrten Bauteilen größer gewählt werden kann. Das gleiche gilt für Bauwerke mit Hautbewehrung im Vergleich zu Bauwerken aus wasserundurchlässigem Beton.

| 5 | Konstruktive Durchbildung |

Tafel 66: Richtwerte für Fugenabstände und Fugenbreiten[1]

Bauteil bzw. Bauwerk	Fugenabstand [m]	Fugenbreite [cm] [*)]
Sohl- und Fundamentplatten normal bewehrt, ohne Abdichtung (rolliger Boden oder Gleitschicht als Untergrund)		
mit elastischer Oberkonstruktion	30-40	0-3
mit steifer Oberkonstruktion	15-25	0-3
Wände normal bewehrt, ohne Abdichtung (Beton als Untergrund)		
Bauteildicke < 60 cm	5-8	0-3
Bauteildicke 60 - 100 cm	6-10	0-3
Bauteildicke 100 - 150 cm	5-8	0-3
Bauteildicke 150 - 200 cm	4-6	0-3
Stütz- und Futtermauern normal bewehrt		
rollige und bindige Böden als Untergrund	10-15	2
Fels oder Beton als Untergrund	4-10	0-2
Kanäle und Durchlässe ohne Abdichtung	8-10	2
Verkehrstunnel, Trogbauwerke		
mit Abdichtung	15-30	2-3
ohne Abdichtung	8-12	0-2
im Bergsenkungsgebiet mit und ohne Abdichtung	8-10	5
Brückenüberbauten auf Lagern	100-200	rechner. NW
Schleusen, Wehre		
allgemein	15-30	2-3
im Bergsenkungsgebiet	bis 15	5
Staumauern		
unbewehrter Massenbeton	4-10	0-2
bewehrt	15-20	0-2
Straßen und Flugplätze		
unbewehrte Platten	5-7,5	0
vorgespannte Platten	50-100	rechner. NW
Landwirtschaftliche Wege, Radwege; Parkflächen (fester Untergrund)	2-4	0

*) 0 cm gilt für Schein- bzw. Preßfugen

---

[1] Klawa, N.; Haack, A.: Tiefbaufugen: Fugen und Fugenkonstruktionen im Beton- und Stahlbetonbau; Ernst & Sohn, Berlin 1990

6 Beanspruchungsarten und Bemessungsverfahren

6.1 Übersicht Biegung mit/ohne Längskraft, Allgemeines

Beanspruchung		Kriterien für die Wahl der Bemessungsverfahren		Lastangriff / Spannungsverteilung / Bewehrung	Bemessungsverfahren			
		n bzw. M_s	e/d		Allgemeines Bemessungsdiagra	k_h- oder m_s-Tabellen	m/n-Diagramm	Hebelgesetz
mittiger Druck			0	$N \to$ tot A_s	möglich			
überwiegend Druck	Biegung mit Achsdruck	$|n| \geq 0{,}25$	geringe Ausmittigkeit $\leq 3{,}5$	$e \downarrow N \to$ A_{S1} / A_{S2} ; $N \to A_{S1}$ / A_{S2}	möglich	geeignet		
überwiegend Biegung		$|n| < 0{,}25$	$> 3{,}5$	$N \to A_{S1}$ / A_{S2}	geeignet	geeignet		
	Biegung	$n = 0$	∞	A_{S1} / A_{S2}	geeignet	geeignet		
überwiegend Zug	Biegung mit Achszug	$M_s < 0$	$e > z_s$	$\leftarrow N$ A_{S1} / A_{S2}			möglich	
		$M_s < 0$	$e < z_s$	$e \downarrow z_s$ $\leftarrow N$ A_{S1} / A_{S2}				geeignet
mittiger Zug			0	$N \leftarrow$ A_{S1} / A_{S2}				geeignet
Verweis auf Abschnitt					7.4	7.2 / 7.3	7.5	7.1

Es ist sowohl eine ausreichende Sicherheit gegenüber der rechnerischen Bruchlast (Tragfähigkeit) als auch ein einwandfreies Verhalten unter Gebrauchslast (Gebrauchsfähigkeit) nachzuweisen.

Zu den Tragfähigkeitsnachweisen zählen der
- Nachweis der zulässigen Spannungen und Dehnungen in Beton und Stahl
- Nachweis der Zugkraftdeckung
- Nachweis der Knicksicherheit
- Nachweis der Querkrafttragfähigkeit

6 | Beanspruchungsarten und Bemessungsverfahren

und zu den Gebrauchsfähigkeitsnachweisen zählen insbesondere der

- Nachweis der Rißbreitenbeschränkung
- Nachweis der Begrenzung der Durchbiegung (allgemein: Verformungen)
- Nachweis der Begrenzung der Stahlspannungen bei nicht ruhender Belastung

Für den Bruchzustand sind Grenzdehnungen ε und Sicherheitsbeiwerte γ nach Bild 1 festgelegt.

Bild 1: Dehnungsdiagramm im Bruchzustand und Verlauf des Sicherheitsbeiwertes γ nach DIN 1045, Bild 13

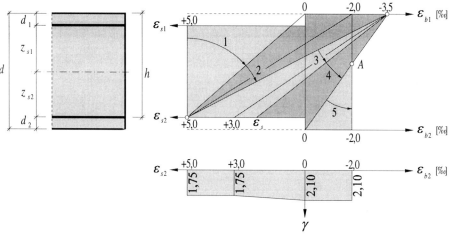

Für den Bereich $0 \leq \varepsilon_{s2} \leq 3,0$ gilt: $\quad \gamma = 1,75 + \dfrac{(3,0 - \varepsilon_{s2}) \cdot 0,35}{3,0}$

Lediglich Zwangsschnittgrößen (z.B. aus Stützensenkungen, Temperatur, Schwinden und Kriechen) dürfen mit einem Sicherheitsbeiwert von $\gamma = 1,0$ in Rechnung gestellt werden. In diesem Fall ist jedoch ein Nachweis der Rißbreitenbeschränkung zu führen.

Für den Bruchzustand als Regelfall der Bemessung kann in der Biegedruckzone des Betons eine Spannungs-Dehnungs-Beziehung nach Bild 2 angenommen werden. Zum Nachweis der Formänderungen (Durchbiegungen) oberhalb der Gebrauchslast bis zur Bruchlast gilt für den Beton die σ-ε-Linie nach Bild 3, wobei ab $\varepsilon = -1,35‰$ das *Hooke*sche Gesetz nicht mehr gilt (DIN 1045, Bild 11).

| 6 | Beanspruchungsarten und Bemessungsverfahren |

Bild 2: Parabel-Rechteck-Diagramm des Betons im Bruchzustand nach DIN 1045, Bild 11

Bild 3: σ-ε-Linie des Betons für den Formänderungsnachweis oberhalb der Gebrauchslast nach DIN 1045, Bild 10

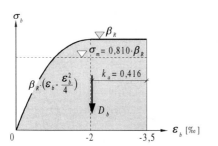
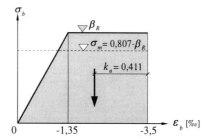

Zur vereinfachten Bemessung komplizierter Querschnittsformen, für die keine Bemessungstafeln nach DAfStb-Heft 220 zur Verfügung stehen, kann die Spannungsverteilung in der Biegedruckzone des Betons als Ersatz für das Parabel-Rechteck-Diagramm nach folgendem Bild 4 angenommen werden.

Bild 4: Spannungsverteilung in der Biegedruckzone des Betons als Ersatz für das Parabel-Rechteck-Diagramm nach DAfStb-Heft 220, Abs. 1.6

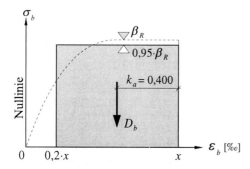

Im Bruchzustand gelten die zulässigen Betondruckspannungen zul σ_b nach Tafel 1. Diese dürfen bei Teilflächenbelastung (siehe Abschnitt 6.10) sowie mehrachsiger Druckbeanspruchung (z.B. bei der Bemessung von Fachwerkknoten) erhöht werden.

6 Beanspruchungsarten und Bemessungsverfahren

Tafel 1: Zulässige Betondruckspannungen zul σ_b im Bruchzustand[1]

Betonfestigkeitsklasse	β_W		B 5	B 10	B 15	B 25	B 35	B 45	B 55
Nennfestigkeit [1)]	β_{WN}	[MN/m²]	5	10	15	25	35	45	55
E-Modul	E	[MN/m²]	-	22 000	26 000	30 000	34 000	37 000	39 000
Rechenfestigkeit	β_R	[MN/m²]	3,5	7	10,5	17,5	23	27	30
zul $\sigma_b = \beta_R / \gamma$, unbewehrter Beton [2)]			1,7	3,3	5,0	8,3	10,9	10,9 [3)]	10,9 [3)]
zul $\sigma_b = \beta_R / \gamma$, bewehrter Beton [2)]			-	-	5,0	8,3	10,9	12,9	14,3

[1)] Mindestwert für die Druckfestigkeit β_{W28} jedes Würfels. Ihr liegt das 5%-Quantil der Grundgesamtheit zugrunde.
[2)] Erhöhung bei Teilflächenbelastung, kein Knicken, $\gamma = 2{,}1$; bei [3)] ist $\gamma > 2{,}1$
[3)] Erhöhung bei Teilflächenbelastung, $\gamma > 2{,}1$

Tafel 2: σ-ε-Linie der Betonstähle sowie Dehnungswerte [‰] bei Beginn des Fließbereiches nach DAfStb-Heft 220, Abs. 1.1, Bild 1.2

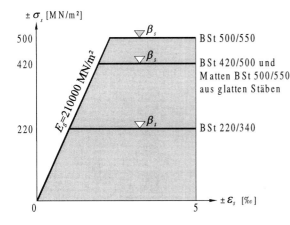

Betonstahlsorte	ε_s [‰]
BSt 220 (nicht genormt)	1,05
BSt 420 S	2,00
BSt 500 S und 500 M	2,38

6.2 Achszug

Bei einer Beanspruchung durch mittigen Zug oder überwiegend Zug (Biegung mit Achszug, $e < z_s$) kann die Bemessung mit Hilfe des Hebelgesetzes nach Abschnitt 7.1 erfolgen. Möglich ist auch eine Anwendung der m/n-Diagramme nach Abschnitt 7.5.

---

[1] Löser, B; Löser, H; Wiese, H; Stritzke, J: Bemessungsverfahren für Beton- und Stahlbetonbauteile, Ernst & Sohn, 19. vollständige neubearbeitete Auflage 1986

6 | Beanspruchungsarten und Bemessungsverfahren

6.3 Einachsige Biegung

Bei einachsiger Biegung mit Normalkraft hängt die Wahl des Bemessungsverfahrens von der Art der Belastung ab (n, M_s, e/d):

- Für überwiegende Druckbeanspruchung ($e/d \leq 3{,}5$) sind die m/n-Diagramme nach Abschnitt 7.5 geeignet. Möglich ist auch eine Anwendung des allgemeinen Bemessungsdiagramms nach Abschnitt 7.4.
- Für überwiegende Biegebeanspruchung, d.h.
    - reine Biegung
    - zusätzliche Drucknormalkraft so, daß $e/d > 3{,}5$
    - zusätzliche Zugnormalkraft so, daß $e > z_s$,

  sind als Bemessungshilfen das allgemeine Bemessungsdiagramm nach Abschnitt 7.4 sowie die k_h- oder m_s-Tafeln nach Abschnitt 7.2 und 7.3 geeignet. Möglich ist auch eine Anwendung der m/n-Diagramme nach Abschnitt 7.5.
- Für überwiegende Zugbeanspruchung $e < z_s$ kann die Bemessung mit Hilfe des Hebelgesetzes nach Abschnitt 7.1 erfolgen. Möglich ist auch eine Anwendung der m/n-Diagramme nach Abschnitt 7.5.

6.4 Zweiachsige Biegung

Bei einer Beanspruchung durch zweiachsige Biegung mit oder ohne Normalkraft kann die Bemessung mit Hilfe der $m_1/m_2/n$-Diagramme nach Abschnitt 7.6 erfolgen.

6.5 Druck

Für Druckglieder müssen zusätzlich zur Bemessung auf Normalkraft (mit und ohne Moment) Stabilitätsnachweise geführt werden. Der wichtigste Stabilitätsnachweis ist der Knicksicherheitsnachweis (KSNW).

Druckglieder werden in Abhängigkeit ihrer Schlankheit in drei Gruppen eingeteilt:

- Druckglieder mit geringer Schlankheit – der KSNW darf entfallen
- Druckglieder mit mäßiger Schlankheit – bei ihnen ist der Einfluß der ungewollten Ausmitte und der Stabauslenkung durch Annahme einer zusätzlichen Ausmitte f zu erfassen
- Druckglieder großer Schlankheit – bei ihnen ist der Einfluß der Stabauslenkung genauer zu erfassen (nach Theorie II. Ordnung)

Besonders im Stahlbetonbau ist auf einen exakt geführten KSNW zu achten, da der große Steifigkeitsverlust beim Übergang von Zustand I in den Zustand II und das Kriechen des Betons eine Vergrößerung der Stabverformungen und damit auch der Schnittkräfte zur Folge hat.

| 6 | Beanspruchungsarten und Bemessungsverfahren |

6.5.1 Ermittlung der Knicklänge s_k und Schlankheit λ

Da Stäbe mit unterschiedlichen Randbedingungen, aber mit gleich großen Knicklängen und gleicher Querschnittsgeometrie stets auch gleich große Knicklasten haben, kann die Berechnung der Knicklast auf den Fall des an beiden Enden gelenkig gelagerten Druckstabes zurückgeführt werden, wenn die Knicklänge s_k des Stabes entsprechend der Lagerungsart bestimmt wird.

Da die Stabilitätsuntersuchung eines ganzen Tragwerkes nur in Sonderfällen möglich und erforderlich ist, schneidet man gedanklich Einzelstäbe aus dem Tragwerk heraus. Für diese Ersatzstäbe ist die Knicklänge unter Berücksichtigung der Lagerungsbedingungen zu bestimmen. Die Knicklänge wird als Abstand der Wendepunkte der Knickbiegelinie definiert.

Vor der Stabilitätsuntersuchung muß entschieden werden, ob es sich beim betrachteten Tragwerk um ein *verschiebliches* oder *unverschiebliches System* handelt. Verschieblich sind jene Tragwerke, bei denen sich die Stabknoten des Systems unter der Wirkung horizontaler Lasten erheblich verschieben können.

Für Kriterien zur Entscheidung darüber, ob ein unverschiebliches oder verschiebliches Tragwerk vorliegt, siehe Kapitel 3.7.

Bestimmung der Knicklänge:

$s_k = \beta \cdot s$ β Knicklängenbeiwerte
- allgemeine Rahmensysteme — Tafel 3
- Kragstützen — Tafel 4
- elastisch eingespannte Stützen — Tafel 6
- einstielige unverschiebliche Rahmen — Tafel 6
- Zweifeldstäbe — Tafel 7

s Stablänge, bei Hochbaustützen Abstand der Rohdecken-OK

6 | Beanspruchungsarten und Bemessungsverfahren

Tafel 3: Nomogramme zur Ermittlung des Knicklängenbeiwertes β für Stützen[1]

unverschieblicher Rahmen	verschieblicher Rahmen
(Rahmenskizze mit $I_{S2}, s_2, I_{R2}, B, I_{R1}, I_{S1}, s_1, A, I_{R3}, I_{R4}, I_{S0}, s_0, l_1, l_2$)	Nur anwendbar, wenn für durchgehende Stützen folgende Bedingungen erfüllt sind: $0{,}8\ (0{,}5)^{*)} \leq \dfrac{s_1}{s_2} \cdot \sqrt{\dfrac{N_1}{N_2} \cdot \dfrac{E_{bS,2} \cdot I_{S,2}}{E_{bS,1} \cdot I_{S,1}}} \leq 1{,}25\ (2{,}0)^{*)}$ $\varepsilon_i = s_i \cdot \sqrt{\dfrac{N_i}{E_i \cdot I_i}} \approx \text{const}$
Nomogramm mit k_A, $\beta = s_K/s$, k_B — Bereich "Verwendung nicht empfohlen!" unterhalb $\beta \approx 0{,}85$	Nomogramm mit k_A, $\beta = s_K/s$, k_B — Bereich "Verwendung nicht empfohlen!" unterhalb $\beta \approx 1{,}15$
k_A bzw. $k_B = \dfrac{\sum\left(\dfrac{E_{bS} \cdot I_S}{s}\right)}{\sum\left(\dfrac{E_{bR} \cdot I_R}{l}\right)} \geq 0{,}4$	k_A bzw. $k_B = \dfrac{\sum\left(\dfrac{E_{bS} \cdot I_S}{s}\right)}{\sum\left(\dfrac{E_{bR} \cdot I_{R,\text{eff}}}{l}\right)} \geq 0{,}4$
bei $E_{bS} = E_{bR} = $ const vereinfachen sich die Formeln	Riegel beidseitig eingespannt: $I_{R,\text{eff}} = 0{,}70 \cdot I_R$ Riegel am anderen Ende gelenkig gelagert: $I_{R,\text{eff}} = 0{,}35 \cdot I_R$

*) Erweiterter Anwendungsbereich nach Angaben von Opladen, 1977 im HdT, Essen.

Die Nomogramme wurden abgeleitet für den Fall eines regelmäßigen Rahmens mit vielen Stockwerken und Feldern. Die Lasten werden nur als Knotenlasten, nicht aber als Riegelbelastungen eingeführt.

---

[1] DAfStb Heft 220, Abs. 4.3.1.1, Bild 4.3.1

6 Beanspruchungsarten und Bemessungsverfahren

Tafel 4: Knicklängenbeiwerte β von Kragstützen [1]

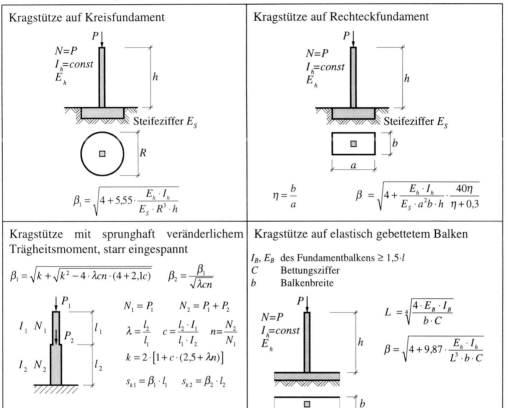

---

[1] Günther, H.: Einige Formeln zur Berechnung von Ersatzstablängen für den Knicknachweis, Die Bautechnik 1973, Heft 9, S. 304 - 311

6 Beanspruchungsarten und Bemessungsverfahren

Fortsetzung von Tafel 4

Kragstütze auf Pfahlrost	Kragstütze mit sprunghaft veränderlichem Trägheitsmoment, in Rechteckfundament eingespannt
I_P Trägheitsmoment des Pfahlrostes E_P Elastizitätsmodul der Pfähle l_P Pfahllänge A_P Fläche eines Pfahles r_i Abstand eines Pfahles vom Schwerpunkt aller Pfähle 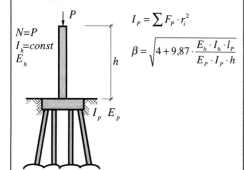 $N=P$, $I_h = const$, E_h $I_P = \sum F_P \cdot r_i^2$ $\beta = \sqrt{4 + 9{,}87 \cdot \dfrac{E_h \cdot I_h \cdot l_P}{E_P \cdot I_P \cdot h}}$	$k = 2 + 2c \cdot (2{,}5 + \lambda n) + (1 + \lambda n) \cdot c \cdot \dfrac{20\eta \cdot E_B \cdot I_2}{l_2 \cdot a^2 b \cdot E_S(\eta + 0{,}3)}$ $q = 4\lambda cn \cdot \left[4 + 2{,}1c + (1 + 0{,}7c) \cdot \dfrac{40\eta \cdot E_B \cdot I_2}{l_2 \cdot a^2 b \cdot E_S(\eta + 0{,}3)} \right]$ Steifeziffer E_S $N_1 = P_1 \qquad N_2 = P_1 + P_2$ $\lambda = \dfrac{l_2}{l_1} \qquad c = \dfrac{l_2 \cdot I_1}{l_1 \cdot I_2}$ $n = \dfrac{N_2}{N_1} \qquad \eta = \dfrac{b}{a}$ $\beta_1 = \sqrt{k + \sqrt{k^2 - q}}$ $\beta_2 = \dfrac{\beta_1}{\sqrt{\lambda cn}}$ $s_{k1} = \beta_1 \cdot l_1 \qquad s_{k2} = \beta_2 \cdot l_2$
Stütze mit gleichmäßig veränderlichem Querschnitt	Stütze mit sprunghaft veränderlichem Querschnitt
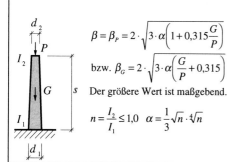 $\beta = \beta_P = 2 \cdot \sqrt{3 \cdot \alpha \left(1 + 0{,}315 \dfrac{G}{P} \right)}$ bzw. $\beta_G = 2 \cdot \sqrt{3 \cdot \alpha \left(\dfrac{G}{P} + 0{,}315 \right)}$ Der größere Wert ist maßgebend. $n = \dfrac{I_2}{I_1} \leq 1{,}0 \qquad \alpha = \dfrac{1}{3}\sqrt{n} \cdot \sqrt[4]{n}$	n Anzahl Stababschnitte mit konstantem Querschnitt s_i, I_i, l_i Werte eines Stababschnittes mit konstantem Querschnitt 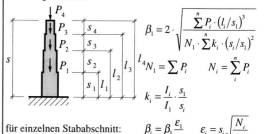 $\beta_1 = 2 \cdot \sqrt{\dfrac{\sum\limits_{}^{n} P_i \cdot (l_i/s_1)^3}{N_1 \cdot \sum\limits_{}^{n} k_i \cdot (s_i/s_1)^2}}$ $N_1 = \sum P_i \qquad N_i = \sum\limits_{i}^{} P_i$ $k_i = \dfrac{I_i \cdot s_1}{I_1 \cdot s_i}$ für einzelnen Stababschnitt: $\beta_i = \beta_1 \dfrac{\varepsilon_1}{\varepsilon_i} \qquad \varepsilon_i = s_i \sqrt{\dfrac{N_i}{EI_i}}$

Allerdings wird in DAfStb-Heft 220 für einseitig eingespannte Stützen empfohlen, den KSNW nicht nach dem Ersatzstabverfahren zu führen, in dem von Knicklängen nach der Elastizitätstheorie ausgegangen wird (Tafel 4) sondern es sollten die Knicklängen nach Tafel 5 bestimmt werden.

6 | Beanspruchungsarten und Bemessungsverfahren

Tafel 5: Knicklängenbeiwerte elastisch eingespannter Stützen[1]

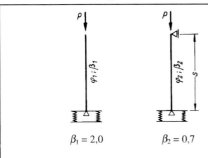

$s_k = \beta_{starr} \cdot \varphi \cdot s$

φ aus nebenstehendem Diagramm ablesen

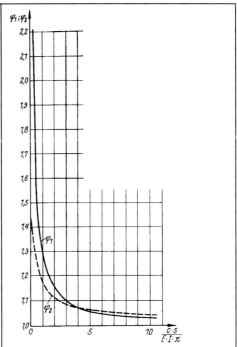

---

[1] DAfStb Heft 220, Abs. 4.3.1.2, Bilder 4.3.5 und 4.3.6

6 Beanspruchungsarten und Bemessungsverfahren

Tafel 6: Knicklängenbeiwerte elastisch eingespannter Einfeldstäbe und einstieliger unverschieblicher Rahmen[1]

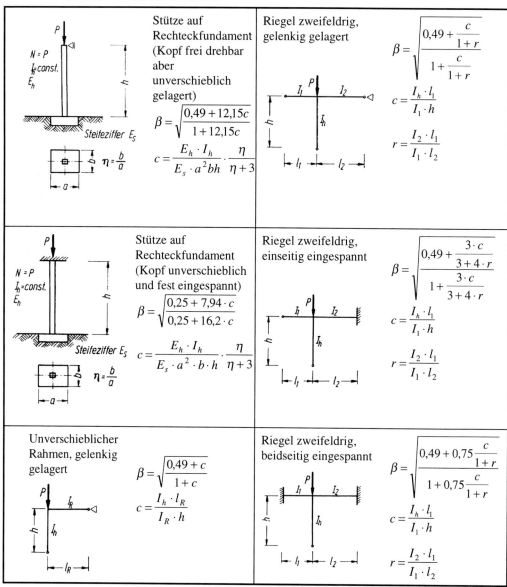

Stütze auf Rechteckfundament (Kopf frei drehbar aber unverschieblich gelagert) $$\beta = \sqrt{\frac{0{,}49 + 12{,}15c}{1 + 12{,}15c}}$$ $$c = \frac{E_h \cdot I_h}{E_s \cdot a^2 bh} \cdot \frac{\eta}{\eta + 3}$$	Riegel zweifeldrig, gelenkig gelagert	$$\beta = \sqrt{\frac{0{,}49 + \dfrac{c}{1+r}}{1 + \dfrac{c}{1+r}}}$$ $$c = \frac{I_h \cdot l_1}{I_1 \cdot h}$$ $$r = \frac{I_2 \cdot l_1}{I_1 \cdot l_2}$$
Stütze auf Rechteckfundament (Kopf unverschieblich und fest eingespannt) $$\beta = \sqrt{\frac{0{,}25 + 7{,}94 \cdot c}{0{,}25 + 16{,}2 \cdot c}}$$ $$c = \frac{E_h \cdot I_h}{E_s \cdot a^2 \cdot b \cdot h} \cdot \frac{\eta}{\eta+3}$$	Riegel zweifeldrig, einseitig eingespannt	$$\beta = \sqrt{\frac{0{,}49 + \dfrac{3 \cdot c}{3+4 \cdot r}}{1 + \dfrac{3 \cdot c}{3+4 \cdot r}}}$$ $$c = \frac{I_h \cdot l_1}{I_1 \cdot h}$$ $$r = \frac{I_2 \cdot l_1}{I_1 \cdot l_2}$$
Unverschieblicher Rahmen, gelenkig gelagert $$\beta = \sqrt{\frac{0{,}49 + c}{1 + c}}$$ $$c = \frac{I_h \cdot l_R}{I_R \cdot h}$$	Riegel zweifeldrig, beidseitig eingespannt	$$\beta = \sqrt{\frac{0{,}49 + 0{,}75\dfrac{c}{1+r}}{1 + 0{,}75\dfrac{c}{1+r}}}$$ $$c = \frac{I_h \cdot l_1}{I_1 \cdot h}$$ $$r = \frac{I_2 \cdot l_1}{I_1 \cdot l_2}$$

---

[1] Günther, H.: Einige Formeln zur Berechnung von Ersatzstablängen für den Knicknachweis, Die Bautechnik 1973, Heft 9, S. 304 - 311

6 | Beanspruchungsarten und Bemessungsverfahren

Fortsetzung Tafel 6

Riegel eingespannt 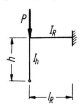	$\beta = \sqrt{\dfrac{0,49 + 0,75 \cdot c}{1 + 0,75 \cdot c}}$ $c = \dfrac{I_h \cdot l_R}{I_R \cdot h}$	Riegel zweifeldrig, gelenkig gelagert, Stiel eingespannt 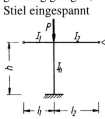	$\beta = \sqrt{\dfrac{0,75 + 1,96\dfrac{c}{1+r}}{3 + 4\dfrac{c}{1+r}}}$ $c = \dfrac{I_h \cdot l_1}{I_1 \cdot h}$ $r = \dfrac{I_2 \cdot l_1}{I_1 \cdot l_2}$
Stiel eingespannt 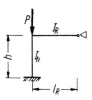	$\beta = \sqrt{\dfrac{0,75 + 1,96 \cdot c}{3 + 4 \cdot c}}$ $c = \dfrac{I_h \cdot l_R}{I_R \cdot h}$	Riegel zweifeldrig, einseitig eingespannt, Stiel eingespannt 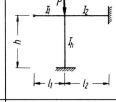	$\beta = \sqrt{\dfrac{0,25 + \dfrac{5,88 \cdot c}{3 + 4 \cdot r}}{1 + \dfrac{12 \cdot c}{3 + 4 \cdot r}}}$ $c = \dfrac{I_h \cdot l_1}{I_1 \cdot h}$ $r = \dfrac{I_2 \cdot l_1}{I_1 \cdot l_2}$
Stiel und Riegel eingespannt 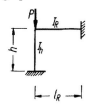	$\beta = \sqrt{\dfrac{1 + 1,96 \cdot c}{4 + 4 \cdot c}}$ $c = \dfrac{I_h \cdot l_R}{I_R \cdot h}$	Riegel zweifeldrig, beidseitig eingespannt, Stiel eingespannt 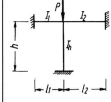	$\beta = \sqrt{\dfrac{1 + \dfrac{1,96 \cdot c}{1+r}}{4 + \dfrac{4 \cdot c}{1+r}}}$ $c = \dfrac{I_h \cdot l_1}{I_1 \cdot h}$ $r = \dfrac{I_2 \cdot l_1}{I_1 \cdot l_2}$

| 6 | Beanspruchungsarten und Bemessungsverfahren |

Tafel 7: Knicklängenbeiwerte von Zweifeldstäben[1]

$N_1 = P_1 + P_2$ $\quad s_{k1} = \beta_1 \cdot l_1$ $\quad \lambda = \dfrac{l_2}{l_1}$ $\quad c = \dfrac{l_2 \cdot I_1}{l_1 \cdot I_2}$ $\quad n = \dfrac{N_2}{N_1}$

$N_2 = P_2$ $\quad s_{k2} = \beta_2 \cdot l_2$

	Frei drehbar gelagerter Stab mit Kragarm $k = 0{,}5 + \lambda \cdot n \cdot (1{,}65 + 2 \cdot c)$ $\beta_1 = \sqrt{k + \sqrt{k^2 - \lambda n (1{,}35 + 4c)}}$ $\beta_2 = \dfrac{\beta_1}{\sqrt{\lambda \cdot c \cdot n}}$		Frei drehbar gelagerter Stab über 3 Stützen $k = \dfrac{0{,}49 + c + \lambda c n (1 + 0{,}49 c)}{2 \cdot (1 + c)}$ $\beta_1 = \sqrt{k + \sqrt{k^2 - 0{,}49 \lambda c n}}$ $\beta_2 = \dfrac{\beta_1}{\sqrt{\lambda \cdot c \cdot n}}$
	Einseitig eingespannter Stab mit Kragarm $k = 0{,}5 \big(0{,}49 + \lambda n (2{,}47 + 4c) \big)$ $\beta_1 = \sqrt{k + \sqrt{k^2 - 0{,}49 \lambda n (1{,}4 + 4c)}}$ $\beta_2 = \dfrac{\beta_1}{\sqrt{\lambda \cdot c \cdot n}}$		Einseitig eingespannter Stab über 3 Stützen $k = \dfrac{0{,}75 + 1{,}96 c + \lambda c n (3 + 1{,}96 c)}{2 (3 + 4c)}$ $\beta_1 = \sqrt{k + \sqrt{k^2 - 0{,}25 \lambda c n}}$ $\beta_2 = \dfrac{\beta_1}{\sqrt{\lambda \cdot c \cdot n}}$

Stützenreihen wie das Beispiel in Tafel 8 müssen besonders untersucht werden, weil sich die „angekoppelten" Stützen auswirken. Der Bezugsstiel wird so gewählt, daß $0 \le \rho \le 1{,}0$ gilt; es ergibt sich β_1 aus dem Diagramm in Tafel 8, so daß

$$s_{k1} = \beta_1 \cdot l_1 \quad \text{und} \quad s_{k2} = \beta_2 \cdot l_2$$

ermittelt werden kann, wobei

$$\beta_2 = \frac{\beta_1}{\rho}$$

Für $V_1 = V_2$ und $EI_1 = EI_2$ aber $l_1 \ne l_2$ wird dennoch $s_{k1} = s_{k2}$; dies gilt auch, wenn unter derselben Bedingung mehrere Stiele miteinander gekoppelt sind.

---

[1] Günther, H.: Einige Formeln zur Berechnung von Ersatzstablängen für den Knicknachweis, Die Bautechnik 1973, Heft 9, S. 304 - 311

6 | Beanspruchungsarten und Bemessungsverfahren

Tafel 8: Knicklängenbeiwerte gekoppelter Stützenreihen[1]

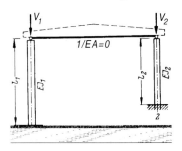

$$\mu = \frac{V_2}{V_1} \cdot \frac{l_1}{l_2}; \quad \rho = \frac{l_2}{l_1} \cdot \sqrt{\frac{V_2}{V_1} \cdot \frac{EI_1}{EI_2}}$$

$$0 \leq \rho \leq 1$$

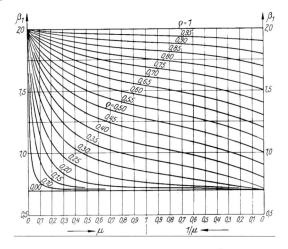

Werden eine oder mehrere Pendelstützen mit einer Stabilisierungsstütze verbunden (siehe Tafel 9), führen die angehängten Stützen zu einer deutlichen Vergrößerung der Knicklänge der Stabilisierungsstütze, die mit Hilfe des Diagramms in Tafel 9 ermittelt werden kann.

Tafel 9: Knicklängenbeiwerte von Pendelstützen mit Stabilisierungsstützen[2]

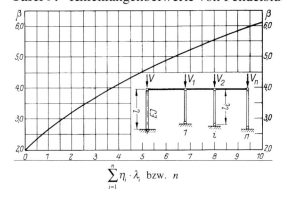

$$\lambda_i = \frac{l}{l_i} \qquad \eta_i = \frac{V_i}{V}$$

n   Anzahl der Pendelstützen

$$\sum_{i=1}^{n} \eta_i \cdot \lambda_i \text{ bzw. } n$$

---

[1] DAfStb Heft 220, Abs. 4.3.1.2, Bilder 4.3.7 und 4.3.8

[2] DAfStb Heft 220, Abs. 4.3.1.2, Bild 4.3.9

6 | Beanspruchungsarten und Bemessungsverfahren

6.5.2 Knickspannungsnachweis

6.5.2.1 Wegfall des Knicksicherheitsnachweises (geringe Schlankheit)

Wenn eine der drei nachfolgenden Voraussetzungen erfüllt ist, darf auf den Knicksicherheitsnachweis verzichtet werden:
- Schlankheit $\lambda \leq 20$
- die bezogene Lastausmitte e/d beträgt
  - für $\lambda \leq 70$: $\quad \dfrac{e}{d} \geq 3{,}50$
  - für $\lambda > 70$: $\quad \dfrac{e}{d} \geq 3{,}50 \cdot \dfrac{\lambda}{70}$
- es handelt sich um ein unverschieblich gehaltenes eingespanntes Druckglied mit einer Schlankheit kleiner der Grenzschlankheit

$$\lim \lambda = 45 - 25 \cdot \frac{M_1}{M_2} \qquad \begin{array}{l} M_1, M_2 \quad \text{Einspannmomente;} \\ |M_2| \geq |M_1| \end{array}$$

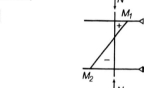

und bei welchem innerhalb der Stiellänge keine Querlasten angreifen. Wird der Bereich $\lim \lambda > 45$ ausgenutzt, muß für

$$|M_2| \geq |M_1| \geq |N \cdot 0{,}10 \cdot d|$$

bemessen werden, wenn kein genauer Nachweis geführt wird.

6.5.2.2 Druckglieder mit $\lambda < 70$ (mäßige Schlankheit)

Der Einfluß der ungewollten Ausmitte und der Stabauslenkung wird durch Annahme einer zusätzlichen Ausmitte f erfaßt:

- für $0 \leq \dfrac{e}{d} < 0{,}30$: $\qquad f = d \cdot \dfrac{\lambda - 20}{100} \cdot \sqrt{0{,}10 + \dfrac{e}{d}} \geq 0$

- für $0{,}30 \leq \dfrac{e}{d} < 2{,}50$: $\qquad f = d \cdot \dfrac{\lambda - 20}{160} \geq 0$

- für $2{,}50 \leq \dfrac{e}{d} \leq 3{,}50$: $\qquad f = d \cdot \dfrac{\lambda - 20}{160} \cdot \left(3{,}50 - \dfrac{e}{d} \right) \geq 0$

6   Beanspruchungsarten und Bemessungsverfahren

$\lambda = \dfrac{s_k}{i}$ Schlankheit

s_k Knicklänge

$i = \sqrt{\dfrac{I_b}{A_b}}$ Trägheitsradius in Knickrichtung für den Betonquerschnitt, bezogen auf die Knickrichtung

I_b Trägheitsmoment des Betonquerschnitts

A_b Fläche des Betonquerschnitts

$e = \left|\dfrac{M}{N}\right|$ größte planmäßige Ausmitte des Lastangriffes unter Gebrauchslast ohne Berücksichtigung der Stabauslenkung im mittleren Drittel der Stabauslenkung bzw. der Knicklänge

d Querschnittsabmessung in Knickrichtung

- Die Bemessung des Stabes erfolgt nun auf Biegung mit Längskraft unter Berücksichtigung des Zusatzmomentes

$$M = |N \cdot f|$$

z.B. mit Hilfe der *m/n*-Diagramme nach Abschnitt 7.5 oder des allgemeinen Bemessungsdiagramms nach Abschnitt 7.4.

6.5.2.3 Druckglieder mit $\lambda > 70$ (große Schlankheit)

Im allgemeinen sind 2 Arbeitsschritte erforderlich:

1. Regelbemessung
2. Nachweis des stabilen Gleichgewichtszustandes unter 1,75-facher Gebrauchslast (in ungünstigster Stellung) am verformten Tragwerk (Theorie II. Ordnung) unter Berücksichtigung von:
   - planmäßiger Ausmitte
   - ungewollter Ausmitte bzw. Stabkrümmung
   - evtl. Kriechverformung

Für den Knicksicherheitsnachweis (KSNW) empfiehlt sich folgende Vorgehensweise:

Der Ersatzstab wird im mittleren Drittel der Knicklänge mit Nomogrammen bemessen. (siehe Kapitel 7.7)

Voraussetzungen:

- A_b = const.
- $A_{s1} = A_{s2}$ = const.
- M = const.
- keine Querlasten

6 | Beanspruchungsarten und Bemessungsverfahren

In den Nomogrammen ist die ungewollte Ausmitte bereits eingearbeitet!

Kriechen kann durch die zusätzliche Lastausmitte e_k berücksichtigt werden!

Anwendung der Nomogramme in diesem Fall für:

- um e_k vergrößerte planmäßige Lastausmitte
- entsprechend vergrößertes Moment

Anwendungsgrenzen:

- ist $e/d > 2$ und tot $\omega_o > 1$, dürfen Nomogramme nur für Schlankheiten $s_k/d < 45$ angewendet werden!
- ist $e/d < 0,1$ und tot $\omega_o > 0,5$, muß bei Anwendung der Nomogramme IV-R2-05 bis 30 und IV-R4-05 bis 15 auf der s_k/d-Leiter mit $e/d = 0,1$ gearbeitet werden! Im Nomogramm IV-R4-20 ist in diesem Fall immer mit $e/d = 0,1$ zu arbeiten.

Anwendung der Nomogramme:

1. Auswahl der richtigen Tafel in Abhängigkeit von:

- $d_1/d \approx d_2/d$
- Betonstahlsorte
- Bewehrungsanordnung (zwei- oder vierseitig)

2. Knicklängenberechnung (siehe Kapitel 6.5.1)

3. Berechnung des maßgeblichen Biegemomentes M:

- bei verschieblichen Systemen: $M = M_2$
- bei unverschieblichen Systemen: $M = M_0$

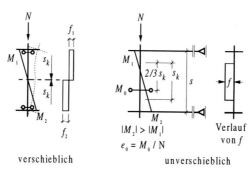

○—○ Bemessungsschnitte für KSNW

Bild 5:   Bemessungsquerschnitte für den Knicksicherheitsnachweis nach DIN 1045, Abschnitt 17.4.3

6 Beanspruchungsarten und Bemessungsverfahren

4. Tafeleingangswerte
- rechte Ordinate:
  - Schlankheit $\dfrac{s_k}{d}$
  - bezogene Ausmitte $\dfrac{e}{d}$ (mit $e = \dfrac{M}{N}$ gemäß 3.)
- linke Ordinate:
  - bezogenes Moment: $m^I = \dfrac{M[MN]}{A_b[m^2] \cdot d[m] \cdot \beta_R [MN/m^2]}$

  (mit β_R = Rechenwert der Betondruckfestigkeit)
- mittlere Kurvenschar:
  - bezogene Normalkraft $n^I = \dfrac{N[MN]}{A_b[m^2] \cdot \beta_R [MN/m^2]}$

  (N als Druckkraft negativ)

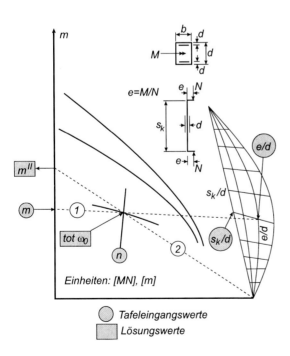

Bild 6: Nomogramme für $\lambda > 70$

| 6 | Beanspruchungsarten und Bemessungsverfahren |

5. Anwendung

gegeben: $m^I, n^I, \dfrac{s_k}{d}, \dfrac{e}{d}$

gesucht: $tot\,\omega_0$ bzw. $tot\,\mu_0 = \dfrac{tot\,\omega_0}{(\beta_s/\beta_R)}$.

Lösung: Die Ablesegerade 1 schneidet die Gerade n^I im Punkt P.

Im Punkt P ist dann der mechanische Bewehrungsgrad

$$tot\,\omega_0 = tot\,\mu_0 \cdot \dfrac{\beta_s}{\beta_R} \quad \text{ablesbar.}$$

insgesamt einzulegende Bewehrung $tot\,A_S$:

$tot\,A_S = tot\,\mu_0 \cdot A_b$

Bewehrungsverteilung gemäß vorgesehener Bewehrungsanordnung (siehe 1.)

6. Zusatzmoment ΔM nach Theorie II. Ordnung

(von Bedeutung u.a. bei verschieblichen Systemen, wo die durch Stabverformung hervorgerufenen Zusatzmomente ΔM von den <u>unmittelbar</u> anschließenden Bauteilen aufzunehmen sind!)

gegeben: Ablesegerade 2 (durch n^I, $tot\,\omega_0$, $s_k/d = 0$)

gesucht: Moment nach Theorie II. Ordnung (M^{II}) bzw. Zusatzmoment ΔM

Lösung: Ablesegerade 2 (durch $s_k/d = 0$ und Punkt P) liefert im Schnittpunkt mit der m-Achse das Moment nach Theorie II. Ordnung m^{II}

$m^{II} = m^I + \Delta m$

$M^{II} = m^{II} \cdot A_b \cdot d \cdot \beta_R \quad$ [MNm]

Zusatzmomente infolge Stabverformung:

$\Delta M = M^{II} - M^I$

(mit $M^I = M$ nach 3. für das verschiebliche System)

6 | Beanspruchungsarten und Bemessungsverfahren

Verteilung der Zusatzmomente ΔM auf die anschließenden Stäbe gemäß Tafel 10:

Tafel 10: Zusatzmomente ΔM in einspannenden Bauteilen

1	2	3	4
Riegelmoment um $\Delta M = N \cdot f$ erhöhen	Riegelmoment 2_r um $\Delta M = N_0 \cdot f_0 + N_u \cdot f_u$ erhöhen	Zusatzmoment $\Sigma M = N_0 \cdot f_0 + N_u \cdot f_u$ im Verhältnis der Riegelsteifigkeit verteilen. Riegelmomente bei 3_l und 3_r um ΔM_l bzw. ΔM_r erhöhen	Einspannmoment um $\Delta M = N \cdot f$ erhöhen
(Skizze mit N, 1_r)	(Skizze mit N_o, 2_o, 2_u, 2_r, N_u)	(Skizze mit N_o, 3_o, 3_l, 3_r, 3_u, N_u, $k_l = J_l/l_l$, $k_r = J_r/l_r$) $\Delta M_l = \sum M \cdot \dfrac{k_l}{k_l + k_r}$ $\Delta M_r = \sum M \cdot \dfrac{k_r}{k_l + k_r}$	(Skizze mit N, 4_o)

Die Nomogramme zur Berechnung des Standardstabs für den KSNW bei $\lambda > 70$ sind im Kapitel 7.7 „e/d-Diagramme" zu finden.

6 Beanspruchungsarten und Bemessungsverfahren

6.6 Querkraft

6.6.1 Grundwert der Schubspannung

1. Ermittlung der maßgebenden Querkraft Q_S:
   - bei konstanter Balkenhöhe

mittelbare (indirekte) Stützung	maximale Querkraft am Auflagerrand
unmittelbare (direkte) Stützung	Querkraft im Abstand $0{,}5 \cdot h$ vom Auflagerrand

Bei der Ermittlung des Q-Anteils aus einer Einzellast im Abstand $a \leq 2 \cdot h$ von der Auflagermitte darf im Verhältnis

$$\frac{a}{2 \cdot h}$$

abgemindert werden. (Gilt nicht für den Nachweis $\tau_0 \leq \tau_{03}$)

   - bei veränderlicher Balkenhöhe

allgemein	$Q_S = Q \mp \dfrac{M_S}{h} \cdot \tan \alpha$ *)
Wenn Voute auf der Zugseite	$Q_S = Q \mp \left(\dfrac{M_S}{h} + N \right) \cdot \tan \alpha$ *)

*) Vorzeichenregelung: Subtraktion, wenn sich h und $|M|$ gleichsinnig ändern

2. Grundwert der Schubspannung $\tau_0 = \dfrac{Q_s}{b_0 \cdot z}$

$$\max \tau_0 = \frac{Q_s}{\min b_0 \cdot z}$$

Q_s maßgebende Querkraft

$\min b_0$ minimale Breite im gezogenen Bereich des Bemessungsquerschnittes

z Hebelarm der inneren Kräfte im Zustand II
- allgemein: $k_z \cdot h$
- näherungsweise: $h - d/2$ Plattenbalken
      $0{,}85 \cdot h$ Rechteckquerschnitt
      $0{,}90 \cdot h$ Rechteckquerschnitt mit geringer Biegebeanspruchung

6 Beanspruchungsarten und Bemessungsverfahren

3. Kontrolle lim τ_0

$\tau_0 \leq \lim \tau_0$ lim τ_0 nach Tafel 11

Wird diese Forderung nicht eingehalten, muß die Geometrie verändert oder eine höhere Betonfestigkeitsklasse vorgesehen werden. Der durch τ_0 ermittelte Schubbereich gilt für den gesamten Bauteilbereich, in dem die Querkraft das Vorzeichen nicht ändert (sog. Schubabschnitt).

Tafel 11: Grenzen der Grundwerte lim τ_0 unter Gebrauchslast [MN/m^2][1]

Schub-Bereich	Bauteil		max τ_0	lim τ_0					Schubdeckung
				B 15	B 25	B 35	B 45	B 55	
1	Platten [1])	a)	τ_{011}	0,25	0,35	0,40	0,50	0,55	i. allg. keine
		b)		0,35	0,50	0,60	0,70	0,80	
	Balken [2])		τ_{012}	0,50	0,75	1,00	1,10	1,25	konstruktive
2	Platten, Balken		τ_{02}	1,20	1,80	2,40	2,70	3,00	verminderte
3	Balken [2])		τ_{03}	2,00	3,00	4,00	4,50	5,00	volle
				nur bei d bzw. $d_0 \geq 30$ cm					

[1]) Zeile a) gilt bei gestaffelter, d.h. teilweise im Zugbereich verankerter Bewehrung
[2]) Rechteckige Balkenquerschnitte mit $b > 5 \cdot d$ dürfen wie Platten behandelt werden

6.6.2 Ermittlung der Schubbewehrung

Tafel 12: Berechnung der Schubspannungen[2]

Schubbereich	bei Platten		bei Balken	
	Anwendungsgrenzen [1])	Bemessungswert für Schubbewehrung	Anwendungsgrenzen	Bemessungswert für Schubbewehrung
1	$\tau_0 \leq k_i \cdot \tau_{011}$	Verzicht auf Bewehrung	$\tau_0 \leq \tau_{012}$	$\tau = 0{,}4 \cdot \tau_0$ [2])
2	$k_i \cdot \tau_{011} < \tau_0 \leq \tau_{02}$	$\tau = \dfrac{\tau_0^2}{\tau_{02}} \geq 0{,}4 \cdot \tau_0$	$\tau_{012} < \tau_0 \leq \tau_{02}$	$\tau = \dfrac{\tau_0^2}{\tau_{02}} \geq 0{,}4 \cdot \tau_0$
3		nicht erlaubt	$\tau_{02} < \tau_0 \leq \tau_{03}$ und d bzw. $d_0 \geq 30$ cm	$\tau = \tau_0$

[1]) k_i siehe nächste Seite
[2]) darin Mindestbügelbewehrung für $\tau = 0{,}25 \cdot \tau_0$

---

[1] DIN 1045, Tabelle 3
[2] DIN 1045, Absatz 17.5.5

6 Beanspruchungsarten und Bemessungsverfahren

Tafel 13: Ermittlung der Schubbewehrung[1]

Bauteil	SB	max τ_0	Grenzwert τ_0 [MN/m²]					Nachweis der Schubdeckung a_s [cm²/m] für BSt 500, b in cm, τ_0 und τ_{02} in MN/m²	
			B15	B25	B35	B45	B55	Gesamte Schubbewehrung für senkrechte Bewehrung	davon Mindestbügel-bewehrung
Platten ($b > 5 \cdot d$)	1 a	τ_{011}	0,25	0,35	0,40	0,50	0,55	Keine Schubbewehrung für $d \leq 30$ cm, wenn $\tau_0 \leq \tau_{011}$	nicht erforderlich[2]
			Feldbewehrung gestaffelt						
	1 b		0,35	0,50	0,60	0,70	0,80	für $d > 30$ cm, wenn $\tau_0 \leq k_1 \cdot \tau_{011}$ [1] bzw. $\tau_0 \leq k_2 \cdot \tau_{011}$ [1]	
			Feldbewehrung durchgehend						
	2	τ_{02}	1,20	1,80	2,40	2,70	3,00	sonst $a_s = \dfrac{\tau_0^2 \cdot b}{\tau_{02} \cdot 2,86}$	
Platten-balken[4] Balken	1	τ_{012}	0,50	0,75	1,00	1,10	1,25	$a_s = \dfrac{0,4 \cdot \tau_0 \cdot b}{2,86}$	$a_s = \dfrac{0,25 \cdot \tau_0 \cdot b}{2,86}$
	2	τ_{02}	1,20	1,80	2,40	2,70	3,00	$a_s = \dfrac{\tau_0^2 \cdot b}{\tau_{02} \cdot 2,86}$	
	3	τ_{03}	2,00	3,00	4,00	4,50	5,00	$a_s = \dfrac{\tau_0 \cdot b}{2,86}$ [3]	
			zulässig nur für d bzw. $d_o \geq 30$ cm						

1) Für dicke Platten ($d > 30$ cm) gilt:

$\text{Ort}_{\max M} = \text{Ort}_{\max Q}$: $\quad k_1 = \dfrac{0,2}{d[\text{m}]} + 0,33 \begin{cases} \geq 0,5 \\ \leq 1,0 \end{cases}$

$\text{Ort}_{\max M} \neq \text{Ort}_{\max Q}$: $\quad k_2 = \dfrac{0,12}{d[\text{m}]} + 0,60 \begin{cases} \geq 0,7 \\ \leq 1,0 \end{cases}$

2) Bei der Verwendung von Schubzulagen siehe DIN 1045, 18.8.4

3) Gilt für den ganzen zugehörigen Querkraftbereich gleichen Vorzeichens

4) Bei Plattenbalken muß anstatt b die Stegbreite b_0 eingesetzt werden.

---

[1] DIN 1045, Tabelle 13 und Abschnitt 17.5.5

6 Beanspruchungsarten und Bemessungsverfahren

6.7 Torsion

$$\tau_T = \frac{M_T}{W_T}$$

M_T Torsionsmoment

W_T Torsionswiderstandsmoment

Tafel 14: Torsionsträgheitsmomente I_T und Torsionswiderstandsmomente W_T[1]

Querschnitt	I_T	W_T	Bemerkungen
Kreis, d	$\dfrac{\pi}{32} \cdot d^4$	$\dfrac{\pi}{16} \cdot d^3$	
Kreisring, d_a, d_i	$\dfrac{\pi}{32} \cdot (d_a^4 - d_i^4)$	$\dfrac{\pi}{16} \cdot \left(\dfrac{d_a^4 - d_i^4}{d_a}\right)$	
Dünnwandiger Kreisring, d, t	$\dfrac{\pi}{4} \cdot d^3 \cdot t$	$\dfrac{\pi}{2} \cdot d^2 \cdot t$	Bedingung: $t \ll d$
Ellipse, $a \geq b$	$\dfrac{\pi}{16} \cdot \dfrac{a^3 \cdot b^3}{a^2 + b^2}$	$\dfrac{\pi}{16} \cdot a \cdot b^2$	Für unregelmäßige Querschnitte wird empfohlen, als Ersatzquerschnitt die eingeschriebene Ellipse zu verwenden.
Hohlellipse, $a \geq b$	$\dfrac{\pi}{16} \cdot \dfrac{a^3 \cdot (b^4 - b_i^4)}{b \cdot (a^2 + b^2)}$	$\dfrac{\pi}{16} \cdot \dfrac{a \cdot (b^4 - b_i^4)}{b^2}$	Formeln gelten nur für dünnwandige Querschnitte
Sechseck, d	$0{,}133 \cdot d^4$	$0{,}188 \cdot d^3$	
Achteck, d	$0{,}130 \cdot d^4$	$0{,}185 \cdot d^3$	
Rechteck, $d \geq b$	$\alpha \cdot b^3 \cdot d$	$\beta \cdot b^2 \cdot d$	

d/b	1,00	1,25	1,50	2,00	3,00	4,00	6,00	8,00	10,00	∞
α	0,140	0,171	0,196	0,229	0,263	0,281	0,299	0,307	0,313	0,333
β	0,208	0,221	0,231	0,246	0,267	0,282	0,299	0,307	0,313	0,333

---

[1] z.T. aus DAfStb Heft 220, Abs. 3.2, Tafel 3.1

6 Beanspruchungsarten und Bemessungsverfahren

Querschnitt	I_T	W_T	Bemerkungen
Dreieck (Seite b, Höhe h)	$\dfrac{b^4}{46{,}19} \approx \dfrac{h^4}{26}$	$\dfrac{b^3}{20} \approx \dfrac{h^3}{13}$	
Spitzes Dreieck (Breite b, Länge a)	$b^3\left(\dfrac{a}{12} - 0{,}105 \cdot b\right)$	$b^2\left(\dfrac{a}{12} - 0{,}105 \cdot b\right)$	Anwendung, wenn spitzer Winkel < 15°
Rechteckhohlprofil (b_k, d_k, t_1, t_2, t_3)	$\dfrac{4 \cdot b_k \cdot d_k}{\dfrac{2}{b_k \cdot t_1} + \dfrac{1}{d_k \cdot t_2} + \dfrac{1}{d_k \cdot t_3}}$	$2 \cdot b_k d_k \cdot \min t$	Formeln gelten nur für dünnwandige Querschnitte: $t_1 \ll b_k$ und $t_2, t_3 \ll d_k$
Geschlossenes dünnwandiges Profil	$2t \cdot (A_a + A_i)\dfrac{A_m}{U_m}$ $\approx 4t \cdot \dfrac{A_m^2}{U_m}$	$t \cdot (A_a + A_i)$ $\approx 2t \cdot A_m$	A_a Fläche innerhalb der äußeren Umrißlinie A_i Fläche innerhalb der inneren Umrißlinie A_k Fläche innerhalb der Mittellinie
Offenes Profil aus mehreren Teilen (b_i, d_i)	$\dfrac{1}{3} \cdot \sum b_i^3 d_i$	$M_{T,i} = M_T \dfrac{I_{T,i}}{\sum I_{T,i}}$ *)	*) Die Aufteilung des Torsionsmoments für die Bemessung auf die einzelnen Querschnittsteile kann unter der Voraussetzung vorgenommen werden, daß sich alle Teile gleich verdrehen. $M_{T,i}$ anteilige Torsionsmoment $I_{T,i}$ anteiliges Torsionsträgheitsmoment
Gekrümmter Streifen (s)	$\dfrac{s^3}{3}(a - 0{,}63 \cdot s)$	$\dfrac{I_T}{s}$	a Länge der Mittellinie
Kreuzprofil (a, b, t)	$\dfrac{t^3}{3}(a + b - 0{,}15t)$	$\dfrac{I_T}{t}$	
L-Profil (a, b, h, t_1, t_2)	$\dfrac{1}{3}(h \cdot t_1^3 + b \cdot t_2^3)$	$\min W_t = \dfrac{I_T}{\max t}$	Formeln gelten nur für dünnwandige Querschnitte
T-Profil (b, d_1, t_1, t_2)	$\dfrac{1}{3}(d_1 \cdot t_1^3 + b \cdot t_2^3)$	$\min W_t = \dfrac{I_T}{\max t}$	Formeln gelten nur für dünnwandige Querschnitte

6 | Beanspruchungsarten und Bemessungsverfahren

Querschnitt	I_T	W_T	Bemerkungen
(U-Profil mit t_1, b_1, b, a_1, t_2)	$\frac{1}{3}(2 \cdot b \cdot t_1^3 + a_1 \cdot t_2^3)$	$\min W_t = \dfrac{I_T}{\max t}$	Formeln gelten nur für dünnwandige Querschnitte
(I-Profil mit b, t_1, t_2, h_1)	$\frac{1}{3}(2 \cdot b \cdot t_1^3 + h_1 \cdot t_2^3)$	$\min W_t = \dfrac{I_T}{\max t}$	Formeln gelten nur für dünnwandige Querschnitte

Tafel 15: Erforderliche Nachweise[1]

	ohne Nachweis der Bewehrung	mit Nachweis der Bewehrung
Torsion	$\tau_T \leq 0{,}25 \cdot \tau_{02}$	$\tau_T \leq \tau_{02}$ [1)]

1) Abminderungen für τ_T sind unzulässig

Berechnung der Bewehrung für BSt 500

$$a_{sT} = \frac{100 \cdot M_T}{2 \cdot A_k \cdot 2{,}86}$$

$a_{sT} = a_{sbü}$ Bügelbewehrung in cm²/m Balkenlänge

$\phantom{a_{sT}} = a_{sl}$ Längsbewehrung in cm²/m Umfang

M_T Torsionsmoment in MNm

$A_k = d_k \cdot b_k$ Kernquerschnitt in m²

[1] DIN 1045, Abschnitt 17.5.6

6 Beanspruchungsarten und Bemessungsverfahren

6.8 Querkraft und Torsion

$$\tau_T = \frac{M_T}{W_T}$$

M_T Torsionsmoment siehe Kapitel 6.7

W_T Torsionswiderstandsmoment

Tafel 16: Erforderliche Nachweise[1]

	ohne Nachweis der Bewehrung	mit Nachweis der Bewehrung
Torsion	• $\tau_T \leq 0{,}25 \cdot \tau_{02}$	• $\tau_T \leq \tau_{02}$ [1)]
Querkraft + Torsion	–	• $\tau_0 \leq \tau_{03}$ [2)] • $\tau_T \leq \tau_{02}$ [1)] • $\dfrac{\tau_0}{\tau_{03}} + \dfrac{\tau_T}{\tau_{02}} \leq 1{,}3$ [1) 2)]

1) Abminderungen für τ_T sind unzulässig

2) Für $d < 30$ cm tritt τ_{02} an die Stelle von τ_{03}

$$a_s = a_{sQ} + a_{sT}$$

a_{sQ} Schubbewehrung infolge Querkraft siehe Kapitel 6.6

a_{sT} Schubbewehrung infolge Torsion siehe Kapitel 6.7

6.9 Durchstanzen

6.9.1 Flachdecken

6.9.1.1 Größte Querkraft im Rundschnitt der Stütze max Q_r

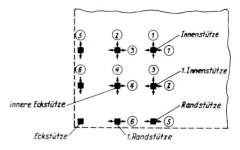

Die größten Querkräfte max Q_r dürfen bei Innen-, Rand- und Eckstützen näherungsweise für Vollbelastung der Felder ohne Berücksichtigung der Durchlaufwirkung oder Einspannung bestimmt werden (vgl. DIN 1045 (7.88), Abschnitt 15.6). Bei den ersten Innenstützen sind die unter den vorgenannten Voraussetzungen bestimmten Querkräfte jedoch um 10 %, bei den Innenstützen von Flachdecken mit nur zwei Feldern und bei „inneren Eckstützen" um 20 % zu erhöhen.

---

[1] DIN 1045, Abschnitt 17.5.7

6 Beanspruchungsarten und Bemessungsverfahren

6.9.1.2 Rechnerische Schubspannung τ_r im Rundschnitt der Stütze

$$\tau_r = \frac{\max Q_r}{u \cdot h_m}$$

$$d_r = d_{st} + h_m$$

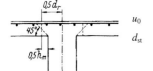

$\max Q_r$ Größte Querkraft im Rundschnitt der Stütze

u

u_0 für Innenstützen und Randstützen mit einem Achsabstand zum Plattenrand von mindestens $0{,}5\,l_1$ bzw. $0{,}5\,l_2$

      $0{,}6\,u_0$ für Randstützen; bei einem Achsabstand kleiner $0{,}5\,l_1$ bzw. $0{,}5\,l_2$ darf linear interpoliert werden

      $0{,}3\,u_0$ für Eckstützen

u_0 Umfang des um die Stütze geführten Rundschnitts mit dem Durchmesser d_r

d_{st} Durchmesser bei Rundstützen; $1{,}13 \cdot \sqrt{b \cdot d}$ bei rechteckigen Stützen mit den Seitenlängen b und d; dabei darf für die größere Seitenlänge nicht mehr als der 1,5fache Wert der kleineren in Rechnung gestellt werden.

h_m Nutzhöhe der Platte im betrachteten Rundschnitt, Mittelwert aus beiden Richtungen

Bei der Ausbildung von Stützenkopfverstärkungen gilt:

- Wird die Stützenkopfverstärkung mit $l_s \leq h_s$ ausgebildet, ist ein Durchstanznachweis im Bereich der Verstärkung nicht notwendig. Stattdessen ist τ_r für die Platte in einem Rundschnitt außerhalb der Stützenkopfverstärkung mit dem Durchmesser d_{ra} zu ermitteln:

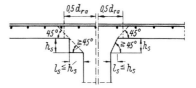

$$d_{ra} = d_{st} + 2 \cdot l_s + h_m \qquad \text{Rundstütze mit Durchmesser } d_{st}$$

$$d_{ra} = h_m + 1{,}13 \cdot \sqrt{(b + 2 \cdot l_{s1}) \cdot (d + 2 \cdot l_{s2})} \qquad \text{Rechteckstütze mit Breite/Dicke } b/d$$

- Wird die Stützenkopfverstärkung mit $h_s < l_s \leq 1{,}5(h_m + h_s)$ ausgebildet, wird die rechnerische Schubspannung τ_r analog dem vorherigen Abschnitt, jedoch mit $l_s = h_s$ ermittelt.

- Wird die Stützenkopfverstärkung mit $l_s > 1{,}5(h_m + h_s)$ ausgebildet, ist sowohl ein Durchstanznachweis im Bereich der Verstärkung als auch außerhalb der Verstärkung im Bereich der Platte notwendig. Bei der Ermittlung der rechnerischen Schubspannung τ_r im Bereich der Verstärkung ist zu ersetzen:

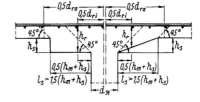

  - h_m durch h_r
  - d_r durch $d_{ri} = d_{st} + h_s + h_m$

und im Bereich außerhalb der Verstärkung

  - d_r durch $d_{ra} = d_{st} + 2 \cdot l_s + h_m$.

6 Beanspruchungsarten und Bemessungsverfahren

6.9.1.3 Zulässige Schubspannungen

Es ist nachzuweisen:

$$\tau_r \leq \kappa_2 \cdot \tau_{02} \qquad \left.\begin{array}{l} \kappa_1 = 1{,}30 \cdot \alpha_s \cdot \sqrt{\mu_g} \\ \kappa_2 = 0{,}45 \cdot \alpha_s \cdot \sqrt{\mu_g} \end{array}\right\} \quad \left(\mu_g \text{ ist in \% einzusetzen}\right)$$

$\alpha_s = 1{,}4$ für BSt 500 S+M

$\mu_g = \dfrac{a_s}{h_m}$ vorhandener Bewehrungsgrad,

maximal mit $\mu_g \leq 25 \cdot \dfrac{\beta_{WN}}{\beta_s} \leq 1{,}5\%$ in Rechnung zu stellen

a_s der Mittelwert der Bewehrung a_{sx} und a_{sy} in den beiden sich über der betrachteten Stütze kreuzenden Gurtstreifen in cm²/m

a_{sx}, a_{sy} A_{sGurt} dividiert durch die Gurtstreifenbreite

h_m Nutzhöhe der Platte im betrachteten Rundschnitt, Mittelwert aus beiden Richtungen

Für $\tau_r \leq \kappa_1 \cdot \tau_{011}$ ist keine Schubbewehrung erforderlich.

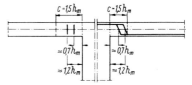

Für $\kappa_1 \cdot \tau_{011} < \tau_r \leq \kappa_2 \cdot \tau_{02}$ ist eine Schubbewehrung anzuordnen:

$$A_{s\tau} = \dfrac{0{,}75 \cdot \max Q_r}{\beta_s / 1{,}75}$$

Die Schubbewehrung soll 45° oder steiler geneigt sein und ist im Bereich c (siehe Bild) zu verteilen.

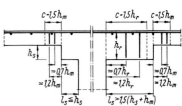

6 | Beanspruchungsarten und Bemessungsverfahren

6.9.2 Fundamente

6.9.2.1 Größte Querkraft max Q_r im Rundschnitt der Stütze

Die größte Querkraft max Q_r darf näherungsweise aus der Stützlast N_{st} bestimmt werden, die um den Anteil reduziert wird, der innerhalb eines unter 45° bis zur unteren Bewehrungslage reichenden Kegels direkt in den Boden übertragen wird:

$$\max Q_r = N_{st} - \frac{\pi \cdot d_k^2}{4} \cdot \sigma_0$$

$$d_k = c + 2 \cdot h_m$$

h_m Nutzhöhe der Fundamentplatte im betrachteten Rundschnitt, Mittelwert aus beiden Richtungen

c Seitenabmessung der Stütze:
bei Rundstützen: $c = \varnothing$ des Stützenquerschnitts
bei Rechteckstützen mit den Seitenlängen c_x und c_y:

$$c = 1{,}13 \cdot \sqrt{c_x \cdot c_y}$$

Für die größere Seitenlänge darf nicht mehr als das 1,5-fache der kleineren in Rechnung gestellt werden.

σ_0 Bodenpressung, gleichmäßig verteilt angenommen

6.9.2.2 Rechnerische Schubspannung τ_r im Rundschnitt der Stütze:

$$\tau_r = \frac{\max Q_r}{u \cdot h_m}$$

u Umfang des um die Stütze geführten Rundschnittes mit dem Durchmesser d_r: $u = (c + h_m) \cdot \pi$

6.9.2.3 Zulässige Schubspannungen

Auf Schubbewehrung kann verzichtet werden, wenn

$$\tau_r \leq \kappa_1 \cdot \tau_{011}$$

Ansonsten ist analog zum Durchstanznachweis bei Flachdecken nachzuweisen, daß

$$\tau_r \leq \kappa_2 \cdot \tau_{02} \, .$$

Für die Anordnung der Schubbewehrung gelten dieselben Bedingungen wie bei Flachdecken. Für den Bewehrungsprozentsatz tritt an die Stelle von μ_g hier μ.

$$\mu = \frac{\mu_x + \mu_y}{2}$$
$$\leq 25 \cdot \frac{\beta_{WN}}{\beta_s}$$
$$\leq 1{,}5\%$$

mit

$$\mu_x = \frac{A_{sx}}{h_m \cdot d_r}$$
$$\mu_y = \frac{A_{sy}}{h_m \cdot d_r}$$

A_{sx}, A_{sy} die im Bereich des Durchstanzkegels mit dem Durchmesser d_r vorhandene Bewehrung

h_m Nutzhöhe der Fundamentplatte im betrachteten Rundschnitt, Mittelwert aus beiden Richtungen

6 Beanspruchungsarten und Bemessungsverfahren

6.10 Teilflächenpressung

6.10.1 Nachweis nach DIN 1045 (7.88)

Wenn im Beton unterhalb der Übertragungsfläche A_1 die Spaltzugkräfte aufgenommen werden können (z.B. durch Bewehrung), dann darf A_1 mit der Pressung σ_1 belastet werden:

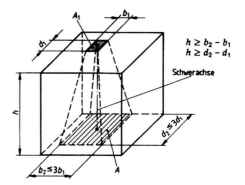

$$\sigma_1 = \frac{\beta_R}{2,1} \cdot \sqrt{\frac{A}{A_1}} \leq 1,4 \cdot \beta_R$$

Die rechnerisch vorgesehene Verteilungsfläche A muß dabei folgende Bedingungen erfüllen:

- Die Schwerpunkte von A und A_1 müssen in Belastungsrichtung übereinstimmen.
- Die Grenzen für die Abmessungen (siehe Bild) sind einzuhalten.
- Wirken auf einen Betonquerschnitt mehrere Druckkräfte F gleichzeitig, so dürfen sich die rechnerischen Verteilungsflächen innerhalb der Höhe h nicht überschneiden.

6.10.2 Nachweis nach Entwurf DIN 1045, Teil 1 (2.97)

Die aufnehmbare Teilflächenlast F_{Rdu} einer Fläche A_{c0} kann ermittelt werden:

$$F_{Rdu} = A_{c0} \cdot \alpha \cdot f_{cd} \cdot \sqrt{\frac{A_{c1}}{A_{c0}}} \leq 3,3 \cdot \alpha \cdot f_{cd} \cdot A_{c0}$$

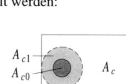

A_{c0} Belastungsfläche

A_{c1} größte Fläche, die   – geometrisch A_{c0} entspricht
– den gleichen Schwerpunkt besitzt
– der Gesamtbetonfläche A_c einbeschrieben werden kann
– planparallel zur Lasteintragungsfläche liegt

f_{cd} Bemessungswert der Betondruckfestigkeit

Der Wert von F_{Rdu} muß verringert werden, wenn die örtlichen Lasten nicht gleichmäßig über die Fläche A_{c0} verteilt sind oder wenn hohe Schubkräfte vorhanden sind.

Die im Lasteinleitungsbereich auftretenden Querzugkräfte sind durch Bewehrung aufzunehmen, die z.B. mit Hilfe eines Stabwerkmodells dimensioniert werden kann.

Für den Nachweis der Spanngliedverankerung ist diese Verfahrensweise nicht geeignet. Hier sind die Angaben der Zulassung des Spannverfahrens maßgebend.

7 Bemessungshilfsmittel

7.1 Grundlegende Beziehungen

Alle von außen auf ein Tragwerk einwirkenden Kräfte und Momente erzeugen auch innere Kräfte und Momente und müssen mit den im Inneren Erzeugten im Gleichgewicht stehen.

Bei reiner Biegebeanspruchung ($N = 0$) wirkt dem äußeren Moment M_d ein inneres Moment M_i gleicher Größe entgegen.

$$\sum M = M_d - M_i = 0$$

Das innere Moment M_i wird durch ein Kräftepaar gebildet, das aus der Zugkraft Z_s im Bewehrungsstahl und aus der Druckkraft D_b in der Betondruckzone entsteht (siehe Bild 1). Der Abstand zwischen Stahlzugkraft und resultierender Betondruckkraft wird als Hebelarm z der inneren Kräfte bezeichnet.

$$M_d = M_i = Z_s \cdot z = D_b \cdot z$$

Der innere Hebelarm z kann als Teil des Abstandes h vom Schwerpunkt der Stahleinlage zur äußersten Faser der Betondruckzone angegeben werden:

$$z = k_z \cdot h$$

Dieser Beiwert k_z ist unabhängig von h aufbereitet und kann aus Bemessungstafeln entnommen werden. M_s bezeichnet das auf die Zugbewehrung bezogene Moment:

$$M_s = Z_s \cdot k_z \cdot h$$

Der Stahlquerschnitt A_s mit der zulässigen Stahlspannung $\sigma_s \leq \beta_s/\gamma$ (β_s = Streckgrenze des Stahls, γ = Sicherheitsbeiwert) kann folgende Zugkraft aufnehmen:

$$Z_s = A_s \cdot \frac{\beta_s}{\gamma}$$

Daraus folgt das Bemessungsmoment:

$$M_s = A_s \cdot \frac{\beta_s}{\gamma} \cdot k_z \cdot h$$

Nach Umformen dieser Gleichung ergibt sich der zur Aufnahme des Moments notwendige Stahlquerschnitt A_s:

$$A_s = \frac{M_s}{h} \cdot \frac{\gamma}{k_z \cdot \beta_s}$$

Mit $k_s = \dfrac{\gamma}{k_z \cdot \beta_s}$ kann für den in der Biegezugzone erforderliche Stahlquerschnitt geschrieben werden:

7 Bemessungshilfsmittel

$$A_s = \frac{M_s}{h} \cdot k_s \qquad \text{mit } M_s \text{ in [kNm] und } h \text{ in [cm]}$$

Der Beiwert k_s ist abhängig vom Sicherheitsbeiwert γ (siehe Dehnungsdiagramm), vom Beiwert k_z und der Streckgrenze β_s des Bewehrungsstahles. Auch er kann den Bemessungstafeln entnommen werden.

Die Betondruckkraft ergibt sich für einen Rechteckquerschnitt mit konstanter Breite zu:

$$D_b = b \cdot \int_0^x \sigma_b(z)\, dz\,.$$

Ein Maß für die Ausnutzung der Druckzone ist der Völligkeitsbeiwert α, welcher unter der (auf der sicheren Seite liegenden) Annahme einer konstanten Druckspannung β_R über die gesamte Druckzonenhöhe x den Wert 1 hat. Mit α_R läßt sich die Betondruckkraft angeben zu:

$$D_b = \alpha_R \cdot b \cdot \beta_R \cdot x$$

Da $N = 0$, kann wegen $D_b = Z_s$ nun die Druckzonenhöhe x berechnet werden. Bei Einführung eines bezogenen Nullinienabstandes k_x läßt sich schreiben:

$$x = k_x \cdot h$$

Der Wert k_x ist ebenfalls tabellarisch aufbereitet.

Bild 1: Bezeichnungen für die Biegebemessung nach DIN 1045 und DIN 4227[1]

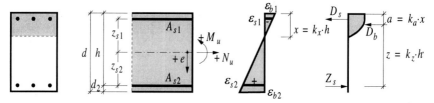

Bei der Bemessung für eine Zugkraft N mit geringer Ausmitte kann das **Hebelgesetz** angewendet werden. Mit den Bezeichnungen in Bild 1 ergibt sich:

$$e = M/N \qquad \text{und} \qquad |e| \leq z_{s1} \text{ bzw. } z_{s2}$$

$$A_{s1} = \frac{z_{s2} - e}{z_{s1} + z_{s2}} \cdot \frac{N \cdot \gamma}{\beta_s}\,; \qquad A_{s2} = \frac{z_{s1} + e}{z_{s1} + z_{s2}} \cdot \frac{N \cdot \gamma}{\beta_s}\,; \qquad \gamma = 1{,}75 \text{ im Regelfall}$$

---

[1] DAfStb Heft 220, Abschnitt 1.2.1.1, Bild 1.4

7 Bemessungshilfsmittel

7.2 k_h-Verfahren

Die Bemessung für Biegung mit Längskraft kann mit folgendem Algorithmus durchgeführt werden:

1. Berechnung des Bemessungs-Schnittmomentes:

$$M_s = M - N \cdot z_s \qquad \text{N: als Druckkraft negativ einsetzen}$$

Bei Bauteilen mit Nutzhöhen $h < 7$ cm sind für die Bemessung die Schnittgrößen (M, N) im Verhältnis:

$$\frac{15}{h+8} \qquad \text{mit } h \text{ in [cm]}$$

vergrößert in Rechnung zu stellen (Ausnahme siehe DIN 1045, 17.2.1(6)).

2. Unterscheidung der Bemessungsfälle nach Nullinienlage und Querschnitt

Tafel 1: Unterscheidung der Bemessungsfälle [1])

Bemessungsfall	Nullinie	Richtwert k_h	erf A_s [cm²]	Bemerkung
Rechteck	–	$k_h = \dfrac{h}{\sqrt{\dfrac{M_s}{b}}}$		–
Plattenbalken	$x \leq d$	$k_h = \dfrac{h}{\sqrt{\dfrac{M_s}{b_m}}}$	$A_s = k_s \cdot \dfrac{M_s}{h} + \dfrac{N}{\beta_S/\gamma}$	Ermittlung b_m nach Kapitel 3.3
Plattenbalken $b_m \leq 5 \cdot b_0$	$x > d$	$k_h = \dfrac{h}{\sqrt{\dfrac{M_s}{b_i}}}$		Berechnung b_i nach Heft 220 DAfStb
Plattenbalken $b_m > 5 \cdot b_0$	$x > d$	–	$A_s = \dfrac{1}{\beta_S/\gamma} \cdot \left(\dfrac{M_s}{h-d/2} + N \right)$ hier h und d in [m]	Nachweis der Betondruckzone $\sigma_m = \dfrac{\beta_R}{1{,}75}$

h in [cm], b in [m], N in [kN], M und M_s in [kNm] und β_S in [kN/cm²], $\beta_S = 28{,}6$ kN/cm² für BSt 500

3. Berechnung von k_h mittels Formel aus Tafel 1

---

[1]) Nach Faltblatt „Betonstabstahl BSt 500 S und Betonstahl in Ringen BSt 500" vom Institut für Stahlbetonbewehrung e.V.

| 7 | Bemessungshilfsmittel |

4. Ablesen von k_s und k_h^* (grau hinterlegte Zeile) sowie β_S/γ aus

   Tafel 3 für BSt 420 S oder aus Tafel 4 für BSt 500 S

5. Bewehrungsermittlung
   - Einfache Bewehrung, wenn $k_h \geq k_h^*$

$$A_s = k_s \cdot \frac{M_s}{h} + \frac{N}{\beta_S/\gamma} \quad \text{bzw.} \quad A_s = \frac{1}{\beta_S/\gamma} \cdot \left(\frac{M_s}{h - d/2} + N \right)$$

(hier h und d in [m])

   - Doppelte Bewehrung (Druckbewehrung), wenn $k_h < k_h^*$

   Bedingung für die Anwendung des k_h-Verfahrens:

$$|n| = \left| \frac{N}{b \cdot d \cdot \beta_R} \right| < 0{,}25$$

   Bewehrungsermittlung:

$$A_{s1} = k_{s1} \cdot \rho_1 \cdot \frac{M_s}{h} \qquad A_{s2} = k_{s2} \cdot \rho_2 \cdot \frac{M_s}{h} + \frac{N}{\beta_s/\gamma}$$

(h in [cm], N in [kN], M_S in [kNm] und β_S in [kN/cm²])

Tafel 2: Beiwerte ρ_1 und ρ_2 [1]

d_1/h	BSt 420								BSt 500					
	ρ_2 für k_{s2}						ρ_1 für	ρ_2 für k_{s2}					ρ_1 für
	5,4	5,3	5,2	5,1	5,0	4,9	alle k_{s1}	4,5	4,4	4,3	4,2	4,1	alle k_{s1}
0,07	1,00	1,00	1,00	1,00	1,00	1,00	1,00	1,00	1,00	1,00	1,00	1,00	1,00
0,08	1,00	1,00	1,00	1,00	1,00	1,00	1,01	1,00	1,00	1,00	1,00	1,00	1,01
0,10	1,00	1,00	1,00	1,01	1,01	1,01	1,03	1,00	1,00	1,01	1,01	1,02	1,03
0,12	1,00	1,00	1,01	1,01	1,02	1,03	1,06	1,00	1,01	1,01	1,02	1,03	1,06
0,14	1,00	1,00	1,01	1,02	1,03	1,04	1,08	1,00	1,01	1,02	1,03	1,04	1,08
0,16	1,00	1,00	1,01	1,03	1,04	1,05	1,11	1,00	1,01	1,02	1,04	1,05	1,11
0,18	1,00	1,00	1,02	1,03	1,05	1,06	1,13	1,00	1,01	1,03	1,04	1,06	1,15
0,20	1,00	1,00	1,02	1,04	1,05	1,07	1,16	1,00	1,01	1,03	1,05	1,07	1,25
0,22	1,00	1,00	1,03	1,04	1,06	1,09	1,19	1,00	1,02	1,04	1,06	1,09	1,37

6. Wenn benötigt, Ablesen der bezogenen Werte k_x und k_z sowie der Dehnungen ε_{b1} und ε_s aus

   Tafel 3 für BSt 420 S oder aus Tafel 4 für BSt 500 S

7. Wenn benötigt, Berechnung von: $\qquad x = k_x \cdot h \qquad z = k_z \cdot h$

---

[1] DAfStb Heft 220, Abschnitt 1.2.4.3, Tafel 1.7b, 1.8b

7 Bemessungshilfsmittel

Tafel 3: Bemessungstafel für Betonstahl BSt 420 S[1]

k_h					k_s	k_{s1}	β_S/γ	k_x	k_z	ε_{b1}	ε_s
B 15	B 25	B 35	B 45	B 55	-	-	kN/cm²	-	-	‰	‰
9,09	7,04	6,14	5,67	5,38	4,3		24	0,09	0,97	-0,50	
5,49	4,26	3,71	3,43	3,25	4,4	-	24	0,15	0,95	-0,90	5,00
4,12	3,19	2,78	2,57	2,43	4,5			0,21	0,93	-1,32	
3,41	2,64	2,30	2,13	2,02	4,6			0,26	0,91	-1,73	
3,03	2,34	2,04	1,89	1,79	4,7	-	24	0,30	0,89	-2,14	5,00
2,78	2,15	1,88	1,73	1,64	4,8			0,34	0,87	-2,54	
2,61	2,02	1,77	1,63	1,55	4,9			0,37	0,85	-2,95	5,00
2,49	1,93	1,68	1,55	1,47	5,0	-	24	0,40	0,83	-3,38	5,00
2,39	1,85	1,62	1,49	1,42	5,1			0,44	0,82	-3,50	4,45
2,32	1,80	1,57	1,45	1,37	5,2	-	24	0,48	0,80	-3,50	3,83
2,26	1,75	1,53	1,41	1,34	5,3			0,51	0,79	-3,50	3,31
k_h^*=2,22	1,72	1,50	1,38	1,31	5,4	0,0	24	0,54	0,78	-3,50	3,00
2,19	1,70	1,48	1,37	1,30		0,1					
2,17	1,68	1,46	1,35	1,28	5,3	0,2	24	0,54	0,78	-3,50	3,00
2,14	1,66	1,45	1,34	1,27		0,3					
2,12	1,64	1,43	1,32	1,25		0,4					
2,09	1,62	1,41	1,30	1,24	5,3	0,5	24	0,54	0,78	-3,50	3,00
2,06	1,60	1,40	1,29	1,22		0,6					
2,04	1,58	1,38	1,27	1,21		0,7					
2,01	1,56	1,36	1,25	1,19	5,2	0,8	24	0,54	0,78	-3,50	3,00
1,98	1,54	1,34	1,24	1,17		0,9					
1,96	1,52	1,32	1,22	1,16	5,2	1,0					
1,93	1,49	1,30	1,20	1,14	5,2	1,1	24	0,54	0,78	-3,50	3,00
1,90	1,47	1,28	1,18	1,12	5,1	1,2					
1,87	1,45	1,26	1,17	1,10		1,3					
1,84	1,43	1,24	1,15	1,09	5,1	1,4	24	0,54	0,78	-3,50	3,00
1,81	1,40	1,22	1,13	1,07		1,5					
1,78	1,38	1,20	1,11	1,05	5,1	1,6					
1,75	1,35	1,18	1,09	1,03	5,0	1,7	24	0,54	0,78	-3,50	3,00
1,72	1,33	1,16	1,07	1,02	5,0	1,8					
1,68	1,30	1,14	1,05	1,00		1,9					
1,65	1,28	1,12	1,03	0,98	5,0	2,0	24	0,54	0,78	-3,50	3,00
1,62	1,25	1,09	1,01	0,96		2,1					
1,58	1,23	1,07	0,99	0,94		2,2					
1,55	1,20	1,05	0,97	0,92	4,9	2,3	24	0,54	0,78	-3,50	3,00
1,51	1,17	1,02	0,94	0,89		2,4					
1,48	1,14	1,00	0,92	0,87		2,5					

[1] DAfStb Heft 220, Abschnitt 1.2.4.3, Tafel 1.7a, b

7 Bemessungshilfsmittel

Tafel 4: Bemessungstafel für Betonstahl BSt 500 S[1]

k_h					k_s	k_{s1}	β_S/γ	k_x	k_z	ε_{b1}	ε_s
B 15	B 25	B 35	B 45	B 55	-	-	kN/cm²	-	-	‰	‰
10,2	7,9	6,9	6,4	6,0	3,6			0,08	0,97	-0,44	
5,4	4,2	3,6	3,4	3,2	3,7	-	28,6	0,16	0,95	-0,92	5,00
3,9	3,0	2,6	2,4	2,3	3,8			0,22	0,92	-1,41	
3,2	2,5	2,2	2,0	1,9	3,9			0,28	0,90	-1,91	
2,86	2,22	1,94	1,79	1,69	4,0	-	28,6	0,32	0,87	-2,39	5,00
2,64	2,05	1,78	1,65	1,56	4,1			0,36	0,85	-2,87	
2,49	1,93	1,68	1,55	1,47	4,2			0,40	0,83	-3,38	5,00
2,37	1,84	1,61	1,48	1,41	4,3	-	28,6	0,45	0,81	-3,50	4,32
2,29	1,78	1,55	1,43	1,36	4,4			0,49	0,80	-3,50	3,62
k_h*=2,22	1,72	1,50	1,38	1,31	4,5	0,0		0,54	0,78	-3,50	3,00
2,19	1,70	1,48	1,37	1,30		0,1					
2,16	1,67	1,46	1,36	1,28	4,5	0,2	28,6	0,54	0,78	-3,50	3,00
2,13	1,65	1,44	1,33	1,26		0,3					
2,10	1,63	1,42	1,31	1,24		0,4					
2,07	1,60	1,40	1,29	1,22	4,4	0,5	28,6	0,54	0,78	-3,50	3,00
2,04	1,58	1,38	1,27	1,20		0,6					
2,00	1,55	1,35	1,25	1,18	4,4	0,7					
1,97	1,53	1,33	1,23	1,16	4,4	0,8	28,6	0,54	0,78	-3,50	3,00
1,94	1,50	1,31	1,21	1,15	4,3	0,9					
1,90	1,47	1,29	1,19	1,13		1,0					
1,87	1,45	1,26	1,16	1,10	4,3	1,1	28,6	0,54	0,78	-3,50	3,00
1,83	1,42	1,24	1,14	1,09		1,2					
1,80	1,39	1,21	1,12	1,06	4,3	1,3					
1,76	1,36	1,19	1,10	1,04	4,2	1,4	28,6	0,54	0,78	-3,50	3,00
1,72	1,33	1,16	1,07	1,02	4,2	1,5					
1,68	1,30	1,14	1,05	1,00		1,6					
1,64	1,27	1,11	1,02	0,97	4,2	1,7	28,6	0,54	0,78	-3,50	3,00
1,60	1,24	1,08	1,00	0,95		1,8					
1,56	1,21	1,06	0,97	0,92		1,9					
1,52	1,18	1,03	0,95	0,90	4,1	2,0	28,6	0,54	0,78	-3,50	3,00
1,48	1,14	1,00	0,92	0,87		2,1					

[1] DAfStb Heft 220, Abschnitt 1.2.4.3, Tafel 1.8a, b

7 | Bemessungshilfsmittel

7.3 m_s-Tafeln[1]

Tafel 5: Bemessungstabelle mit dimensionslosen Beiwerten für den Rechteckquerschnitt ohne Druckbewehrung für Biegung mit Längskraft

m_s	ω_M	k_x	k_y	ε_b [‰]	ε_s [‰]	γ
0,01	0,018	0,09	0,97	-0,46	5,00	1,75
0,02	0,037	0,12	0,96	-0,68	5,00	
0,03	0,055	0,15	0,95	-0,87	5,00	
0,04	0,075	0,17	0,94	-1,04	5,00	
0,05	0,094	0,20	0,93	-1,21	5,00	
0,06	0,114	0,22	0,92	-1,37	5,00	
0,07	0,134	0,24	0,92	-1,53	5,00	
0,08	0,154	0,25	0,91	-1,70	5,00	
0,09	0,175	0,27	0,90	-1,87	5,00	
0,10	0,197	0,29	0,89	-2,05	5,00	
0,11	0,218	0,31	0,88	-2,25	5,00	
0,12	0,241	0,33	0,87	-2,47	5,00	
0,13	0,264	0,35	0,86	-2,70	5,00	
0,14	0,288	0,37	0,85	-2,96	5,00	
0,15	0,313	0,39	0,84	-3,25	5,00	
0,16	0,339	0,42	0,83	-3,50	4,86	
0,17	0,367	0,45	0,81	-3,50	4,23	
0,18	0,395	0,49	0,80	-3,50	3,67	
m_s^* 0,193	0,436	0,54	0,78	-3,50	3,00	1,75

$$M_s = N - M \cdot z_s$$

$$m_s = \frac{M_s}{bh^2 \cdot \beta_R}$$

$$A_s = \omega_M \frac{b \cdot h}{\beta_S / \beta_R} + \frac{N}{\beta_S / \gamma}$$

oder

$$A_s = \frac{1}{\beta_S / \gamma} \left(\frac{M_s}{k_z h} + N \right)$$

Tafel 6: Werte β_R, β_S/β_R und β_S/γ

		B 15	B 25	B 35	B 45	B 55	β_S/γ [MN/m²]
β_R [MN/m²]		10,5	17,5	23,0	27,0	30,0	
β_S/β_R	BSt 220	21,0	12,6	9,8	8,1	7,3	126
	BSt 420	40,0	24,0	18,3	15,6	14,0	240
	BSt 500	47,6	28,6	21,7	18,5	16,7	286

---

[1] DAfStb Heft 220, Abschnitt 1.2.4.2, Tafel 1.2, 1.3, 1.4

7 Bemessungshilfsmittel

Tafel 7: Bemessungstabelle mit dimensionslosen Beiwerten für den Rechteckquerschnitt mit Druckbewehrung für Biegung mit Längskraft[1]

m_s	$d_1/h = 0{,}05$ alle BSt		$d_1/h = 0{,}10$ alle BSt		$d_1/h = 0{,}15$ alle BSt		$d_1/h = 0{,}20$ alle BSt		$d_1/h = 0{,}20$ BSt 220 420	$d_1/h = 0{,}20$ BSt 500	$d_1/h = 0{,}25$ alle BSt		$d_1/h = 0{,}25$ BSt 220	$d_1/h = 0{,}25$ BSt 420	$d_1/h = 0{,}25$ BSt 500
	ω_M	ω_1	ω_M	ω_1	ω_M	ω_1	ω_M	ω_1	ω_1	ω_1	ω_M	ω_1	ω_1	ω_1
m_s^* 0,193	0,436	0,000	0,436	0,000	0,436	0,000	0,436	0,000	0,000	0,000	0,436	0,000	0,000	0,000
0,20	0,448	0,012	0,449	0,013	0,450	0,014	0,451	0,015	0,015	0,020	0,452	0,016	0,017	0,020
0,21	0,467	0,031	0,468	0,032	0,470	0,034	0,472	0,037	0,040	0,049	0,475	0,039	0,042	0,049
0,22	0,485	0,049	0,488	0,052	0,491	0,055	0,494	0,058	0,063	0,079	0,498	0,062	0,066	0,079
0,23	0,504	0,068	0,507	0,071	0,511	0,076	0,516	0,080	0,087	0,109	0,522	0,086	0,091	0,109
0,24	0,522	0,086	0,527	0,091	0,532	0,096	0,538	0,102	0,111	0,138	0,545	0,109	0,116	0,138
0,25	0,540	0,104	0,546	0,110	0,553	0,117	0,560	0,124	0,134	0,168	0,568	0,132	0,141	0,168
0,26	0,559	0,123	0,566	0,130	0,573	0,137	0,582	0,146	0,158	0,198	0,592	0,156	0,166	0,198
0,27	0,577	0,141	0,585	0,149	0,594	0,158	0,604	0,168	0,182	0,227	0,615	0,179	0,191	0,227
0,28	0,596	0,160	0,604	0,169	0,614	0,179	0,626	0,190	0,205	0,257	0,638	0,202	0,216	0,257
0,29	0,614	0,178	0,624	0,188	0,635	0,199	0,647	0,212	0,229	0,287	0,662	0,226	0,241	0,287
0,30	0,632	0,197	0,643	0,207	0,656	0,220	0,669	0,233	0,253	0,316	0,685	0,249	0,266	0,316
0,31	0,651	0,215	0,663	0,227	0,676	0,240	0,691	0,255	0,276	0,346	0,708	0,272	0,290	0,346
0,32	0,669	0,233	0,682	0,246	0,697	0,261	0,713	0,277	0,300	0,375	0,732	0,296	0,315	0,375
0,33	0,688	0,252	0,702	0,266	0,717	0,281	0,735	0,299	0,324	0,405	0,755	0,319	0,340	0,405
0,34	0,706	0,270	0,721	0,285	0,738	0,302	0,757	0,321	0,347	0,435	0,778	0,342	0,365	0,435
0,35	0,725	0,289	0,741	0,305	0,759	0,323	0,779	0,343	0,371	0,464	0,802	0,366	0,390	0,464
0,36	0,743	0,307	0,760	0,324	0,779	0,343	0,801	0,365	0,395	0,494	0,825	0,389	0,415	0,494
0,37	0,761	0,326	0,779	0,344	0,800	0,364	0,822	0,387	0,418	0,524	0,848	0,412	0,440	0,524
0,38	0,780	0,344	0,799	0,363	0,820	0,384	0,844	0,408	0,442	0,553	0,872	0,436	0,465	0,553
0,39	0,798	0,362	0,818	0,382	0,841	0,405	0,866	0,430	0,466	0,583	0,895	0,459	0,490	0,583
0,40	0,817	0,381	0,838	0,402	0,861	0,426	0,888	0,452	0,489	0,612	0,918	0,482	0,514	0,612

$$M_s = M - N \cdot z_{s2}$$

$$m_s = \frac{M_s}{bh^2 \cdot \beta_R}$$

$$A_{s2} = \omega_M \frac{b \cdot h}{\beta_S / \beta_R} + \frac{N}{\beta_S / \gamma}$$

$$A_{s1} = \omega_1 \frac{b \cdot h}{\beta_S / \beta_R}$$

---

[1] DAfStb Heft 220, Abschnitt 1.2.4.2, Tafel 1.6

7 Bemessungshilfsmittel

7.4 Allgemeines Bemessungsdiagramm

Tafel 8: Allgemeines Bemessungsdiagramm für den Rechteckquerschnitt mit den Schnittgrößen unter Gebrauchslast[1]

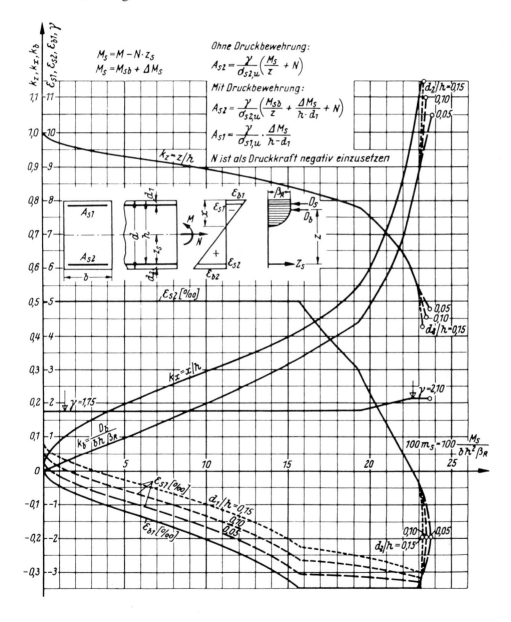

---
[1] DAfStb Heft 220, Tafel 1.1a

7 Bemessungshilfsmittel

Tafel 9: Allgemeines Bemessungsdiagramm für den Rechteckquerschnitt mit den Schnittgrößen unter rechnerischer Bruchlast[1]

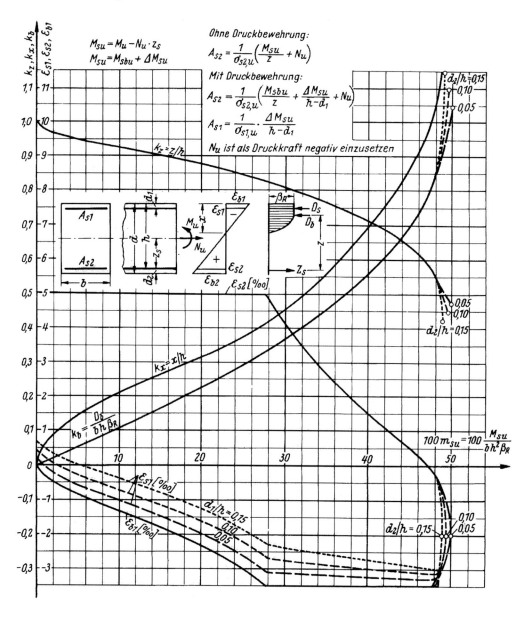

[1] DAfStb Heft 220, Tafel 1.1b

7 Bemessungshilfsmittel

7.5 *m/n*-Diagramm[1]

Tafel 10: Bemessungsdiagramm für den symmetrisch bewehrten Rechteckquerschnitt (BSt 420; $d_1/d = 0,05$)

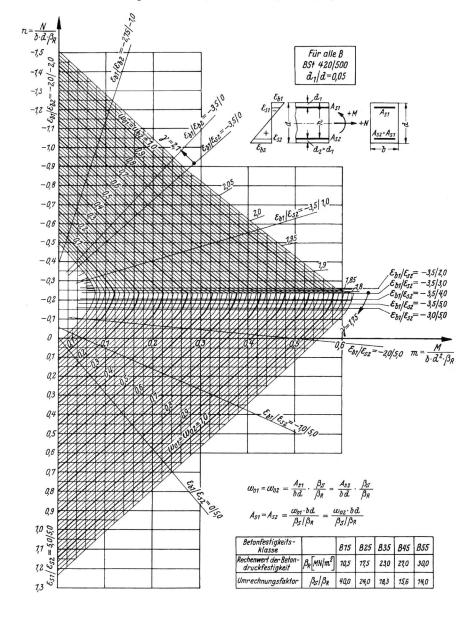

---

[1] DAfStb Heft 220

7 Bemessungshilfsmittel

Tafel 11: Bemessungsdiagramm für den symmetrisch bewehrten Rechteckquerschnitt (BSt 420; $d_1/d = 0{,}10$)

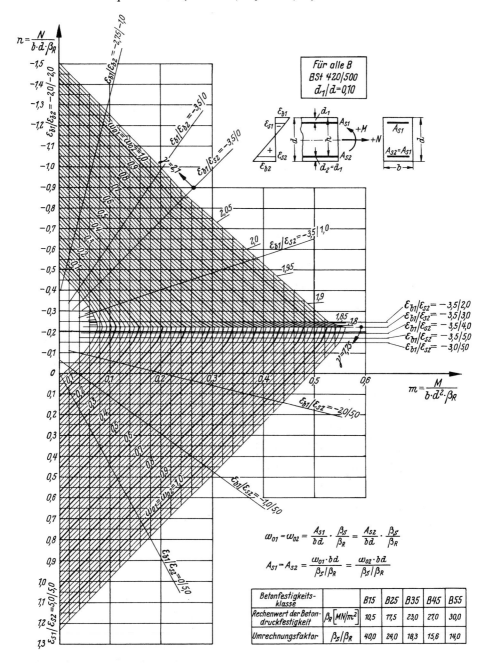

7 Bemessungshilfsmittel

Tafel 12: Bemessungsdiagramm für den symmetrisch bewehrten Rechteckquerschnitt (BSt 420; $d_1/d = 0{,}15$)

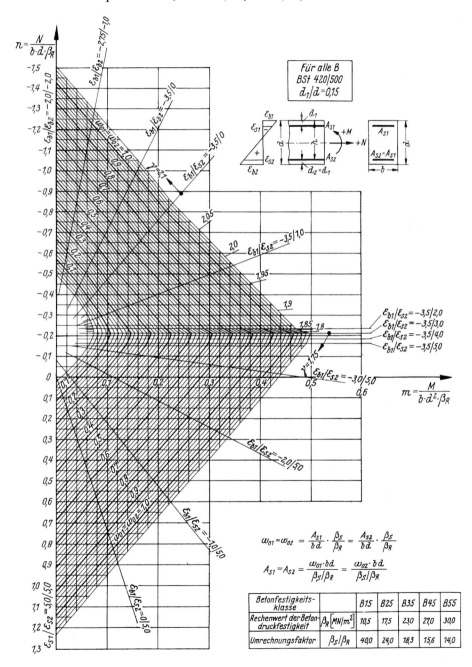

7 Bemessungshilfsmittel

Tafel 13: Bemessungsdiagramm für den symmetrisch bewehrten Rechteckquerschnitt (BSt 420; $d_1/d = 0{,}20$)

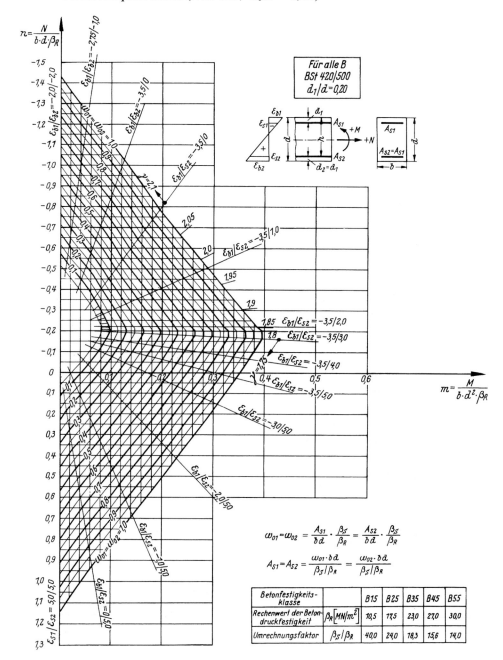

7 Bemessungshilfsmittel

Tafel 14: Bemessungsdiagramm für den symmetrisch bewehrten Rechteckquerschnitt (BSt 420; $d_1/d = 0{,}25$)

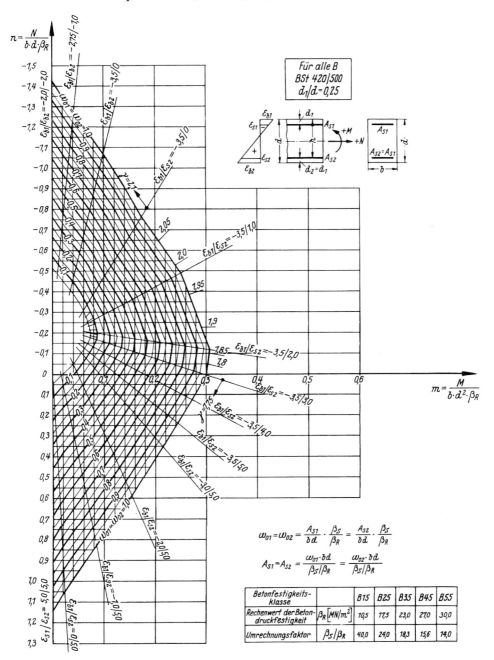

7 Bemessungshilfsmittel

Tafel 15: Bemessungsdiagramm für den symmetrisch bewehrten Rechteckquerschnitt (BSt 420; $d_1/d = 0{,}30$)

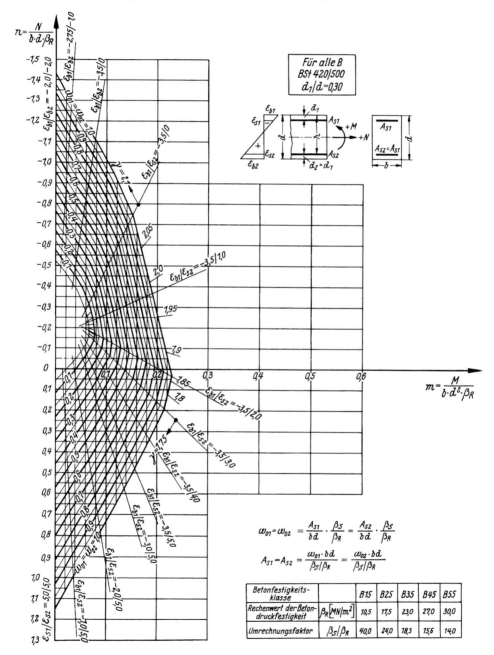

7 Bemessungshilfsmittel

Tafel 16: Bemessungsdiagramm für den symmetrisch bewehrten Rechteckquerschnitt (BSt 500; $d_1/d = 0{,}05$)

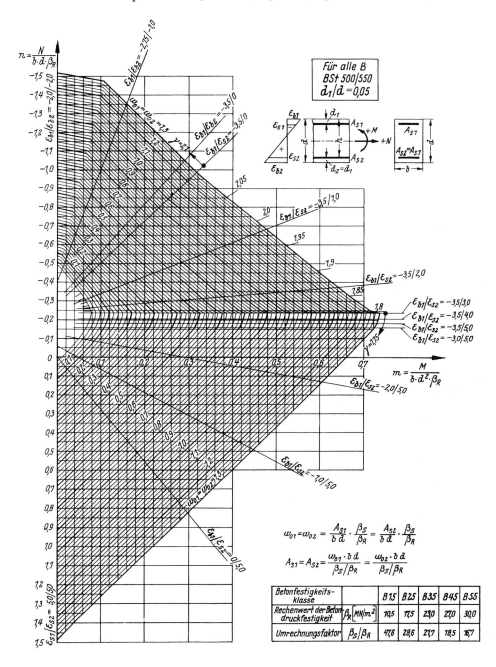

7 Bemessungshilfsmittel

Tafel 17: Bemessungsdiagramm für den symmetrisch bewehrten Rechteckquerschnitt (BSt 500; $d_1/d = 0{,}10$)

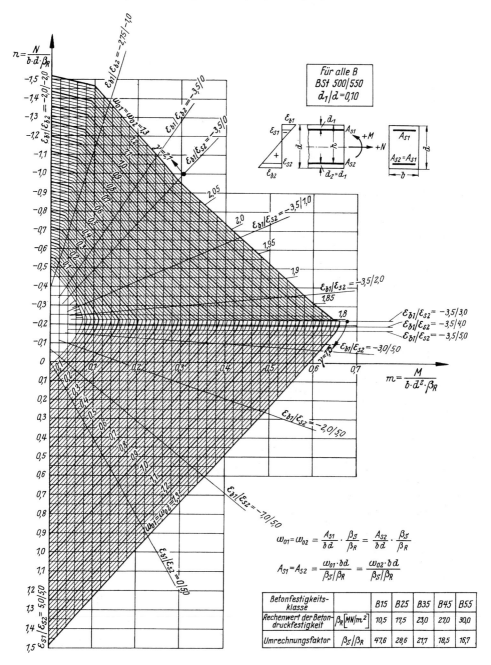

7 Bemessungshilfsmittel

Tafel 18: Bemessungsdiagramm für den symmetrisch bewehrten Rechteckquerschnitt (BSt 500; $d_1/d = 0{,}15$)

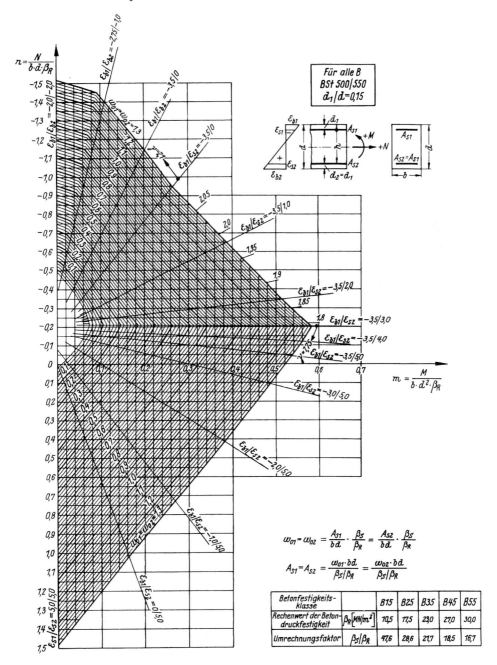

7 Bemessungshilfsmittel

Tafel 19: Bemessungsdiagramm für den symmetrisch bewehrten Rechteckquerschnitt (BSt 500; $d_1/d = 0{,}20$)

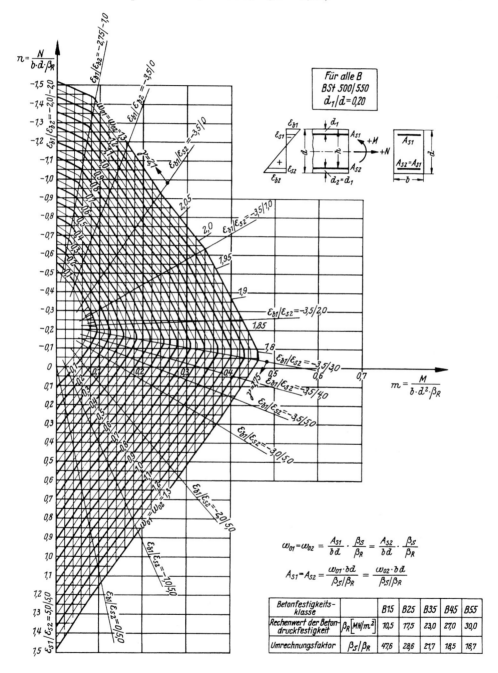

7 Bemessungshilfsmittel

Tafel 20: Bemessungsdiagramm für den symmetrisch bewehrten Rechteckquerschnitt (BSt 500; $d_1/d = 0{,}25$)

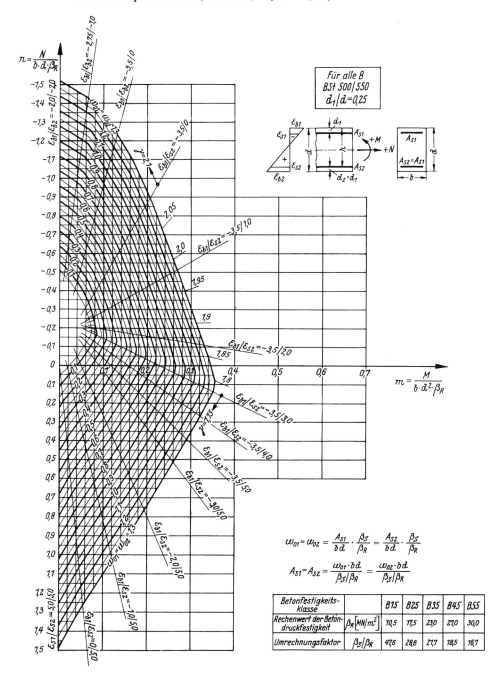

7 Bemessungshilfsmittel

Tafel 21: Bemessungsdiagramm für den symmetrisch bewehrten Rechteckquerschnitt (BSt 500; $d_1/d = 0,30$)

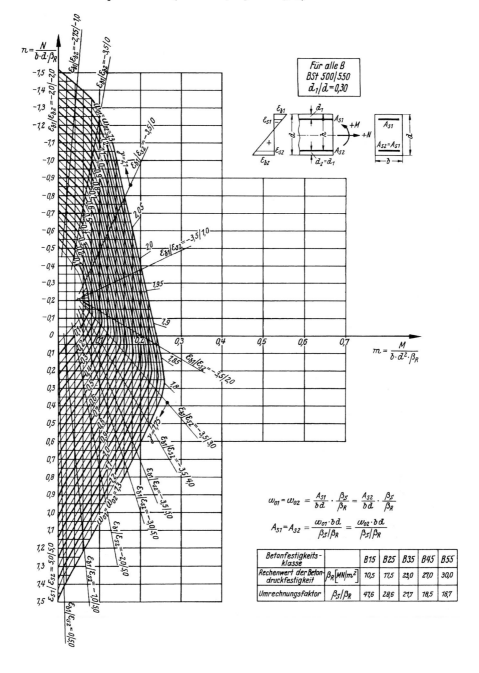

7 Bemessungshilfsmittel

Tafel 22: Bemessungsdiagramm für den Vollkreisquerschnitt
(BSt 420; $d_1/d = 0{,}10$)

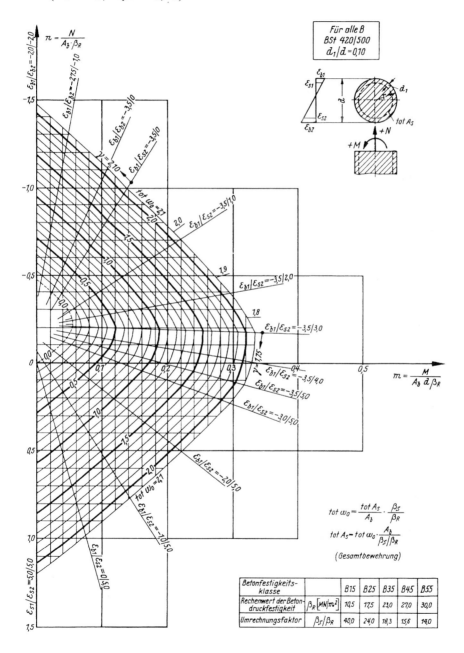

7 Bemessungshilfsmittel

Tafel 23: Bemessungsdiagramm für den Vollkreisquerschnitt
(BSt 500; $d_1/d = 0{,}10$)

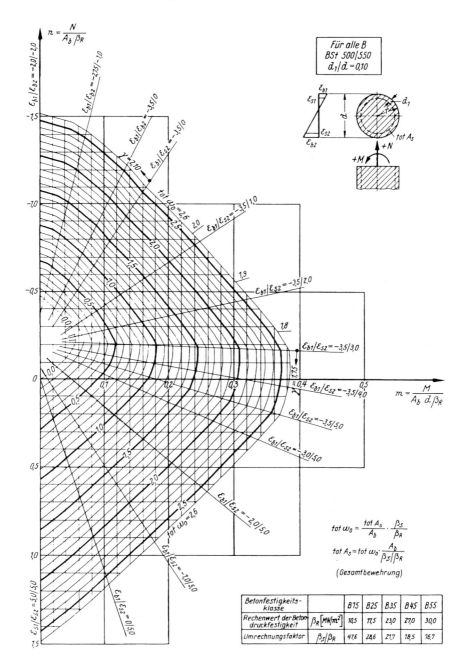

7 Bemessungshilfsmittel

Tafel 24: Bemessungsdiagramm für den Kreisringquerschnitt
(BSt 420; $r_i/r = 0{,}70$; $d_1/(r-r_i) = 0{,}50$)

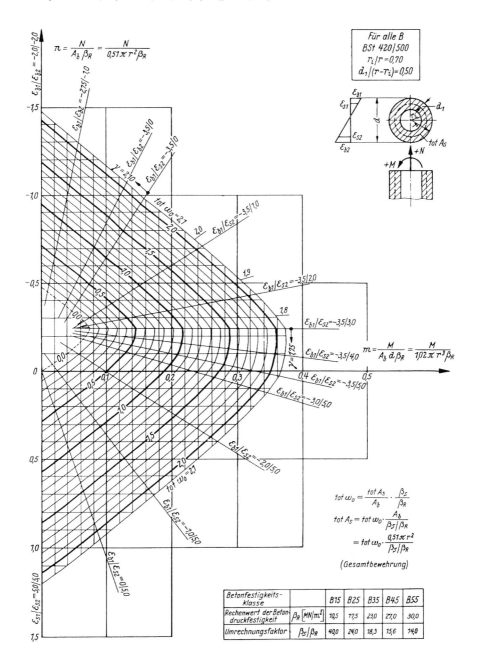

207

7 Bemessungshilfsmittel

Tafel 25: Bemessungsdiagramm für den Kreisringquerschnitt
(BSt 420; $r_i/r = 0{,}90$; $d_1/(r-r_i) = 0{,}50$)

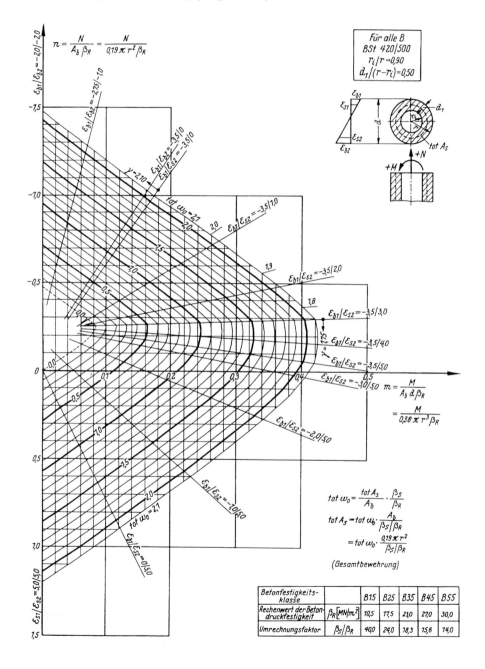

7 Bemessungshilfsmittel

Tafel 26: Bemessungsdiagramm für den Kreisringquerschnitt
(BSt 500; $r_i/r = 0{,}70$; $d_1/(r-r_i) = 0{,}50$)

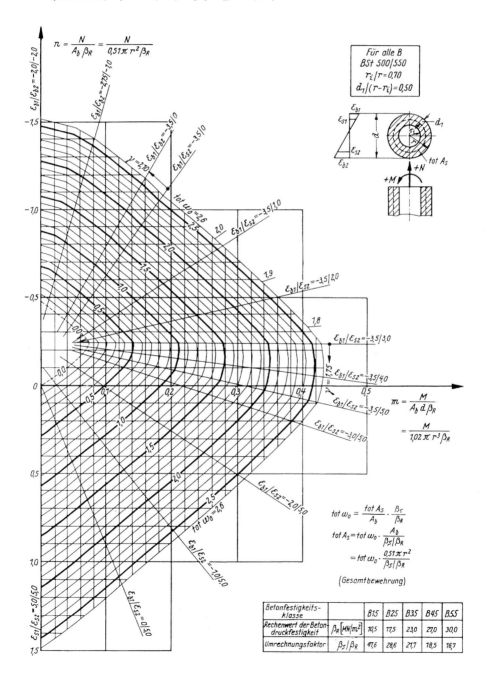

7 Bemessungshilfsmittel

Tafel 27: Bemessungsdiagramm für den Kreisringquerschnitt
(BSt 500; $r_i/r = 0{,}90$; $d_1/(r-r_i) = 0{,}50$)

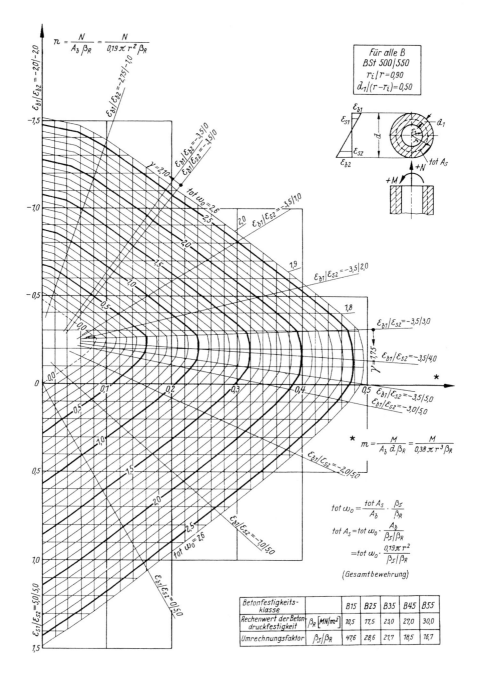

7 | Bemessungshilfsmittel

7.6 $m_1/m_2/n$-Diagramm[1]

Tafel 28: Bemessungsdiagramm für den auf schiefe Biegung mit Längskraft beanspruchten Rechteckquerschnitt
(BSt 420; Bewehrungsanordnung 1, siehe Kopf der Tafel)

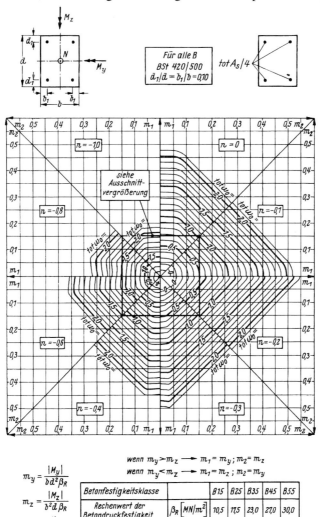

[1]DAfStb Heft 220

| 7 | Bemessungshilfsmittel |

Tafel 29: Ausschnittvergrößerung aus Tafel 28

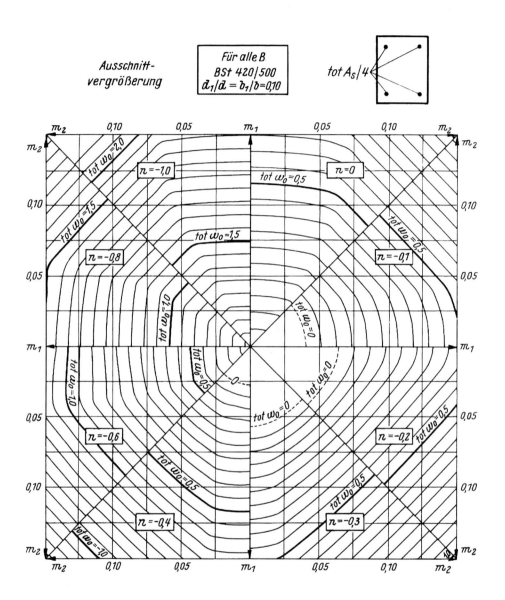

| 7 | Bemessungshilfsmittel |

Tafel 30: Bemessungsdiagramm für den auf schiefe Biegung mit Längskraft beanspruchten Rechteckquerschnitt
(BSt 420; Bewehrungsanordnung 2, siehe Kopf der Tafel)

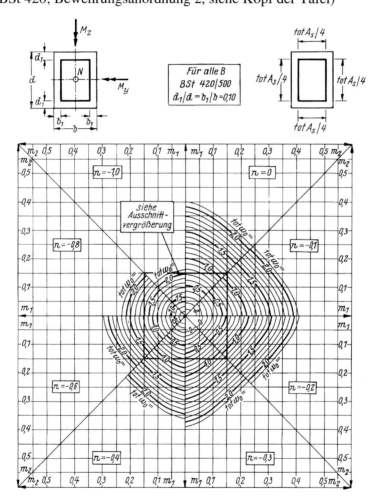

$$m_y = \frac{|M_y|}{b\,d^2\,\beta_R}$$

$$m_z = \frac{|M_z|}{b^2\,d\,\beta_R}$$

$$n = \frac{N}{b\,d\,\beta_R}$$

wenn $m_y > m_z \longrightarrow m_1 = m_y$; $m_2 = m_z$
wenn $m_y < m_z \longrightarrow m_1 = m_z$; $m_2 = m_y$

Betonfestigkeitsklasse			B15	B25	B35	B45	B55
Rechenwert der Betondruckfestigkeit	β_R [MN/m²]		10,5	17,5	23,0	27,0	30,0
Umrechnungsfaktor	β_S/β_R		40,0	24,0	18,3	15,6	14,0

Gesamte Bewehrung: $tot\,A_S = tot\,\omega_0 \dfrac{b\,d}{\beta_S/\beta_R}$

Verteilung von $tot\,A_S$ entsprechend Skizze oben rechts

7 Bemessungshilfsmittel

Tafel 31: Ausschnittvergrößerung aus Tafel 30

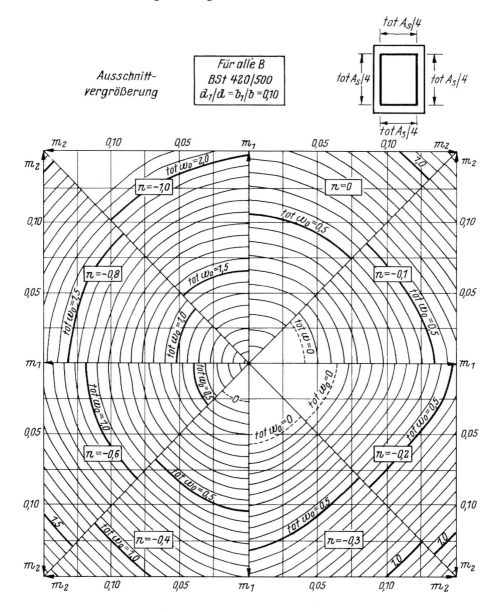

7 Bemessungshilfsmittel

Tafel 32: Bemessungsdiagramm für den auf schiefe Biegung mit Längskraft beanspruchten Rechteckquerschnitt
(BSt 420; Bewehrungsanordnung 3, siehe Kopf der Tafel)

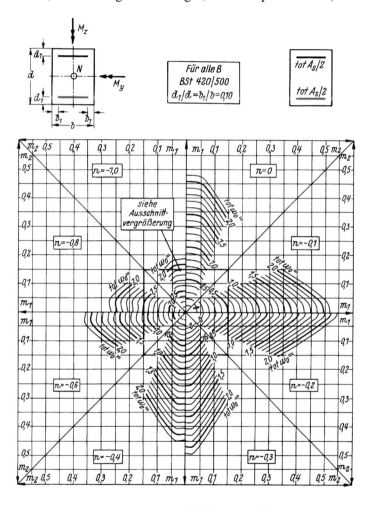

$m_1 = m_y \qquad m_2 = m_z$

$m_y = \dfrac{|M_y|}{b\,d^2\,\beta_R}$

$m_z = \dfrac{|M_z|}{b^2\,d\,\beta_R}$

$n = \dfrac{N}{b\,d\,\beta_R}$

Betonfestigkeitsklasse		B15	B25	B35	B45	B55
Rechenwert der Betondruckfestigkeit	$\beta_R\,[MN/m^2]$	10,5	17,5	23,0	27,0	30,0
Umrechnungsfaktor	β_S/β_R	40,0	24,0	18,3	15,6	14,0

Gesamte Bewehrung: $\text{tot}\,A_S = \text{tot}\,\omega_0 \dfrac{b\,d}{\beta_S/\beta_R}$

Verteilung von $\text{tot}\,A_S$ entsprechend Skizze oben rechts

7 Bemessungshilfsmittel

Tafel 33: Ausschnittvergrößerung aus Tafel 32

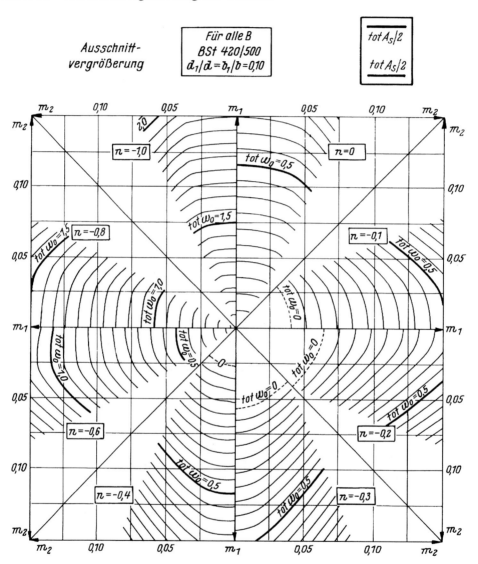

7 Bemessungshilfsmittel

Tafel 34: Bemessungsdiagramm für den auf schiefe Biegung mit Längskraft beanspruchten Rechteckquerschnitt
(BSt 420; Bewehrungsanordnung 4, siehe Kopf der Tafel)

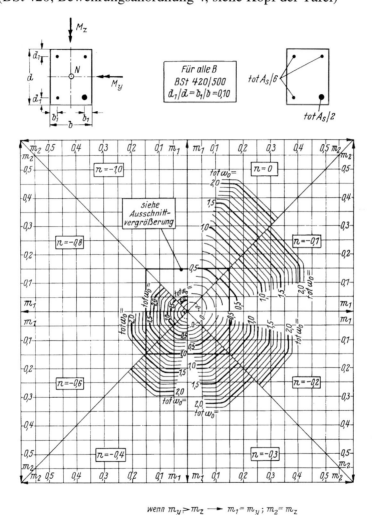

7 Bemessungshilfsmittel

Tafel 35: Ausschnittvergrößerung aus Tafel 34

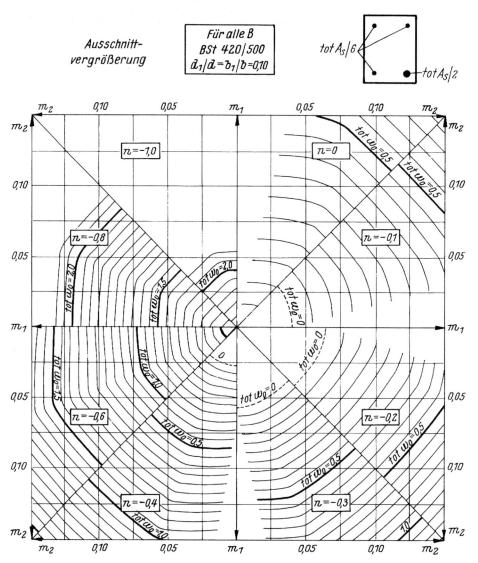

7 | Bemessungshilfsmittel

Tafel 36: Bemessungsdiagramm für den auf schiefe Biegung mit Längskraft beanspruchten Rechteckquerschnitt
(BSt 500; Bewehrungsanordnung 1, siehe Kopf der Tafel)

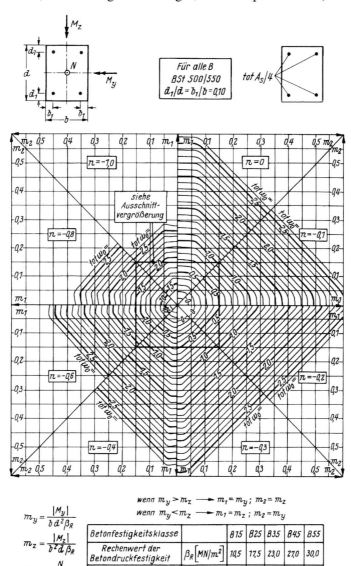

7 Bemessungshilfsmittel

Tafel 37: Ausschnittvergrößerung aus Tafel 36

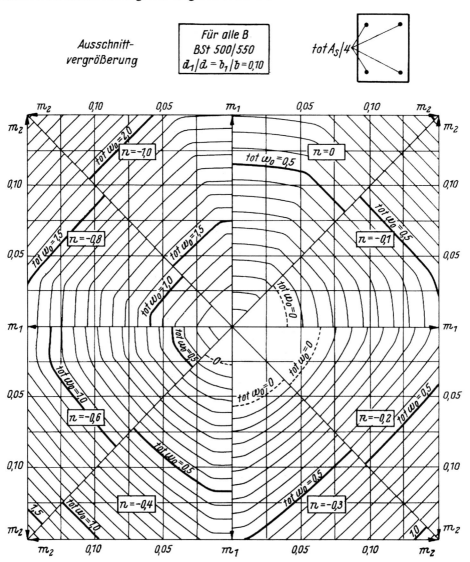

7 | Bemessungshilfsmittel

Tafel 38: Bemessungsdiagramm für den auf schiefe Biegung mit Längskraft beanspruchten Rechteckquerschnitt
(BSt 500; Bewehrungsanordnung 2, siehe Kopf der Tafel)

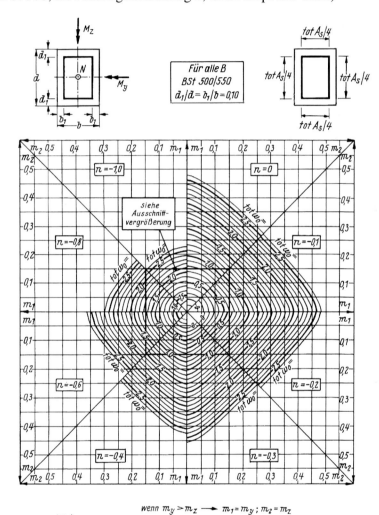

$$m_y = \frac{|M_y|}{b\,d^2\,\beta_R}$$

$$m_z = \frac{|M_z|}{b^2\,d\,\beta_R}$$

$$n = \frac{N}{b\,d\,\beta_R}$$

wenn $m_y > m_z \longrightarrow m_1 = m_y\,;\ m_2 = m_z$
wenn $m_y < m_z \longrightarrow m_1 = m_z\,;\ m_2 = m_y$

Betonfestigkeitsklasse		B15	B25	B35	B45	B55
Rechenwert der Betondruckfestigkeit	$\beta_R\,[MN/m^2]$	10,5	17,5	23,0	27,0	30,0
Umrechnungsfaktor	β_S/β_R	47,6	28,6	21,7	18,5	16,7

Gesamte Bewehrung: $tot\,A_S = tot\,\omega_0 \dfrac{b\,d}{\beta_S/\beta_R}$

Verteilung von $tot\,A_S$ entsprechend Skizze oben rechts

7 Bemessungshilfsmittel

Tafel 39: Ausschnittvergrößerung aus Tafel 38

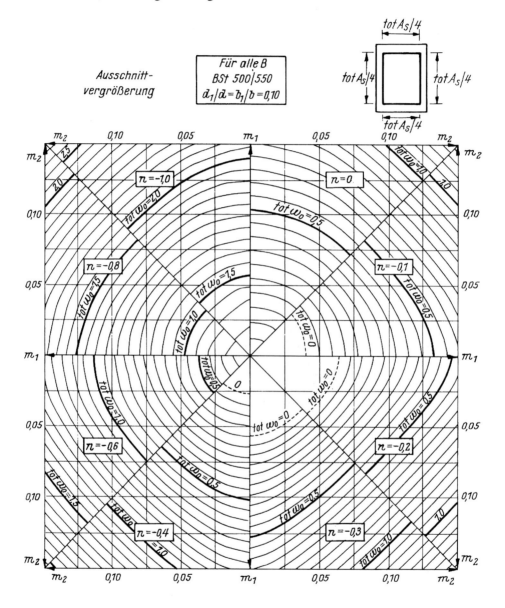

7 Bemessungshilfsmittel

Tafel 40: Bemessungsdiagramm für den auf schiefe Biegung mit Längskraft beanspruchten Rechteckquerschnitt
(BSt 500; Bewehrungsanordnung 3, siehe Kopf der Tafel)

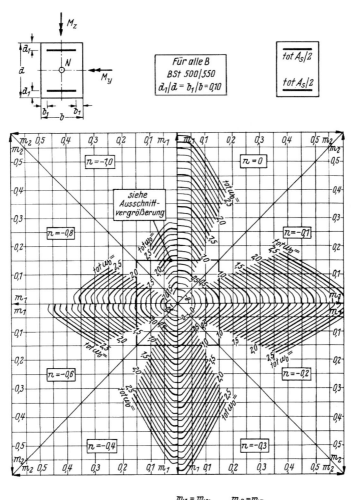

$m_1 = m_y \qquad m_2 = m_z$

$$m_y = \frac{|M_y|}{b\,d^2\,\beta_R}$$

$$m_z = \frac{|M_z|}{b^2\,d\,\beta_R}$$

$$n = \frac{N}{b\,d\,\beta_R}$$

Betonfestigkeitsklasse			B15	B25	B35	B45	B55
Rechenwert der Betondruckfestigkeit	β_R [MN/m²]		10,5	17,5	23,0	27,0	30,0
Umrechnungsfaktor	β_S/β_R		47,6	28,6	21,7	18,5	16,7

Gesamte Bewehrung: $tot\,A_S = tot\,\omega_0 \dfrac{b\,d}{\beta_S/\beta_R}$

Verteilung von $tot\,A_S$ entsprechend Skizze oben rechts

7 | Bemessungshilfsmittel

Tafel 41: Ausschnittvergrößerung aus Tafel 40

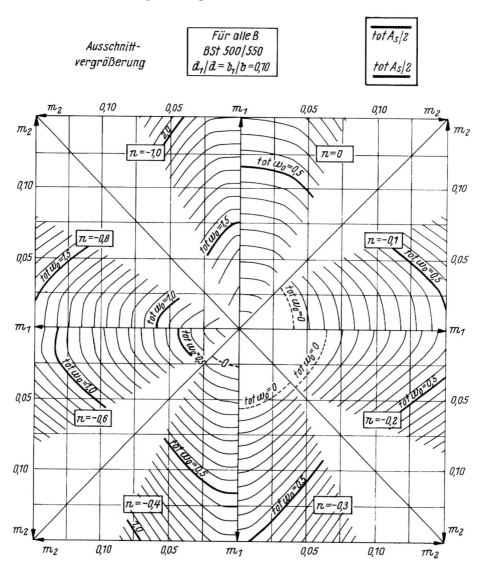

7 Bemessungshilfsmittel

Tafel 42: Bemessungsdiagramm für den auf schiefe Biegung mit Längskraft beanspruchten Rechteckquerschnitt
(BSt 500; Bewehrungsanordnung 4, siehe Kopf der Tafel)

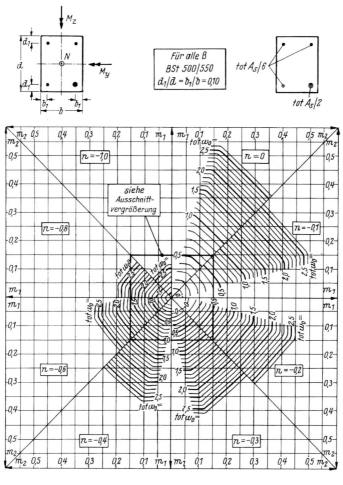

$$m_y = \frac{M_y}{b\,d^2\,\beta_R}$$

$$m_z = \frac{M_z}{b^2\,d\,\beta_R}$$

$$n = \frac{N}{b\,d\,\beta_R}$$

wenn $m_y > m_z \longrightarrow m_1 = m_y\,;\ m_2 = m_z$
wenn $m_y < m_z \longrightarrow m_1 = m_z\,;\ m_2 = m_y$

Betonfestigkeitsklasse		B15	B25	B35	B45	B55
Rechenwert der Betondruckfestigkeit	$\beta_R\,[MN/m^2]$	10,5	17,5	23,0	27,0	30,0
Umrechnungsfaktor	β_S/β_R	47,6	28,6	21,7	18,5	16,7

Gesamte Bewehrung: $tot\,A_S = tot\,\omega_0\,\dfrac{b\,d}{\beta_S/\beta_R}$

Verteilung von $tot\,A_S$ entsprechend Skizze oben rechts

7 Bemessungshilfsmittel

Tafel 43: Ausschnittvergrößerung aus Tafel 28

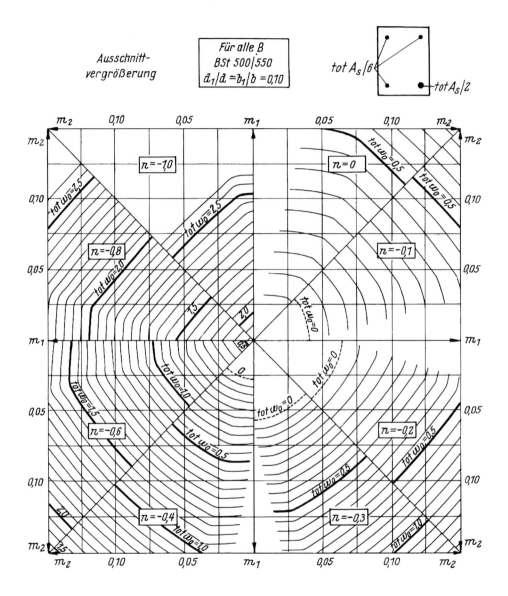

7 Bemessungshilfsmittel

7.7 e/h-Diagramm[1]

Tafel 44: Nomogramm zur Bemessung des Standardstabes
(BSt 420; $d_1/d = d_2/d = 0{,}05$)

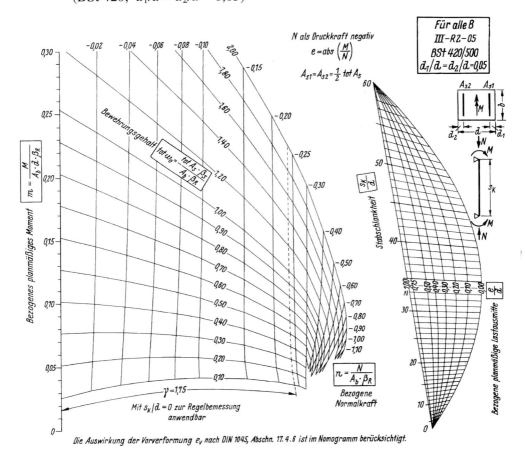

---

[1] DAfStb Heft 220

7 Bemessungshilfsmittel

Tafel 45: Nomogramm zur Bemessung des Standardstabes
(BSt 420; $d_1/d = d_2/d = 0{,}10$)

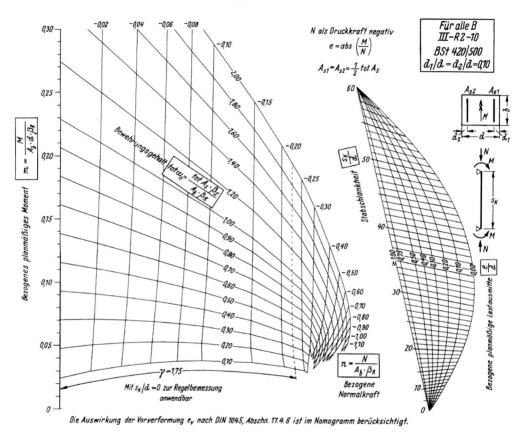

7 Bemessungshilfsmittel

Tafel 46: Nomogramm zur Bemessung des Standardstabes
(BSt 420; $d_1/d = d_2/d = 0{,}15$)

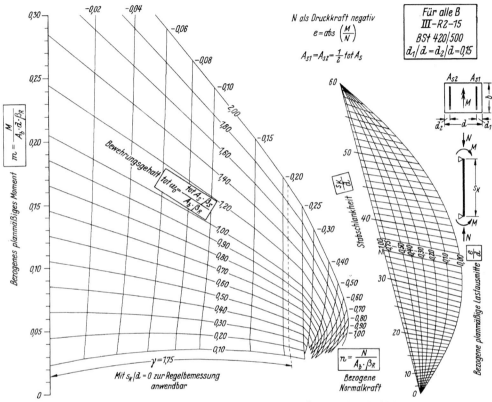

Die Auswirkung der Vorverformung e_v nach DIN 1045, Abschn. 17.4.6 ist im Nomogramm berücksichtigt.

7 Bemessungshilfsmittel

Tafel 47: Nomogramm zur Bemessung des Standardstabes
(BSt 420; $d_1/d = d_2/d = 0{,}20$)

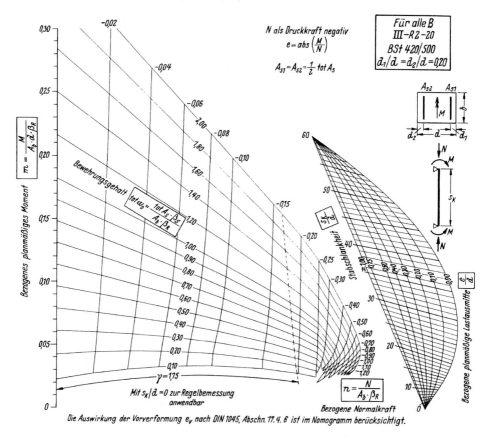

7 Bemessungshilfsmittel

Tafel 48: Nomogramm zur Bemessung des Standardstabes
(BSt 420; $d_1/d = d_2/d = 0{,}25$)

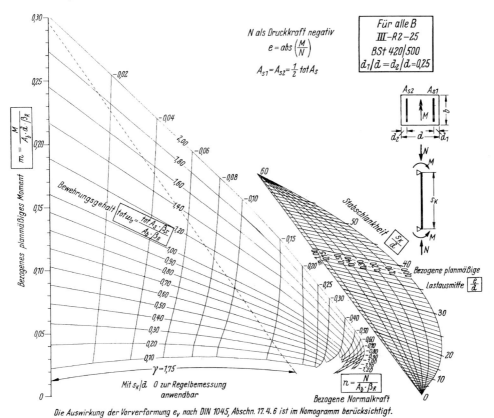

7 Bemessungshilfsmittel

Tafel 49: Nomogramm zur Bemessung des Standardstabes
(BSt 420; $d_1/d = d_2/d = 0{,}30$)

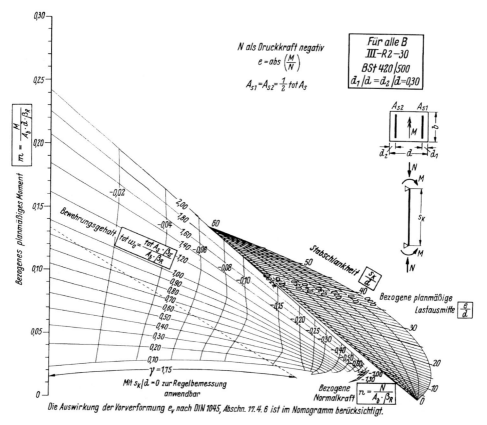

7 Bemessungshilfsmittel

Tafel 50: Nomogramm zur Bemessung des Standardstabes
(BSt 500; $d_1/d = d_2/d = 0{,}05$)

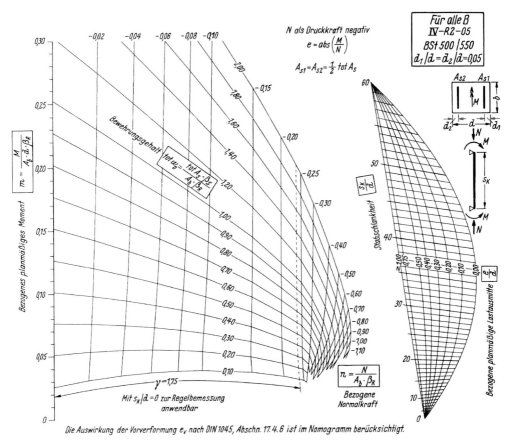

7 Bemessungshilfsmittel

Tafel 51: Nomogramm zur Bemessung des Standardstabes
(BSt 500; $d_1/d = d_2/d = 0{,}10$)

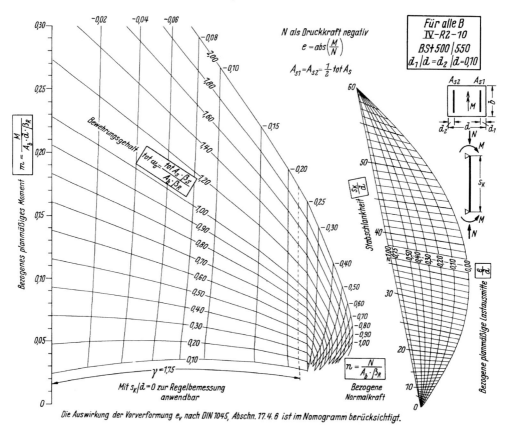

7 Bemessungshilfsmittel

Tafel 52: Nomogramm zur Bemessung des Standardstabes
(BSt 500; $d_1/d = d_2/d = 0{,}15$)

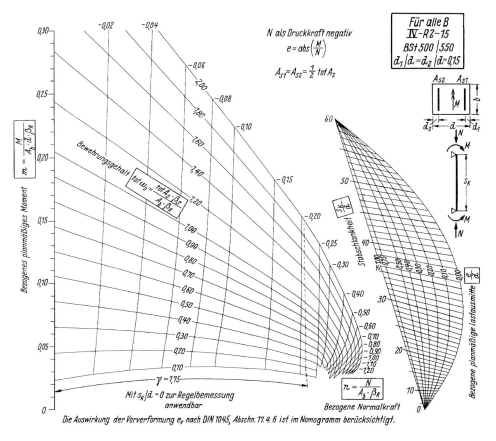

7 Bemessungshilfsmittel

Tafel 53: Nomogramm zur Bemessung des Standardstabes
(BSt 500; $d_1/d = d_2/d = 0{,}20$)

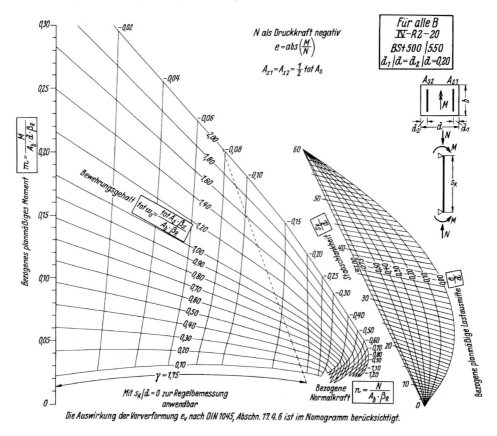

| 7 | Bemessungshilfsmittel |

Tafel 54: Nomogramm zur Bemessung des Standardstabes
(BSt 500; $d_1/d = d_2/d = 0{,}25$)

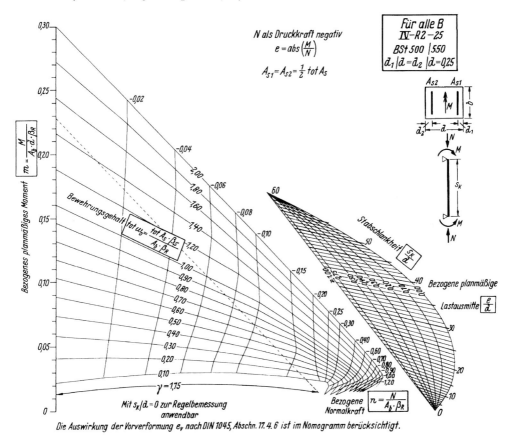

7 Bemessungshilfsmittel

Tafel 55: Nomogramm zur Bemessung des Standardstabes
(BSt 500; $d_1/d = d_2/d = 0{,}30$)

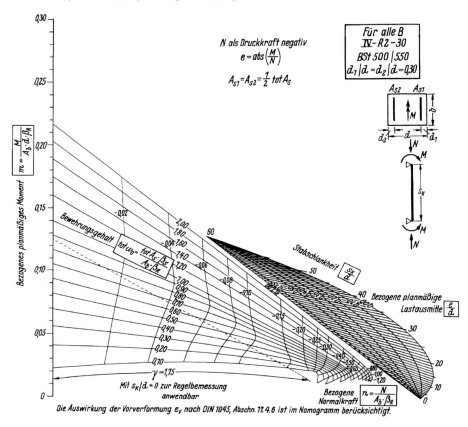

| 7 | Bemessungshilfsmittel |

Tafel 56: Nomogramm zur Bemessung des Standardstabes
(BSt 420; $d_1/d = d_2/d = 0{,}05$)

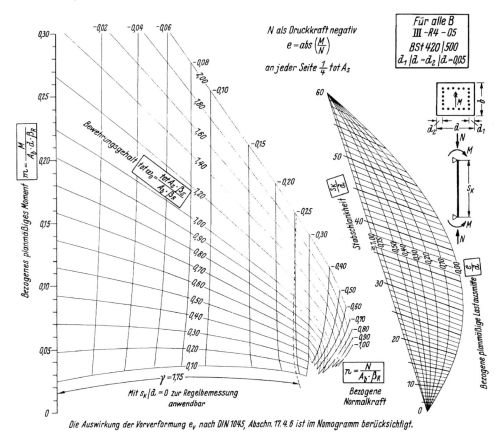

7 Bemessungshilfsmittel

Tafel 57: Nomogramm zur Bemessung des Standardstabes
(BSt 420; $d_1/d = d_2/d = 0{,}10$)

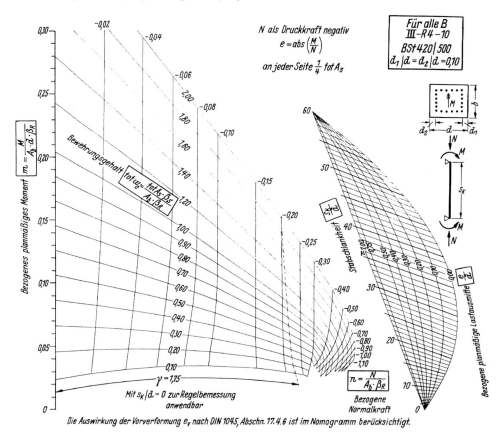

7 Bemessungshilfsmittel

Tafel 58: Nomogramm zur Bemessung des Standardstabes
(BSt 420; $d_1/d = d_2/d = 0{,}15$)

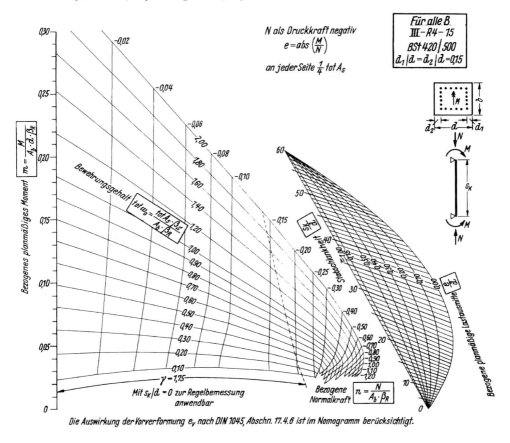

7 Bemessungshilfsmittel

Tafel 59: Nomogramm zur Bemessung des Standardstabes
(BSt 420; $d_1/d = d_2/d = 0{,}20$)

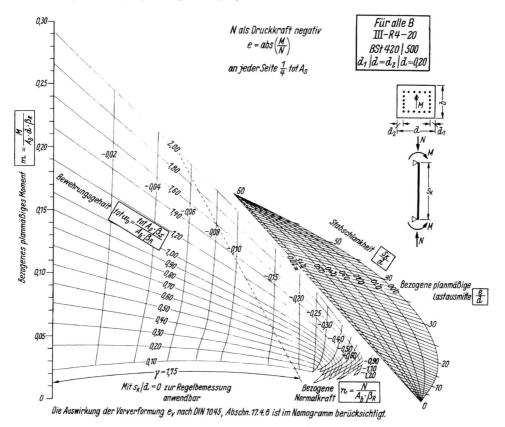

7 Bemessungshilfsmittel

Tafel 60: Nomogramm zur Bemessung des Standardstabes
(BSt 500; $d_1/d = d_2/d = 0{,}05$)

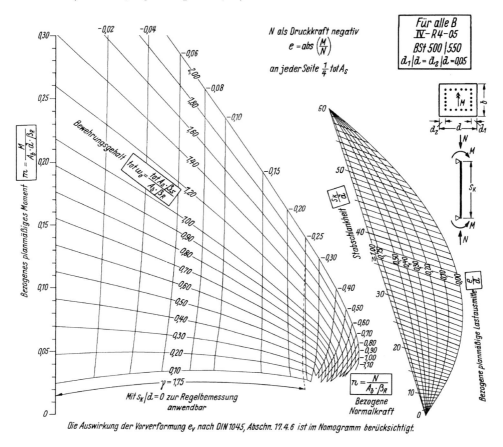

7 | Bemessungshilfsmittel

Tafel 61: Nomogramm zur Bemessung des Standardstabes
(BSt 500; $d_1/d = d_2/d = 0{,}10$)

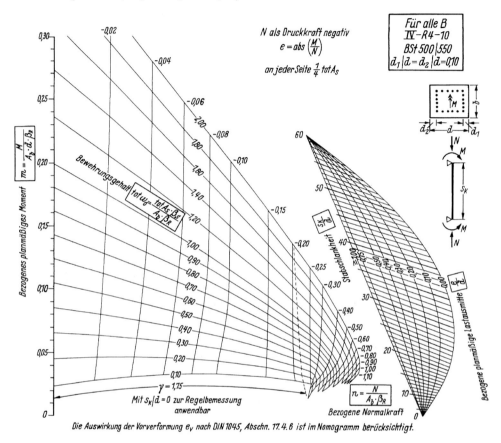

7 Bemessungshilfsmittel

Tafel 62: Nomogramm zur Bemessung des Standardstabes
(BSt 500; $d_1/d = d_2/d = 0{,}15$)

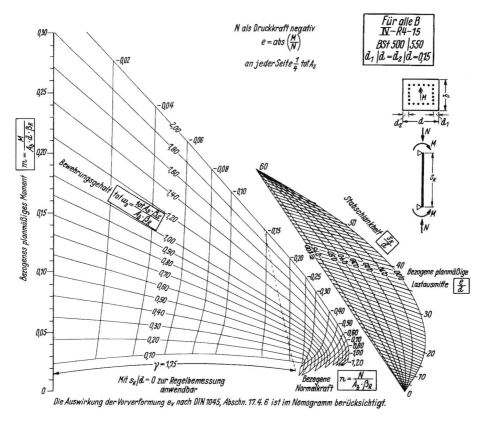

7 Bemessungshilfsmittel

Tafel 63: Nomogramm zur Bemessung des Standardstabes
(BSt 500; $d_1/d = d_2/d = 0{,}20$)

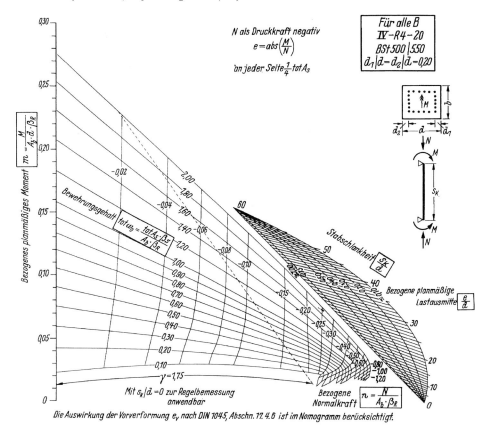

7 Bemessungshilfsmittel

Tafel 64: Nomogramm zur Bemessung des Standardstabes
(BSt 420; $d_1/d = d_2/d = 0{,}05$)

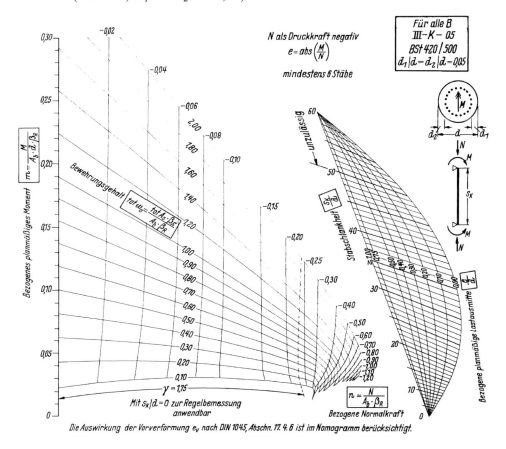

7 Bemessungshilfsmittel

Tafel 65: Nomogramm zur Bemessung des Standardstabes
(BSt 420; $d_1/d = d_2/d = 0{,}10$)

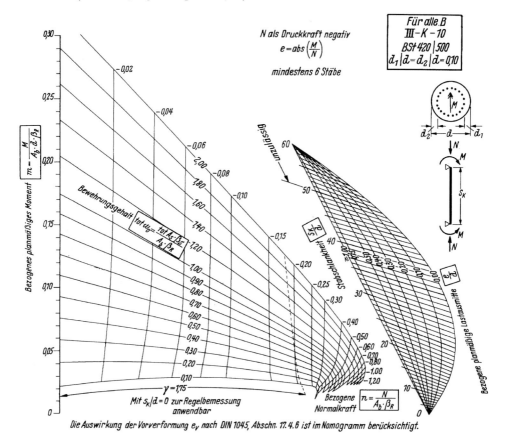

7 Bemessungshilfsmittel

Tafel 66: Nomogramm zur Bemessung des Standardstabes
(BSt 420; $d_1/d = d_2/d = 0{,}15$)

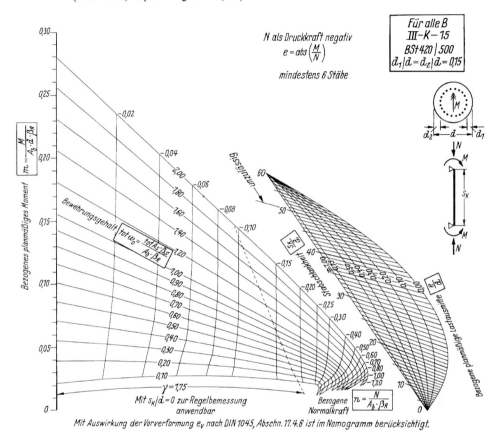

7 Bemessungshilfsmittel

Tafel 67: Nomogramm zur Bemessung des Standardstabes
(BSt 420; $d_1/d = d_2/d = 0{,}20$)

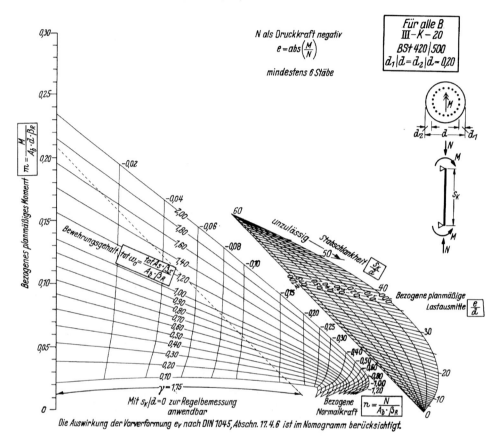

7 Bemessungshilfsmittel

Tafel 68: Nomogramm zur Bemessung des Standardstabes
(BSt 500; $d_1/d = d_2/d = 0{,}05$)

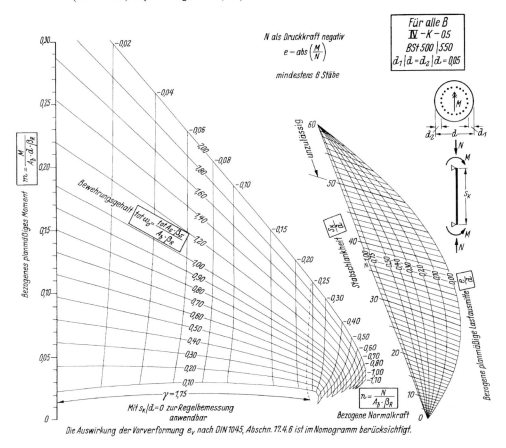

7 Bemessungshilfsmittel

Tafel 69: Nomogramm zur Bemessung des Standardstabes
(BSt 500; $d_1/d = d_2/d = 0{,}10$)

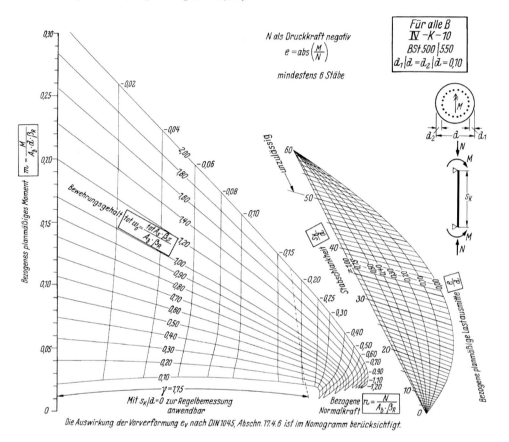

7 Bemessungshilfsmittel

Tafel 70: Nomogramm zur Bemessung des Standardstabes
(BSt 500; $d_1/d = d_2/d = 0{,}15$)

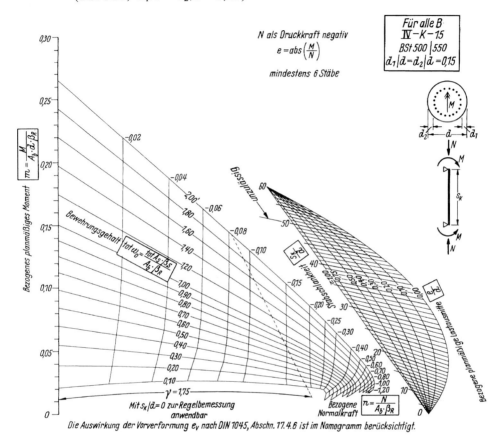

7 Bemessungshilfsmittel

Tafel 71: Nomogramm zur Bemessung des Standardstabes
(BSt 500; $d_1/d = d_2/d = 0{,}20$)

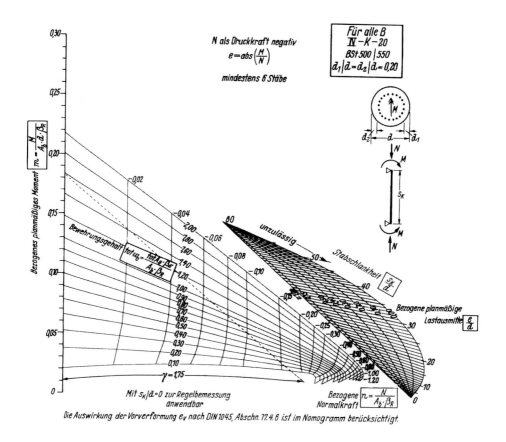

8 Rißbreitenbeschränkung

8.1 Rißbreitenbeschränkung nach DIN 1045 (7.88)

8.1.1 Allgemeines

- Die Rißbreite muß in dem Maße begrenzt werden, daß das äußere Erscheinungsbild und die Dauerhaftigkeit von Stahlbetonbauteilen nicht beeinträchtigt werden.
- Die Konstruktionsregeln unterscheiden zwischen Innenbauteilen und Außenbauteilen:
  - <u>Innenbauteile</u>:
    - Bauteile in geschlossenen Räumen, (z.B. in Wohnungen, Küche, Bad und Waschküche eingeschlossen), Büroräumen, Schulen, Verkaufsstätten; Krankenhäusern, Bauteile, die ständig trocken sind
  - <u>Außenbauteile</u>:
    - Bauteile im Freien
    - Bauteile, zu denen die Außenluft häufig oder ständig Zugang hat, z.B. offene Hallen und Garagen; Bauteile, die ständig unter Wasser oder im Boden verbleiben; Dächer mit einer wasserdichten Dachhaut für die Seite, auf der die Dachhaut liegt
    - Bauteile in geschlossenen Räumen mit oft auftretender sehr hoher Luftfeuchte bei üblicher Raumtemperatur (z.B. gewerbliche Küchen, Bäder, Wäschereien, Feuchträume von Hallenbädern, Viehställe)
    - Bauteile, die wechselnder Durchfeuchtung ausgesetzt sind (z.B. durch häufige starke Tauwasserbildung oder in der Wasserwechselzone)
    - Bauteile, die „schwachem" chemischem Angriff ausgesetzt sind
    - Bauteile, die starken korrosionsfördernden Einflüssen auf Stahl bzw. Beton oder starkem chemischen Angriff ausgesetzt sind (häufige Einwirkung angreifender Gase oder Tausalze)
- Als rißverteilende Bewehrung sind stets Betonrippenstähle zu verwenden!
- Rißbreitenbeschränkung erfolgt durch geeignete Wahl von:
  - Bewehrungsgrad
  - Stahlspannung
  - Bewehrungsanordnung

Es ist der Nachweis zu erbringen, daß der eingelegte Stabdurchmesser kleiner ist als ein vorgegebener Grenzdurchmesser lim d_s bzw. lim d_{sV}.

Kann dieser Wert nicht eingehalten werden, ist der Nachweis der Rißbreitenbeschränkung dennoch erfüllt, wenn die Stababstände den Wert lim s nicht überschreiten.

8 | Rißbreitenbeschränkung

8.1.2 Mindestbewehrung an Oberflächen

An Oberflächen von Stahlbetonbauteilen ist eine Mindestbewehrung nach folgender Maßgabe einzulegen :

$$\mu_Z = k_0 \cdot \frac{\beta_{bZ}}{\sigma_s} = \frac{A_s}{A_{bZ}} \quad \rightarrow \quad \text{erf } A_s = k_0 \cdot \beta_{bZ} \cdot b_0 \cdot \frac{(d-x)}{\sigma_s}$$

k_0 Beiwert zur Beschränkung der Erstrißbreite in Bauteilen
- $k_0 = 1,0$ bei zentrischem Zwang
- $k_0 = 0,4$ bei Biegezwang

$\mu_Z = \dfrac{A_s}{A_{bZ}}$ auf die Zugzone im Zustand I bezogene Zugbewehrung A_s

- $A_{bZ} = b_0 \cdot (d-x)$; bei reiner Biegung ist $(d-x) = \dfrac{d}{2}$

σ_s Betonstahlspannung; nach Tab.14, DIN 1045 in Abhängigkeit vom Stabdurchmesser zu wählen, siehe Tafel 2

$\sigma_s \leq 0,8 \cdot \beta_s$

$\beta_{bZ} = 0,25 \cdot \beta_{WN}^{2/3}$

- β_{WN} Nennfestigkeit des Betons, abhängig von der Betonfestigkeitsklasse, es sind jedoch mindestens 35 N/mm² einzusetzen.

Tafel 1: Betonfestigkeiten β_{WN} und β_{bz} in [N/mm²] nach DIN 1045, Tab. 1

	Betonfestigkeitsklasse		
	≤ B 35	B 45	B 55
Nennfestigkeit β_{WN}	35	45	55
Betonzugfestigkeit β_{bz}	2,68	3,16	3,62

Tafel 2: Grenzdurchmesser lim d_s bzw. d_{sV} in [mm] nach DIN 1045, Tab.14

	Betonstahlspannung $\sigma_s \leq 0,8 \cdot \beta_s$ in [N/mm²]					
	160	200	240	280	350	400
Innenbauteil	36	36	28	25	16	10
Außenbauteil	28	20	16	12	8	5

- d_{sV} ist nur bei Stabbündeln zu verwenden; bei Doppelstäben von Bewehrungsmatten ist der einfache Stabdurchmesser d_s anzusetzen. Bei Litzenspanngliedern ist d_{sV} der Durchmesser eines Spanndrahtes.
- Kann der Nachweis nicht erfüllt werden, besteht die Möglichkeit, lim d_s bzw. d_{sV} mit dem Verhältnis $\dfrac{d}{10 \cdot (d-h)} \geq 1$ zu vergrößern. ($d \,\hat{=}\,$ Bauteildicke; $h \,\hat{=}\,$ statische Nutzhöhe, d und h rechtwinklig zur betrachteten Bewehrung).

QUINTING:
DIE BETONINGENIEURE

Wir planen, konstruieren und realisieren Sperrbeton-Bauteile, Sohlen, Wände und Dachdecken aus wasserundurchlässigem Beton. Und: Wir übernehmen die Gewährleistung für die Dichtheit.

QUINTING

INGENIEUR-GESELLSCHAFT FÜR BETON- UND UMWELTTECHNIK MBH

An der Hansalinie 48-50, 59387 Ascheberg
Tel: (02593) 9589-0, Fax: (02593) 9589-25

Regionalbüros:
Berlin, Bremen, Hannover, Düsseldorf, Frankfurt, Stuttgart, Nürnberg, München, Leipzig

8 Rißbreitenbeschränkung

- Ist der Nachweis trotzdem nicht erfüllt, kann der Nachweis auch über die Stababstände geführt werden.
- Wird bei Zwang im frühen Betonalter mit der vorhandenen, geringeren wirksamen Betonzugfestigkeit β_{bZw} gerechnet, muß der Grenzdurchmesser im Verhältnis $\beta_{bZw} / 2{,}1$ abgemindert werden.
- Ohne genaueren Nachweis gilt für Zwang aus Abfluß der Hydratationswärme im Regelfall $\beta_{bZw} = 0{,}5 \cdot \beta_{bZ}$ mit $\beta_{bZ} = 0{,}25 \cdot \beta_{WN}^{2/3}$

Tafel 3: Höchstwerte der Stababstände lim s in [cm] nach DIN 1045, Tab. 15

	Betonstahlspannung aus häufig wirkendem Lastanteil σ_S in [N/mm²]				
	160	200	240	280	350
Innenbauteil		25 (12,5)	25 (12,5)	20 (10)	15 (7,5)
Außenbauteil	25 (12,5)	20 (10)	15 (7,5)	10 (5)	7 (3,5)

(Klammer-Werte gelten für Bauteile mit mittigem Zug)

- Diese Höchstwerte der Stababstände gelten für die auf der Zugseite eines auf Biegung beanspruchten Bauteils liegende Bewehrung.
- Bei auf mittigen Zug beanspruchten Bauteilen dürfen die halben Werte der Stababstände nicht überschritten werden.

Berechnung der maßgebenden Spannung zur Bestimmung von lim s nach

$$\sigma_{sd} = \frac{N + M_{sd} / z}{A_s}$$

σ_{sd} Betonstahlspannung für Zustand II unter dem häufig wirkenden Lastanteil

N Normalkraft aus häufig wirkendem Lastanteil (als Druckkraft negativ einzusetzen)

z Hebelarm der inneren Kräfte (aus der Bemessung für M_{sd} und N)

A_s vorhandene Stahlzugbewehrung

M_{sd} auf die Zugbewehrung bezogenes Moment aus häufig wirkendem Lastanteil

Häufig wirkende Lasten sind :
- ständige Last
- Zwang, dessen Berücksichtigung laut Norm gefordert wird
- nachgewiesener Zwang, der kleiner als die Rißschnittgröße ist und deshalb keine Mindestbewehrung erfordert
- ein abzuschätzender Teil der Verkehrslast

Ohne weitere genaue Normangaben ist der anzusetzende häufig wirkende Gebrauchslastanteil:

$0{,}7 \cdot q$, aber mindestens „ständige Last + Zwang"

8 | Rißbreitenbeschränkung

8.2 Rißbreitenbeschränkung nach DAfStb Heft 400[1]

8.2.1 Begrenzung der Rißbreite nach Grenzstabdurchmessern

- Für die Ableitung der Konstruktionsregeln sind Rechenwerte für Rißbreiten festgelegt:
  - $w \leq 0{,}4$ mm für Innenbauteile aus ästhetischen Gründen
  - $w \leq 0{,}25$ mm für Außenbauteile (Erläuterungen siehe oben) aus Gründen der Dauerhaftigkeit

- Für die Rißformel zur Ableitung der Konstruktionsregeln wird aber ein oberer Fraktilwert $w_{k,cal}$ verwendet, für welchen gilt:

$$w_{k,cal} = k_4 \cdot 2 \cdot l_{Em} \cdot \varepsilon_{sm} \quad \text{mit}$$

  - $k_4 = 1{,}7$ Faktor zur Berücksichtigung der Streuungen
  - $2 \cdot l_{Em} = a_m$ doppelte mittlere Eintragungslänge bzw. mittlerer Rißabstand bei abgeschlossenem Rißbild
  - ε_{sm} auf $2 \cdot l_{Em}$ bezogene mittlere Stahldehnung

- Grundsätzlicher Aufbau der Formel für den mittleren Rißabstand

$$a_m = k_1 \cdot c + 0{,}25 \cdot k_2 \cdot k_3 \cdot \frac{d_s}{\mu_{Zw}}$$

  - $k_1 \cdot c$ von der Betondeckung abhängige Konstante, ist ausreichend genau, wenn $k_1 \cdot c = 50$ mm gesetzt wird.
  - $k_2 = \dfrac{\beta_{bZm}}{\tau_m}$ Faktor zur Beschreibung der Verbundeigenschaften
    - $k_2 = 0{,}8$ für Betonrippenstahl
    - $k_2 = 1{,}2$ für profilierte Betonstähle
    - $k_2 = 1{,}6$ für glatte Betonstähle
    - β_{bZm} mittlere Betonzugfestigkeit
    - τ_m mittlere Verbundspannung zwischen den Rissen
  - k_3 Faktor zur Berücksichtigung der Zugspannungsverteilung in der Zugzone
    - $k_3 = 0{,}5$ für Biegung
    - $k_3 = 1{,}0$ für Zug und für abliegende Querschnittsteile
  - d_s Stabdurchmesser in [mm]
  - $\mu_{Zw} = \dfrac{A_s}{b \cdot h_w}$ wirksamer Bewehrungsgrad für die Beschränkung der Rißbreite

---

[1] Schießl, Peter; Grundlagen der Neuregelung zur Beschränkung der Rißbreite, DAfStb Heft 400, Beuth-Verlag, Berlin

8 Rißbreitenbeschränkung

Zusätzlich benötigte Größen für die Rißformel:

- h_W Höhe der Wirkungszone der Bewehrung

$$h_W = k_5 (d-h) \begin{cases} \leq (d-x)/3 & \textit{für Biegung} \\ \leq d/2 & \textit{für Zug} \end{cases}$$

- h statische Höhe des Querschnittes
- σ_s Stahlspannung im Rißquerschnitt (Zustand II) in N/mm²
- E_s Elastizitätsmodul der Bewehrung in N/mm²
- β_1 Faktor zur Berücksichtigung des Einflusses der Verbundeigenschaften

    $\beta_1 = 1,0$ für Betonrippenstahl

    $\beta_1 = 0,5$ für glatten Betonstahl

- β_2 Faktor zur Berücksichtigung des Einflusses der Lastdauer

    $\beta_2 = 1,0$ für Kurzzeitbelastung

    $\beta_2 = 0,5$ für Dauerlast und wiederholte Belastung

- σ_{sr} Anrißspannung (zur Rißschnittgröße gehörende Stahlspannung im Rißquerschnitt Zustand II in N/mm²)
- k_5 Faktor zur Beschreibung der Größe der Wirkungzone
  $k_5 = 2,5$

Daraus folgt für $w_{k,cal}$:

$$w_{k,cal} = k_4 \left(50 + 0,25\, k_2\, k_3\, \frac{d_s}{\mu_{Zw}}\right) \frac{\sigma_s}{E_s} \left[1 - \beta_1\, \beta_2 \left(\frac{\sigma_{sr}}{\sigma_s}\right)^2\right]$$

mit der Bedingung: $\beta_1\, \beta_2 \left(\dfrac{\sigma_{sr}}{\sigma_s}\right)^2 \leq 0,6$

| 8 | Rißbreitenbeschränkung |

8.2.2 Ableitung von Konstruktionsregeln

- Zusammenhang zwischen geometrischem und wirksamem Bewehrungsgrad:

$$\mu_{Zw} = \mu \frac{d}{2{,}5(d-h)} \quad \text{bei Biegung}$$

$$\mu_{Zw} = \mu \frac{d}{5(d-h)} \quad \text{bei Zug mit symmetrischer Bewehrung}$$

$$\text{mit } \mu = \frac{A_s}{b \cdot d}$$

- Stahlspannung beim Auftreten des ersten Risses:

$$\sigma_{sr} = 0{,}2 \frac{\beta_{bZ}}{\mu} \quad \text{bei Biegung}$$

$$\sigma_{sr} = \frac{\beta_{bZ}}{\mu} \quad \text{bei Zug}$$

$$\text{mit } \beta_{bZ} = 0{,}25 \cdot \beta_{WN}^{2/3}$$

Tafel 4: Nennfestigkeit β_{WN} in [N/mm²] nach DIN 1045, Tab. 1

	Betonfestigkeitsklasse		
	≤ B 35	B 45	B 55
Nennfestigkeit β_{WN}	35	45	55

- Zulässiger Stabdurchmesser unter Ansatz der Beiwerte für Biegung, Betonrippenstahl und Dauerlast:

$$d_s = 10 \cdot \mu \left\{ \frac{w_{k,cal} \cdot E_s}{1{,}7 \cdot \sigma_s \left[1 - 0{,}5 \cdot \left(\frac{0{,}5}{\mu \cdot \sigma_s}\right)^2\right]} - 50 \right\} \cdot \frac{d}{2{,}5 \cdot (d-h)} \quad \text{für Biegung}$$

- Da die wirksame Höhe auf $h_W = (d-x)/3$ begrenzt ist, wird bei Bauteilen, bei denen der Schwerpunkt der Bewehrung zum gezogenen Rand des Bauteils einen Abstand von 3 bis 4 cm bei einer Bauteildicke von < 40 cm hat, $h_W = (d-x)/3$ maßgebend.

8	Rißbreitenbeschränkung

- Bei Bauteildicken > 40 cm hängt der zulässige Stabdurchmesser direkt von $\dfrac{d}{2{,}5\cdot(d-h)}$ ab.
- Die folgenden Grenzdurchmesser dürfen deshalb mit dem Faktor für den Einfluß der Bauteildicke $\dfrac{d}{10\cdot(d-h)}\geq 1$ vergrößert werden.

Tafel 5: Grenzdurchmesser lim d_s bzw. d_{sV} in [mm] nach DIN 1045, Tab. 14

	Betonstahlspannung $\sigma_s \leq 0{,}8\cdot\beta_s$ in N/mm²					
	160	200	240	280	350	400
Innenbauteil	36	36	28	25	16	10
Außenbauteil	28	20	16	12	8	5

- Zulässiger Stabdurchmesser unter Ansatz einer Zugfestigkeit von $\beta_{bZ}=2{,}5$ N/mm² und symmetrischer Bewehrung des Bauteils:

$$d_s = 5\cdot\mu\left\{\frac{w_{k,cal}\cdot E_s}{1{,}7\cdot\sigma_s\left[1-0{,}5\cdot\left(\dfrac{2{,}5}{\mu\cdot\sigma_s}\right)^2\right]}-50\right\}\cdot\frac{d}{5\cdot(d-h)} \quad \text{für mittigen Zug}$$

$w_{k,cal}$ und μ siehe oben.

- Für die zulässigen Stababstände gilt bei einlagiger Bewehrung der einfache Zusammenhang:

$$\mu = \frac{\pi\cdot d_s^2}{4\cdot s\cdot d} \quad \text{bzw.} \quad s = \frac{\pi\cdot d_s^2}{4\cdot\mu\cdot d}$$

8.2.3 Mindestbewehrung bei Zwangbeanspruchung

- $A_{bZ}\cdot\beta_{bZw} \leq A_s\cdot\beta_s$ für zentrischen Zwang

Daraus ergibt sich der kritische Zustand des Fließens der Bewehrung zu:

$$\min A_s = \frac{\gamma\cdot A_{bz}\cdot\beta_{bZw}}{\beta_s} \quad \text{für zentrischen Zug}$$

$$\frac{A_{bZ}\cdot\beta_{bZw}}{2}\cdot\frac{2d}{3} \leq A_s\cdot\beta_s\cdot 0{,}85\cdot d \quad \text{für Biegezwang bei Rechteckquerschnitten}$$

$$\text{mit } h = 0{,}85\cdot d$$

8 Rißbreitenbeschränkung

Daraus folgt:

$$\min A_s = 0{,}4 \cdot \frac{\gamma \cdot A_{bz} \cdot \beta_{bZw}}{\beta_s} \qquad \text{für Biegung}$$

Für alle Gleichungen gilt:
- $\min A_s$ erforderlicher Mindestbewehrungsquerschnitt
- A_{bZ} im Zustand I unter Zug stehende Betonfläche
- β_{bZw} zum Zeitpunkt des kritischen Zwangs vorhandene wirksame Betonzugfestigkeit
- β_s Streckgrenze der Bewehrung

- Maßgebende Betonzugfestigkeit:
  - $\beta_{bZm,t} = k_{z,t} \cdot 0{,}3\, \beta_{WN}^{2/3}$
    - $\beta_{bZm,t}$ mittlerer Erwartungswert der Betonzugfestigkeit nach 28 Tagen
    - β_{WN} Nennfestigkeit des Betons, abhängig von der Betonfestigkeitsklasse, es sind jedoch mindestens 35 N/mm² einzusetzen.

Tafel 6: Nennfestigkeit β_{WN} in [N/mm²] nach DIN 1045, Tab. 1

	Betonfestigkeitsklasse		
	≤ B 35	B 45	B 55
Nennfestigkeit β_{WN}	35	45	55

Tafel 7: $k_{z,t}$-Werte[1]) nach DAfStb Heft 400

	Alter des Betons in Tagen			
	3	7	28	>90
$k_{z,t}$	(0,4)	(0,6)		(1,2)
	0,5	0,75	1,0	1,1
	(0,7)	(0,9)		(1,05)

[1]) <u>Obere Klammerwerte</u> gelten für langsam erhärtende Zemente und niedrige Umgebungstemperaturen während des Erhärtens.

<u>Untere Klammerwerte</u> gelten für schnell erhärtende Zemente und hohe Umgebungstemperaturen oder massige Bauteile.

- $\beta_{bZw,t} = k_{z,t} \cdot k_E \cdot 0{,}3 \beta_{WN}^{2/3}$ für direkten Zwang unter der Bedingung, daß Ursache und Wirkung am selben Bauteil auftreten
  - $k_E = 0{,}8$ wenn $d \leq 30$ cm
  - $k_E = 0{,}6$ wenn $d \geq 80$ cm

  Zwischenwerte dürfen geradlinig interpoliert werden!

| 8 | Rißbreitenbeschränkung |

Für indirekten Zwang darf k_E nicht mit angesetzt werden, außer es treten noch zusätzlich Eigenspannungen auf.

- $\beta_{bZw,t} = k_R \cdot 0,3 \beta_{WN}^{2/3}$ für außerhalb der Wirkungszone liegende Bewehrung
  - k_R wird zu 0,6 angenommen

Die Wirkungszone der Bewehrung kann wie folgt angenommen werden:

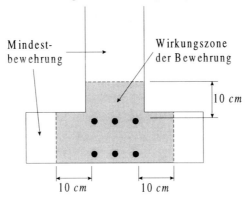

- $\beta_{bZw} = k_{z,t} \cdot 0,25 \beta_{WN}^{2/3}$ für Zwang aus abfließender Hydratationswärme

  im Regelfall ist $k_{z,t}$ mit 0,5 anzusetzen.

Bei massigen Bauteilen und langsam oder schnell erhärtenden Zementen gelten folgende Werte für $k_{z,t}$:

Tafel 8: $k_{z,t}$-Werte

Zementart	Bauteildicke		
	< 50 cm	50 bis 100 cm	> 100 cm
CEM I 32,5	0,4	0,5	
CEM I 32,5 R CEM I 42,5	0,5		0,6
CEM I 42,5 R CEM I 52,5 CEM I 52,5 R	0,5	0,6	0,7

8 Rißbreitenbeschränkung

8.2.4 Nachweis zur Beschränkung der Rißbreiten bei Zwangbeanspruchung

$$d_s = d_{s,Tab} \frac{k_{z,t} \cdot 0{,}25 \beta_{WN}^{2/3}}{2{,}1}$$

- $d_{s,Tab}$-Werte sind der nachstehenden Tafel 9 zu entnehmen.
- $k_{z,t}$ und β_{WN}-Werte aus obenstehenden Tabellen.

Tafel 9: Grenzdurchmesser lim d_S bzw. d_{SV} in [mm]

	Betonstahlspannung $\sigma_s \leq 0{,}8 \cdot \beta_s$ in [N/mm²]					
	160	200	240	280	350	400
Innenbauteil	36	36	28	25	16	10
Außenbauteil	28	20	16	12	8	5

8.3 Rißbreitenbeschränkung nach EC 2

8.3.1 Mindestbewehrung für die Beschränkung der Rißbreite

Bestimmung des Mindeststahlquerschnitts nach:

$$A_s = k_c \cdot k \cdot f_{ct,eff} \cdot \frac{A_{ct}}{\sigma_s}$$

- A_{ct} Betonquerschnitt in der Zugzone
- σ_s zulässige Stahlspannung $\sigma_s \leq f_{yk}$
- $f_{ct,eff}$ wirksame Zugfestigkeit des Betons zum Zeitpunkt der Erstrißbildung

    Werte für $f_{ct,eff}$ können Tafel 10 entnommen werden, wobei diejenige Festigkeitsklasse gewählt wird, die beim Auftreten der Risse zu erwarten ist. Wenn der Zeitpunkt der Rißbildung nicht mit Sicherheit innerhalb der ersten 28 Tage festgelegt werden kann, wird vorgeschlagen, eine Mindestzugfestigkeit von 3,0 N/mm² anzunehmen.

- k_c Faktor zur Berücksichtigung der Spannungsverteilung im Querschnitt
    - $k_c = 1{,}0$ bei reinem Zug
    - $k_c = 0{,}4$ bei reiner Biegung

- k Faktor zur Berücksichtigung einer nichtlinearen Spannungsverteilung
    - $k = 1{,}0$ bei Zugspannungen infolge äußerer Zwangsverformung (z.B. Setzung)
    - $k = 0{,}8$ bei Zugspannungen infolge innerem Zwang, allgemein
        - Rechteckquerschnitte: $k = 0{,}8$ für $h \leq 30$cm
        -    $k = 0{,}5$ für $h \geq 30$cm
        - für abliegende Querschnittsteile: $0{,}5 \leq k \leq 1{,}0$

8 Rißbreitenbeschränkung

Tafel 10: Betonzugfestigkeiten f_{ctm} in [N/mm²] nach EC 2, Tab. 3.1

	Festigkeitsklasse								
	C 12/15	C 16/20	C 20/25	C 25/30	C 30/37	C 35/45	C 40/50	C 45/55	C 50/60
Zugfestigkeit f_{ctm}	1,6	1,9	2,2	2,6	2,9	3,2	3,5	3,8	4,1

Für vorgespannte Bauteile ist mit den folgenden k_c-Werten zu rechnen:

- Kastenträger $\quad k_c = 0{,}4 \quad$ für Stege

  $\quad\quad\quad\quad\quad\quad\quad k_c = 0{,}8 \quad$ für Zuggurte

- Rechteckquerschnitte: $k_c = 0{,}0 \quad$ wenn der Querschnitt unter seltener Belastung und charakteristischem Wert der Vorspannung überdrückt bleibt

- Rechteckquerschnitte: $k_c = 0{,}0 \quad$ wenn der Querschnitt unter der Lastkombination, die zum Erstriß führt und den charakteristischem Wert der Vorspannung berücksichtigt, maximal bis $h/2$ oder 50 cm aufreißt

  $\quad\quad\quad\quad\quad\quad\quad k_c = 0\ldots0{,}4 \quad$ bei reiner Biegung darf zwischen 0 und 0,4 interpoliert werden

8.3.2 Rißbreitenbeschränkung ohne direkte Berechnung

Die zulässigen Rißbreiten werden eingehalten, wenn bei überwiegendem Zwang die Werte der Tafel 11 nicht überschritten werden oder wenn bei überwiegender Lastbeanspruchung die Werte der Tafel 11 oder der Tafel 12 nicht überschritten werden.

Tafel 11: Grenzdurchmesser lim d_s^* für Betonrippenstähle nach EC2, Tab. 4.11

			Stahlspannung σ_S [N/mm²]						
			160	200	240	280	320	360	400	450
Stahlbeton	$w_k = 0{,}3$ mm:	lim d_s^* [mm]	32	25	20	16	12	10	8	6
Spannbeton	$w_k = 0{,}2$ mm:	lim d_s^* [mm]	25	16	12	8	6	5	4	-

Die Grenzdurchmesser der Tafel 11 dürfen bei Stahlbeton in Abhängigkeit der Bauteildicke und der mittleren Betonzugfestigkeit f_{ctm} verändert werden:

$$d_s = d_s^* \cdot \frac{f_{ctm}}{2{,}5} \cdot \frac{h}{10 \cdot (h-d)} \geq d_s^* \cdot \frac{f_{ctm}}{2{,}5} \quad \text{bei Rißbildung infolge Zwang}$$

$$d_s = d_s^* \cdot \frac{h}{10 \cdot (h-d)} \geq d_s^* \quad \text{bei Rißbildung infolge Last}$$

8 Rißbreitenbeschränkung

Tafel 12: Grenzabstände lim s_1 für Betonrippenstähle nach EC2, Tab. 4.12

		Stahlspannung σ_s [N/mm²]					
		160	200	240	280	320	360
Stahlbeton, reine Biegung	lim s_1 [mm]	300	250	200	150	100	50
Stahlbeton, reiner Zug	lim s_1 [mm]	200	150	125	75		
Spannbeton, Biegung	lim s_1 [mm]	200	150	100	50		

- Maßgebende Lastkombination für die Ermittlung der Stahlspannung σ_s
  allgemein für : Stahlbeton: quasi-ständige Lastfallkombinationen

  Spannbeton: häufige Lastfallkombination

  bei überwiegendem Zwang: die zur Berechnung der Mindestbewehrung A_s gewählte Stahlspannung σ_s (siehe 8.3.1)

- Bei Balken mit einer Bauhöhe $\geq 1,0$ m ist eine Steglängsbewehrung innerhalb der Zugzonenhöhe vorzusehen, die nach 8.3.1 mit k = 0,5 und $\sigma_s = f_{yk}$ zu bemessen ist.

- Bei Auswahl von d_s und lim s_1 nach den obigen Tabellen sind reiner Zug und für die Stahlspannung 50% der Spannung in der Hauptbewehrung anzunehmen.

8.3.3 Begrenzung von Schubrissen

- Zur Begrenzung von Schrägrissen sind die in der folgenden Tabelle angegebenen Bügelabstände einzuhalten.
- Gilt $V_{Sd} < 3 V_{cd}$, ist ein Nachweis nicht erforderlich.

Tafel 13: Bügelabstände lim s_w in [mm] nach EC2, Tab. 4.13

	$(V_{Sd} - 3 \cdot V_{cd})/(\rho_w \cdot b_w \cdot d)$ [N/mm²]				
	≤ 50	75	100	150	200
Bügelabstände lim s_w	300	200	150	100	50

- V_{Sd} Bemessungswert der aufzunehmenden Querkraft im Grenzzustand der Tragfähigkeit
- $V_{cd} = V_{Rd1}$ Bemessungswert der ohne Schubbewehrung aufnehmbaren Querkraft

$$V_{Rd1} = \left[\tau_{Rd} \cdot k \cdot (1,2 + 40\rho_1) + 0,15 \cdot \sigma_{cp}\right] \cdot b_W \cdot d$$

- τ_{Rd} Grundwert der Schubspannung nach folgender Tabelle

| 8 | Rißbreitenbeschränkung |

Tafel 14: τ_{Rd} in [N/mm²] nach DAfStb-Anwendungsrichtlinie für EC2, Tab. R4

	Betonfestigkeitsklasse								
	C 12/15	C 16/20	C 20/25	C 25/30	C 30/37	C 35/45	C 40/50	C 45/55	C 50/60
τ_{Rd}	0,20	0,22	0,24	0,26	0,28	0,30	0,31	0,32	0,33

- $k = 1$ für Bauteile, in denen mehr als die Hälfte der Feldbewehrung gestaffelt wird
- $k = 1{,}6 - d \geq 1$ für andere Bauteile (d in m)
- b_w kleinste Querschnittsbreite innerhalb der Nutzhöhe d
- d Nutzhöhe
- $\sigma_{cp} = N_{Sd}/A_c$ mit N_{Sd} als Längskraft infolge Last oder Vorspannung (Druck positiv einsetzen!)
- ρ_l Längsbewehrungsgrad $\rho_1 = A_{S1} / (b_w \cdot d) \leq 0{,}02$; A_{S1} muß mit $(d + l_{d,net})$ verankert sein

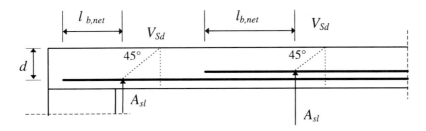

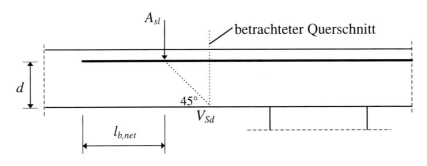

Schubbewehrungsgrad ρ_W:

$$\rho_W = \frac{(A_{SW} / s_W)}{(b_w \cdot \sin\alpha)}$$

- (A_{sw}/s_w) Querschnittsfläche der Schubbewehrung bezogen auf den Abstand s_w
- b_w kleinste Breite innerhalb der Nutzhöhe
- α Neigung der Schubbewehrung, bei senkrechten Bügeln ist $\alpha = 90°$

9 Verformungen

9.1 Verkürzung von Druckgliedern bei mittigem Druck

- elastische Verkürzung zum Zeitpunkt $t = 0$:

$$\Delta l = \varepsilon \cdot l = \frac{N}{K_N} l$$

$$K_N = E_B \cdot \left(A_B + (n-1) \cdot A_S\right) \qquad \text{Dehnsteifigkeit bei Druck}$$

- Verkürzung des Stabes zum Zeitpunkt t:

$$\Delta l_t = \frac{1}{\mu \cdot E_s}\left(\sigma_{b0} + \beta\right)\left(1 - e^{-\alpha \cdot \varphi_t}\right)$$

n	Verhältnis der E-Moduli $\quad n = \dfrac{E_s}{E_b}$
μ	Bewehrungsgrad in %
α	Steifigkeitszahl $\quad \alpha = \dfrac{\mu \cdot n}{1 + \mu \cdot n}$
σ_{b0}	Anfangsspannung (Druckspannung negativ einsetzen) $\quad \sigma_{b0} = \dfrac{N}{A_i} \qquad A_i = A_B + (n-1)A_S$
ε_s	Schwindmaß (in die Endformel negativ einsetzen) nach Kapitel 11.5.3 oder besser 11.5.4

$$\beta = \frac{E_b \cdot \varepsilon_s}{\varphi_t}$$

$$d_{ef} = k_{ef} \cdot \frac{2 \cdot A_b}{u}$$

A_b	Fläche des gesamten Betonquerschnitts
u	Abwicklung der einem Austrocknungseinfluß ausgesetzten Begrenzungsfläche des Betonquerschnitts. Bei Kastenträgern ist der innere Umfang zur Hälfte mit zu berücksichtigen.
k_{ef}	Beiwert nach Kapitel 11.5.3
t_0	Zeitpunkt, ab dem Schwinden bzw. Kriechen berücksichtigt werden sollen
T_i	mittlere Tagestemperatur des Betons in °C
Δt_i	Anzahl der Tage mit der Temperatur T_i
φ_t	nach Kapitel 11.5.3 oder besser 11.5.4

$$t_0 = \sum_i \frac{T_i + 10°C}{30°C} \cdot \Delta t_i$$

9 | Verformungen

9.2 Verformungen infolge Biegung[1]

9.2.1 Grundwert der Durchbiegung f_b

Die Verformung eines Biegeträgers kann — je nach statischem System — auf verschiedene Arten ermittelt werden:

- aus einer vorangegangenen statischen Berechnung mit einer Biegesteifigkeit $E_b \cdot I$ nach Zustand I ohne Berücksichtigung des Einflusses aus Bewehrung
- mit Hilfe von Tabellenwerken
- nach Heft 240 des DAfStb, wie im folgenden zusammengefaßt.

Randbedingungen für die Anwendung der Formeln aus Heft 240 des DAfStb:

$E_b \cdot I$ im Zustand I ohne Berücksichtigung der Bewehrung
$E_b \cdot I$ entlang der Stabachse konstant

Für den Fall eines Momentenverlaufs nach Tafel 1:

$$f_b = \alpha_E \cdot \frac{\max M_F}{E_b \cdot I} \cdot \ell^2 \qquad \text{mit } \alpha_E \text{ nach Tafel 1}$$

Für einen Einfeldträger mit Einzellast:

$$f_b = \alpha_E \cdot P \cdot \frac{\ell^3}{E_b \cdot I} \qquad \text{mit } \alpha_E \text{ nach Tafel 2}$$

Für einen Einfeldträger mit Streckenlast:

$$f_b = \alpha_E \cdot q \cdot \frac{\ell^4}{E_b \cdot I} \qquad \text{mit } \alpha_E \text{ nach Tafel 2}$$

Für einen Kragarm an einem Durchlaufträger unter konstanter Streckenlast:

$$f_b = \alpha_E \cdot q \cdot \frac{\ell^4}{E_b \cdot I} \qquad \text{mit } \alpha_E \text{ nach Tafel 3}$$

---

[1] DAfStb Heft 240

| 9 | Verformungen |

Tafel 1: Beiwerte α_E zur Berechnung des Grundwertes f_b der Durchbiegung für Innenfelder von Durchlaufträgern unter konstanter Gleichlast

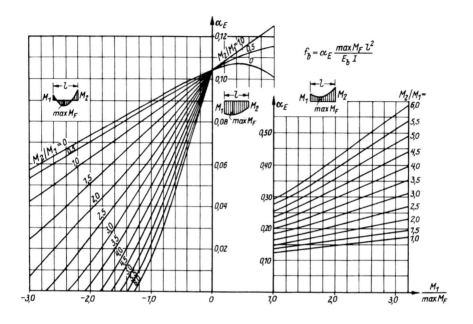

Tafel 2: Beiwerte α_E zur Berechnung des Grundwertes f_b der Durchbiegung für Einfeldträger unter Einzellasten bzw. unter gleichmäßig oder dreieckförmig verteilten Lasten

System / Belastung	$\vdash l_k = l \dashv$	$\vdash l \dashv$	$\vdash l \dashv$	$\vdash l \dashv$
P (Mitte)	—	0,02083	0,00932	0,00521
P (Kragarm)	0,33333	—	—	—
gleichmäßig	0,12500	0,01302	0,00542	0,00260
Dreieck symmetrisch	0,05729	0,00833	0,00365	0,00182
Dreieck (links)	0,09167	0,00652	0,00305	0,00131
Dreieck (rechts)	0,03333	0,00652	0,00238	0,00131

Einzellasten: $f_b = \alpha_E \dfrac{P l^3}{E_b I}$ \quad Gleichmäßig oder dreieckförmig verteilte Lasten: $f_b = \alpha_E \dfrac{q l^4}{E_b I}$

9 Verformungen

Tafel 3: Beiwerte α_E zur Berechnung des Grundwertes f_b der Durchbiegung für Kragträger an Durchlaufträgern unter konstanter Gleichlast

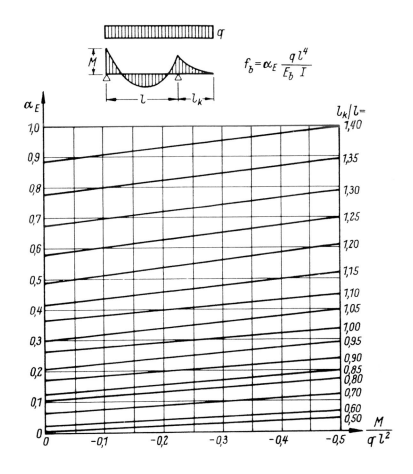

| 9 | Verformungen |

9.2.2 Verformungen für einen Biegeträger mit Rechteckquerschnitt

9.2.2.1 Verformungen zum Zeitpunkt t = 0

Verformung im Zustand I unter Berücksichtigung der Bewehrung

$$f_0^I = \kappa_0^I \cdot f_b \qquad \text{mit } \kappa_0^I \text{ nach Tafel 4.}$$

Verformung im Zustand II unter Berücksichtigung der statischen Höhe im Verhältnis zur Bauteilhöhe

$$f_0^{II} = \kappa_0^{II} \cdot \left(\frac{d}{h}\right)^3 \cdot f_b \qquad \text{mit } \kappa_0^{II} \text{ nach Tafel 4.}$$

9.2.2.2 Verformungen zum Zeitpunkt t = ∞

Verformung im Zustand I infolge Kriechen

$$f_{k\infty}^I = f_{0D}^I \cdot \kappa_k^I \cdot \varphi_\infty \qquad \text{mit } f_{0D}^I \text{ als Durchbiegungsanteil unter}$$
$$\text{Dauerlast zum Zeitpunkt t = 0}$$
$$\kappa_k^I \text{ nach Tafel 5}$$
$$\varphi_\infty \text{ aus Kap. 11.5.3 oder besser 11.5.4}$$

Verformung im Zustand I infolge Schwinden

$$f_{s\infty}^I = \alpha_s \cdot \kappa_s^I \cdot \frac{|\varepsilon_{s\infty}|}{d} \cdot \ell^2 \qquad \text{mit } \alpha_s = 0{,}125 \text{ für frei drehbar gelagerte}$$
$$\text{Einfeldträger}$$
$$\alpha_s = 0{,}063 \text{ für Durchlaufträger}$$
$$\alpha_s = 0{,}500 \text{ für Kragarme}$$
$$\kappa_s^I \text{ nach Tafel 6}$$
$$\varepsilon_{s\infty} \text{ aus Kap. 11.5.3 oder besser 11.5.4}$$

Verformung im Zustand I zum Zeitpunkt t = ∞

$$f_\infty^I = f_0^I + f_{k\infty}^I + f_{s\infty}^I$$

Verformung im Zustand II infolge Kriechen

$$f_{k\infty}^{II} = f_{0D}^{II} \cdot \kappa_k^{II} \cdot \varphi_\infty \qquad \text{mit } f_{0D}^{II} \text{ als Durchbiegungsanteil unter}$$
$$\text{Dauerlast zum Zeitpunkt t = 0}$$
$$\kappa_k^{II} \text{ nach Tafel 5}$$
$$\varphi_\infty \text{ aus Kap. 11.5.3 oder besser 11.5.4}$$

9   Verformungen

Verformung im Zustand II infolge Schwinden

$$f_{s\infty}^{II} = \alpha_s \cdot \kappa_s^{II} \cdot \frac{|\varepsilon_{s\infty}|}{d} \cdot \ell^2$$

mit $\alpha_s = 0{,}125$ für frei drehbar gelagerte Einfeldträger
$\alpha_s = 0{,}063$ für Durchlaufträger
$\alpha_s = 0{,}500$ für Kragarme
κ_s^{II} nach Tafel 6
$\varepsilon_{s\infty}$ aus Kap. 11.5.3 oder besser 11.5.4

Verformung im Zustand II zum Zeitpunkt t = ∞

$$f_\infty^{II} = f_0^{II} + f_{k\infty}^{II} + f_{s\infty}^{II}$$

9.2.2.3 Wahrscheinliche Verformungen

Rißmoment zum Zeitpunkt $t = 0$

$$M_{R0} = \frac{1}{6} \cdot \rho_M \cdot \beta_{bz} \cdot b \cdot d^2$$

mit ρ_M nach Tafel 7
β_{bz} Biegezugfestigkeit

Betonqualität	B 15	B 25	B 35	B 45	B 55
β_{bz} nach 7 Tagen [MN/m²]	1,50	2,00	2,40	2,80	3,20
β_{bz} nach 28 Tagen [MN/m²]	2,00	2,70	3,20	3,80	4,30

Wahrscheinlicher Wert für die Verformung zum Zeitpunkt t = 0

$$f_0 = f_0^{II} - \frac{M_{R0}}{M_F} \cdot (f_0^{II} - f_0^{I})$$

mit M_F größtes Feld- bzw. Kragmoment

$$\frac{M_{R0}}{M_F} \leq 1$$

Wahrscheinlicher Wert für die Verformung zum Zeitpunkt t = ∞

$$f_\infty = f_\infty^{II} - 0{,}8 \cdot \frac{M_{R0}}{M_F} \cdot (f_\infty^{II} - f_\infty^{I})$$

mit M_F größtes Feld- bzw. Kragmoment

$$\frac{0{,}8 \cdot M_{R0}}{M_F} = \frac{M_{R\infty}}{M_F} \leq 1$$

9 Verformungen

Tafel 4: Beiwerte κ_0^I und κ_0^{II} zur Berücksichtigung der Bewehrung bei der Berechnung des unteren und oberen Rechenwertes der elastischen Durchbiegung aus dem Grundwert f_b der Durchbiegung für Balken mit Rechteckquerschnitt

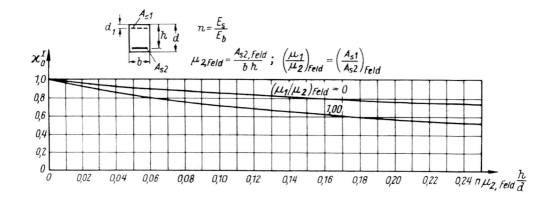

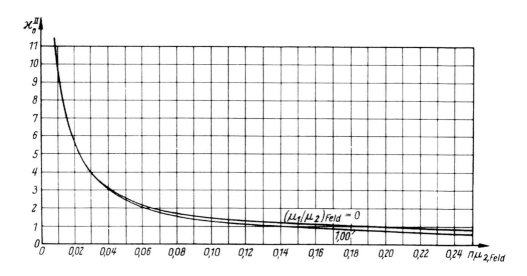

| 9 | Verformungen |

Tafel 5: Beiwerte κ_k^I und zur κ_k^{II} zur Berücksichtigung der Bewehrung bei der Berechnung des unteren und oberen Rechenwertes der zusätzlichen Durchbiegung infolge Kriechen des Betons für Balken mit Rechteckquerschnitt

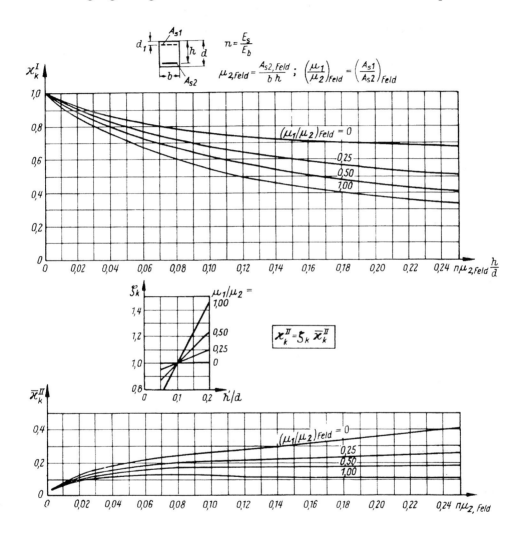

9 Verformungen

Tafel 6: Beiwerte κ_s^I und zur κ_s^{II} zur Berücksichtigung der Bewehrung bei der Berechnung des unteren und oberen Rechenwertes der zusätzlichen Durchbiegung infolge Schwinden des Betons für Balken mit Rechteckquerschnitt

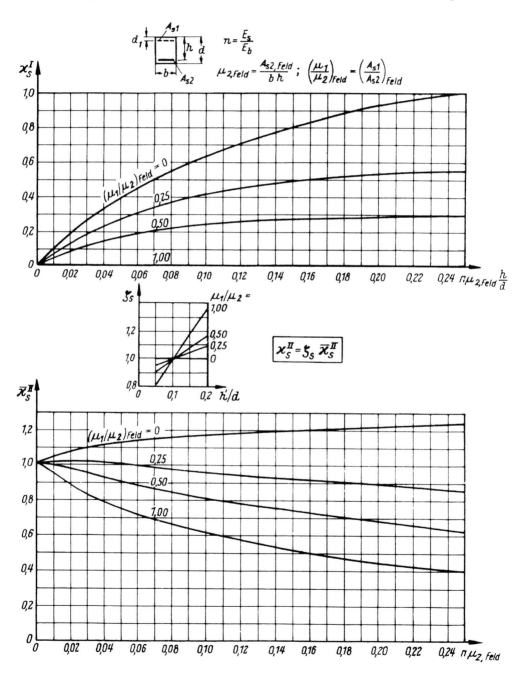

9 Verformungen

Tafel 7: Beiwerte ρ_M zur Berücksichtigung der Bewehrung bei der Berechnung der Rißmomente für Balken mit Rechteckquerschnitt

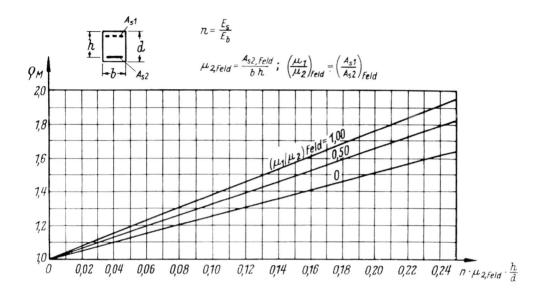

9 Verformungen

9.2.3 Verformungen für einen Plattenbalken

9.2.3.1 Verformungen zum Zeitpunkt t = 0

Verformung im Zustand I unter Berücksichtigung der Bewehrung

$$f_0^I = \kappa_0^I \cdot f_b \qquad \text{mit } \kappa_0^I \text{ nach Tafel 8.}$$

Verformung im Zustand II unter Berücksichtigung der statischen Höhe im Verhältnis zur Bauteilhöhe

$$f_0^{II} = \kappa_0^{II} \cdot \left(\frac{d_0}{h}\right)^3 \cdot \frac{b_i}{b_m} \cdot f_b \qquad \text{mit } \kappa_0^{II} \text{ nach Tafel 9}$$

$$\frac{b_i}{b_m} \text{ nach Tafel 10}$$

9.2.3.2 Verformungen zum Zeitpunkt t = ∞

Verformung im Zustand I infolge Kriechen

$$f_{k\infty}^I = f_{0D}^I \cdot \kappa_k^I \cdot \varphi_\infty \qquad \text{mit } f_{0D}^I \text{ als Durchbiegungsanteil unter Dauerlast zum Zeitpunkt t = 0}$$

κ_k^I nach Tafel 8

φ_∞ aus Kap. 11.5.3 oder besser 11.5.4

Verformung im Zustand I infolge Schwinden

$$f_{s\infty}^I = \alpha_s \cdot \kappa_s^I \cdot \frac{|\varepsilon_{s\infty}|}{d_0} \cdot \ell^2 \qquad \text{mit } \alpha_s = 0{,}125 \text{ für frei drehbar gelagerte Einfeldträger}$$

$\alpha_s = 0{,}063$ für Durchlaufträger
$\alpha_s = 0{,}500$ für Kragarme
κ_s^I nach Tafel 8
$\varepsilon_{s\infty}$ aus Kap. 11.5.3 oder besser 11.5.4

Verformung im Zustand I zum Zeitpunkt t = ∞

$$f_\infty^I = f_0^I + f_{k\infty}^I + f_{s\infty}^I$$

Verformung im Zustand II infolge Kriechen

$$f_{k\infty}^{II} = f_{0D}^{II} \cdot \kappa_k^{II} \cdot \varphi_\infty \qquad \text{mit } f_{0D}^{II} \text{ als Durchbiegungsanteil unter Dauerlast zum Zeitpunkt t = 0}$$

κ_k^{II} nach Tafel 9

φ_∞ aus Kap. 11.5.3 oder besser 11.5.4

9 | Verformungen

Verformung im Zustand II infolge Schwinden

$$f_{s\infty}^{II} = \alpha_s \cdot \kappa_s^{II} \cdot \frac{|\varepsilon_{s\infty}|}{d_0} \cdot \ell^2$$

mit $\alpha_s = 0{,}125$ für frei drehbar gelagerte Einfeldträger
$\alpha_s = 0{,}063$ für Durchlaufträger
$\alpha_s = 0{,}500$ für Kragarme
κ_s^{II} nach Tafel 9
$\varepsilon_{s\infty}$ aus Kap. 11.5.3 oder besser 11.5.4

Verformung im Zustand II zum Zeitpunkt $t = \infty$

$$f_\infty^{II} = f_0^{II} + f_{k\infty}^{II} + f_{s\infty}^{II}$$

9.2.3.3 Wahrscheinliche Verformungen

Rißmoment zum Zeitpunkt $t = 0$

$$M_{R0} = \frac{1}{6} \cdot \frac{\rho_{M0}}{2 \cdot \frac{y_u}{d_0}} \cdot \beta_{bz} \cdot b_i \cdot d_0^2$$

mit ρ_{M0} nach Tafel 11
$\frac{y_u}{d_0}$ nach Tafel 10
β_{bz} Biegezugfestigkeit

Betonqualität	B 15	B 25	B 35	B 45	B 55
β_{bz} nach 7 Tagen [MN/m²]	1,50	2,00	2,40	2,80	3,20
β_{bz} nach 28 Tagen [MN/m²]	2,00	2,70	3,20	3,80	4,30

Wahrscheinlicher Wert für die Verformung zum Zeitpunkt $t = 0$

$$f_0 = f_0^{II} - \frac{M_{R0}}{M_F} \cdot (f_0^{II} - f_0^I)$$

mit M_F größtes Feld- bzw. Kragmoment

$$\frac{M_{R0}}{M_F} \leq 1$$

Wahrscheinlicher Wert für die Verformung zum Zeitpunkt $t = \infty$

$$f_\infty = f_\infty^{II} - 0{,}8 \cdot \frac{M_{R0}}{M_F} \cdot (f_\infty^{II} - f_\infty^I)$$

mit M_F größtes Feld- bzw. Kragmoment

$$\frac{0{,}8 \cdot M_{R0}}{M_F} = \frac{M_{R\infty}}{M_F} \leq 1$$

9 Verformungen

Tafel 8: Beiwerte κ_0^I, κ_k^I und κ_s^I zur Berücksichtigung der Bewehrung bei der Berechnung des unteren Rechenwertes der elastischen Durchbiegung sowie der zusätzlichen Durchbiegung infolge Kriechen und Schwinden des Betons für Plattenbalken

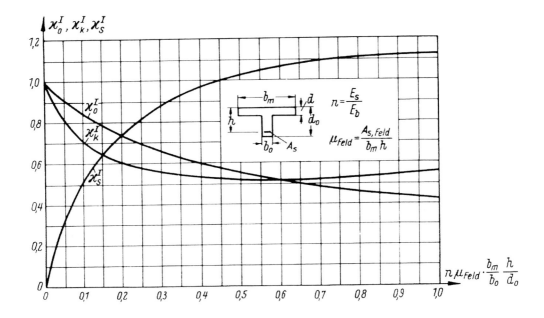

9 Verformungen

Tafel 9: Beiwerte $\kappa_0^{II}, \kappa_k^{II}$ und κ_s^{II} zur Berücksichtigung der Bewehrung bei der Berechnung des unteren Rechenwertes der elastischen Durchbiegung sowie der zusätzlichen Durchbiegung infolge Kriechen und Schwinden des Betons für Plattenbalken

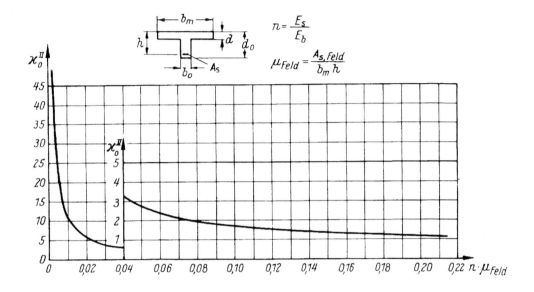

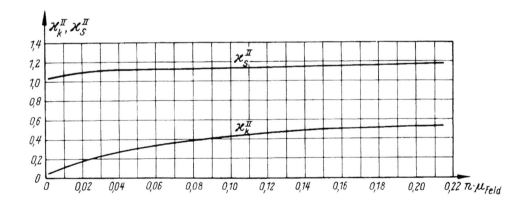

9 Verformungen

Tafel 10: Hilfswerte b_i/b_m und y_u/d_0 zur Berechnung des Trägheitsmomentes und des Schwerpunktes von Plattenbalkenquerschnitten

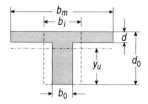

$b_m/b_0 \rightarrow$	1	2	3	4	5	6	7	8	9	10
$d/d_0 \downarrow$					$b_i/b_m =$					
0,300	1,000	0,683	0,535	0,444	0,382	0,336	0,301	0,273	0,250	0,232
0,275	1,000	0,680	0,534	0,444	0,382	0,336	0,301	0,273	0,250	0,231
0,250	1,000	0,677	0,531	0,443	0,381	0,336	0,301	0,273	0,250	0,231
0,225	1,000	0,671	0,527	0,440	0,380	0,335	0,301	0,273	0,250	0,231
0,200	1,000	0,664	0,521	0,436	0,377	0,333	0,299	0,272	0,249	0,231
0,175	1,000	0,655	0,513	0,429	0,372	0,330	0,297	0,270	0,248	0,230
0,150	1,000	0,643	0,502	0,421	0,365	0,324	0,292	0,267	0,245	0,228
0,125	1,000	0,629	0,488	0,408	0,355	0,316	0,285	0,261	0,240	0,223
0,100	1,000	0,611	0,469	0,391	0,340	0,303	0,274	0,257	0,232	0,216
0,075	1,000	0,590	0,445	0,368	0,319	0,284	0,257	0,236	0,218	0,204
0,050	1,000	0,565	0,415	0,338	0,290	0,257	0,232	0,213	0,197	0,184
0,025	1,000	0,535	0,378	0,300	0,252	0,219	0,191	0,178	0,164	0,152

$b_m/b_0 \rightarrow$	1	2	3	4	5	6	7	8	9	10
$d/d_0 \downarrow$					$y_u/d_0 =$					
0,300	0,500	0,580	0,631	0,665	0,690	0,710	0,725	0,737	0,747	0,755
0,275	0,500	0,578	0,628	0,663	0,689	0,709	0,726	0,739	0,749	0,758
0,250	0,500	0,575	0,625	0,660	0,687	0,708	0,724	0,739	0,750	0,760
0,225	0,500	0,571	0,620	0,656	0,683	0,705	0,722	0,737	0,749	0,759
0,200	0,500	0,566	0,614	0,650	0,677	0,700	0,718	0,733	0,746	0,757
0,175	0,500	0,561	0,606	0,642	0,669	0,692	0,711	0,727	0,740	0,752
0,150	0,500	0,555	0,598	0,631	0,659	0,682	0,701	0,717	0,731	0,744
0,125	0,500	0,548	0,587	0,619	0,645	0,668	0,687	0,704	0,718	0,731
0,100	0,500	0,540	0,575	0,603	0,628	0,650	0,668	0,686	0,700	0,713
0,075	0,500	0,532	0,560	0,584	0,606	0,626	0,643	0,659	0,673	0,686
0,050	0,500	0,522	0,543	0,561	0,579	0,595	0,609	0,623	0,635	0,647
0,025	0,500	0,511	0,523	0,534	0,544	0,554	0,563	0,672	0,581	0,589

| 9 | Verformungen |

Tafel 11: Beiwerte ρ_{Mo} zur Berücksichtigung der Bewehrung bei der Berechnung der Rißmomente für Plattenbalken

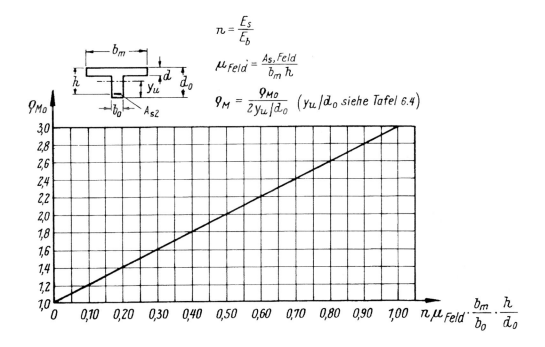

10 | Anwendung von Stabwerkmodellen

10.1 Stabwerkmodelle[1]

Ein Stabwerkmodell besteht aus Druck- und Zugstreben. Dabei fassen die Druckstreben die Betondruckspannungen bereichsweise zusammen, während die Zugstreben die Bewehrung oder die bereichsweise zusammengefaßten Betonzugspannungen abbilden. Die Stabkräfte werden unter Einhaltung der Gleichgewichtsbedingungen für die angreifenden Lasten ermittelt. Bei Anwendung der alten DIN 1045 (7.88) werden die Lasten im Bruchzustand angesetzt, nach EC 2 bzw. Entwurf DIN 1045 (2.97) auf Bemessungsniveau, d.h. im Grenzzustand der Tragfähigkeit.

Zur Entwicklung eines geeigneten und möglichst optimalen Stabwerkmodells sollen folgende Regeln eingehalten werden:

- Orientierung der Modelle an der Spannungsverteilung nach der linearen Elastizitätstheorie:
  Dies gilt vor allem für die Lage und Richtung wichtiger Druckstäbe und sichert näherungsweise die Verträglichkeit. Hilfsmittel dafür sind Trajektorienbilder, die Lastpfadmethode sowie Spannungsverteilungen aus grobmaschigen linearen FEM-Berechnungen.
- Die Zugstreben des Stabwerkmodells müssen nach Lage und Richtung mit der zugehörigen Bewehrung übereinstimmen,
- Anstrebung orthogonaler Bewehrungsführung:
  Dies vereinfacht die baupraktische Umsetzung des Modells.
- Minimierung von Zugstablängen und Zugstabkräften (z.B.: $\Sigma Z_i \cdot l_i$ = Minimum):
  Somit werden die Risse minimiert, welche aufgrund der größeren Verformungen der Zugstäbe gegenüber den Druckstäben entstehen.

Kinematische Stabwerksmodelle gelten nur für eine Einwirkungskombination, da ihre Geometrie mit der Belastung abgestimmt sein muß.

Statisch unbestimmte Stabwerksmodelle sind unter näherungsweiser Berücksichtigung der unterschiedlichen Dehnsteifigkeiten von Druck- und Zugstäben zu berechnen.

---

[1] Im Entwurf der DIN 1045, Teil 1 (2.97) wurden einige Hinweise zur Bemessung von Stabwerkmodellen aufgenommen, die hier zusammenfassend dargestellt werden.

10 Anwendung von Stabwerkmodellen

10.2 Bemessung der Stäbe
10.2.1 Druckstäbe

Die Betondruckstäbe des Modells repräsentieren ein zwei- oder dreidimensionales Spannungsfeld, welches sich im allgemeinen zwischen den Knoten aufweitet. Dabei unterscheidet man zwischen:

a) fächerförmigem Spannungsfeld
b) flaschenförmigem Spannungsfeld
c) prismatischem oder parallelem Spannungsfeld

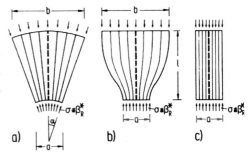

Bei Druckstreben, deren Druckfelder sich zu konzentrierten Knoten hin stark einschnüren, reicht ein Nachweis des angrenzenden Knotens.

Während das fächerförmige und prismatische Spannungsfeld theoretisch frei von Querspannungen sind und nur eine konstruktive Bewehrung bei großflächigem Spannungsfeld erforderlich ist, müssen die beim flaschenförmigen Spannungsfeld auftretenden Querzugspannungen bei der Berechnung beachtet werden.

Das kann z.B. durch die Anwendung eines Stabwerkmodells auf den Druckstab erfolgen, das eine Querzugkraft von höchstens einem Viertel der Längsdruckkraft ergibt.

Eine andere Möglichkeit besteht in der Begrenzung der Druckspannung auf 80% der einaxialen Druckfestigkeit des Betons. Wenn ein mehraxialer Druckspannungszustand gesichert ist, wird so die Zerstörung des Betons infolge Querzugspannung verhindert.

Für die Bemessung der Druckstäbe nach DIN 1045 (7.88) werden von Schlaich und Schäfer[1] folgende vereinfachten Betondruckfestigkeitswerte β_R* empfohlen:

$\beta_R* = 1{,}0 \cdot \beta_R$ für einen ungestörten einaxialen Druckspannungszustand (fächerförmiges oder prismatisches Feld)

$\beta_R* = 0{,}8 \cdot \beta_R$ für Druckstäbe mit parallel zur Druckrichtung verlaufenden Rissen (flaschenförmiges Feld)

$\beta_R* = 0{,}6 \cdot \beta_R$ für Druckstäbe mit schräg zur Druckrichtung verlaufenden Rissen (z.B. wenn das Stabwerkmodell nicht eng an die Elastizitätstheorie angelehnt ist oder bei Vorschädigung)

---

[1] Schlaich, J., Schäfer, K.: Konstruieren im Stahlbetonbau, Betonkalender 1993, Teil II, S.351 ff.

10 Anwendung von Stabwerkmodellen

Für Anwendung des EC 2 oder Entwurf DIN 1045 (2.97) entspricht dies den folgenden zugehörigen Spannungen:

zul $\sigma = 1{,}0 \cdot \alpha \cdot f_{cd}$ für einen ungestörten einaxialen Druckspannungszustand

zul $\sigma = 0{,}8 \cdot \alpha \cdot f_{cd}$ für Druckstäbe mit parallel zur Druckrichtung verlaufenden Rissen

zul $\sigma = 0{,}6 \cdot \alpha \cdot f_{cd}$ für Druckstäbe mit schräg zur Druckrichtung verlaufenden Rissen

f_{cd} Bemessungswert der Betondruckfestigkeit

$\alpha = 0{,}85$ für Normalbeton; in begründeten Fällen dürfen Werte bis $\alpha = 1{,}0$ angesetzt werden

Die Breite des Druckspannungsfeldes ist im Hinblick auf die Verträglichkeit zu begrenzen. So sollten bei parallelen Druck- und Zuggurten die Abmessungen nicht größer sein, als sie sich bei linearer Dehnungsverteilung ergeben, z.B. maximal die halbe Querschnittshöhe bei reiner Biegebeanspruchung.

10.2.2 Bewehrte Zugstäbe

Bewehrte Zugstäbe werden nach DIN 1045 (7.88) wie folgt bemessen:

$$\text{erf } A_s = \frac{Z_u}{\beta_s} \quad \text{für Baustahl}$$

$$\text{erf } A_z = \frac{Z_u}{\beta_z} \quad \text{für Spannstahl}$$

erf A_s, erf A_z erforderlicher Stahlquerschnitt
Z_u Zugkraft im Grenzzustand der Tragfähigkeit
β_s Streckgrenze des Bewehrungsstahls
β_z Streckgrenze des Spannstahls

Im Grenzzustand der Tragfähigkeit des EC 2 / E DIN 1045 (2.97) gilt:

$$\text{erf } A_s = \frac{Z_d}{f_{yk}/\gamma_s} \quad \text{für Baustahl}$$

$$\text{erf } A_p = \frac{Z_d}{0{,}9 \cdot f_{pk}/\gamma_s} \quad \text{für Spannstahl}$$

erf A_s, erf A_p erforderlicher Stahlquerschnitt
Z_d Bemessungswert der Zugkraft im Grenzzustand der Tragfähigkeit
f_{yk} charakteristischer Wert der Streckgrenze des Baustahls
f_{pk} charakteristische Zugfestigkeit des Spannstahls
$\gamma_s = 1{,}15$ Teilsicherheitsbeiwert für die Materialeigenschaften des Stahls

Die Bewehrung ist über die gesamte Länge des Zugstabes ungeschwächt durchzuführen.

10 Anwendung von Stabwerkmodellen

10.2.3 Unbewehrte Zugstäbe

Nach Entwurf DIN 1045 (2.97) werden keine unbewehrten Zugstäbe (Betonzugstäbe) in Ansatz gebracht.

In Einzelfällen kann aber auf die Betonzugfestigkeit zurückgegriffen werden. Dafür wird der 5 %-Fraktilwert der Betonzugfestigkeit $f_{ctk,0,05}$ angesetzt:

$$\sigma_u \leq \frac{f_{ctk,0.05}}{\gamma_c}$$

σ_u Zugspannung auf Bemessungsniveau

$f_{ctk,0.05}$ charakteristischer Wert der Betonzugkraft (5 %-Fraktilwert)

γ_c Teilsicherheitsbeiwert für Materialeigenschaften des Betons:
$\gamma_c \geq 1{,}5$ (E DIN 1045 (2.97))

Beim Ansatz von unbewehrten Zugstäben ist zu berücksichtigen, daß die Betonzugfestigkeit durch Vorschädigung oder durch überlagerte infolge Zwangsbeanspruchung vermindert wird.

Außerdem dürfen Betonzugstäbe nur in Bereichen angesetzt werden, in denen kein „Reißverschlußeffekt" möglich ist. Das setzt voraus, daß sich bei einem Riß die Zugspannungen auf andere Querschnittsteile umlagern können, ohne daß sich die Zugspannungen erhöhen und weitere Risse auftreten.

10.3 Bemessung der Knoten

Es werden zwei Typen von Knoten unterschieden:

- konzentrierte Knoten
- kontinuierliche Knoten

Konzentrierte Knoten entstehen z.B. bei der Einleitung von Einzellasten, an Auflagern, bei der Endverankerung von Bewehrung oder von Spanngliedern, bei konzentrierter Bewehrungsumlenkung, bei der Einleitung von Gurtkräften aus anschließenden Bauteilen und in einspringenden Tragwerksbereichen.

Im Knotenbereich muß ein statisch zulässiger Spannungszustand herrschen und die Bewehrung muß hier sicher verankert werden.

Die Verankerungslänge der Bewehrung im Druck-Zug-Knoten beginnt am Knotenanfang, wo erste Drucktrajektorien auf die Bewehrung treffen (z.B. Auflagervorderkante), muß sich mindestens über den gesamten Knotenbereich erstrecken und darf teilweise über den rechnerischen Knotenbereich hinausreichen.

Die im Knotenbereich auftretenden Querzugspannungen senkrecht zur Ebene des Stabwerkes müssen bei der konstruktiven Durchbildung der Knoten berücksichtigt werden.

10 | Anwendung von Stabwerkmodellen

Im allgemeinen dürfen in konzentrierten Knoten folgende Druckspannungen im Grenzzustand der Tragfähigkeit nach E DIN 1045-1 (2.97) angenommen werden [die Werte in ( ) beziehen sich auf das Bruchniveau analog DIN 1045 (7.88)] :

- in Druckknoten:
  - $1{,}1 \cdot \alpha \cdot f_{cd}$ $(1{,}1 \cdot \beta_R)$
  - bis $3{,}3 \cdot \alpha \cdot f_{cd}$ $(2{,}94 \cdot \beta_R)$ bei gesichertem dreiaxialen Druck (siehe Abschnitt 6.10 Teilflächenpressung)
  - z.B. im Standardknoten (siehe rechts) Nachweise:
    $\sigma_{c0} \leq 1{,}1 \cdot \alpha \cdot f_{cd}$ $(1{,}1 \cdot \beta_R)$ und
    $\sigma_{c1} \leq 1{,}1 \cdot \alpha \cdot f_{cd}$ $(1{,}1 \cdot \beta_R)$

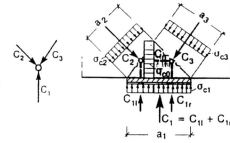

- in Druck-Zug-Knoten:
  - $0{,}8 \cdot \alpha \cdot f_{cd}$ $(0{,}8 \cdot \beta_R)$, wenn alle Winkel zwischen Druck- und Zugstäben wenigstens 45° betragen
  - $1{,}0 \cdot \alpha \cdot f_{cd}$ $(1{,}0 \cdot \beta_R)$ bei sehr guter Modellierung und konstruktiver Durchbildung:
    - alle Winkel zwischen Druck- und Zugstäben wenigstens 55°
    - Druckspannungen werden gleichmäßig verteilt eingeleitet
    - Knotenbereich wird gut verbügelt

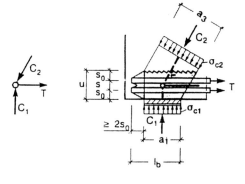

  - z.B. im Standardknoten (siehe rechts) Nachweise:
    $\sigma_{c1} \leq 0{,}8 \cdot \alpha \cdot f_{cd}$ $(0{,}8 \cdot \beta_R)$ und $\sigma_{c2} \leq 0{,}8 \cdot \alpha \cdot f_{cd}$ $(0{,}8 \cdot \beta_R)$ sowie
    ausreichende Verankerungslänge $l_b = \dfrac{2}{3} l_{b,net}$ der Bewehrung

- Knoten mit Abbiegungen von Bewehrung
  - im Standardknoten (siehe rechts) Nachweise:
    $\sigma_c \leq 0{,}8 \cdot \alpha \cdot f_{cd}$ $(0{,}8 \cdot \beta_R)$ sowie
    zulässiger Biegerollendurchmesser

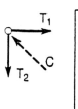
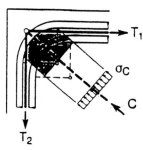

f_{cd}	Bemessungswert der Betondruckfestigkeit
$\alpha = 0{,}85$	für Normalbeton; in begründeten Fällen dürfen Werte bis $\alpha = 1{,}0$ angesetzt werden

11 Spannbeton

11.1 Querschnittswerte
11.1.1 Allgemeines

Für Spannbetontragwerke müssen folgende Punkte besonders beachtet werden:
- Veränderliche Trägheitsmomente müssen stärker als sonst üblich beachtet werden, da sie sich erheblich auf die statisch unbestimmten Größen auswirken.
- Bei der Ermittlung der Querschnittswerte dürfen keine Querschnittsteile vernachlässigt werden; dies gilt vor allem für die mitwirkenden Breiten bei Plattenbalken und Hohlkästen (siehe Kapitel 3.3).
- Bei der Vorspannung mit nachträglichem Verbund sind während der Herstellung je nach Zeitpunkt unterschiedliche Querschnitte wirksam. Es werden drei verschiedene Arten der Querschnittswerte unterschieden, deren Ermittlung und Anwendung im Folgenden erläutert wird:
  - Brutto-Querschnittswerte (Betonquerschnittswerte)
  - Netto-Querschnittswerte
  - Ideelle Querschnittswerte

11.1.2 Brutto-Querschnittswerte

werden ohne Berücksichtigung der Querschnittsflächen der Bewehrung und der Hüllrohre berechnet.

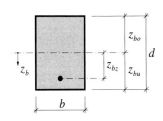

$$A_b = b \cdot d$$

$$z_{bu} = z_{bo} = \frac{d}{2}$$

$$I_b = \frac{b \cdot d^3}{12}$$

$$W_{bu} = W_{bo} = \frac{b \cdot d^2}{6}$$

11.1.3 Netto-Querschnittswerte

werden bei Vorspannung mit nachträglichem Verbund für alle Lastfälle vor Herstellung des Verbundes benutzt; bei ihnen werden die Querschnittsschwächungen durch Hüllrohre berücksichtigt.

11 Spannbeton

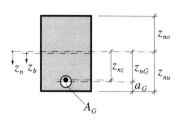

$$A_n = A_b - A_G$$

$$z_{nu} = \frac{A_b \cdot z_{bu} - A_G \cdot a_G}{A_n} \qquad z_{no} = d - z_{nu}$$

$$I_n = I_b - A_G(z_{nu} - a_G)^2 + \left[A_b(z_{nu} - z_{bu})^2 - I_G \right]^{\ast}$$

$$W_{nu} = \frac{I_n}{z_{nu}} \qquad W_{no} = \frac{I_n}{z_{no}}$$

11.1.4 Ideelle Querschnittswerte

werden bei Spannbettvorspannung grundsätzlich sowie bei Vorspannung mit nachträglichem Verbund für alle Lastfälle nach Herstellung des Verbundes benutzt; sie berücksichtigen die im Verbund liegende schlaffe und vorgespannte Bewehrung (bezogen auf den Elastizitätsmodul des Betons).

$$n = \frac{E_z}{E_b}$$

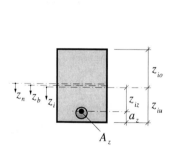

$$A_i = A_b + (n-1) \cdot A_z = A_n + n \cdot A_z$$

$$z_{iu} = \frac{A_b \cdot z_{bu} + (n-1)A_z \cdot a_z}{A_i} \qquad z_{io} = d - z_{iu}$$

$$I_i = I_b + (n-1)A_z \cdot (z_{iu} - a_z)^2 + \left[A_b(z_{bu} - z_{iu})^2 \right]^{\ast}$$

$$W_{iu} = \frac{I_i}{z_{iu}} \qquad W_{io} = \frac{I_i}{z_{io}}$$

Betonfestigkeitsklasse	B 15	B 25	B 35	B 45	B 55	B 65	B 75	B 85	B 95	B 105	B 115
E-Modul E_b [MN/m²] [♦]	26 000	30 000	34 000	37 000	*39 000*	*40 500*	*42 000*	*43 000*	*44 000*	*44 500*	*45 000*
n bei $E_z = \frac{195000}{205000} \left[\frac{N}{mm^2}\right]$ [♦]	7,500 / 7,885	6,500 / 6,833	5,735 / 6,029	5,270 / 5,541	5,000 / 5,256	4,815 / 5,062	4,643 / 4,881	4,535 / 4,767	4,432 / 4,659	4,382 / 4,607	4,333 / 4,556

[∗] Der Anteil innerhalb der großen Klammer kann bei Bedarf vernachlässigt werden.

[♦] Die kursiv angegebenen E-Moduli stammen von Zilch, K., Hennecke, M., Anwendung des hochfesten Betons im Brückenbau, Entwurf des Abschlußberichts für das Forschungsvorhaben DBV 204 vom 09.01.1998. Die kursiv angegebenen E-Moduli entsprechenden dem derzeitigen Stand der Beratungen und sind vor einer Anwendung zu kontrollieren.

11	Spannbeton

11.2 Konstruktive Durchbildung
11.2.1 Mindestanzahl an Spanngliedern

Tafel 1: Mindestanzahl an Spanngliedern nach DIN 4227, T.1, Tab. 3

1	2	3
Art der Spannglieder	Mindestanzahl	Anzahl der rechnerisch ausfallenden Stäbe bzw. Drähte [1]
Einzelstäbe bzw. -drähte	3	1
7-drähtige Litzen; Einzeldrahtdurchmesser $d_v \geq 4$ mm [2]	1	–

[1]) Bei Verwendung von Stäben bzw. Drähten unterschiedlicher Querschnitte sind die jeweils dicksten Stäbe bzw. Drähte in Ansatz zu bringen.

[2]) Werden in Ausnahmefällen Litzen mit geringerem Drahtdurchmesser verwendet, so beträgt die Mindestanzahl 2.

Eine Unterschreitung der Werte von Spalte 2 ist möglich, wenn:
– der Nachweis geführt wird, daß bei Ausfall von Stäben und Drähten entsprechend den Werten von Spalte 3 die Beanspruchung aus 1,0-fachen Einwirkungen aus Last und Zwang aufgenommen werden können.
– der Nachweis für den rechnerischen Bruchzustand geführt wird.
– Tragreserven sowie mögliche Umlagerungen der Schnittgrößen aus Änderungen des statischen Systems berücksichtigt werden können. Werden bei diesem Nachweis auch Stahlbetonbauteile nach DIN 1045 in Rechnung gestellt, so darf auch hier der Sicherheitsbeiwert einheitlich zu $\gamma = 1,0$ gesetzt werden. Bei der Bemessung für Querkraft und Torsion dürfen dabei die Grundwerte der Schubspannung nach DIN 1045, Abschnitt 17.5 auf das 1,75-fache vergrößert werden.

11.2.2 Mindestbewehrung

Tafel 2 Grundwerte für die Mindestbewehrung aus Betonstahl IV S und IV M nach DIN 4227-1/A1, Tab. 5

Betonfestigkeitsklasse	B25	B35	B45	B55
μ [%]	0,08	0,09	0,10	0,11

11 Spannbeton

Tafel 3: Mindestbewehrung je m nach DIN 4227-1/A1, Tab. 4

		Platten/Gurtplatten oder breite Balken $(b_0 > d_0)$		Balken mit $b_0 \leq d_0$ Stege von Plattenbalken und Kastenträgern	
		Bauteile in Umweltbedingungen nach DIN 1045, Tabelle 10, Zeile 1	Bauteile in Umweltbedingungen nach DIN 1045, Tabelle 10, Zeile 2 bis 4	Bauteile in Umweltbedingungen nach DIN 1045, Tabelle 10, Zeile 1	Bauteile in Umweltbedingungen nach DIN 1045, Tabelle 10, Zeile 2 bis 4
1a	Oberflächenbewehrung je m bei Balken an jeder Seitenfläche, bei Platten mit d ≥ 1,0 m an jedem gestützten oder nicht gestützten Rand [1])	$1{,}0 \cdot \mu \cdot d_0$ bzw. $\mu \cdot d$	$1{,}0 \cdot \mu \cdot d_0$ bzw. $\mu \cdot d$	$1{,}0 \cdot \mu \cdot b_0$ bzw. $\mu \cdot b$	$1{,}0 \cdot \mu \cdot b_0$ bzw. $\mu \cdot b$
1b	Oberflächenbewehrung am äußeren Rand der Druckzone bzw. in der Zugzone von Platten [1])	$1{,}0 \cdot \mu \cdot d_0$ bzw. $\mu \cdot d$ (je m)	$1{,}0 \cdot \mu \cdot d_0$ bzw. $\mu \cdot d$ (je m)	—	$1{,}0 \cdot \mu \cdot d_0 \cdot b_0$
1c	Oberflächenbewehrung in Druckgurten (obere und untere Lage je für sich) [1])	—	$1{,}0 \cdot \mu \cdot d$	—	—
[1]) Eine Oberflächenbewehrung größer als 3,35 cm²/m je Richtung ist nicht erforderlich.					
2a	Längsbewehrung in vorgedrückten Zugzonen	$1{,}5 \cdot \mu \cdot d_0$ bzw. $1{,}5 \cdot \mu \cdot d$ (je m)	$1{,}5 \cdot \mu \cdot d_0$ bzw. $1{,}5 \cdot \mu \cdot d$ (je m)	$1{,}5 \cdot \mu \cdot d_0 \cdot b_0$ bzw. $1{,}5 \cdot \mu \cdot b \cdot d$	$1{,}5 \cdot \mu \cdot d_0 \cdot b_0$ bzw. $1{,}5 \cdot \mu \cdot b \cdot d$
2b	Längsbewehrung in Zuggurten und Zuggliedern (obere und untere Lage je für sich)	$2{,}5 \cdot \mu \cdot d$	$2{,}5 \cdot \mu \cdot d$	—	—
3a	Schubbewehrung für Scheibenschub	$2{,}0 \cdot \mu \cdot d$	$2{,}0 \cdot \mu \cdot d$	—	—
3b	Bügelbewehrung von Balkenstegen und freien Rändern von Platten	$2{,}0 \cdot \mu \cdot d_0$ bzw. $2{,}0 \cdot \mu \cdot d$	$2{,}0 \cdot \mu \cdot d_0$ bzw. $2{,}0 \cdot \mu \cdot d$	$2{,}0 \cdot \mu \cdot b_0$ bzw. $2{,}0 \cdot \mu \cdot b$	$2{,}0 \cdot \mu \cdot b_0$ bzw. $2{,}0 \cdot \mu \cdot b$

Die Werte für μ sind der Tafel 2 zu entnehmen.

b_0 Stegbreite in Höhe der Schwerlinie des gesamten Querschnittes, bei Hohlplatten mit annähernd kreisförmiger Aussparung die kleinste Stegbreite

d_0 Balkendicke in m

d Plattendicke in m

| 11 | Spannbeton |

11.2.3 Hinweise zur Bewehrungsführung

- In jedem Querschnitt ist nur der Größtwert von Oberflächen-, Längs- oder Schubbewehrung erforderlich (keine Addition der verschiedenen Arten der Mindestbewehrung).
- Die Stababstände sollen 20 cm nicht überschreiten.
- Bei Vorspannung mit sofortigem Verbund dürfen die oberflächennahe Spanndrähte, die mit höchstens $0{,}3\,\beta_{0,2}$ vorgespannt sind, im Verhältnis $\beta_{0,2}/\beta_s$ auf die Mindestbewehrung nach Tafel 3, Zeilen 2a und 2b, angerechnet werden.
- Bei Brücken und vergleichbaren Bauwerken sind die in Tafel 4 aufgeführten Mindestdurchmesser und Maximalabstände einzuhalten.

Tafel 4: Mindest-Stabdurchmesser und Maximalabstand bei Brücken nach ZTV-K 96

	Bewehrungsgehalt	min d_s [mm]	max s [cm]
Allgemein, ausgenommen Montagebewehrung und Betonstahlmatten		10	20
Allgemein, Betonstahlmatten		6	15
Unterbauten, ohne Pfähle	0,06 % kreuzweise	10	20
Pfähle mit D < 50 cm, Längsbewehrung	0,8 %		
Pfähle mit D ≥ 50 cm, Längsbewehrung		20	20
Pfähle mit D ≥ 50 cm, Wendel- oder Bügelbewehrung		10	24
Überbauten, Außenrand von Kragarmen, 1 m breit	0,8 % in Längsricht.	10	20

11.2.4 Oberflächenbewehrung von Spannbetonplatten

- Der Querschnitt der Mindestbewehrung richtet sich nach Tafel 3, Zeile 1.
- Bei innenliegenden Bauteilen (Umweltbedingung Zeile 1) ist eine Oberflächenbewehrung am äußeren Rand der Druckzone nicht erforderlich.
- Für Platten aus Fertigteilen mit einer Breite $b < 1{,}20$ m darf die Querbewehrung entfallen.
- Bei veränderlicher Plattendicke darf die Mindestbewehrung auf die mittlere Plattendicke d_m bezogen werden.

| 11 | Spannbeton |

11.3 Vordimensionierung für einen symmetrischen Zweifeldträger

1. Vorhanden sein müssen:
   - maximale Momente aus Eigengewicht g_1 M_{g1}
                           Zusatzeigengewicht g_2 M_{g2}
                           Verkehrslast p M_p
   - bei statisch unbestimmten Systemen das Zwängungsmoment M'_V als Funktion der Vorspannkraft N

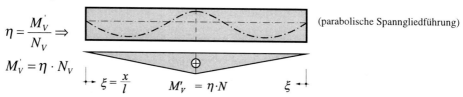
(parabolische Spanngliedführung)

$$\eta = \frac{M'_V}{N_V} \Rightarrow$$

$$M'_V = \eta \cdot N_V$$

$\xi = \frac{x}{l}$ $M'_V = \eta \cdot N$

2. Berechnung des maximalen Moments M_{max} aus äußeren Lasten (ohne M_V')

   $M_{max} = M_{g1} + M_{g2} + M_p$

3. Berechnung der maximalen Randzugspannung aus Eigengewicht, Zusatzeigengewicht und Verkehr

   $$\sigma_{g1+g2+p} = \frac{M_{max}}{W_b}$$

4. Abschätzen des Einflusses von Kriechen und Schwinden

   $\Delta = 10\ \%$ bis $15\ \%$

5. Ablesen der maximal zulässigen Randzugspannungen σ_{zul} in Abhängigkeit von der geplanten Betonfestigkeit aus den nachfolgenden Tafeln 5 und 6.

6. Berechnung der ungefähren Vorspannkraft

   $$\text{erf } N_v = \frac{1}{1 - \frac{\Delta}{100}} \cdot \frac{\sigma_{g1+g2+p} - \sigma_{zul}}{\frac{1}{A_b} + \frac{y_z \pm \xi \cdot \eta}{W_b}}$$

mit $y_z + \xi \cdot \eta$ wenn $\text{sign}(M_{V0}) = \text{sign}(M'_V)$
     $y_z - \xi \cdot \eta$ $\text{sign}(M_{V0}) \neq \text{sign}(M'_V)$

$y_z \pm \xi \cdot \eta = \dfrac{M_{V1}}{N_{V1}} = \dfrac{M^0_{V1} + M'_{V1}}{N_{V1}}$ $N_{V1} =$ Einheitsvorspannung, z.B. 1000 kN = 1 MN

| 11 | Spannbeton |

Tafel 5: Beton auf Zug infolge Längskraft und Biegemoment im Gebrauchszustand in MN/m² nach DIN 4227, T.1, Tab 9

Allgemein (nicht bei Brücken)												
	1	2	3	4	5	6	7	8	9	10	11	12
	Vor-spannung	Anwendungsbereich	\multicolumn{10}{c}{Festigkeitsklasse}									
			B 25	B 35	B 45	B 55	B 65	B 75	B 85	B 95	B 105	B 115
9		allgemein: Mittiger Zug	0	0	0	0						
10		Randspannung	0	0	0	0						
11		Eckspannung	0	0	0	0						
12	volle	unter unwahrscheinlicher Häufung von Lastfällen: Mittiger Zug	0,6	0,8	0,9	1,0						
13		Randspannung	1,6	2,0	2,2	2,4						
14		Eckspannung	2,0	2,4	2,7	3,0						
15		Bauzustand: Mittiger Zug	0,3	0,4	0,4	0,5						
16		Randspannung	0,8	1,0	1,1	1,2						
17		Eckspannung	1,0	1,2	1,4	1,5						
18		allgemein: Mittiger Zug	1,2	1,4	1,6	1,8						
19		Randspannung	3,0	3,5	4,0	4,5						
20		Eckspannung	3,5	4,0	4,5	5,0						
21	be-schränkte	unter unwahrscheinlicher Häufung von Lastfällen: Mittiger Zug	1,6	2,0	2,2	2,4						
22		Randspannung	4,0	4,4	5,0	5,6						
23		Eckspannung	4,4	5,2	5,8	6,4						
24		Bauzustand: Mittiger Zug	0,8	1,0	1,1	1,2						
25		Randspannung	2,0	2,2	2,5	2,8						
26		Eckspannung	2,2	2,6	2,9	3,2						

11 Spannbeton

Tafel 6: Beton auf Zug infolge Längskraft und Biegemoment im Gebrauchszustand in MN/m² nach DIN 4227, T.1, Tab 9 und Zilch/Hennecke[1]

Bei Brücken und vergleichbaren Bauwerken (nach Abschnitt 6.7.1 der DIN 4227 Teil 1)

	1	2	3	4	5	6	7	8	9	10	11	12
	Vor-spannung	Anwendungsbereich	\multicolumn{10}{c}{Festigkeitsklasse}
			B 25	B 35	B 45	B 55	B 65	B 75	B 85	B 95	B 105	B 115
27		unter Hauptlasten: Mittiger Zug	0	0	0	0	*0*	*0*	*0*	*0*	*0*	*0*
28		Randspannung	0	0	0	0	*0*	*0*	*0*	*0*	*0*	*0*
29		Eckspannung	0	0	0	0	*0*	*0*	*0*	*0*	*0*	*0*
30	volle	unter Haupt- und Zusatzlasten: Mittiger Zug	0,6	0,8	0,9	1,0	*1,1*	*1,1*	*1,2*	*1,2*	*1,2*	*1,2*
31		Randspannung	1,6	2,0	2,2	2,4	*2,5*	*2,6*	*2,7*	*2,8*	*2,8*	*2,8*
32		Eckspannung	2,0	2,4	2,7	3,0	*3,1*	*3,2*	*3,3*	*3,4*	*3,4*	*3,4*
33		Bauzustand: Mittiger Zug	0,3	0,4	0,4	0,5	*0,5*	*0,5*	*0,6*	*0,6*	*0,6*	*0,6*
34		Randspannung	0,8	1,0	1,1	1,2	*1,2*	*1,3*	*1,4*	*1,4*	*1,4*	*1,4*
35		Eckspannung	1,0	1,2	1,4	1,5	*1,5*	*1,6*	*1,6*	*1,7*	*1,7*	*1,7*
36		unter Hauptlasten: Mittiger Zug	1,0	1,2	1,4	1,6	*1,7*	*1,7*	*1,9*	*2,0*	*2,0*	*2,0*
37		Randspannung	2,5	2,8	3,2	3,5	*3,7*	*3,9*	*4,0*	*4,1*	*4,1*	*4,1*
38		Eckspannung	2,8	3,2	3,6	4,0	*4,2*	*4,3*	*4,5*	*4,6*	*4,6*	*4,6*
39	be-schränkte	unter Haupt- und Zusatzlasten: Mittiger Zug	1,2	1,4	1,6	1,8	*1,9*	*2,0*	*2,1*	*2,2*	*2,2*	*2,2*
40		Randspannung	3,0	3,6	4,0	4,5	*4,7*	*4,9*	*5,1*	*5,3*	*5,3*	*5,3*
41		Eckspannung	3,5	4,0	4,5	5,0	*5,2*	*5,4*	*5,6*	*5,8*	*5,8*	*5,8*
42		Bauzustand: Mittiger Zug	0,8	1,0	1,1	1,2	*1,4*	*1,5*	*1,6*	*1,7*	*1,7*	*1,7*
43		Randspannung	2,0	2,2	2,5	2,8	*3,1*	*3,3*	*3,4*	*3,5*	*3,5*	*3,5*
44		Eckspannung	2,2	2,6	2,9	3,2	*3,6*	*3,7*	*3,8*	*3,9*	*3,9*	*3,9*
\multicolumn{13}{l}{Biegezugspannungen aus Quertragwirkung beim Nachweis nach Abschnitt 15.6 der DIN 4227}
45			3,0	4,0	5,0	6,0	[1])	[1])	[1])	[1])	[1])	[1])

[1]) Hier soll ein Rißbreitennachweis geführt werden.

---

[1] Zilch, K., Hennecke, M., Anwendung des hochfesten Betons im Brückenbau, Entwurf des Abschlußberichts für das Forschungsvorhaben DBV 204 vom 09.01.1998. Die kursiv angegebenen Spannungen entsprechen dem derzeitigen Stand der Beratungen und sind vor einer Anwendung zu kontrollieren.

11 Spannbeton

11.4 Zwängungsschnittgrößen

Eine genaue Ermittlung der Zwängungsschnittgrößen wird heute in der Regel mit Computerprogrammen vorgenommen.

Für Zwecke der Vordimensionierung und für die Kontrollen werden in diesem Abschnitt dennoch sowohl Beispiele für die Anwendung des Kraftgrößenverfahrens als auch fertige Formeln angegeben.

11.4.1 Beispiele zur Ermittlung von Zwängungsschnittgrößen

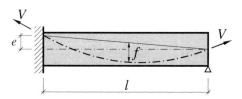 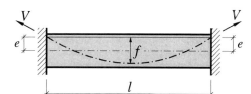

1. Moment durch Umlenkkraft

2. Moment durch Außermittigkeit der Endverankerung

3. Moment durch Einheitsmoment nach Lösen der Einspannungen

 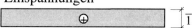

4. Berechnung der δ_{ik}

$$\delta_{10} = -\frac{1}{3} \cdot Vf \cdot l + \frac{1}{3} \cdot Ve \cdot l \qquad \delta_{10} = -\frac{2}{3} \cdot Vf \cdot l + Ve \cdot l$$

$$\delta_{11} = \frac{1}{3} \cdot l \cdot \bar{1} \qquad \delta_{11} = l$$

$$X = -\frac{\delta_{10}}{\delta_{11}} \qquad X = -\frac{\delta_{10}}{\delta_{11}}$$

$$X = -\frac{-\frac{1}{3} \cdot Vf \cdot l + \frac{1}{3} \cdot Ve \cdot l}{\frac{1}{3} \cdot l} \qquad X = -\frac{-\frac{2}{3} \cdot Vf \cdot l + Ve \cdot l}{l}$$

$$X = V \cdot (f - e) \qquad X = V \cdot \left(\frac{2}{3} \cdot f - e\right)$$

5. Zwängungsmoment X

11 Spannbeton

11.4.2 Volleinspannmomente infolge Vorspannung [1]

Tafel 7: Volleinspannmomente infolge Vorspannung (Voraussetzung EI = const.)

Spanngliedführung	Beidseitig eingespannt	Einseitig eingespannt
gerade, Exzentrizität e, Länge l	$M'_{AV} = -e \cdot V$ $M_{AV} = 0$ $M'_{BV} = -e \cdot V$ $M_{BV} = 0$	$M'_{AV} = -\frac{3}{2}e \cdot V$ $M_{AV} = -\frac{1}{2}e \cdot V$ $M'_{BV} = -\frac{3}{2}e \cdot V$ $M_{BV} = -\frac{1}{2}e \cdot V$
Parabel, Stich f	$\left.\begin{array}{l}M'_{AV}=\\ M_{AV}=\\ M'_{BV}=\\ M_{BV}=\end{array}\right\} -\tfrac{2}{3}f \cdot V$	$\left.\begin{array}{l}M'_{AV}=\\ M_{AV}=\\ M'_{BV}=\\ M_{BV}=\end{array}\right\} -f \cdot V$
Parabel mit Exzentrizitäten e_A, e_B an den Enden, Stich f bei $l/2$	$M'_{AV} = -\tfrac{1}{3}(2f + 3e_A) \cdot V$ $M_{AV} = -\tfrac{2}{3}f \cdot V$ $M'_{BV} = -\tfrac{1}{3}(2f + 3e_B) \cdot V$ $M_{BV} = -\tfrac{2}{3}f \cdot V$	$M'_{AV} = -\tfrac{1}{2}(2f + 2e_A + e_B) \cdot V$ $M_{AV} = -\tfrac{1}{2}(2f + e_B) \cdot V$ $M'_{BV} = -\tfrac{1}{2}(2f + e_A + 2e_B) \cdot V$ $M_{BV} = -\tfrac{1}{2}(2f + e_A) \cdot V$
Mit Wendepunkten bei κl, Exzentrizität e, Stich f	$M'_{AV} = -\tfrac{1}{3}[2f(1-\kappa) + 3e] \cdot V$ $M_{AV} = -\tfrac{2}{3}f(1-\kappa) \cdot V$ $M'_{BV} = -\tfrac{1}{3}[2f(1-\kappa) + 3e] \cdot V$ $M_{BV} = -\tfrac{2}{3}f(1-\kappa) \cdot V$	$M'_{AV} = -\tfrac{1}{2}[2f(1-\kappa) + 3e] \cdot V$ $M_{AV} = -\tfrac{1}{2}[2f(1-\kappa) + e] \cdot V$ $M'_{BV} = -\tfrac{1}{2}[2f(1-\kappa) + 3e] \cdot V$ $M_{BV} = -\tfrac{1}{2}[2f(1-\kappa) + e] \cdot V$
Wendepunkt bei αl, κl	$M'_{AV} = M_{AV} = 0$ $M'_{BV} = -\tfrac{1}{4}\left[f(\kappa^2 - 2\kappa - 2\alpha + 5) + e_o(\alpha^2 - 2\alpha + 5)\right] \cdot V$ $M_{BV} = e_o \cdot V + M'_{BV}$ $f = e_u - e_o$	
Wendepunkte bei κl	$M'_{AV} = -\left[2f\left(\tfrac{4}{3}\kappa^2 - \kappa\right) + e\right] \cdot V$ $M_{AV} = 2f\left(\tfrac{4}{3}\kappa^2 - \kappa\right) \cdot V$ $M'_{BV} = -\left[2f\left(\tfrac{4}{3}\kappa^2 - \kappa\right) + e\right] \cdot V$ $M_{BV} = 2f(\tfrac{4}{3}\kappa^2 - \kappa) \cdot V$	Spannglieder befinden sich zur Berücksichtigung von überlappten Spanngliedern nur zwischen Einspannung und Wendepunkt. Fiktiver Verlauf zwischen den Wendepunkten ist wichtig für die Bestimmung von f.

---

[1] Z.T. aus Wendehorst, R.: Bautechnische Zahlentafeln, 26. Auflage, Stuttgart: Teubner; Berlin; Köln: Beuth, 1994

11 Spannbeton

11.4.3 Methode der Umlenkkräfte

Berechnung des gesamten Moments (einschließlich Zwängung) mit Hilfe der Umlenkkräfte (Formeln gelten nur für parabolische Spanngliedführung)

$$u = \frac{V}{r} \qquad r = \frac{l^2}{8f}$$

l Spannweite der Parabel
f Stich der Parabel

11.5 Kriechen und Schwinden
11.5.1 Definitionen

Kriechen: zeitabhängige Zunahme der Verformungen unter andauernder Spannung.

Schwinden: Verkürzung des unbelasteten Betons während der Austrocknung.

Relaxation: zeitabhängige Abnahme der Spannungen unter einer aufgezwungenen Verformung von konstanter Größe.

11.5.2 Wirkung des Kriechens und Schwindens

Tafel 8: Auswirkungen von Kriechen und Schwinden[1]

	Unbewehrter Beton	Stahlbeton	Spannbeton
Lastschnittgrößen und Lastspannungen	keine Änderungen bei Theorie I. Ordnung, bei Theorie II. Ordnung Vergrößerung der Verformungen beachten, siehe unten		
Zwangschnittgrößen und Zwangspannungen	bei rascher Entstehung Abbau auf den $1/(2\varphi)$-fachen Wert, bei allmählichem Aufbau Verminderung des Reduktionsfaktors um 0,2	Bestimmung der Zwangschnittgrößen mit den Steifigkeiten im Zustand I: siehe unbewehrter Beton Bestimmung der Zwangschnittgrößen mit den Steifigkeiten im Zustand II: schnelle Entstehung: Abbau auf $1/(1+0,1\varphi)$ langsame Entstehung: Abbau auf $1/(1+0,08\varphi)$	bei rascher Entstehung Abbau auf den $1/(2\varphi)$-fachen Wert, bei allmählichem Aufbau Verminderung des Reduktionsfaktors um 0,2
Eigenspannungen	analog Zwang	vernachlässigbar	Beim Vorspannen mit Spanngliedern sinkt die Vorspannung um 8-20%
Verformungen	Zunahme auf den $(1+\varphi)$-fachen Wert, bei Theorie II. Ordnung zu beachten	Zunahme auf den $(1+0,3\varphi)$-fachen Wert, bei Theorie II. Ordnung zu beachten	Zunahme auf den $(1+\varphi)$-fachen Wert, bei Theorie II. Ordnung zu beachten

---

[1] Rüsch, H., Jungwirth, D., Stahlbeton – Spannbeton, Band 2: Berücksichtigung der Einflüsse von Kriechen und Schwinden auf das Verhalten der Tragwerke, Düsseldorf: Werner-Verlag 1976

11 | Spannbeton

11.5.3 Kriechzahl und Schwindmaß nach DIN 4227, Teil 1

11.5.3.1 Betonalter bzw. wirksames Betonalter

Von großer Bedeutung für das Kriechen und Schwinden ist das „wirksame" Alter des Betons zu Beginn des Kriech- und Schwindvorganges, d.h. im allg. das wirksame Alter zum Zeitpunkt der Vorspannung bzw. Ausrüstung.

Das Betonalter bzw. wirksame Alter entspricht dem tatsächlichen Alter des Betons, wenn der Beton bei Normaltemperatur (ca. 20 °C) erhärtet, sonst gilt:

$$t = \Sigma \frac{T_i + 10°}{30°} \Delta t_i \qquad \Delta t_i : \text{ Anzahl der Tage mit mittlerer Tagestemperatur } T_i$$

11.5.3.2 Zeitpunkt $t = 0$

Zu diesem Zeitpunkt ist noch kein Kriechen und Schwinden aufgetreten.

11.5.3.3 Zeitpunkt $t = \infty$

Einfluß der mittleren Dicke und der Lage des Bauteils:

$$d_m = \frac{2 \cdot A}{u} \qquad \begin{array}{l} A \quad \text{Fläche des Betonquerschnitts} \\ u \quad \text{der Atmosphäre ausgesetzte Umfang des Bauteils} \end{array}$$

Tafel 9: Ermittlung der relevanten Kurven für Tafel 10 und Tafel 11

Lage des Bauteils	$d_m \leq 10$ cm	$d_m \geq 80$ cm
feucht, im Freien	1	2
trocken, in Innenräumen	3	4

Gilt $10 \text{ cm} \leq d_m \leq 80 \text{ cm}$, so kann entweder zwischen den Kurven 1 und 2 bzw. 3 und 4 interpoliert werden, oder aber man berechnet die Kriechzahl und das Schwindmaß wie für t = beliebig nach Abschnitt 11.5.3.4.

- Endkriechzahl φ_∞ und Endschwindmaß $\varepsilon_{s\infty}$

  Anwendungsbedingungen für Tafel 10 und Tafel 11:

  - Die Werte der Tafeln 10 und 11 gelten für den Konsistenzbereich K2. Für die Konsistenzbereiche K1 bzw. K3 sind die Zahlen um 25% zu ermäßigen bzw. zu erhöhen. Bei Verwendung von Fließmitteln darf die Ausgangskonsistenz angesetzt werden.

  - Die Tabellen gelten für Beton, der unter Normaltemperatur erhärtet und für den Zement der Festigkeitsklasse CEM I 32,5 R und CEM I 42,5 R verwendet wird. Der Einfluß auf das Kriechen von Zement mit langsamerer Erhärtung (CEM I 32,5, CEM I 42,5) bzw. mit sehr schneller Erhärtung (CEM I 52,5 R) kann dadurch berücksichtigt werden, daß die Richtwerte für den 0,5- bzw. 1,5-fachen Wert des Betonalters bei Belastungsbeginn abzulesen sind.

11 Spannbeton

Tafel 10: Ermittlung von φ_∞

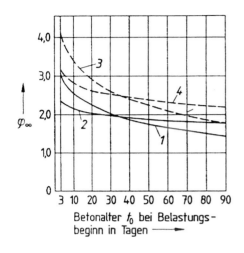

Betonalter t_0 bei Belastungsbeginn in Tagen

Tafel 11: Ermittlung von $\varepsilon_{s\infty}$

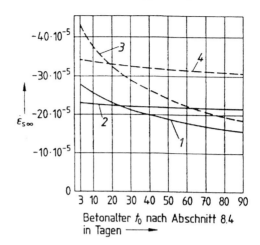

Betonalter t_0 nach Abschnitt 8.4 in Tagen

11.5.3.4 Zeitpunkt t = beliebig

Tafel 12: Richtwerte φ_{f0} und ε_{s0}, Beiwert k_{ef}

Lage des Bauteils	Mittlere relative Luftfeuchte	Grundfließzahl φ_{f0}	Grundschwindmaß ε_{s0}	Beiwert k_{ef} zur Körperdicke d_{ef}
im Wasser	–	0,8	$+10 \cdot 10^{-5}$	30,0
in sehr feuchter Luft, z.B. nahe über dem Wasser	90%	1,3	$-13 \cdot 10^{-5}$	5,0
allgemein im Freien	70%	2,0	$-32 \cdot 10^{-5}$	1,5
in trockener Luft, z.B. in trockenen Innenräumen	50%	2,7	$-46 \cdot 10^{-5}$	1,0

Die Werte der Tabelle gelten für den Konsistenzbereich K2. Für die Konsistenzbereiche K1 bzw. K3 sind die Zahlen um 25% zu ermäßigen bzw. zu erhöhen. Bei Verwendung von Fließmitteln darf die Ausgangskonsistenz angesetzt werden.

- Wirksame Körperdicke d_{ef}

$$d_{ef} = k_{ef} \frac{2 A_b}{u}$$

A_b Fläche des gesamten Betonquerschnitts

u Abwicklung der einem Austrocknungseinfluß ausgesetzten Begrenzungsfläche des Betonquerschnitts. Bei Kastenträgern ist der innere Umfang zur Hälfte mit zu berücksichtigen.

k_{ef} Beiwert nach Tafel 12

11 | Spannbeton

Tafel 13: Fließbeiwert k_f

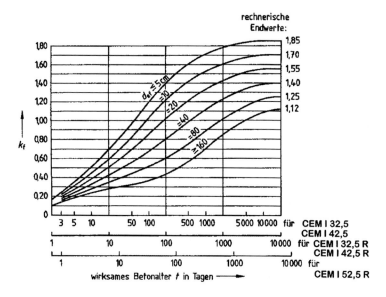

Tafel 14: Schwindbeiwert k_s

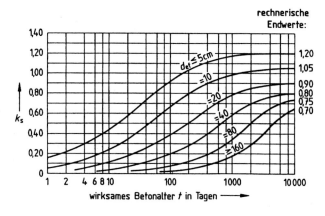

Tafel 15: Verlaufsbeiwert k_v der verzögert elastischen Verformung

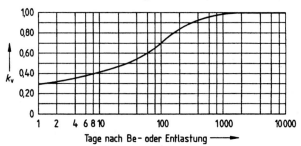

11	Spannbeton

- Kriechzahl φ_t

$$\varphi_t = \varphi_{f0} \cdot (k_{f,t} - k_{f,t_0}) + 0{,}4 \cdot k_{v,(t-t_0)}$$

- Verformung aus Kriechen

$$\varepsilon_K = \frac{\sigma_0}{E_b} \cdot \varphi_t$$

- Schwindmaß $\varepsilon_{s,t}$

$$\varepsilon_{s,t} = \varepsilon_{s0} \cdot (k_{s,t} - k_{s,t_0})$$

- Spannung infolge Kriechen und Schwinden

Als Näherung kann nach *Dischinger*[1] und mit Ergänzung nach *Trost*[2] (ρ-Werte) angenommen werden:

$$\sigma_{z,ks} = \frac{n \cdot \varphi_t \cdot \sigma_{bz,vd} + E_z \cdot \varepsilon_{s,t}}{1 - n \cdot \dfrac{\sigma_{bz,v}}{\sigma_{z,v}} \cdot (1 + \rho \cdot \varphi_t)}$$

$\sigma_{bz,vd}$ Spannung infolge kriecherzeugender Dauerlast aus Vorspannung und ständiger Last (Widerstandsmoment bis Spannstahl)

$\sigma_{bz,v}$ Spannung im Beton in Höhe der Stahlfaser infolge Vorspannung

$\sigma_{z,v}$ Spannung in der Stahlfaser infolge Vorspannung

ρ Relaxationskennwert nach Trost: normalerweise wird $\rho = 0{,}7 \ldots 0{,}9$ angenommen

n siehe Tafel 16

Tafel 16: *n*-Werte für Drähte, Stäbe und Litzen

Betonfestigkeitsklasse	B 15	B 25	B 35	B 45	B 55	B 65	B 75	B 85	B 95	B 105	B 115
E-Modul E_b [MN/m²]	26 000	30 000	34 000	37 000	39 000	40 500	42 000	43 000	44 000	44 500	45 000
n bei $E_z = \dfrac{195000}{205000} \left[\dfrac{N}{mm^2}\right]$	7,500 / 7,885	6,500 / 6,833	5,735 / 6,029	5,270 / 5,541	5,000 / 5,256	4,815 / 5,062	4,643 / 4,881	4,535 / 4,767	4,432 / 4,659	4,382 / 4,607	4,333 / 4,556

11.5.3.5 Prozentualer Faktor

$$\Delta = \frac{\sigma_{z,ks}}{\sigma_{z,v}} \cdot 100 \ [\%] \qquad \text{Faktor} \left(1 - \frac{\Delta}{100}\right) \text{berechnen}$$

---

[1] Dischinger, F., Elastische und plastische Verformungen der Eisenbetontragwerke und insbesondere der Bogenbrücken, Der Bauingenieur 20 (1939) S. 53-63, 286-294, 426-437, 563-572

[2] Trost, H., Zur Auswirkung des zeitabhängigen Betonverhaltens unter Berücksichtigung der neuen Spannbetonrichtlinien, Festschrift Wolfgang Zerna, Konstruktiver Ingenieurbau in Forschung und Praxis, Düsseldorf: Werner-Verlag 1977

| 11 | Spannbeton |

11.5.4 Kriechzahl und Schwindmaß nach EC 2

Eine weitere Möglichkeit der Berechnung der Kriech- und Schwindmaße besteht in der Anwendung des Modelcode 90 des CEB bzw. dessen Folgenormen EC 2 und Entwurf der DIN 1045, Teil 1, 02.97. Nach Müller[1] sind diese Werte wesentlich genauer, so daß die Verfasser der Meinung sind, daß kein Risiko besteht, wenn anstelle der DIN 4227-Werte die im folgenden genannten Werte verwendet werden. Das Mischungsverbot braucht also hier nicht angewendet zu werden.

Während für die Ermittlung der Kriech- und Schwindbeiwerte nach DIN 4227 verschiedene Diagramme ausgewertet werden müssen, kann man nach Modelcode 90, EC 2 und Entwurf DIN 1045, Teil 1, 02.97 geschlossene Formeln verwenden. Die Verfasser empfehlen aus eigener Erfahrung die Verwendung von Tabellenkalkulationsprogrammen zur Auswertung der Gleichungen.

Beim Übergang vom Modelcode 90 auf den EC 2 und zum Entwurf DIN 1045, Teil 1, 02.97 wurden die Gleichungen geringfügig geändert. Durch den Bezug einiger Größen auf Einheitsgrößen, z.B. der Zeit t auf $t_1 = 1$ Tag, waren die Gleichungen des Modelcode 90 zwar länger, aber dimensionsecht. Durch Wegfall dieser Bezüge im EC 2 und im Entwurf DIN 1045, Teil 1, 02.97 sind alle Gleichungen dimensionsgebunden, aber etwas einfacher. Im folgenden wird die letztgenannte Version vorgestellt.

11.5.4.1 Gültigkeitsbereich und allgemeine Eingangsgrößen

Die folgenden Gleichungen gelten für das durchschnittliche Verhalten eines Betonbauteils. Sie gelten nicht für örtliche rheologische Eigenschaften, die von inneren Spannungen, dem Feuchtezustand und örtlicher Mikrorißbildung abhängen.

Voraussetzung ist ein Normalbeton mit einer charakteristischen Festigkeit f_{ck}

$$12 \text{ MN/m}^2 < f_{ck} \leq 80 \text{ MN/m}^2,$$

der bis etwa 40 % seiner mittleren Druckfestigkeit belastet wird:

$$|\sigma_c| \leq 0{,}4 \cdot f_{cm}(t_0).$$

Die mittlere relative Luftfeuchte sollte im Bereich von 40 % bis 100 % liegen, während der Temperaturbereich von 0°C bis 80°C reicht.

Damit gelten diese Gleichungen nicht für Bauwerke unter sehr hohen Temperaturen (Kernkraftwerke), nicht unter sehr niedrigen Temperaturen (LNG-Behälter), nicht in sehr trockener Umgebung und nicht für Konstruktions-Leichtbeton.

Für Kriechen mit $0{,}4 \cdot f_{cm}(t_0) < |\sigma_c| \leq 0{,}6 \cdot f_{cm}(t_0)$ siehe MC 90, 2.1.6.4.3.

---

[1] Müller, H.S., Vergleich der Verfahren zur Vorherbestimmung des Kriechens von Beton nach DIN 4227 und EC 2, Festschrift Heinrich Trost, RWTH Aachen, 1991, S. 231-241

11 | Spannbeton

Folgende Größen sind vorab zu ermitteln:
- Charakteristische Druckfestigkeit von Beton f_{ck} in [MN/m²]
- Mittlere Druckfestigkeit des Betons $f_{cm} = f_{ck} + 8$ in [MN/m²]

Wenn in der übrigen Berechnung nur Werte nach DIN 1045 und DIN 4227 verwendet werden, ist eine Umrechnung der Würfelnennfestigkeit $\beta_{WN,200}$ in $f_{ck,cyl}$ erforderlich. Neben der unterschiedlichen Probengeometrie ist auch die unterschiedliche Lagerung der Norm-Probekörper zu beachten.

$$f_{ck,cyl} = f_{ck} = \lambda \cdot \beta_{WN,200} \qquad \text{mit } \lambda = 0{,}76 \text{ nach Litzner}[1]$$

Relative Feuchte in der Umgebung

RH in [%]

Vom Querschnitt des kriechenden Bauteils werden benötigt:
- Querschnittsfläche: A_c in [m²]
- Querschnittsumfang, welcher der Luft ausgesetzt ist (bei Kastenträgern ist der innere Umfang zur Hälfte mit zu berücksichtigen): u in [m]
- Wirksame Bauteildicke: $h_0 = \dfrac{2 \cdot A_c}{u} \cdot \dfrac{1}{1000}$ in [mm]

11.5.4.2 Berechnung der Kriechzahl $\varphi(t,t_0)$

Festlegung bzw. Berechnung verschiedener Zeitpunkte:

Alter des Betons bei Beginn der kriecherzeugenden Dauerlast:

t_0 in [Tage]

Sowohl die Temperatur während der Zeit bis zur Belastung als auch die Zementart haben einen Einfluß auf die Kriecheigenschaften. Sollte während der Zeit bis zur Belastung die Temperatur deutlich von T = 20°C abweichen, kann dies durch eine Korrektur des Betonalters berücksichtigt werden. Der Index nach dem Komma gibt an, daß eine Modifikation wegen der Temperatur vorgenommen wurde:

$$t_{0,T} = \sum_{i=1}^{n} e^{-\left[\frac{4000}{273+T(\Delta t_i)}-13{,}65\right]} \cdot \Delta t_i$$

---

[1] Litzner, H.-U., Grundlagen der Bemessung nach Eurocode 2 — Vergleich mit DIN 1045 und DIN 4227, Betonkalender 1996, Teil 1, Berlin: Ernst & Sohn 1996

11	Spannbeton

Dabei ist $T(\Delta t_i)$ diejenige Temperatur in °C, die während des Zeitraums Δt_i vorhanden ist. Für $T = 20°C$ während der gesamten Zeit bis zur Belastung ergibt sich:

$$t_{0,T} = t_0$$

Diese Korrektur ist nur in wenigen Fällen zu berücksichtigen. Dennoch wird in der folgenden Gleichung die Bezeichnung $t_{0,T}$ verwendet, um deutlich zu machen, daß gegebenenfalls der modifizierte Wert einzusetzen ist.

Um die Abbindegeschwindigkeit des Zements zu berücksichtigen, ist die Wahl eines Wertes α nach Tafel 17 erforderlich:

Tafel 17: α-Werte zur Berücksichtigung der Abbindegeschwindigkeit des Zementes

Zementart	α
langsam erhärtender Zement (SL)	-1
normal und schnell erhärtender Zement (N, R)	0
schnell erhärtender hochfester Zement (RS)	+1

Modifiziertes Betonalter bei Beginn der kriecherzeugenden Dauerlast unter Berücksichtigung der Zementart mit Hilfe des Exponenten α beträgt:

$$t_{0,TZ} = t_{0,T}\left[\frac{9}{2+(t_{0,T})^{1,2}}+1\right]^{\alpha} \geq 0 \text{ Tage}$$

Für einen normal- oder schnellerhärtenden Zement gilt:

$$t_{0,TZ} = t_{0,T}$$

Für konstante Temperatur $T = 20°C$ <u>und</u> normal- oder schnellerhärtenden Zement gilt:

$$t_{0,TZ} = t_0$$

In den folgenden Gleichungen wird die Bezeichnung $t_{0,TZ}$ verwendet, wenn gegebenenfalls der modifizierte Wert einzusetzen ist. Bei Verwendung der Bezeichnung t_0 ist der nicht modifizierte Tag des Belastungsbeginns einzusetzen.

Weiterhin wird das Alter des Betons zum betrachteten Zeitpunkt benötigt:

$$t \quad \text{in [Tage]}$$

Für die Berechnung des Kriechbeiwerts für $t = \infty$ kann $t = 25550$ Tage gesetzt werden. Dies entspricht einem Zeitraum von 70 Jahren.

Berechnung der drei Faktoren der Grundkriechzahl:

11 | Spannbeton

$$\varphi_{RH} = 1 + \frac{1 - RH/100}{0{,}1 \cdot h_0^{1/3}}$$

$$\beta(f_{cm}) = \frac{16{,}8}{\sqrt{f_{cm}}}$$

$$\beta(t_{0,TZ}) = \frac{1}{0{,}1 + t_{0,TZ}^{0,2}}$$

Berechnung der Grundkriechzahl:

$$\varphi_0 = \varphi_{RH} \cdot \beta(f_{cm}) \cdot \beta(t_0)$$

Zur Ermittlung des zeitlichen Verlaufs des Kriechens ist zunächst die Berechnung eines Beiwertes erforderlich, der von der relativen Luftfeuchte und der wirksamen Bauteildicke abhängt:

$$\beta_H = 1{,}5 \cdot \left[1 + (0{,}012 \cdot RH)^{18}\right] \cdot h_0 + 250 \leq 1500$$

Berechnung des Beiwertes für den zeitlichen Verlauf:

$$\beta_c(t - t_0) = \left(\frac{t - t_0}{\beta_H + t - t_0}\right)^{0,3}$$

Berechnung der Kriechzahl:

$$\varphi(t, t_0) = \varphi_0 \cdot \beta_c(t - t_0)$$

Die vorgenannten Gleichungen wurden durch Auswertung einer Datenbank, in die nahezu alle Labor-Kriechversuche eingegangen sind, aufgestellt. Der Variationskoeffizient einer Kriechvorhersage mit diesen Gleichungen beträgt ca. 20 %.

In vielen Fällen wird die Kriechzahl auch zur Berechnung von Verformungen verwendet, d.h. der Elastizitätsmodul wird durch die Kriechzahl $\varphi\,(t,t_0)$ fiktiv verringert. Dazu sollte mit dem Tangentenmodul

$$E_{c(28)} = 1{,}05 \cdot E_{cm}$$

gerechnet werden, in den der Sekantenmodul E_{cm} eingeht.

Wenn nur der Endwert zum Zeitpunkt $t = \infty$ benötigt wird, können die Werte $\varphi\,(t_\infty = 70\text{ Jahre}, t_0)$ nach Tafel 18 verwendet werden. Es gelten folgende Randbedingungen:

- gültig für Sekantenmodul E_{cm}
- mittlere Betontemperatur zwischen +10°C und +20°C

| 11 | Spannbeton |

- zeitlich begrenzte Temperaturschwankung zwischen -20°C und +40°C
- Schwankungen der relativen Luftfeuchte zwischen 20 % und 100 % unbedenklich
- Frischbetonkonsistenz ist plastisch bis weich nach ENV 206, sonst Korrektur: Multiplikationsfaktor 0,7 für steife Konsistenz, Multiplikationsfaktor 1,2 für weiche Konsistenz

Tafel 18: Kriechzahl φ zum Zeitpunkt $t = \infty$

Alter bei Belastung t_0 [Tage]	Trockene Atmosphäre, Innenräume (RH = 50 %)			Feuchte Atmosphäre, im Freien (RH = 80 %)		
	wirksame Bauteildicke h_0 [mm]					
	50	150	600	50	150	600
1	5,5	4,6	3,7	3,6	3,2	2,9
7	3,9	3,1	2,6	2,6	2,3	2,0
28	3,0	2,5	2,0	1,9	1,7	1,5
90	2,4	2,0	1,6	1,5	1,4	1,2
365	1,8	1,5	1,2	1,1	1,0	1,0

11.5.4.3 Berechnung des Schwindmaßes $\varepsilon\,(t,t_s)$

Festlegung verschiedener Zeitpunkte:

- Alter des Betons zu Beginn des Schwindens, wobei als Zeitpunkt das Ende der Nachbehandlung — z.B. Termin des Ausschalens — verwendet werden kann:

    t_s in [Tage]

- Alter des Betons zum betrachteten Zeitpunkt:

    t in [Tage]

Für die Berechnung des Schwindmaßes für $t = \infty$ kann hier ebenfalls $t = 25550$ Tage gesetzt werden. Dies entspricht einem Zeitraum von 70 Jahren.

Auswahl des Beiwertes β_{sc} aus Tafel 19 zur Berücksichtigung des Einflusses der Zementart auf das Schwinden:

Tafel 19: β_{sc}-Werte zur Berücksichtigung der Zementart auf das Schwinden

Zementart	β_{sc}
langsam erhärtender Zement (SL)	4
normal und schnell erhärtender Zement (N, R)	5
schnell erhärtender hochfester Zement (RS)	8

11 Spannbeton

Bei Luftlagerung, d.h. für 40 % ≤ RH < 99 %, Ermittlung des Beiwertes β_{sRH} zur Berücksichtigung des Einflusses der relativen Luftfeuchte auf das Grundschwindmaß:

$$\beta_{sRH} = 1 - \left(\frac{RH}{100}\right)^3$$

Berechnung der zwei Faktoren des Grundschwindmaßes:

$$\varepsilon_s(f_{cm}) = \left[160 + \beta_{sc} \cdot (90 - f_{cm})\right] \cdot 10^{-6}$$

$\beta_{RH} = -1{,}55 \cdot \beta_{sRH}$ für   40 % ≤ RH < 99 %   (Luftlagerung)

oder

$\beta_{RH} = +0{,}25$ für RH ≥ 99 %   (Wasserlagerung)

Berechnung des Grundschwindmaßes:

$$\varepsilon_{cs0} = \varepsilon_s(f_{cm}) \cdot \beta_{RH}$$

Beiwert zur Beschreibung des zeitlichen Verlaufs des Schwindens:

$$\beta_s(t - t_s) = \sqrt{\frac{t - t_s}{0{,}035 \cdot h_0^2 + t - t_s}}$$

Berechnung des Schwindmaßes:

$$\varepsilon_{cs}(t - t_s) = \varepsilon_{cs0} \cdot \beta_s(t - t_s)$$

Die vorgenannten Gleichungen wurden ebenfalls durch Auswertung einer Datenbank, in die nahezu alle Labor-Schwind- und Quellversuche eingegangen sind, aufgestellt. Der Variationskoeffizient einer Schwindvorhersage mit diesen Gleichungen beträgt ca. 35 %.

Wenn nur der Endwert zum Zeitpunkt $t = \infty$ benötigt wird, können die Werte ε_{cs} (t_∞ = 70 Jahre, t_s) nach Tafel 20 verwendet werden. Es gelten folgende Randbedingungen:

- gültig für Sekantenmodul E_{cm}
- mittlere Betontemperatur zwischen +10°C und +20°C
- zeitlich begrenzte Temperaturschwankung zwischen -20°C und +40°C
- Schwankungen der relativen Luftfeuchte zwischen 20 % und 100 % unbedenklich
- Frischbetonkonsistenz ist plastisch bis weich nach ENV 206, sonst Korrektur: Multiplikationsfaktor 0,7 für steife Konsistenz, Multiplikationsfaktor 1,2 für weiche Konsistenz

11 Spannbeton

Tafel 20: Schwindmaß ε zum Zeitpunkt $t = \infty$

	Trockene Atmosphäre, Innenräume ($RH = 50\%$)			Feuchte Atmosphäre, im Freien ($RH = 80\%$)		
	wirksame Bauteildicke h_0 [mm]					
	50	150	600	50	150	600
CEB Modelcode 90	$-57 \cdot 10^{-5}$	$-56 \cdot 10^{-5}$	$-47 \cdot 10^{-5}$	$-32 \cdot 10^{-5}$	$-31 \cdot 10^{-5}$	$-26 \cdot 10^{-5}$
EC 2, DIN 1045-1,02.97	$-60 \cdot 10^{-5}$		$-50 \cdot 10^{-5}$	$-33 \cdot 10^{-5}$		$-28 \cdot 10^{-5}$

11.5.5 Endkriechzahlen und Endschwindmaße von Hochleistungsbeton

Tafel 21: Rechenwerte für die Endkriechzahlen φ_∞ von Hochleistungsbeton nach der Richtlinie des DAfStb

Alter bei Belastung t_0 [Tage]	Trockene Atmosphäre, Innenräume (relative Feuchte ≈ 50 %)			Feuchte Atmosphäre, im Freien (relative Feuchte ≈ 80 %)		
	wirksame Bauteildicke $2 A_b/u$ [mm]					
	50	150	600	50	150	600
1	2,5	2,1	1,8	1,8	1,6	1,5
7	2,0	1,7	1,5	1,5	1,3	1,2
28	1,7	1,4	1,2	1,2	1,1	1,0
90	1,4	1,2	1,0	1,0	0,9	0,8
365	1,1	0,9	0,8	0,8	0,7	0,6

Tafel 22: Rechenwerte für die Endschwindmaße $\varepsilon_{s\infty}$ [‰] von Hochleistungsbeton nach der Richtlinie des DAfStb

Umgebungsbedingung	trocken (innen): ≈ 50% relative Feuchte		feucht (außen): 80% relative Feuchte	
Wirksame Bauteildicke $2 \cdot A_b/u$ [mm]	≤ 150	600	≤ 150	600
$\varepsilon_{s\infty}$	$-60 \cdot 10^{-5}$	$-50 \cdot 10^{-5}$	$-33 \cdot 10^{-5}$	$-28 \cdot 10^{-5}$

| 11 | Spannbeton |

11.6 Spannkraftverluste

Die Vorspannkraft nimmt infolge von planmäßigen und unplanmäßigen Richtungsänderungen und damit verbundener Reibung zwischen Spannglied und Hüllrohr ab. Die Reibungsverluste führen zu folgender reduzierter Spannkraft für eine bestimmte Stelle:

$$V(x) = V_k \cdot e^{-\mu \gamma(x)}$$

Hierbei bedeuten:

- $V(x)$ Vorspannkraft im Spannglied an der Stelle x
- V_k Spannkraft am Spannanker
- μ Reibungsbeiwert aus der Spanngliedzulassung, siehe Kap. 2
- $\gamma = \alpha + \beta \cdot s$ Summe der Umlenkwinkel in [rad] bis zur betrachteten Stelle
  - α geometrischer Umlenkwinkel in [rad]
  - β ungewollter Umlenkwinkel aus der Spanngliedzulassung, siehe Kapitel 2
  - s Bogenlänge des Spannglieds bis zur betrachteten Stelle

11.6.1 Verluste infolge Keilschlupf

Bei der Keilschlupfberechnung werden gesucht:
- Spannkraftabfall an der Spannstelle: $\Delta V = V_0 - V_k$
- Abstand Blockierungspunkt von der Verankerung: x_{Schl}

Gegeben sind:
- Erforderliche Vorspannkraft V_0
- Vorhandene Spannstahlfläche A_z
- aus der Zulassung des Spanngliedes bzw. des Spannverfahrens $\Delta l_{Schl}, \beta, \mu, E_z$
- Reibungsbeiwert für das Rückgleiten μ_R
- aus dem Spanngliedverlauf die Summe der Umlenkwinkel α

11 Spannbeton

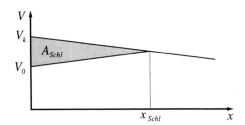

Lösung:

1. Abschätzen von $x_{Schl,1}$
2. Berechnung von Hilfswerten für die Stelle $x_{Schl,1}$

$$(V_0 - V_k) = 2 \cdot E_z A_z \cdot \frac{\Delta l_{Schl}}{x_{Schl,1}} = (V_0 - V_k)_1$$

Es gilt: $\qquad V(x) = V_0 \cdot e^{-\mu \cdot \gamma(x)}$

Für kleine Werte von $\mu \cdot \gamma(x)$ gilt: $\qquad e^{-\mu \cdot \gamma(x)} = 1 - \mu \cdot \gamma(x)$

Daraus folgt: $\qquad (V_0 - V_k) = \Delta V = V_0 - V_0(1 - \mu \cdot \gamma(x))$

In $x = x_{Schl}$ gilt: $\qquad V_0(1 - \mu \cdot \gamma_{x,Schl}) = V_k(1 + \mu_R \cdot \gamma_{x,Schl})$

Mit $\mu_R = \mu$ folgt: $\qquad V_0 - V_0 \cdot \mu \cdot \gamma_{x,Schl} = V_k + V_k \cdot \mu \cdot \gamma_{x,Schl}$

$$\mu \cdot \gamma_{x,Schl}(V_0 + V_k) = V_0 - V_k$$

$$\gamma_{x,Schl} = \frac{V_0 - V_k}{\mu[2 \cdot V_0 - (V_0 - V_k)]} = \gamma_1$$

$$\frac{\alpha_A}{x} = \alpha_A'$$

Damit näherungsweise: $\qquad \gamma' = (\alpha_A' + \beta) \cdot x_{Schl}$

3. Umgestellt folgt daraus ein neuer Blockierungspunkt

$$x_{Schl} = \frac{\gamma_{x,Schl}}{\alpha_A' + \beta}$$

Wenn x_{Schl} sehr vom geschätzten $x_{Schl,1}$ abweicht, dann wird die Berechnung bei Punkt 2 mit dem neuen x_{Schl} wiederholt.

11 Spannbeton

11.7 Spannungen unter Gebrauchslasten
11.7.1 Ermittlung der Biegespannungen unter Gebrauchslasten

1. Berechnung der Schnittkräfte getrennt nach den Lastfällen:
   - Eigengewicht g_1
   - Zusatzeigengewicht g_2
   - Verkehrslast p (einschließlich Schwingbeiwert nach Tafel 23)
   - Vorspannung V (Moment M_V und Normalkraft N_V)
   - Kriechen + Schwinden ks (Moment M_{ks} und Normalkraft N_{ks})

Tafel 23: Schwingbeiwerte für Verkehrslast p nach DS 804, T. 2 und DIN 1072

	Eisenbahnbrücken	Straßenbrücken
$0 < l_\varphi \leq 3{,}61$	$\varphi = 1{,}67$	
$3{,}61 < l_\varphi < 50{,}0$	$\varphi = \dfrac{1{,}44}{\sqrt{l_\varphi - 0{,}2}} + 0{,}82$	$\varphi = 1{,}4 - 0{,}008 \cdot l_\varphi \leq 1{,}0 \cdot \varphi$
$50{,}0 < l_\varphi < 65{,}0$		$\varphi = 1{,}0$
$65{,}0 \leq l_\varphi$	$\varphi = 1{,}0$	

Randspannungen

- oben: $\sigma_o = \dfrac{N}{A_b} - \dfrac{M}{W_{bo}}$

- unten: $\sigma_u = \dfrac{N}{A_b} + \dfrac{M}{W_{bu}}$

- Höhe Spannstahl: $\sigma_{bz} = \dfrac{N}{A_b} \pm \dfrac{M}{W_{bz}}$

Lastfallkombinationen:

$g_1 + v$

$g_1 + v + g_2$

$g_1 + v + g_2 + ks$

$g_1 + v + g_2 + p$

$g_1 + v + g_2 + p + ks$

11 Spannbeton

11.7.2 Zulässige Spannungen

Tafel 24: Zulässige Spannungen in MN/m² nach DIN 4227, T.1 und Zilch/Hennecke[1]

	Beton auf Druck infolge von Längskraft und Biegemoment im Gebrauchszustand										
	1	2	3	4	5	6	7	8	9	10	11	12
	Quer- schnitts- bereich	Anwendungsbereich	Festigkeitsklasse								
			B 25	B 35	B 45	B 55	B 65	B 75	B 85	B 95	B 105	B 115
1	Druck- zone	Mittiger Druck in Säulen und Druckgliedern	8	10	11,5	13	*19*	*21*	*24*	*26*	*28*	*30*
2		Randspannungen bei Voll- (z.B. Rechteck-) Querschnitt (ein- achsige Biegung)	11	14	17	19	*25*	*28*	*31*	*34*	*37*	*40*
3		Randspannung in Gurtplatten aufgelöster Querschnitte (z.B. Plattenbalken und Hohlkasten- querschnitte)	10	13	16	18	*22*	*25*	*28*	*31*	*33*	*36*
4		Eckspannungen bei zweiachsiger Biegung	12	15	18	20	*27*	*31*	*34*	*37*	*41*	*44*
5	vorge- drückte Zugzone	Mittiger Druck	11	13	15	17	*25*	*27*	*31*	*34*	*36*	*39*
6		Randspannungen bei Voll- (z.B. Rechteck-) Querschnitt (ein- achsige Biegung)	14	17	19	21	*26*	*29*	*32*	*36*	*39*	*42*
7		Randspannung in Gurtplatten aufgelöster Querschnitte (z.B. Plattenbalken und Hohlkasten- querschnitte)	13	16	18	20	*23*	*26*	*29*	*32*	*35*	*38*
8		Eckspannung bei zweiachsiger Biegung	15	18	20	22	*29*	*32*	*35*	*40*	*43*	*46*

---

[1] Zilch, K., Hennecke, M., Anwendung des hochfesten Betons im Brückenbau, Entwurf des Abschlußberichts für das Forschungsvorhaben DBV 204 vom 09.01.1998. Die kursiv angegebenen Spannungen entsprechen dem derzeitigen Stand der Beratungen und sind vor einer Anwendung zu kontrollieren

11 Spannbeton

Fortsetzung Tafel 24

Beton auf Zug infolge Längskraft und Biegemoment im Gebrauchszustand											
Allgemein (nicht bei Brücken)											
	Vor-spann-ung	Anwendungsbereich	\multicolumn{10}{c}{Festigkeitsklasse}
			B 25	B 35	B 45	B 55	B 65	B 75	B 85	B 95	B 105	B 115
9	volle Vorspan-nung	allgemein: Mittiger Zug	0	0	0	0						
10		Randspannung	0	0	0	0						
11		Eckspannung	0	0	0	0						
12		unter unwahrscheinlicher Häufung von Lastfällen: Mittiger Zug	0,6	0,8	0,9	1,0						
13		Randspannung	1,6	2,0	2,2	2,4						
14		Eckspannung	2,0	2,4	2,7	3,0						
15		Bauzustand: Mittiger Zug	0,3	0,4	0,4	0,5						
16		Randspannung	0,8	1,0	1,1	1,2						
17		Eckspannung	1,0	1,2	1,4	1,5						

Beton auf Zug infolge Längskraft und Biegemoment im Gebrauchszustand											
Allgemein (nicht bei Brücken)											
1	2	3	4	5	6	7	8	9	10	11	12
	Vor-spann-ung	Anwendungsbereich	\multicolumn{10}{c}{Festigkeitsklasse}
			B 25	B 35	B 45	B 55	B 65	B 75	B 85	B 95	B 105	B 115
18	be-schränk-te	allgemein: Mittiger Zug	1,2	1,4	1,6	1,8						
19		Randspannung	3,0	3,5	4,0	4,5						
20		Eckspannung	3,5	4,0	4,5	5,0						
21		unter unwahrscheinlicher Häufung von Lastfällen: Mittiger Zug	1,6	2,0	2,2	2,4						
22		Randspannung	4,0	4,4	5,0	5,6						
23		Eckspannung	4,4	5,2	5,8	6,4						
24		Bauzustand: Mittiger Zug	0,8	1,0	1,1	1,2						
25		Randspannung	2,0	2,2	2,5	2,8						
26		Eckspannung	2,2	2,6	2,9	3,2						

11 Spannbeton

Fortsetzung Tafel 24

Bei Brücken und vergleichbaren Bauwerken (nach Abschnitt 6.7.1 DIN 4227 Teil 1)												
27 28 29		unter Hauptlasten: Mittiger Zug Randspannung Eckspannung	0 0 0	0 0 0	0 0 0	0 0 0	*0* *0* *0*	*0* *0* *0*	*0* *0* *0*	*0* *0* *0*	*0* *0* *0*	*0* *0* *0*
30 31 32	volle	unter Haupt- und Zusatzlasten: Mittiger Zug Randspannung Eckspannung	0,6 1,6 2,0	0,8 2,0 2,4	0,9 2,2 2,7	1,0 2,4 3,0	*1,1* *2,5* *3,1*	*1,1* *2,6* *3,2*	*1,2* *2,7* *3,3*	*1,2* *2,8* *3,4*	*1,2* *2,8* *3,4*	*1,2* *2,8* *3,4*
33 34 35		Bauzustand: Mittiger Zug Randspannung Eckspannung	0,3 0,8 1,0	0,4 1,0 1,2	0,4 1,1 1,4	0,5 1,2 1,5	*0,5* *1,2* *1,5*	*0,5* *1,3* *1,6*	*0,6* *1,4* *1,6*	*0,6* *1,4* *1,7*	*0,6* *1,4* *1,7*	*0,6* *1,4* *1,7*
36 37 38	be- schränk- te	unter Hauptlasten: Mittiger Zug Randspannung Eckspannung	1,0 2,5 2,8	1,2 2,8 3,2	1,4 3,2 3,6	1,6 3,5 4,0	*1,7* *3,7* *4,2*	*1,7* *3,9* *4,3*	*1,9* *4,0* *4,5*	*2,0* *4,1* *4,6*	*2,0* *4,1* *4,6*	*2,0* *4,1* *4,6*
39 40 41		unter Haupt- und Zusatzlasten: Mittiger Zug Randspannung Eckspannung	1,2 3,0 3,5	1,4 3,6 4,0	1,6 4,0 4,5	1,8 4,5 5,0	*1,9* *4,7* *5,2*	*2,0* *4,9* *5,4*	*2,1* *5,1* *5,6*	*2,2* *5,3* *5,8*	*2,2* *5,3* *5,8*	*2,2* *5,3* *5,8*
42 43 44		Bauzustand: Mittiger Zug Randspannung Eckspannung	0,8 2,0 2,2	1,0 2,2 2,6	1,1 2,5 2,9	1,2 2,8 3,2	*1,4* *3,1* *3,6*	*1,5* *3,3* *3,7*	*1,6* *3,4* *3,8*	*1,7* *3,5* *3,9*	*1,7* *3,5* *3,9*	*1,7* *3,5* *3,9*
Biegezugspannungen aus Quertragwirkung beim Nachweis nach Abschnitt 15.6												
45			3,0	4,0	5,0	6,0	[1]	[1]	[1]	[1]	[1]	[1]

[1] Hier soll ein Rißbreitennachweis geführt werden.

11 Spannbeton

Fortsetzung Tafel 24

Beton auf Schub												
Schiefe Hauptzugspannungen im Gebrauchszustand												
	1	2	3	4	5	6	7	8	9	10	11	12
	Vor-spann-nung	Beanspruchung	\multicolumn{10}{c}{Festigkeitsklasse}
			B 25	B 35	B 45	B 55	B 65	B 75	B 85	B 95	B 105	B 115
46	volle	Querkraft, Torsion, Querkraft plus Torsion in der Mittelfläche	0,8	0,9	0,9	1,0	*1,1*	*1,1*	*1,2*	*1,2*	*1,2*	*1,2*
47		Querkraft plus Torsion	1,0	1,2	1,4	1,5	*1,5*	*1,6*	*1,6*	*1,7*	*1,7*	*1,7*
48	be-schränk-te	Querkraft, Torsion, Querkraft plus Torsion in der Mittelfläche	1,8	2,2	2,6	3,0	*3,1*	*3,3*	*3,4*	*3,5*	*3,5*	*3,5*
49		Querkraft plus Torsion	2,5	2,8	3,2	3,5	*3,7*	*3,9*	*4,0*	*4,1*	*4,1*	*4,1*
Schiefe Hauptzugspannungen bzw. Schubspannungen im rechnerischen Bruchzustand ohne Nachweis der Schubbewehrung (Zone a und Zone b)												
50	Quer-kraft	bei Balken	1,4	1,8	2,0	2,2	2,2	2,2	2,2	2,2	2,2	2,2
51		bei Platten [2]) (Querkraft senkrecht zur Platte)	0,8	1,0	1,2	1,4	*1,4*	*1,4*	*1,4*	*1,4*	14	*1,4*
52	Torsion	bei Vollquerschnitten	1,4	1,8	2,0	2,2	2,2	2,2	2,2	2,2	2,2	2,2
53		in der Mittelfläche von Stegen und Gurten	0,8	1,0	1,2	1,4	*1,4*	*1,4*	*1,4*	*1,4*	*1,4*	*1,4*
54	Quer-kraft plus Torsion	in der Mittelfläche von Stegen und Gurten	1,4	1,8	2,0	2,2	2,2	2,2	2,2	2,2	2,2	2,2
55		bei Vollquerschnitten	1,8	2,4	2,7	3,0	*3,0*	*3,0*	*3,0*	*3,0*	*3,0*	*3,0*
Grundwerte der Schubspannung im rechnerischen Bruchzustand in Zone b und in Zuggurten der Zone a												
56	Quer-kraft	bei Balken	5,5	7,0	8,0	9,0	*11,5*	*12,5*	*13,0*	*13,5*	*14,0*	*14,0*
57		bei Platten (Querkraft senkrecht zur Platte)	3,2	4,2	4,8	5,2	[3])	[3])	[3])	[3])	[3])	[3])
58	Torsion	bei Vollquerschnitten	5,5	7,0	8,0	9,0	*11,5*	*12,5*	*13,0*	*13,5*	*14,0*	*14,0*
59		in der Mittelfläche von Stegen und Gurten	3,2	4,2	4,8	5,2	[3])	[3])	[3])	[3])	[3])	[3])
60	Quer-kraft plus Torsion	in der Mittelfläche von Stegen und Gurten	5,5	7,0	8,0	9,0	*11,5*	*12,5*	*13,0*	*13,5*	*14,0*	*14,0*
61		bei Vollquerschnitten	5,5	7,0	8,0	9,0	*11,5*	*12,5*	*13,0*	*13,5*	*14,0*	*14,0*

[2]) Für dicke Platten ($d > 30$ cm) siehe Abschnitt 12.4.1 der DIN 4227, Teil 1

[3]) Nachweis mit zul $\tau = 0{,}12\kappa \cdot (100\rho_1 \cdot f_{ck})^{1/3} - 0{,}15\sigma_{cp}$ gemäß DIN 1045-1

11 | Spannbeton

Fortsetzung Tafel 24

Schiefe Hauptdruckspannungen im rechnerischen Bruchzustand in Zone a und Zone b

	1	2	3	4	5	6	7	8	9	10	11	12
	Bean-spruchung	Bauteile	Festigkeitsklasse									
			B 25	B 35	B 45	B 55	B 65	B 75	B 85	B 95	B 105	B 115
62	Querkraft, Torsion, Q + T	in Stegen	11	16	20	25	25	27	29	31	32	32
63	Querkraft, Torsion, Q + T	in Gurtplatten	15	21	27	33	40	45	50	55	60	64

Stahl auf Zug

Stahl der Spannglieder

	1	2
	Beanspruchung	Zulässige Spannungen
64	vorübergehend, beim Spannen (siehe auch Abschnitt 9.3 und 15.7 der DIN 4227-1)	$0{,}8 \cdot \beta_s$ bzw. $0{,}65 \cdot \beta_z$
65	im Gebrauchzustand	$0{,}75 \cdot \beta_s$ bzw. $0{,}55 \cdot \beta_z$
66	im Gebrauchszustand bei Dehnungsbehinderung (siehe Abschnitt 15.4 der DIN 4227-1)	5 % mehr als nach Zeile 65
67	Randspannungen in Krümmungen (siehe auch Abschnitt 15.8 der DIN 4227-1)	$\beta_{0{,}01}$

Betonstahl

	1	2	3
	Beanspruchung	Betonstahl	zul. Spannungen
68	Zur Aufnahme der im Gebrauchzustand auftretenden Zugspannungen	BSt 420 S (III S) BSt 500 S (IV S) BSt 500 M (IV S)	$\beta_s/1{,}75$ 240 286 286
69	Beim Nachweis zur Beschränkung der Rißbreite, zur Aufnahme der Zugkräfte bei Biegung im rechnerischen Bruchzustand und zur Bemessung der Schubbewehrung	BSt 420 S (III S) BSt 500 S (IV S) BSt 500 M (IV S)	β_s 420 500 500

11 Spannbeton

11.8 Bruchsicherheitsnachweis
11.8.1 Allgemeines

Der Bruchsicherheitsnachweis wird entsprechend DIN 4227, Teil 1, Kap.11 geführt. Dabei kann entweder die erforderliche Bewehrung ermittelt oder das vom Querschnitt aufnehmbare Bruchmoment berechnet werden.

11.8.2 Ermittlung der erforderlichen Bewehrung

Voraussetzung ist eine annähernd rechteckige Druckzone.

1. Ermittlung der rechnerischen Bruchschnittgrößen

$$M_u = 1{,}75\,(M_g + M_p) + M'_v + M_{ZW} \quad (+\,M^0{}_v \text{ bei Vorspannung ohne Verbund})$$
$$N_u = 1{,}75\,(N_g + N_p) + N'_v + N_{ZW} \quad (+\,N^0{}_v \text{ bei Vorspannung ohne Verbund})$$

Kriechen und Schwinden muß berücksichtigt werden, wenn es die Bruchschnittgrößen vergrößert.

3. Ermittlung des auf die Spannstahlachse bezogenen rechnerischen Bruchmoments

$$M_{zu} = M_u - N_u \cdot z_{iz} \qquad z_{iz} \text{ siehe Abschnitt } 11.1.4$$

4. Bestimmung des bezogenen Moments

$$100\,m_{zu} = \frac{100\,M_{zu}}{b h^2 \cdot 0{,}6\,\beta_{WN}}$$

	B 25	B 35	B 45	B 55	B 65	B 75	B 85	B 95	B 105	B 115
β_{WN} [N/mm²]	25	35	45	55	65	75	85	95	105	115

5. Ablesen der Betondehnung $\varepsilon_{bz,u}$ in Höhe des Spannstahls bei rechnerischer Bruchlast

6. Ablesen von k_z, k_x und k_b aus dem Bemessungsdiagramm der folgenden Seite

7. Ermittlung der Spannung infolge Vorspannung nach Kriechen und Schwinden

$$\sigma_{z,v+ks} = \sigma_{z,v}\left(1 - \frac{\Delta_{v,ks}}{100}\right) \qquad \begin{array}{l}\Delta_{v,ks}\text{ Abminderung infolge von Kriechen und Schwinden}\\ \text{Zur Kontrolle: typisch sind } 10-15\,\%,\text{ möglich } 8-20\,\%\end{array}$$

8. Ermittlung der Vordehnung des Spannstahls nach Kriechen und Schwinden

- bei sofortigem Verbund
$$\varepsilon^{(0)}_{z,v+ks} = \frac{\sigma_{z,v+ks}}{E_z} - \frac{\sigma_{bz,v+ks}}{E_b}$$

- bei nachträglichem Verbund
$$\varepsilon^{(0)}_{z,v+ks} = \frac{\sigma_{z,v+g1+ks}}{E_z} - \frac{\sigma_{bz,v+g1+ks}}{E_b}$$

11 Spannbeton

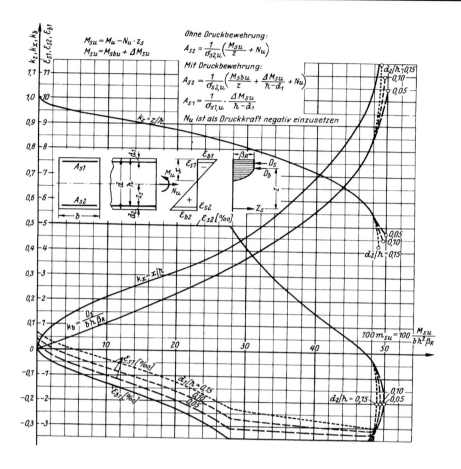

Tafel 25: E_z für verschiedene Spanngliedarten

Spanngliedart	Drähte und Stäbe	Litzen
E_z [MN/m²]	205 000	195 000

Tafel 26: E_b für verschiedene Betonfestigkeitsklassen nach DIN 1045 Tab.11 und Zilch/Hennecke

Betonfestigkeitsklasse	B 15	B 25	B 35	B 45	B 55	B 65	B 75	B 85	B 95	B 105	B 115
E_b [MN/m²]	26 000	30 000	34 000	37 000	39 000	40 500	42 000	43 000	44 000	44 500	45 000

9. Ermittlung der Gesamtdehnung des Spannstahls

$$\varepsilon_{z,u} = \varepsilon_{z,v+ks}^{(0)} + \varepsilon_{bz,u}$$

10. Ermittlung der Dehnung bei Erreichen der definierten Fließgrenze β_{zs}

$$\varepsilon_{zu} = \beta_{zs}/E_z$$

11 | Spannbeton

11. Abfrage der Ausnutzung des Spannstahls: $\varepsilon_{zu} \leq \varepsilon_{z,u}$

    ja (Spannstahls wird ausgenutzt) $\quad \sigma_{zu} = \beta_{sz}$

    nein $\quad \sigma_{zu} = \beta_{sz} \cdot \dfrac{\varepsilon_{z,u}}{\varepsilon_{zu}}$ oder $\sigma_{zu} = \varepsilon_{z,u} \cdot E_z$

12. Hebelarm der inneren Kräfte z_z

    $z_z = k_z \cdot h$

13. Ermittlung des erforderlichen Spannstahlquerschnitts

    $$\text{erf } A_z = \dfrac{1}{\sigma_{zu}} \cdot \left(\dfrac{M_{zu}}{z_z} + N_u \right)$$

14. Abfrage vorhandener Spannstahlquerschnitt: $\quad \text{erf } A_z \leq \text{vorh } A_z$

    Ja $\rightarrow$ Gehe zu Punkt 16

15. Zulage schlaffer Bewehrung

    $\text{erf } A_s = (\text{erf } A_z - \text{vorh } A_z) \dfrac{\sigma_{zu} \cdot z_z}{\sigma_{su} \cdot z_s}$ mit z_z Hebelarm Spannstahl

    $\qquad\qquad\qquad z_s$ Hebelarm Betonstahl

    $\sigma_{su} = 420 \text{ N/mm}^2$ oder

    $\sigma_{su} = 420 \cdot \dfrac{\varepsilon_{bz,u}}{2\text{\textperthousand}}$ bei $\varepsilon_{bz,u} < 2\text{\textperthousand}$

16. Kontrolle der Druckzone

    $0 \leq \varepsilon_b \leq 3{,}5 \text{\textperthousand} \qquad D_u = k_b \cdot b \cdot h \cdot 0{,}6 \beta_{WN}$

    $\varepsilon_b = 3{,}5 \text{\textperthousand} \qquad D_u = 0{,}81 \cdot x \cdot b \cdot 0{,}6 \beta_{WN} = Z_u = \text{erf } A_z \cdot \sigma_{zu}$

    oder

11.8.3 Nachweis bei Lastfällen vor Herstellen des Verbundes

Wird erforderlich, wenn

$\quad S_{vor\ Verbund} > 0{,}7 \cdot S_{nach\ Verbund} \qquad (S = \text{Schnittkraft})$

11 | Spannbeton

11.9 Hauptspannungsnachweise

11.9.1 Spannungen

- Berechnung der Schnittkräfte am Betonquerschnitt (unter Beachtung der Neigung γ der Spannglieder)

$$Q_b = Q - Z_z \cdot \sin\gamma$$

$$M_b = M - Z_z \cdot z_{bz}$$

$$N_b = N - Z_z$$

Z_z	Zugkraft im Spannglied unter Berücksichtigung der Dehnungsverteilung
$M = M_{b,p+g}$	
$-Z_z \cdot z_{bz} = M_{b,v}$	(einschließlich Zwängung)
N_b, Q_b, M_b	Schnittkräfte am Betonquerschnitt
N, Q, M	Schnittkräfte am Gesamtquerschnitt
γ	Winkel zwischen Spanngliedachse und Querschnittsnormale

- Bei unmittelbarer Stützung dürfen die Schnittkräfte im Schnitt $0{,}5 \cdot d_0$ vom Auflagerrand entfernt ermittelt werden.
- Unter Beachtung einer linear veränderlichen Trägerhöhe ergibt sich

$$Q_{red} = Q_b - D_b \tan\gamma_D + Z_b \tan\gamma_z$$

- Berechnung der Querschnittswerte im Schnitt $0{,}5 \cdot d_0$ vom Auflagerrand
- A, W und I jeweils ohne Berücksichtigung der Hüllrohre
- Berechnung der Spannungen im Gebrauchszustand

$$\sigma_{b,v} = \frac{N_v}{A} \pm \frac{M_{b,v}}{W}, \qquad \sigma_N = \frac{N_b}{A}$$

$$\sigma_{b,p+g} = \frac{M_{b,p+g}}{W}$$

$$\tau \cong 1{,}5 \cdot \frac{Q_{red}}{A_b} \quad \text{(Rechteck)}, \qquad \tau = \frac{Q_{red} \cdot S}{I \cdot b}$$

11.9.2 Spannungsnachweis im Gebrauchszustand

Der Nachweis der Hauptzugspannungen im Zustand I erfolgt im Bereich von Längsdruckspannungen (in Höhe der Schwerelinie, da hier Schubspannungen am größten!)

$$\sigma_1 = \frac{\sigma_N}{2} \pm \sqrt{\left(\frac{\sigma_N}{2}\right)^2 + \tau^2} \le \sigma_{zul}$$

| 11 | Spannbeton |

Tafel 27: Zulässige Spannungen in MN/m² nach Tab. 9, DIN 4227, T.1 und Zilch/Hennecke[1]

Beton auf Schub												
Schiefe Hauptzugspannungen im Gebrauchszustand												
	Vor-spannung	Beanspruchung	Festigkeitsklasse									
			B 25	B 35	B 45	B 55	B 65	B 75	B 85	B 95	B 105	B 115
46	volle	Querkraft, Torsion, Querkraft plus Torsion in der Mittelfläche	0,8	0,9	0,9	1,0	*1,1*	*1,1*	*1,2*	*1,2*	*1,2*	*1,2*
47		Querkraft plus Torsion	1,0	1,2	1,4	1,5	*1,5*	*1,6*	*1,6*	*1,7*	*1,7*	*1,7*
48	be-schränkte	Querkraft, Torsion, Querkraft plus Torsion in der Mittelfläche	1,8	2,2	2,6	3,0	*3,1*	*3,3*	*3,4*	*3,5*	*3,5*	*3,5*
49		Querkraft plus Torsion	2,5	2,8	3,2	3,5	*3,7*	*3,9*	*4,0*	*4,1*	*4,1*	*4,1*

11.9.3 Spannungsnachweise im rechnerischen Bruchzustand

1. Abgrenzung nach Zone a oder b:

   Zone a: Biegerisse sind nicht zu erwarten (nur Hauptdruckspannungen)

   Zone b: Schubrisse können sich aus Biegerissen entwickeln (Schub- und Hauptdruckspannungen)

2. Berechnung der maximalen Randzugspannung:

   $$\sigma_{Rand} = 1{,}75 \cdot \sigma_{b,p+g} + \sigma_{b,v}$$

   Es liegt Zone a vor, wenn σ_{Rand} die Spannungen der nachfolgenden Tabelle nicht überschreitet:

Tafel 28: Spannungen in MN/m² zur Abgrenzung der Zonen a und b nach DIN 4227, T.1 Abs.12.3.1 und Zilch/Hennecke[1]

B 25	B 35	B 45	B 55	B 65	B 75	B 85	B 95	B 105	B 115
2,5	2,8	3,2	3,5	*3,7*	*3,9*	*4,0*	*4,1*	*4,1*	*4,1*

3. Berechnung der maximalen Querkraft

   $$Q_u = 1{,}75 \, Q_{b,p+g} + Q_{b,v}$$

4. Berechnung der Hauptspannungen und erforderliche Bewehrung

   Im folgenden wird unterschieden nach Zone a und b, siehe folgende Seiten

---

[1] Zilch, K., Hennecke, M., Anwendung des hochfesten Betons im Brückenbau, Entwurf des Abschlußberichts für das Forschungsvorhaben DBV 204 vom 09.01.1998. Die kursiv angegebenen Spannungen entsprechen dem derzeitigen Stand der Beratungen und sind vor einer Anwendung zu kontrollieren.

| 11 | Spannbeton |

Zone a:

1. Berechnung der Schubspannung (Annahme: keine Torsion aus Zwang)

$$\tau_u^I = \frac{Q_u \cdot S}{I \cdot b} \quad \text{(bzw. bei Rechtecken: } \tau_u^I = 1{,}5 \frac{Q_u}{A_b}\text{)}$$

2. Wird der Nachweis in einem druckbeanspruchten Gurt geführt?

   Nein → Gehe zu Punkt 4

3. Abfrage $\tau_u^I \leq 0{,}1 \cdot \beta_{WN}$

   Ja → Gehe zu Punkt 7

4. Berechnung der Neigung der Hauptdruckspannung im Zustand I

$$\vartheta_I = \frac{1}{2} \arctan\left(-\frac{2 \cdot \tau_u^I}{\sigma_N}\right)$$

5. Berechnung der Neigung der Druckstreben im Zustand II

$$\tan\vartheta = \tan\vartheta_I \left(1 - \frac{\Delta\tau}{\tau_u^I}\right) \geq 0{,}4 \quad \text{(entspricht } \vartheta \geq 21{,}8°\text{)}$$

Für $\Delta\tau$ sind die nachfolgenden Werte anzusetzen (entsprechen 60 % der Werte der Zeile 50, Tabelle 9, DIN 4227 und Zilch/Hennecke):

	B 25	B 35	B 45	B 55	B 65	B 75	B 85	B 95	B 105	B 115
$\Delta\tau$	0,84	1,08	1,20	1,32	1,32	1,32	1,32	1,32	1,32	1,32

6. Berechnung und Nachweis der Hauptdruckspannung in der Schwerelinie bei anschließender Verwendung lotrechter Bügel

$$\sigma_2^{II} = \tau_u^I \frac{1}{\sin\vartheta \cdot \cos\vartheta} \leq zul.\sigma_{\text{Zeile 62,63}}$$

Beton auf Schub											
Schiefe Hauptdruckspannungen im rechnerischen Bruchzustand in Zone a und Zone b											
	Beanspruchung	Bauteile	Festigkeitsklasse								
			B 25	B 35	B 45	B 55	B 65	B 75	B 85	B 95	B 105	B 115
62	Querkraft, Torsion, Q+T	in Stegen	11	16	20	25	25	27	29	31	32	32
63	Querkraft, Torsion, Q+T	in Gurtplatten	15	21	27	33	40	45	50	55	60	64

7. Abfrage $\tau_u^I \leq \sigma_{\text{Zeile 50–55}}$ (siehe folgende Seite)

   Ja → Gehe zu Punkt 11

11 Spannbeton

8. Berechnung der Hauptzugspannung

$$\sigma_{1u}^I = \frac{\sigma_N}{2} \pm \sqrt{\left(\frac{\sigma_N}{2}\right)^2 + \tau_u^{I\,2}}$$

Beton auf Schub												
Schiefe Hauptzugspannungen bzw. Schubspannungen im rechnerischen Bruchzustand ohne Nachweis der Schubbewehrung (Zone a und Zone b)												
	Bean-spruchung	Bauteile	\multicolumn{10}{c}{Festigkeitsklasse}
			B 25	B 35	B 45	B 55	B 65	B 75	B 85	B 95	B 105	B 115
50	Quer-kraft	bei Balken	1,4	1,8	2,0	2,2	2,2	2,2	2,2	2,2	2,2	2,2
51		bei Platten ¹) (Querkraft senkrecht zur Platte)	0,8	1,0	1,2	1,4	1,4	1,4	1,4	1,4	14	1,4
52	Torsion	bei Vollquerschnitten	1,4	1,8	2,0	2,2	2,2	2,2	2,2	2,2	2,2	2,2
53		in der Mittelfläche von Stegen und Gurten	0,8	1,0	1,2	1,4	1,4	1,4	1,4	1,4	1,4	1,4
54	Querkraft + Torsion	in der Mittelfläche von Stegen und Gurten	1,4	1,8	2,0	2,2	2,2	2,2	2,2	2,2	2,2	2,2
55		bei Vollquerschnitten	1,8	2,4	2,7	3,0	3,0	3,0	3,0	3,0	3,0	3,0

¹) Für dicke Platten ($d > 30$ cm) siehe Abschnitt 12.4.1 der DIN 4227, Teil 1

9. Abfrage $\sigma_{1u}^I \leq \sigma_{Zeile\ 50\text{-}55}$

   Ja → Gehe zu Punkt 11

10. Berechnung der erforderlichen Bewehrung in [cm²/m]

$$\text{erf } a_{s,bü} = \frac{\tau_u^I \cdot b \cdot \tan\vartheta}{\sigma_{s,u}} \cdot 10^4 \quad \begin{array}{l} \tau_u^I \text{ in [MN/m}^2] \\ b \text{ in [m]} \end{array}$$

$\sigma_{s,u} = 500\,\text{MN/m}^2$ bzw. $\sigma_{s,u} = \beta_s$ nach Tafel 24, Zeile 69, 70

11. Nachweis der Schubbewehrung ist nicht erforderlich!

11 Spannbeton

Zone b:

1. Berechnung der Schubspannung im Zustand II

$$\tau_R = \frac{Q_u}{z \cdot b} \leq \sigma_{\text{Zeile 56-61}}$$

Beton auf Schub												
Grundwerte der Schubspannung im rechnerischen Bruchzustand in Zone b und in Zuggurten der Zone a											
	Bean-spruchung	Beanspruchung	Festigkeitsklasse								
			B 25	B 35	B 45	B 55	B 65	B 75	B 85	B 95	B 105	B 115
56	Quer-kraft	bei Balken	5,5	7,0	8,0	9,0	11,5	12,5	13,0	13,5	14,0	14,0
57		bei Platten (Querkraft senkrecht zur Platte)	3,2	4,2	4,8	5,2	[1]	[1]	[1]	[1]	[1]	[1]
58	Torsion	bei Vollquerschnitten	5,5	7,0	8,0	9,0	11,5	12,5	13,0	13,5	14,0	14,0
59		in der Mittelfläche von Stegen und Gurten	3,2	4,2	4,8	5,2	[1]	[1]	[1]	[1]	[1]	[1]
60	Quer-kraft + Torsion	in der Mittelfläche von Stegen und Gurten	5,5	7,0	8,0	9,0	11,5	12,5	13,0	13,5	14,0	14,0
61		bei Vollquerschnitten	5,5	7,0	8,0	9,0	11,5	12,5	13,0	13,5	14,0	14,0

[1] Nachweis mit zul $\tau = 0{,}12k \cdot (100\rho_1 \cdot f_{ck})^{1/3} - 0{,}15\sigma_{cp}$ gemäß DIN 1045-1

2. Wird der Nachweis in einem druckbeanspruchten Gurt oder bei einer Einschnürung der Druckzone geführt?

   Nein → Gehe zu Punkt 6 (tan ϑ berechnen)

3. Abfrage $\tau_R \leq 0{,}1 \cdot \beta_{WN}$

   Ja → Gehe zu Punkt 6 (tan ϑ berechnen)

4. Berechnung der Neigung der Druckstreben im Zustand II

$$\tan\vartheta = 1 - \frac{\Delta\tau}{\tau_R} \geq 0{,}4 \quad (\text{entspricht } \vartheta \geq 21{,}8°)$$

Für $\Delta\tau$ sind die nachfolgenden Werte anzusetzen (entsprechen 60 % der Werte der Zeile 50, Tabelle 9, DIN 4227 und Zilch/Hennecke):

	B 25	B 35	B 45	B 55	B 65	B 75	B 85	B 95	B 105	B 115
$\Delta\tau$	0,84	1,08	1,20	1,32	1,32	1,32	1,32	1,32	1,32	1,32

11 Spannbeton

5. Berechnung und Nachweis der Hauptdruckspannung in der Schwerelinie bei ausschließlicher Verwendung lotrechter Bügel ($\beta = 90°$)

$$\sigma_2^{II} = \tau_R \cdot \frac{1}{\sin\vartheta \cdot \cos\vartheta} \leq zul.\sigma_{\text{Zeile 62,63}}$$

	Beton auf Schub										
	Schiefe Hauptdruckspannungen im rechnerischen Bruchzustand in Zone a und Zone b										
	Beanspruchung	Bauteile	Festigkeitsklasse								
			B 25	B 35	B 45	B 55	B 65	B 75	B 85	B 95	B 105	B 115
62	Querkraft, Torsion, Q+T	in Stegen	11	16	20	25	25	27	29	31	32	32
63	Querkraft, Torsion, Q+T	in Gurtplatten	15	21	27	33	40	45	50	55	60	64

6. Abfrage $\tau_R \leq \sigma_{\text{Zeilen 50-55}}$

   Ja → Gehe zu Punkt 8

	Schiefe Hauptzugspannungen bzw. Schubspannungen im rechnerischen Bruchzustand ohne Nachweis der Schubbewehrung (Zone a und Zone b)											
	Beanspruchung	Bauteile	Festigkeitsklasse									
			B 25	B 35	B 45	B 55	B 65	B 75	B 85	B 95	B 105	B 115
50	Quer-	bei Balken	1,4	1,8	2,0	2,2	2,2	2,2	2,2	2,2	2,2	2,2
51	kraft	bei Platten [1]) (Querkraft senkrecht zur Platte)	0,8	1,0	1,2	1,4	1,4	1,4	1,4	1,4	14	1,4
52		bei Vollquerschnitten	1,4	1,8	2,0	2,2	2,2	2,2	2,2	2,2	2,2	2,2
53	Torsion	in der Mittelfläche von Stegen und Gurten	0,8	1,0	1,2	1,4	1,4	1,4	1,4	1,4	1,4	1,4
54	Querkraft	in der Mittelfläche von Stegen und Gurten	1,4	1,8	2,0	2,2	2,2	2,2	2,2	2,2	2,2	2,2
55	+ Torsion	bei Vollquerschnitten	1,8	2,4	2,7	3,0	3,0	3,0	3,0	3,0	3,0	3,0

[1]) Für dicke Platten ($d > 30$ cm) siehe Abschnitt 12.4.1 der DIN 4227, Teil 1

7. Berechnung der erforderlichen Bewehrung in [cm²/m]

$$\text{erf } a_{s,bü} = \frac{\tau_R \cdot b \cdot \tan\vartheta}{\sigma_{s,u}} \cdot 10^4$$

τ_R in [MN/m²]
b in [m]
$\sigma_{s,u} = 500$ MN/m² bzw. $\sigma_{s,u} = \beta_s$ nach Tafel 24, Zeile 69,70

8. Nachweis der Schubbewehrung ist nicht erforderlich!

11 | Spannbeton

11.10 Krafteinleitung, Spaltzug
11.10.1 Nachweis der Spaltzugbewehrung

Folgende Größen müssen bekannt sein:
- Vorspannkraft zum Zeitpunkt $t = 0$ im Auflagerbereich für ein Spannglied am Spannanker $\qquad N_{V1} = P$
- Durchmesser des Spannanker $\qquad d_{1,SPANN}$
  meist $d_{1,SPANN} = d_{1,FEST} = d_1$
- Durchmesser des Festankers $\qquad d_{1,FEST}$
- Höhe und Breite des Krafteinleitungsbereiches für *ein* Spannglied $\qquad d_s$ bzw. b_s

Voraussetzung: Spannglieder sind nach Spannkraft und Angriffspunkt symmetrisch zur Mittellinie angeordnet.

1. Wirkungslinie der einzelnen Spanngliedverankerungen und Wirkungslinien der zugehörigen Spannungsresultierenden fallen annähernd zusammen.

Spaltzugkräfte

$$Z_{Sa} = 0{,}25 \cdot P \cdot \left(1 - \frac{d_1}{d_{Sa}}\right) \text{ in kN}$$

$$Z_{Si} = 0{,}25 \cdot P \cdot \left(1 - \frac{d_1}{d_{Si}}\right) \text{ in kN}$$

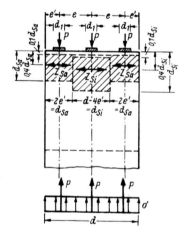

Randzugkräfte Z_R konstruktiv

Erforderlicher Stahlquerschnitt bei BSt 500:

$$erf. A_{Sa} = \frac{Z_{Sa}}{\sigma_{zul}} = \frac{Z_{Sa}}{28{,}6} \text{ in cm}^2$$

$$erf. A_{Si} = \frac{Z_{Si}}{\sigma_{zul}} = \frac{Z_{Si}}{28{,}6} \text{ in cm}^2$$

2. Wirkungslinien der einzelnen Spanngliedverankerungen liegen innerhalb der Wirkungslinien der zugehörigen Spannungsresultierenden.

Primäre Spaltzugkräfte:

$$Z_S = 0{,}25 \cdot P \cdot \left(1 - \frac{d_1}{d_s}\right) \text{ in kN}$$

11 Spannbeton

Sekundäre Spaltzugkräfte

$$Z_{S2} = 0{,}25 \cdot (\Sigma P) \cdot \left(1 - \frac{\Sigma d_s}{d_{S2}}\right) \text{ in kN}$$

Randzugkräfte Z_R konstruktiv
Erforderlicher Stahlquerschnitt bei BSt 500:

$$erf.A_{S,Primär} = \frac{Z_s}{\sigma_{zul}} = \frac{Z_s}{28{,}6} \text{ in cm}^2$$

$$erf.A_{S,Sekundär} = \frac{Z_{S2}}{\sigma_{zul}} = \frac{Z_{S2}}{28{,}6} \text{ in cm}^2$$

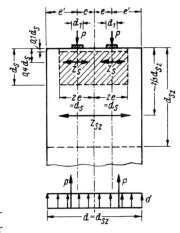

3. Wirkungslinien der einzelnen Spanngliedverankerungen liegen außerhalb der Wirkungslinien der zugehörigen Spannungsresultierenden

Primäre Spaltzugkräfte

$$Z_S = 0{,}25 \cdot P \cdot \left(1 - \frac{d_1}{d_S}\right) \text{ in kN}$$

Randzugkraft:

$$Z_R = Z_F = P' \cdot \frac{Z_F}{P'}, \quad \frac{Z_F}{P'} \text{ aus Tabelle,}$$

dabei $P` = \Sigma P$

d/ℓ	0,5	0,6	0,7	0,8	0,9	1,0	1,1	≥1,2
Z_F/P'	0,37	0,31	0,27	0,24	0,22	0,21	0,21	0,20

Sekundäre Spaltzugkraft:
$Z_{S2} = 0{,}3\, Z_R$ in kN

Erforderlicher Stahlquerschnitte bei BSt 500:

$$erf\, A_s = \frac{Z}{\sigma_{zul}} = \frac{Z}{28{,}6} \text{ in cm}^2$$

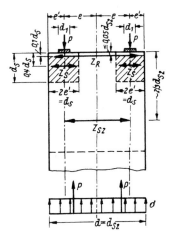

4. Exzentrisch angreifende Druckkraft

$$Z_S = 0{,}25 \cdot P \cdot \left(1 - \frac{d_1}{d_S}\right) \text{ in kN}$$

$$Z_R = P \cdot \left(\frac{e}{d} - \frac{1}{6}\right) \text{ in kN}$$

$$Z_{S2} \approx 0{,}3 \cdot Z_R \text{ in kN}$$

Erforderlicher Stahlquerschnitt bei BSt 500: s.o.

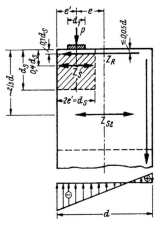

| 11 | Spannbeton |

11.11 Rißbreitenbeschränkung nach DIN 4227, Teil 1, Änderung A1

Im Zusammenhang mit der Rißbreitenbeschränkung nach DIN 4227-1/A1 werden in diesem Kapitel auch diejenigen Mindestbewehrungen dargestellt, die konstruktiv zur Rißbreitenbeschränkung eingelegt werden müssen. Eine Addition der im Folgenden genannten Bewehrungen ist nicht erforderlich; der jeweils größte Wert ist maßgebend. Die Bewehrung darf bei allen Nachweisen auf die statisch erforderliche Bewehrung angerechnet werden.

11.11.1 Oberflächenbewehrung

Zur Beschränkung der Rißbreite infolge von Eigenspannungen, z.B. aufgrund von Temperaturdifferenzen oder ungleichmäßigem Schwinden, ist eine Mindestbewehrung an den Oberflächen von Spannbetonbauteilen nach Tafel 29 erforderlich.

Tafel 29 Mindestbewehrung je m an Oberflächen

		Platten/Gurtplatten oder breite Balken $(b_0 > d_0)$		Balken mit $b_0 \leq d_0$ Stege von Plattenbalken und Kastenträgern	
		Bauteile in Umweltbedingungen nach DIN 1045, Tabelle 10, Zeile 1	Bauteile in Umweltbedingungen nach DIN 1045, Tabelle 10, Zeile 2 bis 4	Bauteile in Umweltbedingungen nach DIN 1045, Tabelle 10, Zeile 1	Bauteile in Umweltbedingungen nach DIN 1045, Tabelle 10, Zeile 2 bis 4
1a	Oberflächenbewehrung je m bei Balken an jeder Seitenfläche, bei Platten mit d ≥ 1,0m an jedem gestützten oder nicht gestützten Rand	$1{,}0 \cdot \mu \cdot d_0$ bzw. $\mu \cdot d$	$1{,}0 \cdot \mu \cdot d_0$ bzw. $\mu \cdot d$	$1{,}0 \cdot \mu \cdot b_0$ bzw. $\mu \cdot b$	$1{,}0 \cdot \mu \cdot b_0$ bzw. $\mu \cdot b$
1b	Oberflächenbewehrung am äußeren Rand der Druckzone bzw. in der Zugzone von Platten	$1{,}0 \cdot \mu \cdot d_0$ bzw. $\mu \cdot d$ (je m)	$1{,}0 \cdot \mu \cdot d_0$ bzw. $\mu \cdot d$ (je m)	—	$1{,}0 \cdot \mu \cdot d_0 \cdot b_0$
1c	Oberflächenbewehrung in Druckgurten (obere und untere Lage je für sich)	—	$1{,}0 \cdot \mu \cdot d$	—	—

Tafel 30 Grundwerte der Mindestbewehrung für Betonstahl IV S und IV M

Betonfestigkeitsklasse	B25	B35	B45	B55
μ [%]	0,08	0,09	0,10	0,11

11 Spannbeton

Eine Oberflächenbewehrung von mehr als 3,35 cm²/m $(\hat{=} \phi 8, s = 15\,\text{cm})$ ist nicht erforderlich, wie König/Tue/Pommerening[1] begründen.

Wegen der im Brückenbau zusätzlichen Bedingungen der ZTV-K 96 wird eine Oberflächenbewehrung von 3,93 cm²/m $(\hat{=} \phi 10, s = 20\,\text{cm})$ die übliche Bewehrung darstellen.

11.11.2 Robustheitsbewehrung

Mit dieser Bewehrungsart wird erreicht, daß das Versagen eines Spannbetonbauteils immer durch Rißbildung oder deutliche Verformungen angekündigt wird oder - mit anderen Worten - ein unangekündigtes Versagen vermieden wird. Zur Erreichung dieses Zieles ist die Mindestbewehrung nach Tafel 31 erforderlich.

Tafel 31 Mindestbewehrung je m an Oberflächen

		Platten/Gurtplatten oder breite Balken $(b_0 > d_0)$		Balken mit $b_0 \leq d_0$ Stege von Plattenbalken und Kastenträgern	
		Bauteile in Umweltbedingungen nach DIN 1045, Tabelle 10, Zeile 1	Bauteile in Umweltbedingungen nach DIN 1045, Tabelle 10, Zeile 2 bis 4	Bauteile in Umweltbedingungen nach DIN 1045, Tabelle 10, Zeile 1	Bauteile in Umweltbedingungen nach DIN 1045, Tabelle 10, Zeile 2 bis 4
2a	Längsbewehrung in vorgedrückten Zugzonen	$1,5 \cdot \mu \cdot d_0$ bzw. $1,5 \cdot \mu \cdot d$ (je m)	$1,5 \cdot \mu \cdot d_0$ bzw. $1,5 \cdot \mu \cdot d$ (je m)	$1,5 \cdot \mu \cdot d_0 \cdot b_0$ bzw. $1,5 \cdot \mu \cdot b \cdot d$	$1,5 \cdot \mu \cdot d_0 \cdot b_0$ bzw. $1,5 \cdot \mu \cdot b \cdot d$
2b	Längsbewehrung in Zuggurten und Zuggliedern (obere und untere Lage je für sich)	$2,5 \cdot \mu \cdot d$	$2,5 \cdot \mu \cdot d$	—	—

Tafel 32 Grundwerte der Mindestbewehrung für Betonstahl IV S und IV M

Betonfestigkeitsklasse	B25	B35	B45	B55
μ [%]	0,08	0,09	0,10	0,11

Auf die Bewehrung darf verzichtet werden, wenn sich ein angenommener, lokaler Ausfall der Spannbewehrung an jeder Stelle des Tragwerks durch Rißbildung oder deutliche Verformungszunahme ankündigt. Dazu ist der Nachweis entsprechender Umlagerungsmöglichkeiten des Bauwerkes z.B. nach König/Meyer/Pommerening/Qian/Tue[2] erforderlich.

---

[1] König, G., Tue, N., Pommerening, D.: Kurze Erläuterung zur Neufassung der DIN 4227 Teil 1, Bauingenieur 71 (1996), S. 83-86

[2] König, G., Meyer, J., Pommerening, D., Qian, L., Tue, N.: Verformungsvermögen und Umlagerungsverhalten von Stahlbeton- und Spannbetonbauteilen, Beton- und Stahlbetonbau 92 (1997) S. 266-272, 313-319, 338-340

11 Spannbeton

11.11.3 Mindestschubbewehrung

Das Einlegen einer Mindestschubbewehrung verhindert ein unangekündigtes Versagen nach Wegfall des Anteils der Schubtragfähigkeit des Betons. Erforderlich ist eine Mindestschubbewehrung nach Tafel 33.

Tafel 33 Mindestbewehrung an Oberflächen

		Platten/Gurtplatten oder breite Balken $(b_0 > d_0)$		Balken mit $b_0 \leq d_0$ Stege von Plattenbalken und Kastenträgern	
		Bauteile in Umweltbedingungen nach DIN 1045, Tabelle 10, Zeile 1	Bauteile in Umweltbedingungen nach DIN 1045, Tabelle 10, Zeile 2 bis 4	Bauteile in Umweltbedingungen nach DIN 1045, Tabelle 10, Zeile 1	Bauteile in Umweltbedingungen nach DIN 1045, Tabelle 10, Zeile 2 bis 4
3a	Schubbewehrung für Scheibenschub	$2{,}0 \cdot \mu \cdot d$	$2{,}0 \cdot \mu \cdot d$	—	—
3b	Bügelbewehrung von Balkenstegen und freien Rändern von Platten	$2{,}0 \cdot \mu \cdot d_0$ bzw. $2{,}0 \cdot \mu \cdot d$	$2{,}0 \cdot \mu \cdot d_0$ bzw. $2{,}0 \cdot \mu \cdot d$	$2{,}0 \cdot \mu \cdot b_0$ bzw. $2{,}0 \cdot \mu \cdot b$	$2{,}0 \cdot \mu \cdot b_0$ bzw. $2{,}0 \cdot \mu \cdot b$

Tafel 34 Grundwerte der Mindestbewehrung für Betonstahl IV S und IV M

Betonfestigkeitsklasse	B25	B35	B45	B55
μ [%]	0,08	0,09	0,10	0,11

11.11.4 Beschränkung der Rißbreiten von Einzelrissen

Dem Nachweis der Beschränkung der Rißbreite von Einzelrissen liegt das Modell der Zugkeildeckung zugrunde, wobei diejenige Zugkraft, die vor dem Entstehen des Risses im Beton vorhanden war, von der Bewehrung aufgenommen werden muß.

Da vor und nach der Rißbildung dasselbe Moment aufgenommen werden muß, können sowohl durch den vergrößerten Hebelarm im Zustand II als auch durch den Abbau von Zwangsbeanspruchungen Abminderungen der Zugkraft und der dafür erforderlichen Bewehrung vorgenommen werden.

1. Ermittlung der Schnittgrößen N und M
   - 1,0-fache Schnittgrößen aus ständigen Lasten g_1, g_2,
     Verkehrslasten p,
     Zwang aus wahrscheinlicher Baugrundbewegung,
     Schwinden und Wärmewirkung
   - 0,9-fache Schnittgrößen aus statisch bestimmter und unbestimmter Wirkung (Zwängung) der Vorspannung.

11 | Spannbeton

2. Ermittlung der Betonspannungen unter der in Punkt 1 dargestellten seltenen Einwirkungskombination. In den Bereichen, in denen die Betondruckspannungen am Bauteilrand dem Betrag nach kleiner als 1 MN/m² sind, ist in Haupttragrichtung eine Bewehrung zur Beschränkung der Rißbreite einzulegen.

3. Ermittlung des Spannstahlbewehrungsgehalts

$$\mu_z = \frac{A_z}{A_{bz}}$$

A_{bz} gezogener Querschnitt bzw. Querschnittsteil; die Größe der Zugzone kann mit den bei Punkt 2 ermittelten Randspannungen ermittelt werden:

$$x' = \frac{d_0 \cdot \sigma_{bu}}{(-\sigma_{bo} + \sigma_{bu})}$$

A_z die im gezogenen Querschnittsteil A_{bz} liegende Spannstahlbewehrung

4. Ermittlung der zentrischen Zugfestigkeit β_{bZ} des Betons
   – für B 25 bis B 55: $\beta_{bZ} = 0{,}25 \cdot \beta_{WN}^{2/3} \geq 2{,}7 \text{ MN}/\text{m}^2$
   – für B 65 bis B 115 nach Tabelle R9 der „Richtlinie Hochfester Beton" des DAfStb als Ergänzung zur DIN 1045

Tafel 35: Wirksame Betonzugfestigkeiten β_{bZ} für Beton

	B 25	B 35	B 45	B 55	B 65	B 75	B 85	B 95	B 105	B 115
β_{bZ} [MN/m²]	2,70	2,70	3,16	3,61	3,40	3,70	3,90	4,00	4,10	4,20

5. Ermittlung der Stahlspannung σ_s nach Tafel 36 in Abhängigkeit vom gewählten Stabdurchmesser. Wenn die Betonzugfestigkeit größer als 2,7 MN/m² ist, darf die Stahlspannung mit dem Faktor $\sqrt{\beta_{bZ}/2{,}7}$ erhöht werden.

Tafel 36: Betonstahlspannungen zur Rißbreitenbeschränkung in Abhängigkeit von dem gewählten Stabdurchmesser d nach DIN 1045, Tab.14

d_s [mm]	25	20	16	14	12	10	8	6
σ_s bzw. $\Delta\sigma_z$ [MN/m²]	160	180	200	220	240	260	280	320

Tafel 37: Erhöhungsfaktoren für die Stahlspannung nach DAfStb-Richtlinie für hochfesten Beton

Betonfestigkeitsklasse	B 25	B 35	B 45	B 55	B 65	B 75	B 85	B 95	B 105	B 115
$\sqrt{\beta_{bZ}/2{,}7} =$	1,000	1,000	1,082	1,156	1,122	1,171	1,202	1,217	1,232	1,247

11 Spannbeton

6. Festlegung des Beiwertes k

Dieser Beiwert berücksichtigt die sekundäre Rißbildung bei dicken Bauteilen. Er beträgt bei:

- Rechteckquerschnitten bzw. Stegen mit einer Dicke $d \leq 0{,}30$ m $\qquad 1{,}00$

- Rechteckquerschnitten bzw. Stegen mit einer Dicke $0{,}30\ \text{m} < d < 0{,}80$ m $\qquad \dfrac{80-d}{50} \cdot 0{,}35 + 0{,}65$

- Rechteckquerschnitten bzw. Stegen mit einer Dicke $d \geq 0{,}80$ m $\qquad 0{,}65$

7. Festlegung des Beiwertes k_c

Dieser Beiwert berücksichtigt den Einfluß der Spannungsverteilung innerhalb der Zugzone A_{bz} vor der Rißbildung (Zustand I) sowie der Änderung des inneren Hebelarmes beim Übergang in den Zustand II. Er beträgt für:

- Rechteckquerschnitte und Stege von Hohlkästen und Plattenbalken

$$k_c = 0{,}4 \cdot \left[1 + \frac{\sigma_{bv}}{k_1 \cdot \beta_{bz} \cdot d_0/d'} \right] \leq 1$$

$d' = d_0$ für $d_0 < 1$ m
$d' = 1$ m für $d_0 \geq 1$ m

d_0 Balkendicke, bei Platten ist die Plattendicke d einzusetzen

$k_1 = 1{,}5$ für Drucknormalkraft

$k_1 = \dfrac{2}{3} \cdot \dfrac{d'}{d_0}$ für Zugnormalkraft

σ_{bv} zentrischer Betonspannungsanteil infolge äußerer Normalkraft und der 0,9fachen (im Bereich von Koppelfugen 0,75fachen) Normalspannung aus Vorspannung (Druck negativ)

- Zuggurte in gegliederten Querschnitten

$k_c = 1{,}0$ (obere Abschätzung)

8. Festlegung des Verbundbeiwertes ξ_1

Dieser Verbundbeiwert berücksichtigt die Mitwirkung des Spannstahls.

$\xi_1 = \sqrt{\xi \cdot \dfrac{d_s}{d_z}}$

ξ Verhältnis zwischen mittlerer Verbundspannung von Spannstahl und Betonstahl nach Tafel 38

d_s Durchmesser des Betonstahls

d_z Durchmesser des Spannglieds:
$d_z = 1{,}60 \cdot \sqrt{A_z}$ für Bündel- und Litzenspannglieder
$d_z = 1{,}75 \cdot d_v$ für 7drähtige Einzellitzen
$d_z = 1{,}20 \cdot d_v$ für 3drähtige Einzellitzen

d_v Durchmesser des einzelnen Spanndrahts

11 Spannbeton

Tafel 38: Verbundbeiwerte zur Berücksichtigung der Mitwirkung des Spannstahls

Spannstahlsorte	Verbundbeiwerte $\xi = \tau_{zm} / \tau_{sm}$	
	sofortiger Verbund	nachträglicher Verbund
Litzen	0,6	0,5
profiliert	0,7	0,6
glatt	—	0,3
gerippt	0,9	0,7

9. Der erforderliche Bewehrungsgehalt μ_s und die zur Rißbreitenbeschränkung erforderliche Bewehrung, welche in Haupttragrichtung einzulegen ist, betragen:

$$\mu_s = 0{,}8 \cdot k \cdot k_c \cdot \beta_{bZ} / \sigma_s - \xi_1 \cdot \mu_Z$$

$$\mu_s = \frac{A_s}{A_{bZ}}$$

$$A_s = \mu_s \cdot A_{bZ}$$

A_s Betonstahlquerschnitt

A_{bZ} Zugzone unmittelbar vor Rißbildung unter Wirkung der 0,9fachen Vorspannkraft sowie gegebenenfalls einer Normalkraft aus ständiger Last

| 11 | Spannbeton |

11.12 Verformungen

Bei voller oder beschränkter Vorspannung kann für die Ermittlung der Verformungen davon ausgegangen werden, daß das Bauteil ungerissen ist, also in Zustand I bleibt. Zu den damit relativ einfach zu berechnenden Verformungen zum Zeitpunkt t = 0 kommen die Kriechverformungen hinzu, vgl. Kapitel 11.5.1.

Für die Verformungen eines Einfeldträgers unter Eigengewicht g und Vorspannung v ergibt sich damit[1]:

$$f_{b,t} = f_{b0,g} \cdot (1 + k_e \cdot \varphi_t) + f_{b0,v} \cdot (1 + k_e \cdot \varphi_t) + f_{b0,\Delta v} \cdot \left(1 + \frac{1}{2} \cdot k_e \cdot \varphi_t\right).$$

Hierbei ist $f_{b0,\Delta v}$ die durch das Kriechen und Schwinden hervorgerufene Minderung der Verformung aus Vorspannung.

Bei der abschnittsweisen Herstellung eines Bauteils sind die Kriechverformungen auch in den Bauzuständen zu beachten. Dies sei am Beispiel eines Zweifeldträgers unter Eigengewicht (a) dargestellt, der abschnittsweise hergestellt wird und im Bild auf der nächsten Seite gezeigt wird.

In der ersten Bauphase wird zum Zeitpunkt t_1 ein Feld des Zweifeldträgers mit Kragarm gebaut (b). Zu den elastischen Verformungen (c) kommen die Kriechverformungen (d), die in dem Zeitraum von t_1 bis t_2 am Einfeldträger mit Kragarm auftreten, wobei zum Zeitpunkt t_2 das zweite Feld des Zweifeldträgers hergestellt wird. Von diesem Zeitpunkt t_2 an kriecht der Zweifeldträger unter der Last des 1. Bauzustandes bis t_∞ (e).

Mit der Fertigstellung des Zweifeldträgers (f) verursacht das Eigengewicht des zweiten Bauabschnitts elastische Verformungen am Zweifeldträger (g) und für den Zeitraum von t_2 bis t_∞ auch Kriechverformungen am gesamten System (h).

Für die einzeln zu berechnenden Kriechverformungen sind die entsprechenden φ_t nach Kapitel 11.5.3 oder besser nach Kapitel 11.5.4 zu berechnen.

Zur Ermittlung der Durchbiegung z.B. in Feldmitte des linken Feldes sind die berechneten fünf Werte zu addieren.

Für andere Lastfälle, z.B. Vorspannung, ist analog zu verfahren.

---

[1] Rüsch, H., Jungwirth, D., Stahlbeton – Spannbeton, Band 2: Berücksichtigung der Einflüsse von Kriechen und Schwinden auf das Verhalten der Tragwerke, Düsseldorf: Werner-Verlag 1976

11 Spannbeton

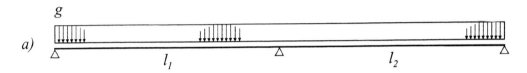

a)

b)

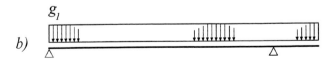

c)

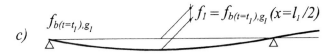

d)

e)

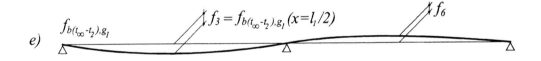

f)

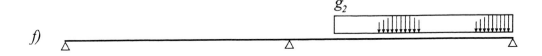

g)

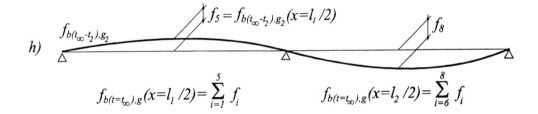

h)

$$f_{b(t=t_\infty),g}(x=l_1/2) = \sum_{i=1}^{5} f_i \qquad f_{b(t=t_\infty),g}(x=l_2/2) = \sum_{i=6}^{8} f_i$$

12 Stichwortverzeichnis

Abstandhalter	141
Achszug	155
allgemeines Bemessungsdiagramm	191
Ankerkörper	92
Anschluß von Zug- oder Druckgurten	125
Arbeitsfuge	149
Auflagerpunkt	55
Ausschalfristen	24
Außenbauteile	255
Aussteifung, räumliche	67
Balken	52
Balken, unbewehrt	75
Bemessungsdiagramm, allgemeines	191
Bemessungsschnittgrößen	60
Beton, Anforderungen	21
Beton, Gebrauchstemperaturen bis 250°	21
Beton, unbewehrt	71
Betondeckung	138
Betondeckung, Mindestmaß	60
Betondeckung, Nennmaß	60
Betondeckung, Vergrößerung	140
Betondeckung, Verringerung	140
Betonfestigkeitsklassen nach DIN 1045	22
Betonstahl-Listenmatten	27
bewehrte Zugstäbe	286
Bewehrung von Platten	132
Bewehrungsfuge	149
Bewehrungsstahl	25
Bewehrungsstoß	94
Bewehrunsgrad	131
Biegebemessung	184
Biegerollendurchmesser	80
Biegeschlankheit	52
Biegung mit Längskraft	152
Biegung ohne Längskraft	152
Biegung, einachsige	156
Biegung, zweiachsige	156
Blockierungspunkt	311
Brandschutz	143
Bruchsicherheitsnachweis, Spannbeton	319
Brückenüberbauten, Mindestabmessungen	79
Brückenunterbauten, Mindestabmessungen	78
Brutto-Querschnittswerte	289
Bügel	121
Bügelabstände nach EC 2	266
bügelbewehrte Druckglieder, Mindestabmessungen	76
Deckengleiche Unterzüge	133
Dehnungsdiagramm	153
Dehnungsfuge	149
Dichte von Gesteinen	19
Druck	156
Druckbewehrung	186
Druckfestigkeit von Gesteinen	19
Druckglieder, unbewehrt	72
Druckstreben	284
Durchbiegung, Grundwert	269
Durchstanzen	178
Durchstanznachweis, Bewehrungsgrad	131
e-h-Diagramm	227
einachsige Biegung	156
Ein-Ebenen-Stoß	97
Einzelspannglieder	48
Endkriechzahlen von Hochleistungsbeton	23, 310
Endschwindmaße von Hochleistungsbeton	23, 310
Ersatzstützweite	52
Faltwerke, Mindestbewehrung	138
Feldmomente, negative	62
Feldmomente, positive	62
Festigkeitsklassen für Hochleistungsbeton	22
Festigkeitsklassen nach ENV 206	24
Feuerwiderstandsklassen	144
Flachdecken	178
Flächenbewehrungen von Stabstahl	26
Fließbeiwert DIN 4227	302
Frost- und Tausalzwiderstand	21
Frostwiderstand	21
Fugen	148
Fugen bei Brandgefahr	147
Fugenabstand	151
Fugenarten	149
Fugenbreite	151
Fundament, Durchstanzen	181

12 Stichwortverzeichnis

Fundamente, unbewehrt	71
Gebrauchsfähigkeit	152
Gelenkfuge	150
Gesteine	19
Gewichte von Stabstahl	25
Glasstahlbeton, Mindestabmessungen	76
Glasstahlbeton, Mindestbewehrung	138
Grenzabstände nach EC 2	266
Grenzdurchmesser nach EC 2	265
Grenzdurchmesser nach DIN 1045, Rißbreitenbeschränkung	256, 261
Grundkriechzahl, EC 2	307
Grundschwindmaß, EC 2	309
Grundwert der Durchbiegung	269
Haken	93
Hauptdruckspannung, Zone a	324
Hauptdruckspannung, Zone b	327
Hauptspannungsnachweis, Spannbeton	322
Hauptzugspannung, Zone a	324
Hautbewehrung	129
Hebelgesetz	184
Höchstwerte der Stababstände nach DIN 1045, Rißbreitenbeschränkung	257
ideelle Querschnittswerte	290
Innenbauteile	255
Kaltbiegen	81
Keilschlupf	311
Kernweite	72
k_h-Verfahren	185
Knicklänge	157
Knicklängenbeiwert	158
Knickspannungsnachweis	166
Knoten	287
Köcherfundamente, Mindestabmessungen	78
Kragstütze, Knicklängenbeiwert	159
Kriechen und Schwinden	299
Kriechzahl nach DIN 4227, T. 1	300
Kriechzahl nach EC 2	304
Kriechzahlen von Hochleistungsbeton	23, 310
Labilitätszahl	67
Lagermatten	30
Lastfallkombinationen, Spannbeton	313
Lastpfadmethode	284
m/n-Diagramm	193
$m_1/m_2/n$-Diagramm	211
mechanische Eigenschaften nach DIN 1045	22
Mindestabmessungen unbewehrter Stützen	73
Mindestauflagertiefe	55
Mindestbewehrung an Oberflächen	256
Mindestbewehrung bei Zwangbeanspruchung	261
Mindestbewehrung, Spannbeton	291
Mindestbiegerollendurchmesser	80
Mindestnachbehandlungsdauer	24
Mindestrandmoment	61
Mindestschubbewehrung, Spannbeton	332
Mindest-Stabdurchmesser Brücken	293
Mindestwanddicken für unbewehrte, tragende Wände	74
mitwirkende Plattenbreite	56
Modellbildung	55
Momentenbeiwerte nach Pieper/Martens	65
m_s-Tafeln	189
Nenngewichte von Betonstahl-Listenmatten	29
Netto-Querschnittswerte	289
Nutzhöhen, kleine	60
Oberflächenbewehrung, Spannbeton	330
Parabel-Rechteck-Diagramm	154
Pfähle, Mindestbewehrung	136
Platten, Bewehrung	132
Platten, Mindestabmessungen	76
Platten, unbewehrt	75
Platten, zweiachsig gespannt	63
Plattenbalken	54
Preßfuge	150
Probekörperform	20
Putzbekleidung	144
Querbewehrung bei Übergreifungsstößen	96
Querkraft	172
Querkraft und Torsion	178
Querschnitte von Betonstahl-Listenmatten	27

12 Stichwortverzeichnis

Querschnitte von Stabstahl	25
Querschnittswerte, brutto	289
Querschnittswerte, ideell	290
Querschnittswerte, netto	289
Querschnittswerte, Spannbeton	289
Rahmenecke, Bewehrungsgrad	132
Randzugkräfte	328
Raumfugen	149
räumliche Aussteifung	67
Rißbreitenbeschränkung nach DAfStb Heft 400	258
Rißbreitenbeschränkung nach DIN 1045 (7.88)	255
Rißbreitenbeschränkung nach DIN 4227-1, Änderung A1	330
Rißbreitenbeschränkung nach EC 2	264
Rißbreitenbeschränkung von Einzelrissen, Spannbeton	332
Robustheitsbewehrung, Spannbeton	331
Rohdichte von Gesteinen	19
Rotationssteifigkeit	69
Rückbiegen	81
Schalen, Mindestbewehrung	138
Scheinfuge	150
Schlankheit	72, 157
Schlaufen	93
Schließen von Bügeln	122
Schnittgrößenermittlung	59
Schrägstäbe	123
Schubbewehrung	120
Schubbewehrung, Ermittlung	173
Schubbewehrungsgrad	267
Schubmittelpunkt	70
Schubrisse, Begrenzung	266
Schubspannung, Grundwert	172
Schubspannungen	173
Schubzulagen	124
Schutzbewehrung	145
schwindbehinderte Bauteile, Mindestbewehrung	136
Schwindbeiwert, DIN 4227	302
Schwindfuge	150
Schwindmaß nach DIN 4227-1	300
Schwindmaß nach EC 2	304
Schwindmaße von Hochleistungsbeton	23, 310
Schwingbeiwert	313
Setzungsfuge	149
Sicherheitsbeiwert	153
Sonderfugen	150
Spaltzug	328
Spaltzugbewehrung	328
Spannbeton, Vordimensionierung	294
Spannbetonplatten, Oberflächenbewehrung	293
Spannglieder mit nachträglichem Verbund	36
Spannglieder ohne Verbund	33
Spannglieder, Mindestanzahl	291
Spannkraftverluste	311
Spannstahl	31
Spannungsermittlung, Spannbeton	313
Spannungsnachweis im Gebrauchszustand	322
Spannungsnachweis im rechnerischen Bruchzustand	323
Stababstände der Bewehrung	79
Stabbündel	128
stabförmige Druckglieder, Mindestabmessungen	76
Stabwerkmodelle	284
Stahlbetonfertigteile, Mindestabmessungen	78
Stahlbetonrippendecken	134
Stahlbetonrippendecken, Mindestabmessungen	76
Stahlsteindecken, Mindestabmessungen	76
Stützen, unbewehrt	72
Stützenkopfverstärkung	179
Stützmoment	61
Teilflächenpressung	182
Temperaturdehnzahl von Beton	20
Torsion	175
Torsionsmoment	62
Torsionsträgheitsmoment	175
Torsionswiderstandsmoment	175

12 Stichwortverzeichnis

Tragfähigkeit	152
Trägheitsradius	72, 167
Trajektorienbilder	284
Translationssteifigkeit	67
Überbauten, Mindestbewehrung	137
Übergreifungslänge	98
Übergreifungsstoß	96
Umlenkkräfte	299
umschnürte Druckglieder, Mindestabmessungen	76
unbewehrte Zugstäbe	287
ungünstigste Laststellungen	59
Unterbauten, Mindestbewehrung	136
Unterstützungen	141
Unterwasserbeton	21
unverschieblich	67
Verankerung	84
Verankerung am Endauflager	87
Verankerung am Zwischenauflager	88
Verankerung außerhalb der Auflager	86
Verankerung von Bewehrung	82
Verankerungselemente für Bügel	121
Verankerungslänge, Grundmaß	84
Verbundbeiwert	334
Verbundbereich	83
Verbundspannung	84
Verformungen, Spannbeton	336
Verkürzung von Druckgliedern	268
Verlaufsbeiwert der verzögert elastischen Verformung, DIN 4227	302
Versatzmaß	82
Verschleißwiderstand	21
Verschweißbarkeit von Betonstahl-Listenmatten	28
Volleinspannmomente infolge Vorspannung	298
Vordimensionierung Spannbeton	294
Vorhaltemaß	60
wahrscheinliche Verformungen bei Plattenbalkenquerschnitt	279
wahrscheinliche Verformungen bei Rechteckquerschnitt	273
wandartige Träger	52
Wände, Mindestabmessungen	77
Wände, unbewehrt	73
Warmbiegen	81
Wärmedehnzahl von Gesteinen	19
Wasseraufnahme von Gesteinen	19
Wasserundurchlässigkeit	21
Widerstand gegen chemische Angriffe	21
Winkelhaken	93
wirksame Bauteildicke	305
wirksame Körperdicke	301
Wirkungszone der Bewehrung	263
Zugstäbe, bewehrte	286
Zugstäbe, unbewehrte	287
Zugstreben	284
zulässige Spannungen, Spannbeton	314
Zulassungen für Spannstähle	31
Zwängungsschnittgrößen	297
zweiachsige Biegung	156
Zwei-Ebenen-Stoß	97